国家工科基础课程教学基地机械基础系列教材

工程制图基础

（非机类）

主　编　杨学元
参　编　袁理丁　潘银松　王喜庆
主　审　何玉林

机械工业出版社

本书是国家工科基础课程教学基地机械基础系列教材之一，是根据工程制图教学改革的需要而编写的。全书采用了至目前为止最新的有关国家标准，有画法几何、制图基础、计算机绘图基本知识和机械图简介四个方面的内容，具体分为投影法，点、直线和平面，立体的投影，截交线和相贯线，制图基本知识，计算机绘图，组合体，工程图中常用的表达方法，连接件和常用件，零件图和装配图简介等共十章。同时编有与该书配套的《工程制图基础习题集》。

本书可作为高等工科院校近机械类和非机械类（45～80学时）的工程制图课程的教材，也可作为大专教育、自学考试、网络教育、夜大和职大等的工程制图教学的教学用书或参考书。

图书在版编目（CIP）数据

工程制图基础/杨学元主编．—北京：机械工业出版社，2002.6（2022.1重印）

国家工科基础课程教学基地机械基础系列教材．非机类

ISBN 978-7-111-10013-3

Ⅰ．工…　Ⅱ．杨…　Ⅲ．工程制图－高等学校－教材　Ⅳ．TB23

中国版本图书馆CIP数据核字（2002）第029332号

机械工业出版社（北京市百万庄大街22号　邮政编码100037）

责任编辑：王霄飞　张祖凤　版式设计：霍永明

责任校对：陈延翔　封面设计：鞠　杨　责任印制：郜　敏

北京盛通商印快线网络科技有限公司印刷

2022年1月第1版·第11次印刷

169mm×239mm·17.25印张·334千字

标准书号：ISBN 978-7-111-10013-3

定价：39.00元

电话服务

客服电话：010-88361066

010-88379833

010-68326294

网络服务

机　工　官　网：www.cmpbook.com

机　工　官　博：weibo.com/cmp1952

金　书　网：www.golden-book.com

机工教育服务网：www.cmpedu.com

国家工科基础课程教学基地机械基础系列
教材编审委员会

主　　任：唐一科

副 主 任：刘昌明　何玉林　黄茂林

顾　　问：杨叔子

主编人员：丁　一　祖业发　黄茂林　龙振宇
刘天模　袁绩乾　赵月望　陈国聪
何玉林　吕仲文　杨学元　秦　伟
李文贵

审稿人员：常　明　华中科技大学
张　策　天津大学
吴鹿鸣　西南交通大学
杨治国　四川大学
李建保　清华大学
林萍华　东南大学
张春林　北京理工大学
何援军　上海交通大学
谭建荣　浙江大学
张济生　重庆大学
（排名不分先后）

策划单位：机械工业出版社　重庆大学

序

为了适应21世纪我国现代化建设的需要，培养高质量的工程科学技术人才，教育部从1996年开始实施了“面向21世纪高等工程教育教学内容和课程体系改革计划”，接着又决定建设国家工科基础课程教学基地。这些措施推动了教育改革的深入发展，形成了一批有特色的课程体系和系列教材。由重庆大学国家工科基础课程机械基础教学基地组织编写、机械工业出版社出版的“国家工科基础课程教学基地机械基础系列教材”就是其中之一。这套系列教材是国内众多资深教授的支持、指导和数十位长期从事教学和教学改革的教师辛勤劳动的结果，能够满足机械类专业人才培养的要求。

这套系列教材紧密结合“机械类专业人才培养方案及教学内容体系改革的研究与实践”、“工程制图与机械基础系列课程教学内容和课程体系改革的研究与实践”两个面向21世纪重大教学改革项目和国家工科基础课程机械基础教学基地建设，集中反映了重庆大学等高校围绕人才培养，在改革机械基础课程体系和教学内容方面所取得的成果。

这套系列教材的特色在于将机械基础系列课程分为设计基础和制造基础两类课群。以拓宽基础、培养学生综合应用机械基础理论与现代设计分析方法进行机械设计和创新为宗旨，遵循认知规律，明确课程定位，突破各课程自身的传统体系，基本上实现了系列课程的整体优化。通过《机械认识实践》的实践教学，帮助学生建立机械的感性认识。制造基础课群则对原机械制造的冷、热加工专业课程进行了整合和改造，建立了适合宽口径大机械专业的三个知识点——“机械制造技术基础”、“材料成形工艺基础”和“工程材料”。设计基础课群对传统的“机械设计”及“机械原理”进行了大胆的尝试性整合；展示了在“机械创新设计”思维的引导下，运用“计算机图形学”、“机械CAD/CAE技术基础”等现代设计方法和手段进行机械设计主线。

这套系列教材较好地体现了面向21世纪机械类专业人才培养模式改革的思路，对机械类专业机械基础系列课程体系及教学内容的改革进行了富有成效的探索与实践。机械工业出版社出版这套教材，实为一件很有意义的事，其将为全国机械基础课程体系的教改与教学提供又一套很有特色的教材。

当然，这套系列教材还需要在教学改革和教学实践中经受检验、不断完善，以结出我国教育改革的硕果。是为序。

中国科学院院士
重庆大学机械传动国家重点实验室学术委员会主任
华中科技大学教授

前　言

为了适应新世纪培养高素质、创造型机械科技人才的需要，重庆大学国家工科基础课程机械基础教学基地组织编写了机械基础系列教材。这套教材编写的整个过程就是我们完成教育部面向21世纪高等教育教学内容和课程体系改革计划中“机械类专业人才培养方案及教学内容体系改革的研究与实践”、“工程制图与机械基础系列课程教学内容和课程体系改革的研究与实践”两个项目的过程。我们按照新世纪机械专业人才应该具备的能力、素质和知识结构，研究制定了机械类专业人才培养方案及教学内容体系和与之相适应的机械基础系列课程体系及教学内容，并在97、98、99级本科教学中经过实践，所以这套教材反映了我们进行教学改革的成果。

这套系列教材的特色在于将机械基础系列课程分为设计基础和制造基础两类课群。对原机械制造工艺、金属切削机床、金属切削刀具、夹具、铸造、锻压等专业课程进行了整合和改造，编写了适合宽口径机械专业的《机械制造技术基础》、《材料成形工艺基础》和《工程材料》；增设了以参观和实践为主的《机械认识实践》课程；《现代机械制图》把投影制图和计算机绘图作为重点，并将其贯穿于全书；以设计为主线，重新规划了机械设计基础的体系结构，把齿轮机构的原理与设计有机融合，放在《机械设计》教材中，将《机械原理》的重点定位于机构的运动学、动力学和机械系统运动方案的分析与设计，并将《机械设计》安排在《机械原理》之前开出。增加了《计算机图形学》、《机械CAD/CAE技术基础》等计算机应用技术基础教材，反映了现代科学技术的新发展，引导学生应用现代设计方法和手段进行机械设计；增加了《机械创新设计》，介绍创新方法，启发创新思维。

为了教学内容与课程体系的改革，我们本着少而精，但又照顾到内容的完整性和实用性的原则编写了本书。全书采用了至今为止最新的有关国家标准，并有学习所需的附录。另外编有与本书配套的《工程制图基础习题集》，供读者练习之用。

本书可作为高等工业院校热能、冶金、光电机械等近机械类教学用书，也可作为化工、电机、电力、无线电、采矿、自动化、通信、计算机等非机械类的工程制图教材，还可作为自学考试、网络教育、夜大和职大等的工程制图教学和参考用书。

本书共十章，第一章、第五章、第九章、第十章和附录由杨学元编写；第六章由袁理丁编写；第三章、第四章、第七章由潘银松编写；第二章、第八章由王喜庆编写。全书由杨学元担任主编，由何玉林教授审阅。

在编写中，得到了重庆大学国家工科基础课程机械基础教学基地祖业发、丁一等老师的支持，在此表示感谢。

由于我们水平有限，缺点和错误在所难免，恳请读者批评指正。

编　者

目　　录

绪　论

一、图样及其在生产中的作用

在工程技术中，将根据投影原理、标准或有关规定表示的工程对象，并标有必要的技术说明的图称为图样。

图样是进行科学研究和现代生产的重要技术文件。诸如机械、冶金、建筑、采矿、电子、水利、航空、电力、车辆制造、造船、化工、轻工、环保等行业，在进行设计、施工制造、工艺装备、检验、安装、调试、维修等，都要绘制或使用图样。

不同行业由于性质和要求的不同，会有不同的图样，但它们都是根据一定的投影原理，按国家标准和有关规定绘制的。工程图样是工程界的语言，是进行技术交流和生产活动中必不可少的基本工具，也是工程技术人员乃至管理人员必须掌握的工具。

二、本课程的目的和任务

工程制图课是研究绘制和阅读工程图样的理论、方法、技术的一门技术基础课。

以图形信息的形式来表达构想，进行描述，研究问题和相互交流，具有生动、形象、清晰、准确和清楚易懂的特点，从而弥补了声音语言和文字描述的不足。

本课程的目的是为绘制和阅读工程图样而在图学的基本原理、绘图手段的应用、有关标准和规定的了解和设计思想的表达等方面打下基础，其具体任务是：

1）学习正投影法的基本原理和图示空间物体的基本理论与方法。

2）培养初步的空间思维想象、构形设计和分析的能力。

3）培养以多种手段绘制工程图样和阅读工程图样的能力。

4）通过本课程的学习，培养认真负责和严谨细致的工作作风。

三、本课程的学习方法

本课程既有理论性的一面，同时又是实践性较强的一门课程。在学习投影理论的同时，又要多分析空间物体的结构形状、它们所具有的特点，要多动手、多构形思维，反复地从物到图、由图至物地进行分析、记忆和思维积累，从而增强感性认识，找出它们的投影规律。

除认真听课、及时看书复习和积极自学外，还应勤于练习。既然实践性强，就必须在各种形式的练习中多动手动脑，这样不但有益于复习所学习的内容，而且可以从中发现问题和通过多种努力来解决问题。如此反复，再加以总结提高，就会达到预期的目的。

由于本课程的学时有限，只能为学生绘制和阅读工程图样打下初步基础。但工程图样是技术内容的综合表达，涉及到工程实际和多方面的专业知识，所以，还应在本课程后主动地继续学习，特别是在后续课程和生产实践中积极自觉地继续积累、充实和提高。

第一章　投影法的基本知识

第一节　投影法及其分类

一、投影法

在日常生活中，我们会经常看到：物体在灯光、太阳光等可见光线的照射下，就会在墙壁或地面上出现它的影子，这影子就是物体的投影，这是投射的自然现象。如果从几何的观点来研究物体与其投影之间的对应规律，就产生了投影法。

投射线通过物体，向选定的面投射并在该面上得到图形的方法就称为投影法，如图 1-1 所示。在投影法中，用以投射的线（光线）称为投射线；投射而得到图形的面称为投影面；根据投影法而得到的图形称为投影。

二、投影法的分类

根据投射线的相对位置，投影法可分为中心投影法和平行投影法。

1. 中心投影法

投射线汇交于一点的投影法称为中心投影法。投射线的交点称为投影中心。在中心投影法中，投影的要素是投影中心、投射线和投影面。如图 1-1 所示。

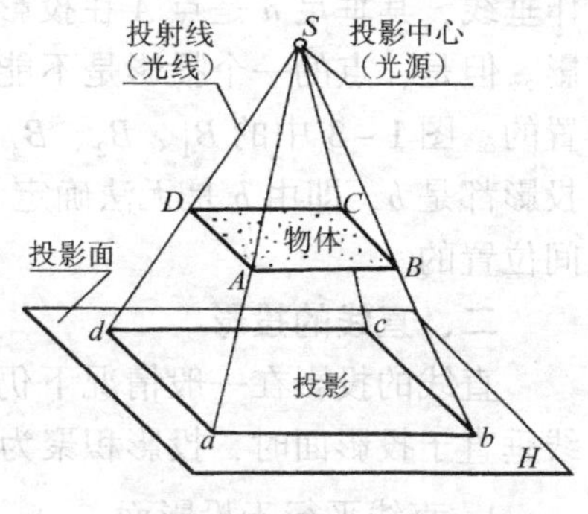

图 1-1　中心投影法

2. 平行投影法

如果将图 1-1 中的投影中心（S）移至无穷远处，则所有的投射线都相互平行，如图 1-2 所示。这种以相互平行的投射线对物体进行投影的投影法称为平行投影法。用平行投影法得到的投影称为平行投影。

根据投射线对于投影面垂直与否，平行投影法又分为斜投影法和正投影法。

（1）斜投影法　投射线倾斜于投影面的平行投影法称为斜投影法。用斜投影法得到的投影称为斜投影，如图 1-2a 所示。

（2）正投影法　投射线垂直于投影面的平行投影法称为正投影法。用正投影法得到的投影称为正投影，如图 1-2b 所示。

由于采用正投影法所得到的正投影能较准确地表达空间物体的形状和大小，

而且作图也相对地简便，所以在工程制图中广泛采用。此后在本书中若未作特别说明，所用的投影法均是正投影法，所说的“投影”均为正投影。

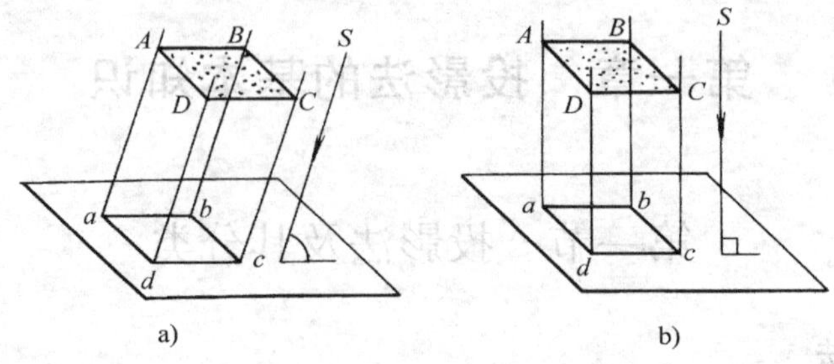

图 1-2　平行投影法

a）斜投影　b）正投影

第二节　正投影的基本特性

投影特性是指：空间的投影对象（几何元素或物体）在被投影后，在其投影中所保持的几何性质和几何关系。

点、直线和平面是构成物体的基本几何元素，下面介绍它们的正投影的基本特性。

一、点的投影

点的投影是唯一确定的点。如图 1-3 所示，从空间点 A 向给定的投影面 H 作垂线，其垂足 a 是点 A 在投影面 H 上唯一的投影。但是，点的一个投影是不能确定点的空间位置的。图 1-3 中的 B_1、B_2、B_3 在 H 投影面上的投影都是 b，即由 b 是无法确定 B_1、B_2、B_3 的空间位置的。

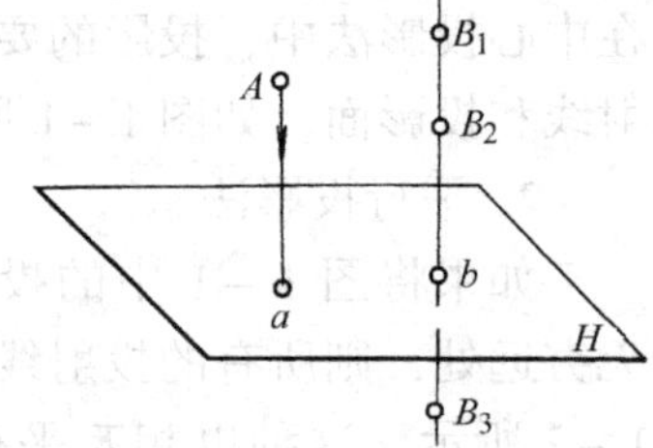

图 1-3　点的投影

二、直线的投影

直线的投影在一般情况下仍为一直线，当直线垂直于投影面时，投影积聚为一点。

1. 直线平行于投影面

直线平行于投影面时，其投影仍为一直线。若是直线段，则投影反映线段的实长。如图 1-4a 所示，$AB /\!/ H$ 时，$ab = AB$。

2. 直线垂直于投影面

直线垂直于 H 面时，直线 CD 在 H 上的投影 cd 就积聚为一点，如图 1-4b 所示。

3. 直线倾斜于投影面

直线倾斜于投影面时，其投影既不反映实长，也不积聚为一点。倾斜于投影面 H 的直线段 EF 的投影 ef 长度变短。$ef = EF\cos\alpha$，如图 1－4c 所示。

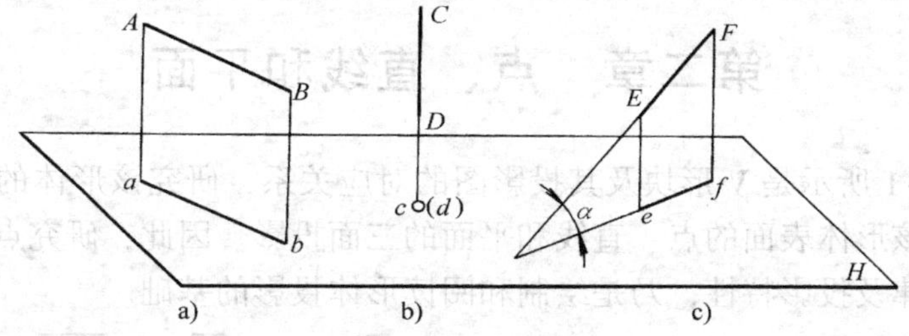

图 1－4　直线的投影

a) $AB/\!/H$　b) $CD \perp H$　c) EF 倾斜于 H

三、平面的投影

可用平面形（如三角形、四边形等）来表示平面。表示平面的平面形的投影一般仍是类似的平面图形，在特殊情况下积聚为一直线，如图 1－5 所示。

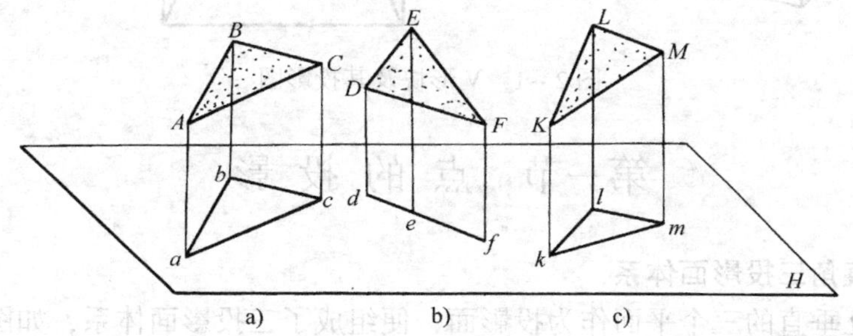

图 1－5　平面的投影

a) $\triangle ABC/\!/H$　b) $\triangle DEF \perp H$　c) $\triangle KLM$ 倾斜于 H

1. 平面平行于投影面

如图 1－5a 所示，平面 $\triangle ABC$ 平行于投影面 H，其在 H 面上的投影 $\triangle abc$ 就反映空间平面 $\triangle ABC$ 的真实形状和大小，即 $\triangle abc \cong \triangle ABC$。

2. 平面垂直于投影面

如图 1－5b 所示，平面 $\triangle DEF$ 垂直于投影面 H 时，在 H 面上的投影就积聚为直线 def。

3. 平面倾斜于投影面

如图 1－5c 所示，平面 $\triangle KLM$ 倾斜于投影面 H 时，在 H 面上的投影 $\triangle klm$ 既不反映实际形状和大小，也不会积聚为直线，而是缩小了的一个类似形，即为同一大类的 $\triangle klm$。

第二章 点、直线和平面

如图 2-1 所示是 V 形块及其投影图的对应关系，研究该形体的投影，实质上就是研究该形体表面的点、直线和平面的三面投影。因此，研究点、直线和平面的投影规律及投影特性，乃是绘制和阅读形体投影的基础。

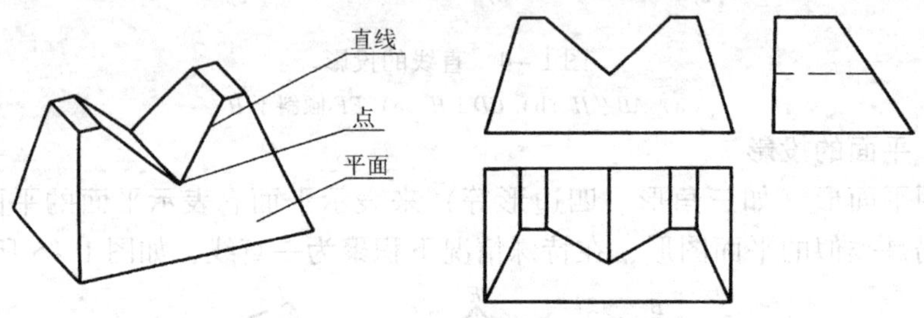

图 2-1 V 形块及其投影图

第一节 点的投影

一、直角三投影面体系

以相互垂直的三个平面作为投影面，便组成了三投影面体系，如图 2-2a 所示。正立放置的投影面称为正立投影面，简称正面，用 V 表示；水平放置的投影面称为水平投影面，简称水平面，用 H 表示；侧立放置的投影面称为侧立投影面，简称侧面，用 W 表示。

在投影法中，相互垂直的投影面之间的交线称为投影轴。在多面正投影中，相互垂直的三根投影轴分别用 OX、OY、OZ 表示，如图 2-2b 所示。

二、点的三面投影图

如图 2-3a 所示，设有一空间点 A，分别向 H、V、W 面进行投射得 a、a'、a''三个投影。a 称为 A 点的水平投影；a'称为 A 点的正面投影；a''称为 A 点的侧面投影[㊀]。

为将空间的三个投影展开在一个平面上，让 V 面保持不动，H 面绕 OX 轴向下旋转与 V 面重合；W 面绕 OZ 轴向右旋转与 V 面重合，即能得到点的三面投影

㊀ 现规定空间点用拉丁字母的大写字母如 A、B、C……表示；水平投影用相应的小写字母，如 a、b、c……表示；正面投影用相应的小写字母在右上角加一撇如 a'、b'、c'……表示；侧面投影用相应的小写字母在右上角加两撇如 a''、b''、c''……表示。

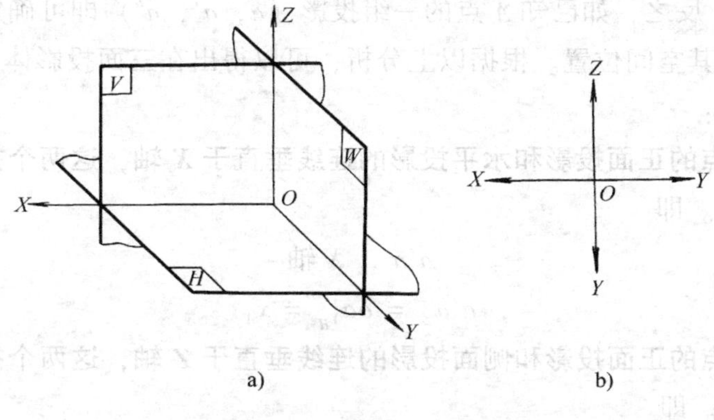

图 2－2　三投影面体系

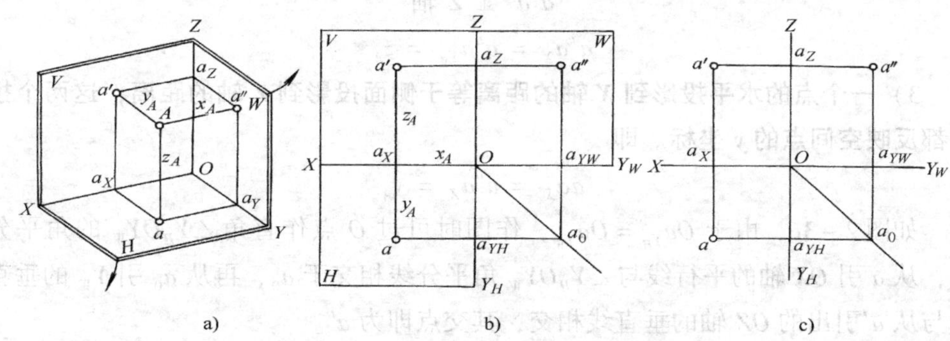

图 2－3　点在三投影面体系中的投影

图，如图 2－3b 所示。其中 Y 轴随 H 面旋转时以 OY_H 表示；随 W 面旋转时以 OY_W 表示。因为平面是无界的，在投影图上不画出投影面的边界，而只画出其投影轴，如图 2－3c 所示。

三、点在三投影面体系中的投影规律

如把三投影面体系看作为直角坐标体系，则 H、V、W 面即为坐标面，X、Y、Z 轴即为坐标轴，O 点即为坐标原点。由图 2－3 可以看出 A 点的直角坐标 x_A、y_A、z_A 即为 A 点分别到三个坐标面的距离，它们与 A 点的投影 a、a'、a''的关系如下：

$$Aa'' = aa_Y = a'a_Z = Oa_X = x_A$$
$$Aa' = aa_X = a''a_Z = Oa_Y = y_A$$
$$Aa = a'a_X = a''a_Y = Oa_Z = z_A$$

由此可见，a 可由 Oa_X 和 Oa_Y 即 A 点的 x_A、y_A 两坐标决定；a'可由 Oa_X 和 Oa_Z 即 A 点的 x_A、z_A 两坐标决定；a''可由 Oa_Y 和 Oa_Z 即 A 点的 y_A、z_A 两坐标决定。所以空间一点 A（x_A，y_A，z_A）在三投影面体系中有唯一确定的一组投影

(a, a', a''); 反之，如已知 A 点的一组投影 (a, a', a'') 即可确定该点的坐标值，亦即确定其空间位置。根据以上分析，可以得出在三面投影体系中一个点的投影规律如下：

1）**一个点的正面投影和水平投影的连线垂直于 X 轴，这两个投影都反映空间点的 x 坐标。**即

$$a'a \perp X \text{轴}$$

$$a'a_Z = aa_{Y_H} = x_A$$

2）**一个点的正面投影和侧面投影的连线垂直于 Z 轴，这两个投影都反映空间点的 z 坐标。**即

$$a'a'' \perp Z \text{轴}$$

$$a'a_X = a''a_{Y_W} = z_A$$

3）**一个点的水平投影到 X 轴的距离等于侧面投影到 Z 轴的距离，这两个投影都反映空间点的 y 坐标。**即

$$aa_X = a''a_Z = y_A$$

如图 2-3c，由于 $Oa_{Y_H} = Oa_{Y_W}$，作图时可过 O 点作直角 $\angle Y_HOY_W$ 的角平分线，从 a 引 OX 轴的平行线与 $\angle Y_HOY_W$ 角平分线相交于 a_0，再从 a_0 引 Y_W 的垂直线与从 a' 引出的 OZ 轴的垂直线相交，其交点即为 a''。

根据点的投影规律，可由点的三个坐标值 A (x_A, y_A, z_A) 画出其三面投影，也可根据点的两面投影作出第三面投影。

例 2-1 已知 A 点的坐标 (20, 15, 10)、B 点的坐标 (30, 10, 0)、C 点的坐标 (15, 0, 0)，求作各点的三面投影，如图 2-4 所示。（长度单位均为 mm，以下同）

解 分析：由于 $z_B = 0$，B 点则在 H 面上；又由于 $y_C = 0$，$z_C = 0$，C 点则在 X 轴上。

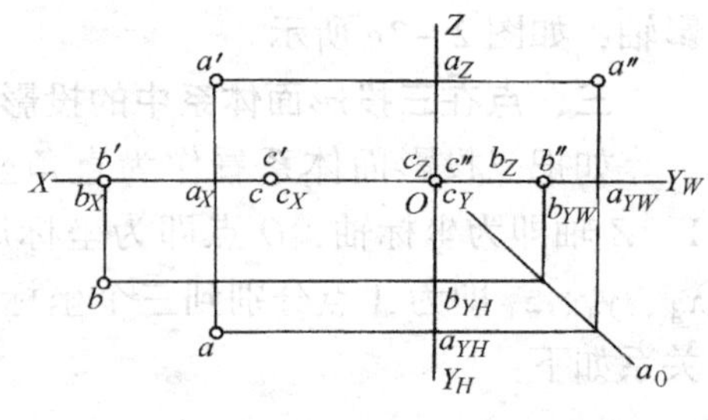

图 2-4 根据点的坐标作出投影

作图：

A 点的投影：从 O 点在 X、Y、Z 轴上分别量取 $Oa_X = x_A = 20$，$Oa_{Y_H} = Oa_{Y_W} = y_A = 15$，$Oa_Z = z_A = 10$；然后从 a_X、a_{Y_H}、a_{Y_W}、a_Z 各引所在轴的垂线，则 aa_X 与 aa_{Y_H} 相交决定 a，$a'a_X$ 与 $a'a_Z$ 相交决定 a'，$a''a_{Y_W}$ 与 $a''a_Z$ 相交决定 a''。

B 点的投影：从 O 点在 X、Y 轴上分别量取 $Ob_X = x_B = 30$；$Ob_{Y_H} = Ob_{Y_W} = y_B = 10$，然后由 b_X、b_{Y_H} 作出所在轴的垂线，相交得 b 点。由于 $b'b_X = b''b_{Y_W} = z_B =$

0，所以 b' 与 b_X 重合，b'' 与 b_{Y_W} 重合。

C 点的投影：从 O 点在 X 轴上量取 $Oc_X = x_C = 15$，由于 $y_C = 0$，$z_C = 0$，所以 c 与 c'、c_X 均重合，c'' 与原点 O 重合。

由上例可知，当点的一个坐标为零时，则该点必在某投影面上（如 $z_B = 0$，则 B 点在 H 面上），它的两个投影必定在相应的投影轴上（如 b'、b'' 在 X 轴和 Y_W 轴上）。当点的两个坐标为零时，则该点必在某投影轴上（如 $y_C = 0$、$z_C = 0$，则 C 点在 X 轴上），它的两个投影必定重合在该投影轴上，另一投影与原点重合（如 c、c' 在 X 轴上，c'' 与 O 点重合）。

四、两点的相对位置及重影点

在投影面体系中，两点的相对位置是由两点的坐标差决定的。如图 2-5 所示，已知空间两点的坐标为 A（x_A、y_A、z_A）、B（x_B、y_B、z_B）。A、B 两点的左右位置，由 x 坐标差（$x_A - x_B$）决定，由于 $x_A > x_B$，因此 A 点在左，B 点在右。A、B 两点的前后位置，由 y 坐标差（$y_B - y_A$）决定，由于 $y_B > y_A$，因此 B 点在前，A 点在后。两点的上下位置，由 z 坐标差（$z_B - z_A$）决定，由于 $z_B > z_A$，因此 B 点在上，A 点在下。

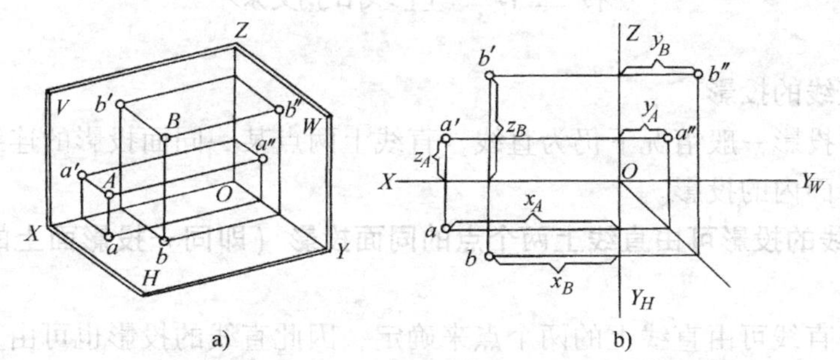

图 2-5　两点的相对位置

当两点的某两个坐标相同时，该两点将处于同一投射线上，因而对某一投影面具有重合的投影，则这两点称为对该投影面的两个重影点。如图 2-6 所示的 C、D 两点，其中 $x_C = x_D$，$z_C = z_D$，因此它们的正面投影 c' 和（d'）重影为一点。由于 $y_C > y_D$，所以从前面方向看时 C 是可见的，D 是不可见的。为区别可见与不可见点的表达，将不可见点的符号加括号。又如 C、E 两点，其中 $x_C = x_E$，$y_C = y_E$，因此它们的水平投影（c）、e 重影为一点，由于 $z_E > z_C$，所以从上面方向看时 E 是可见的，C 是不可见的。再如 C、F 两点，其中 $y_C = y_F$，$z_C = z_F$，它们的侧面投影 c''、（f''）重影为一点，由于 $x_C > x_F$，所以从左面方向看时，C 是可见的，F 是不可见的。由此可见，一个点在一个方向上看是可见的，从另一个方向看则不一定是可见的，要根据该点和其他点的相对位置而定。此外，在投影图上，如果两个点的投影重合时，则对重合投影所在投影面的距离（即对该投影面的坐标值）较大的那个点是可见的，而另一个点是不可见的。由此得出结论：**如果两个点的某面投影重影时，则对该投影面的坐标值大者为可见，小者为不可见。**

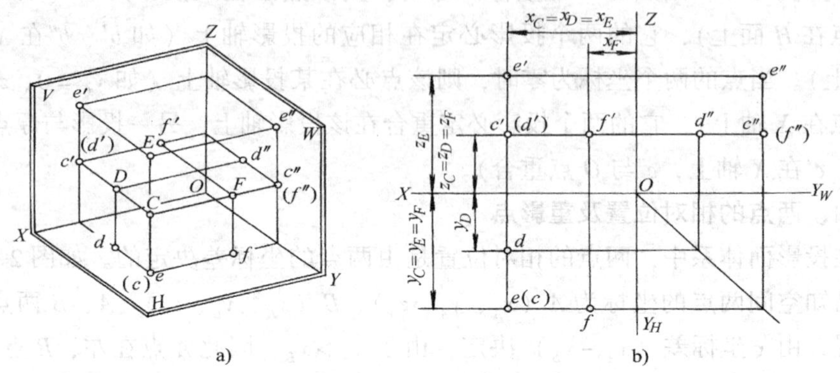

图 2-6　重影点的投影

第二节　直线的投影

一、直线的投影

直线的投影一般情况下仍为直线。直线上两点某一同面投影的连线，就是直线在该投影面内的投影。

1）**直线的投影可由直线上两个点的同面投影（即同一投影面上的投影）来确定。**

空间一直线可由直线上的两个点来确定，因此直线的投影也可由直线上两点（通常取线段的两个端点）的投影来确定。如图 2-7 所示的直线 AB，求作它的三面投影时可分别作出 A、B 两端点的投影（a，a'，a''）、（b，b'，b''），然后将其同面投影连接起来，即得直线 AB 的三面投影 ab、$a'b'$、$a''b''$。

2）**直线上任一点的投影必在该直线的同面投影上。**

如图 2-7 在直线 AB 上有一点 K，则 K 点的三面投影 k、k'、k''必定分别在直线的同面投影 ab、$a'b'$、$a''b''$上。反之，如果 K 点的三面投影中有一面投影不在直线 AB 的同面投影上，则该点一定不在这条直线 AB 上。

3）**直线上两线段之比等于其投影之比（点分割线段成定比）。**

如图 2-7 所示，K 点把 AB 分为 AK 和 KB 两线段，从梯形 $ABb'a'$的两底 Aa'、Bb'和 Kk'互相平行的性质可知：

$\frac{AK}{BK}=\frac{a'k'}{b'k'}$，同理$\frac{AK}{BK}=\frac{ak}{bk}=\frac{a''k''}{b''k''}$

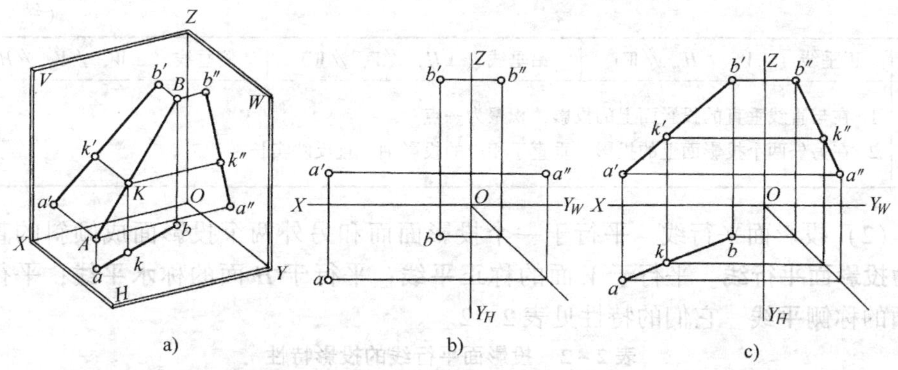

图 2－7　直线的投影

二、各类直线的投影特性

根据直线在投影面体系中的位置可分为三类：①投影面垂直线；②投影面平行线；③投影面倾斜线。前两类直线称为特殊位置直线；后一类称为一般位置直线，并规定直线对 H 面的倾角为 α，对 V 的倾角为 β，对 W 面的倾角为 γ。它们具有不同的投影特性，现分述如下。

（1）投影面垂直线　垂直于一个投影面而和另外两个投影面平行的直线称为**投影面垂直线**。垂直于 V 面的称**正垂线**；垂直于 H 面的称**铅垂线**；垂直于 W 面的称**侧垂线**。它们的投影特性见表 2－1。

表 2－1　投影面垂直线的投影特性

名称	正垂线（$\perp V$，$/\!/H$，$/\!/W$）	铅垂线（$\perp H$，$/\!/V$，$/\!/W$）	侧垂线（$\perp W$，$/\!/V$，$/\!/H$）
立体图	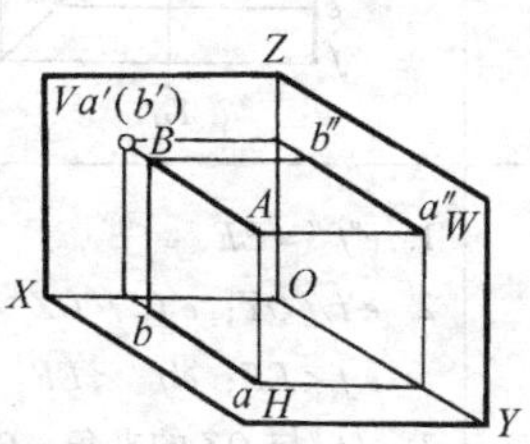	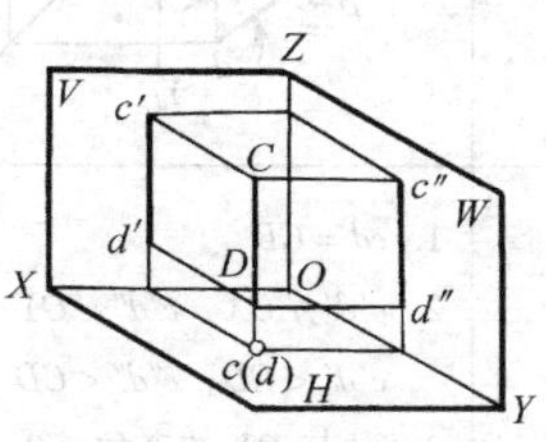	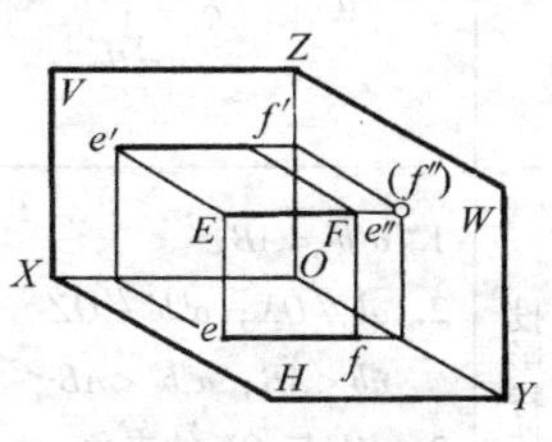
投影图	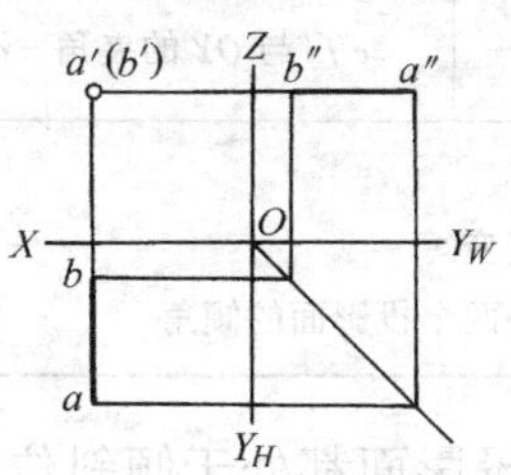	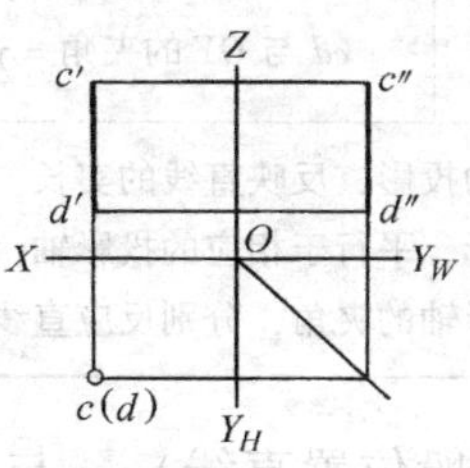	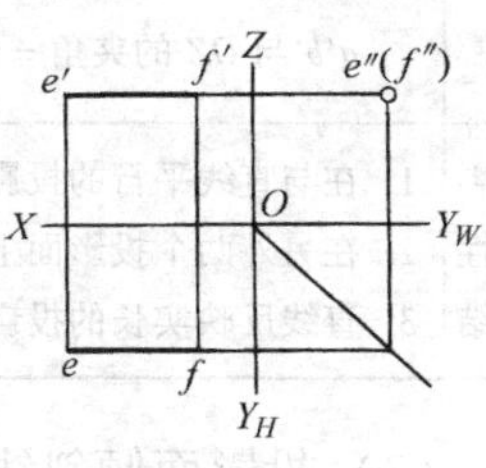
投影特性	1. a'，b'积聚为一点 2. $ab /\!/ OY$，$a''b'' /\!/ OY$ $ab = a''b'' = AB$	1. c、d 积聚为一点 2. $c'd' /\!/ OZ$；$c''d'' /\!/ OZ$ $c'd' = c''d'' = CD$	1. e''、f''积聚为一点 2. $ef /\!/ OX$，$e'f' /\!/ OX$ $ef = e'f' = EF$

（续）

名称	正垂线（$\perp V$，$/\!/H$，$/\!/W$）	铅垂线（$\perp H$，$/\!/V$，$/\!/W$）	侧垂线（$\perp W$，$/\!/V$，$/\!/H$）
投影特性小结	1. 在与直线垂直的投影面上的投影，积聚为一点 2. 在另外两个投影面上的投影，垂直于相应的投影轴，且反映实长		

（2）投影面平行线　平行于一个投影面而和另外两个投影面成倾斜的直线称为**投影面平行线**。平行于 V 面的称**正平线**；平行于 H 面的称**水平线**；平行于 W 面的称**侧平线**。它们的特性见表 2－2。

表 2－2　投影面平行线的投影特性

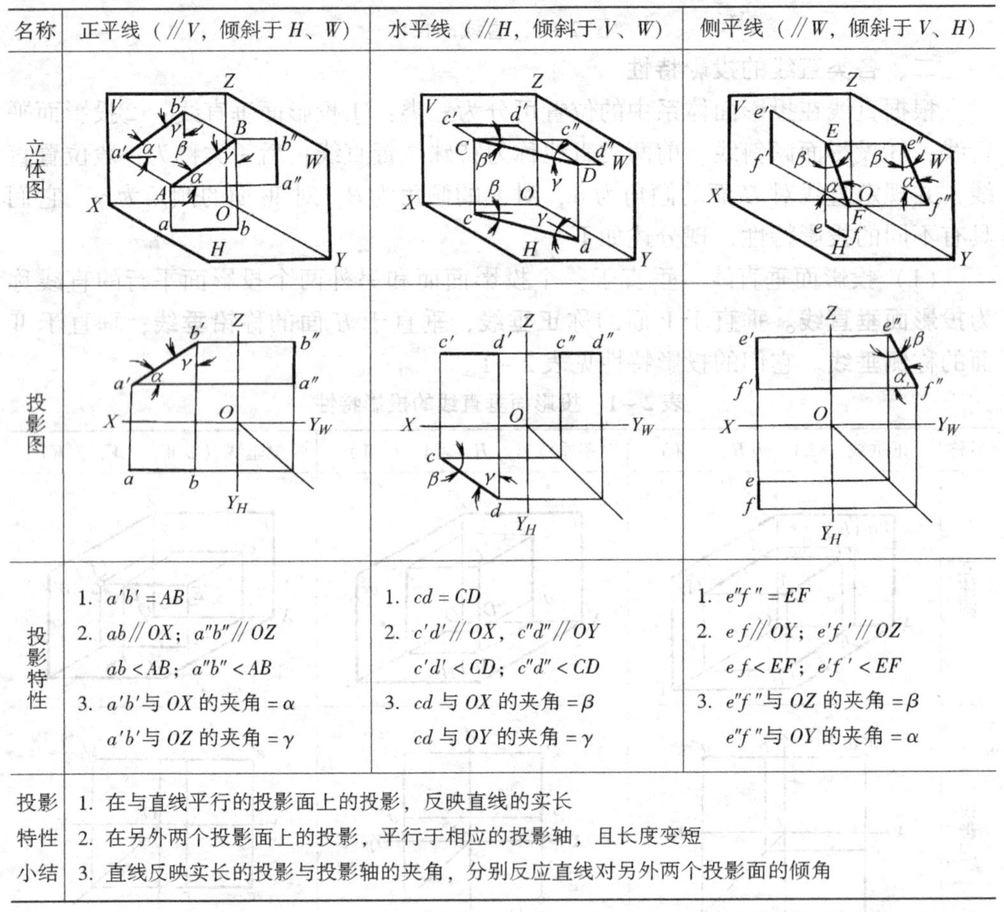

名称	正平线（$/\!/V$，倾斜于 H、W）	水平线（$/\!/H$，倾斜于 V、W）	侧平线（$/\!/W$，倾斜于 V、H）
立体图			
投影图			
投影特性	1. $a'b'=AB$ 2. $ab/\!/OX$；$a''b''/\!/OZ$ $ab<AB$；$a''b''<AB$ 3. $a'b'$与 OX 的夹角 $=\alpha$ $a'b'$与 OZ 的夹角 $=\gamma$	1. $cd=CD$ 2. $c'd'/\!/OX$，$c''d''/\!/OY$ $c'd'<CD$；$c''d''<CD$ 3. cd 与 OX 的夹角 $=\beta$ cd 与 OY 的夹角 $=\gamma$	1. $e''f''=EF$ 2. $ef/\!/OY$；$e'f'/\!/OZ$ $ef<EF$；$e'f'<EF$ 3. $e''f''$与 OZ 的夹角 $=\beta$ $e''f''$与 OY 的夹角 $=\alpha$
投影特性小结	1. 在与直线平行的投影面上的投影，反映直线的实长 2. 在另外两个投影面上的投影，平行于相应的投影轴，且长度变短 3. 直线反映实长的投影与投影轴的夹角，分别反应直线对另外两个投影面的倾角		

（3）投影面倾斜线（一般位置直线）　与三个投影面都处于倾斜位置的直线称为**投影面倾斜线**。如图 2－8 所示，直线 AB 的实长、投影和投影面倾角之间的关系为：$ab=AB\cos\alpha$；$a'b'=AB\cos\beta$；$a''b''=AB\cos\gamma$。

从上式可知：当直线处于倾斜位置时，即$0<\alpha<90°$、$0<\beta<90°$、$0<\gamma<$

90°，直线的三个投影 ab、$a'b'$、$a''b''$均小于实长。

倾斜线的投影特性为：ab、$a'b'$、$a''b''$都与投影轴倾斜且都小于实长；各个投影与投影轴的夹角都不反映该直线对投影面的倾角。

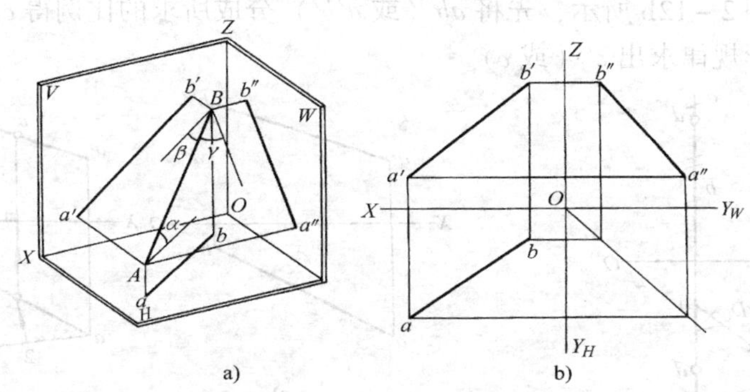

图 2－8　倾斜线的投影特性

例 2－2　已知三棱锥的投影图，试分析各棱线对投影面的相对位置（图 2－9）。

解　根据上述各种位置直线的投影特性，判断如下：

AB ∥H、BC ∥H、AC ⊥W、SA 倾斜线、SB ∥W、SC 倾斜线。

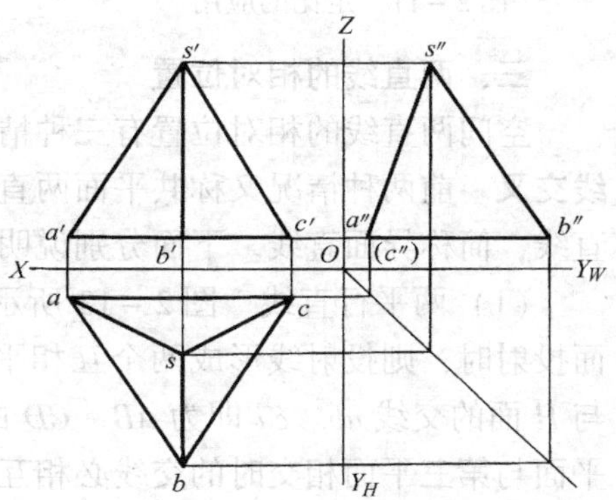

图 2－9　三棱锥的投影图

例 2－3　判断点 D 是否在直线 AB 上，见图 2－10a。

解　求出侧面投影（图 2－10b），可知 d''不在 $a''b''$上，故点 D 不在直线 AB 上。其空间状态如图 2－10c 所示，点 D 在直线 AB 的正上方。因为直线 AB 为侧平线，所以应求出侧面投影才能确定。

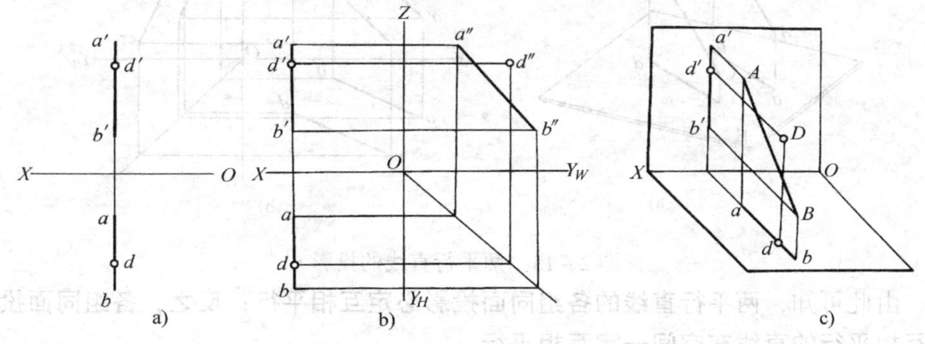

图 2－10　判断点是否在直线上

另解　可应用定比的方法，如图2－11所示，因 $ad:db \neq a'd':d'b'$，故点 D 不在直线 AB 上。

例2－4　在已知直线 AB 上求出点 C 的投影，使 $AC:CB=2:3$（图2－12a）。

解　如图2－12b所示，先将 ab（或 $a'b'$）分成所求的比例得 c（或 c'），然后按点的投影规律求出 c'（或 c）。

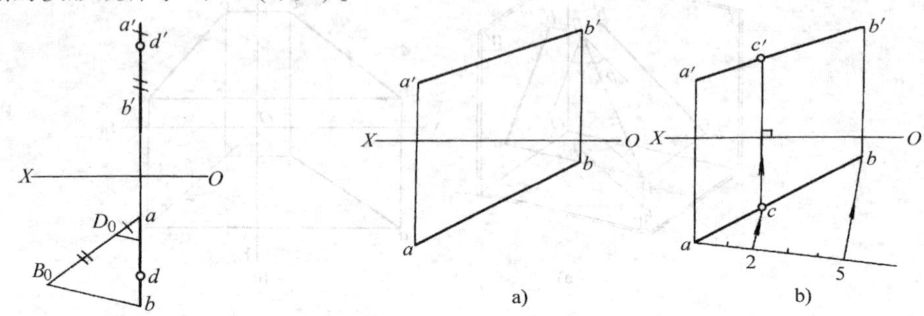

图2－11　定比的应用　　　　图2－12　分线段成定比

三、两直线的相对位置

空间两直线的相对位置有三种情况：①**两直线平行**；②**两直线相交**；③**两直线交叉**。前两种情况又称共平面两直线，简称共面直线；后一情况又称异平面两直线，简称异面直线。下面分别说明其投影性质。

（1）两平行直线　图2－13所示为两平行直线 AB 和 CD，当 AB 和 CD 向 H 面投射时，则投射线形成两个互相平行的平面 $ABba$ 和 $CDdc$，$ABba$、$CDdc$ 平面与 H 面的交线 ab、cd 即为 AB、CD 的水平投影。由初等几何知：相互平行的两平面与第三平面相交时的交线必相互平行，所以 $ab /\!/ cd$。同理，$a'b' /\!/ c'd'$，$a''b'' /\!/ c''d''$。

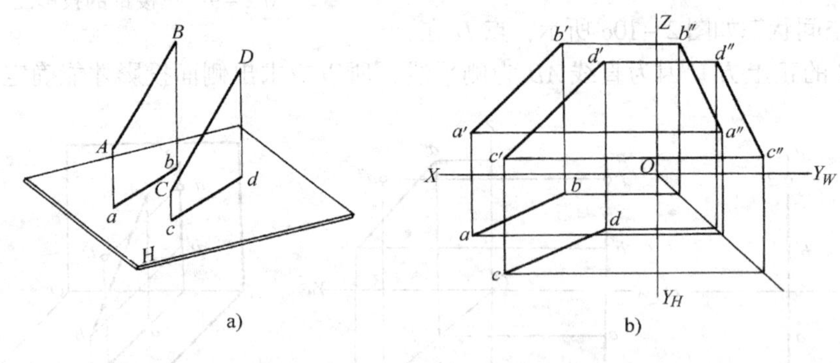

图2－13　两平行直线的投影

由此可知，**两平行直线的各组同面投影必定互相平行；反之，各组同面投影都互相平行的直线在空间一定互相平行。**

（2）两相交直线　图2－14所示为两相交直线 AB 和 CD，它们的交点为 K。

根据点在直线上的投影特性，可知 K 点的水平投影 k 一定既在 AB 的水平投影 ab 上，又在 CD 的水平投影 cd 上，也就是说，k 一定是 ab 和 cd 的交点。同理，k' 必定是 $a'b'$ 和 $c'd'$ 的交点，k'' 必定是 $a''b''$ 和 $c''d''$ 的交点。由于 k、k'、k'' 是同一点 K 的三面投影，故 kk' 的连线垂直 OX 轴，$k'k''$ 的连线垂直 OZ 轴。

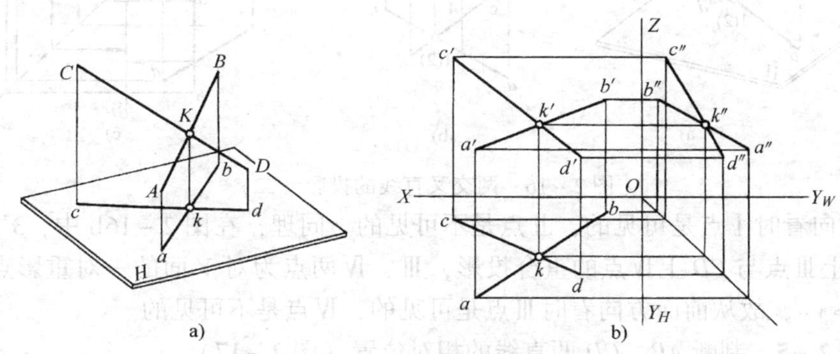

图 2－14　两相交直线的投影

由此可知，**两相交直线的各组同面投影必定相交，而且这些投影的交点是同一点的投影，应该符合点的投影规律；反之，两直线的各组同面投影都相交、且各组投影的交点符合空间一点的投影规律，则这两直线在空间一定相交。**

（3）两交叉直线　既不平行又不相交的两直线称为两交叉直线，如图 2－15 所示。两交叉直线的投影可能有一组或两组是相互平行的，但决不会三组同面投影都相互平行。

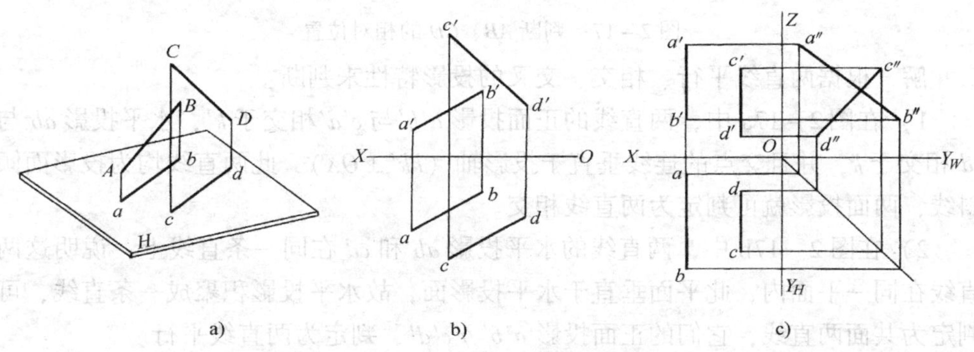

图 2－15　两交叉直线的投影（一）

如图 2－16 所示两交叉直线的投影亦可以有一面、两面，甚至三面投影是相交的，但它们的交点一定不符合同一点的投影规律。

在图 2－16a、2－16b 中，ab 和 cd 的交点实际上是 AB 上的Ⅰ点与 CD 上的Ⅱ点的重合投影 1（2）。Ⅰ、Ⅱ两点在对 H 面的同一投影线上，所以它们的水平投影 1、（2）重合，Ⅰ、Ⅱ两点称为对 H 面的一对重影点。由于 $z_{\text{I}} > z_{\text{II}}$，故从

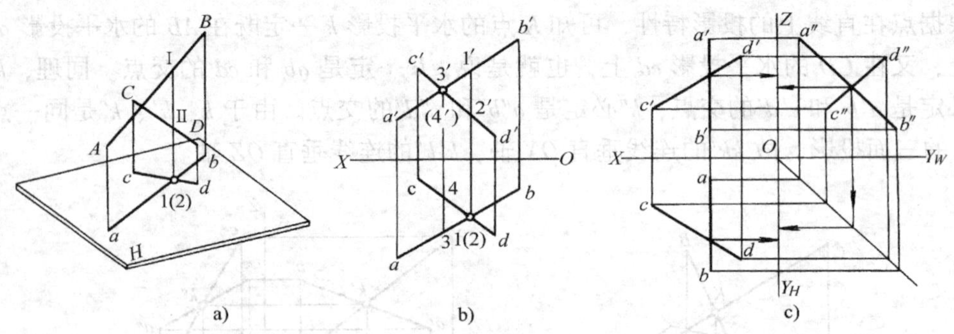

图 2－16　两交叉直线的投影（二）

上面方向看时Ⅰ点是可见的，Ⅱ点是不可见的。同理，在图 2－16b 中，3′（4′）为 AB 上Ⅲ点与 CD 上Ⅳ点的重合投影，Ⅲ、Ⅳ两点为对 V 面的一对重影点，由于 $y_{\text{Ⅲ}} > y_{\text{Ⅳ}}$，故从前面方向看时Ⅲ点是可见的，Ⅳ点是不可见的。

例 2－5　判断 AB、CD 两直线的相对位置（图 2－17）。

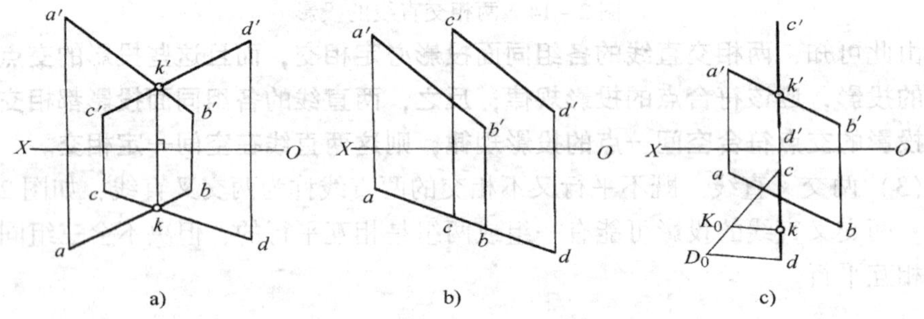

图 2－17　判断 AB、CD 的相对位置

解　根据两直线平行、相交、交叉的投影特性来判断：

1）在图 2－17a 中，两直线的正面投影 $a'b'$ 与 $c'd'$ 相交于 k'，水平投影 ab 与 cd 相交于 k，并且交点的连线垂直于投影轴（$kk' \perp OX$），此两直线均为投影面倾斜线，两面投影就可判定为两直线相交。

2）在图 2－17b 中，两直线的水平投影 ab 和 cd 在同一条直线上，说明这两直线在同一平面内，此平面垂直于水平投影面，故水平投影积聚成一条直线，可判定为共面两直线，它们的正面投影 $a'b' /\!/ c'd'$，判定为两直线平行。

3）在图 2－17c 中，虽然两组同面投影都相交，但直线 CD 平行于侧面，可利用直线上的点分割线段成定比的原理来判断。设 $a'b'$ 与 $c'd'$ 相交于 k'，按定比在水平投影 cd 上求出 k 的位置，图中 k 不在 ab 与 cd 的交点上，可判定为两直线交叉。亦可画出侧面投影来得出结论。

例 2－6　已知两直线 AB、CD 的投影及点 M 的水平投影 m，试作一直线 MN 平行于 CD 并与直线 AB 相交于 N 点（图 2－18a）。

解 欲使 $MN /\!/ CD$，则 MN 的各面投影必须平行于 CD 的各同面投影；MN 要与 AB 相交，其各同面投影必须相交，而且交点应符合点的投影规律。

作图：如图 2－18b 所示。

1）过 m 作 $mn /\!/ cd$，并与 ab 相交于 n；

2）因交点 N 在直线 AB 上，由 n 求出 n'；

3）过 n'作 $n'm' /\!/ c'd''$，由 m 求得 m'。

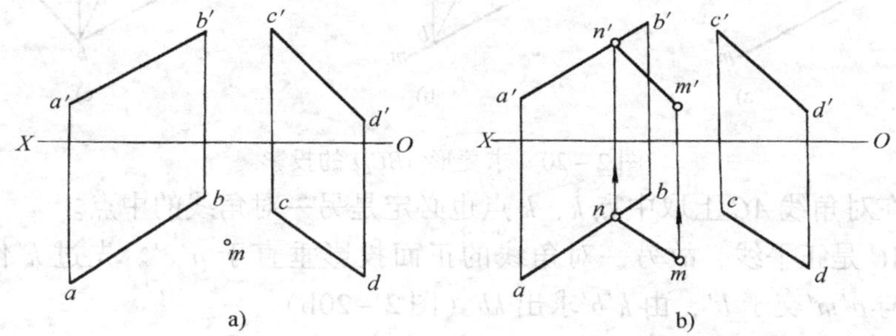

图 2－18 作 MN 平行于 CD 并与 AB 相交

（4）垂直相交两直线的投影（其中一直线平行于某一投影面） 垂直相交两直线是两直线相交的特殊情况。

如图 2－19 所示两直线 AB 和 BC 垂直相交，其中 AB 平行于 H 面，BC 倾斜于 H 面。由于 $AB \perp BC$，$AB \perp Bb$，所以 AB 垂直于平面 $BCcb$，又因 $AB /\!/ H$ 面，故 $AB /\!/ ab$，则 ab 垂直于平面 $BCcb$，因此 $ab \perp bc$。

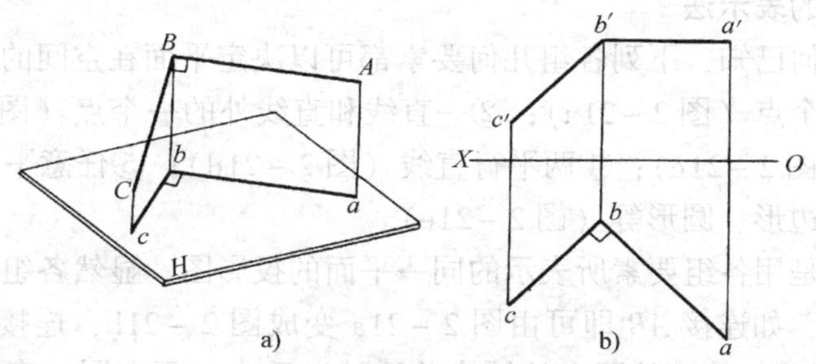

图 2－19 垂直相交两直线的投影

由此可知，**垂直相交两直线，当其中一条直线为投影面平行线时，则两直线在该投影面上的投影也必定相互垂直；反之，若相交两直线在某一投影面上的投影相互垂直，且其中有一条直线为该投影面的平行线，则这两直线在空间也必定相互垂直。**

例 2－7 已知一菱形 $ABCD$ 的一条对角线 AC，以及菱形的一边 AB 位于直线 AM 上，求该菱形的投影（图 2－20a）。

分析：菱形的两对角线相互垂直，且其交点平分对角线的线段长度。

作图：

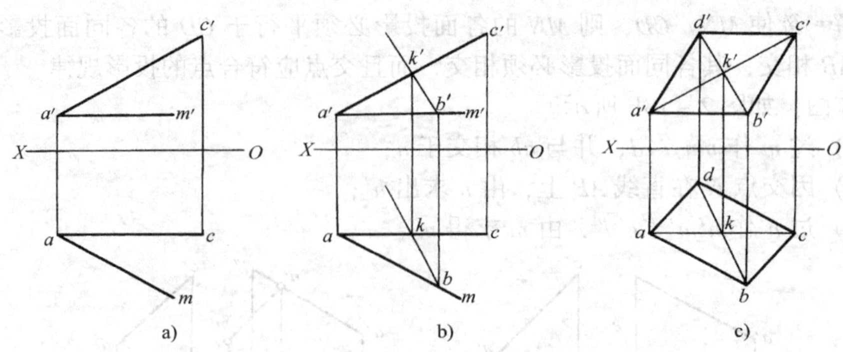

图 2－20　求菱形 $ABCD$ 的投影

1）在对角线 AC 上取中点 k，k 点也必定是另一对角线的中点。

2）AC 是正平线，故另一对角线的正面投影垂直于 $a'c'$。先过 k' 作 $k'b' \perp a'c'$，并与 $a'm'$ 交于 b'，由 $k'b'$ 求出 kb（图 2－20b）。

3）在对角线 KB 的延长线上取一点 D，使 $KB = KD$（即 $k'd' = k'b'$，$kd = kb$），则 $b'd'$ 和 bd 即为另一对角线的投影。连接各点即得菱形 $ABCD$ 的投影（图 2－20c）。

第三节　平面的投影

一、平面的表示法

由初等几何已知，下列各组几何要素都可以决定平面在空间的位置：①不在一直线上的三个点（图 2－21a）；②一直线和直线外的一个点（图 2－21b）；③两相交直线（图 2－21c）；④两平行直线（图 2－21d）；⑤任意平面图形，如三角形、平行四边形、圆形等（图 2－21e）。

图 2－21 是用各组要素所表示的同一平面的投影图。显然各组几何要素是可以相互转换的，如连接 AB 即可由图 2－21a 变成图 2－21b，连接 AB、BC、CA 又可变成图 2－21e 等。从图中的转换关系可以看出，不在同一直线上的三个点是决定平面位置的基本几何要素。

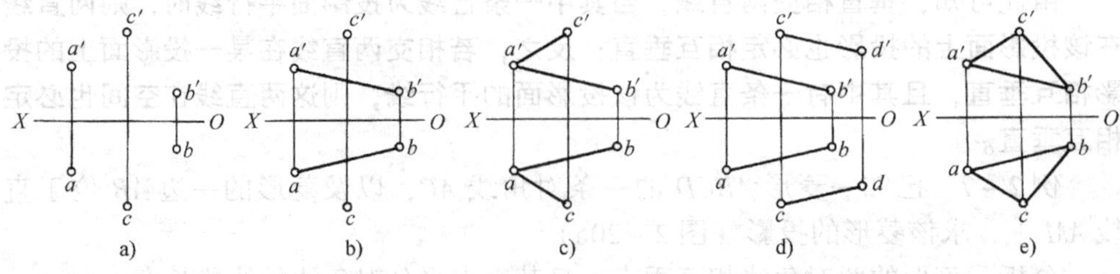

图 2－21　平面的表示法

二、各种位置平面的投影特性

根据平面在三投影面体系中的相对位置可分为三类：①**投影面垂直面**；②**投影面平行面**；③**投影面倾斜面**。前两类平面称为特殊位置平面；后一类平面称为一般位置平面，并规定平面对 H 面的倾角为 α，对 V 面的倾角为 β，对 W 面的倾角为 γ。它们具有不同的投影特性，现分述如下。

（1）投影面垂直面　垂直于一个投影面而与其他两个投影面成倾斜的平面称为**投影面垂直面**。垂直于 H 面的称**铅垂面**；垂直于 V 面的称**正垂面**；垂直于 W 面的称**侧垂面**。它们的投影特性见表 2－3。

表 2－3　投影面垂直面的投影特性

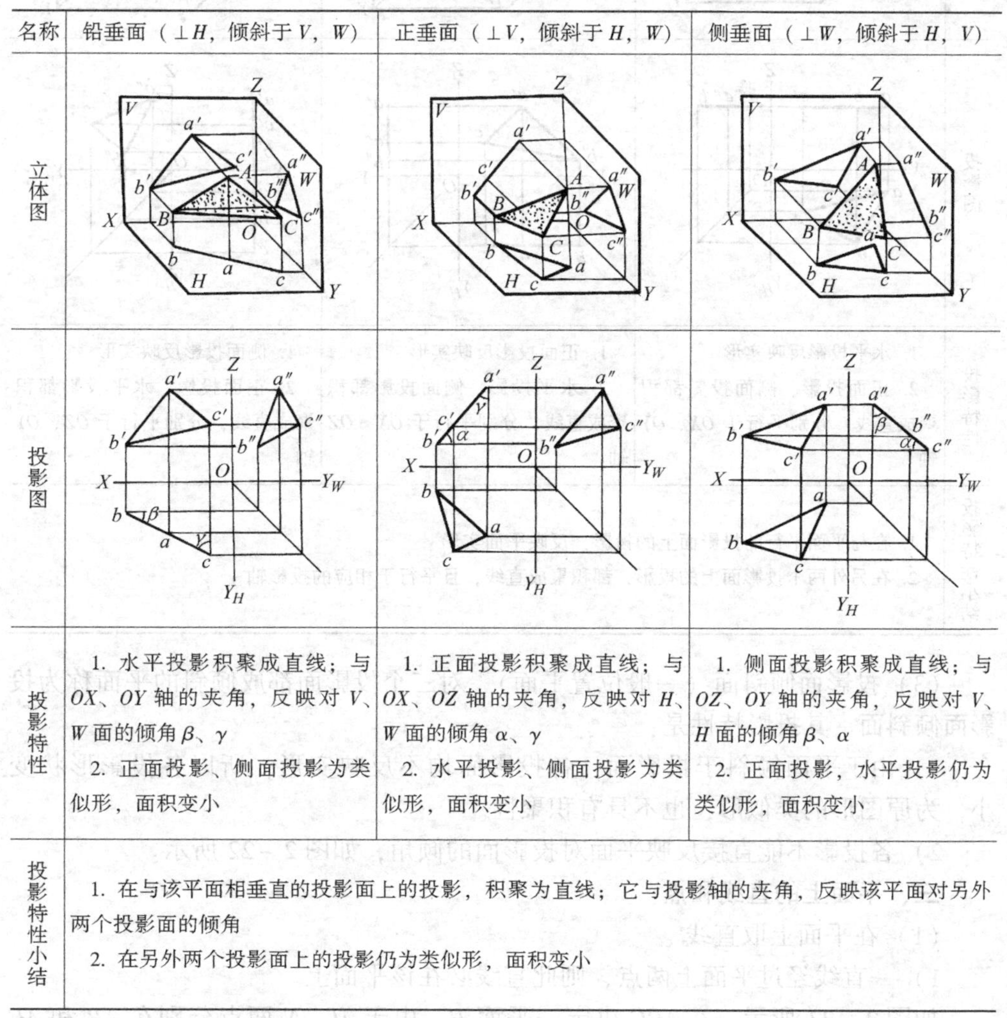

名称	铅垂面（$\perp H$，倾斜于 V，W）	正垂面（$\perp V$，倾斜于 H，W）	侧垂面（$\perp W$，倾斜于 H，V）
立体图			
投影图			
投影特性	1. 水平投影积聚成直线；与 OX、OY 轴的夹角，反映对 V、W 面的倾角 β、γ 2. 正面投影、侧面投影为类似形，面积变小	1. 正面投影积聚成直线；与 OX、OZ 轴的夹角，反映对 H、W 面的倾角 α、γ 2. 水平投影、侧面投影为类似形，面积变小	1. 侧面投影积聚成直线；与 OZ、OY 轴的夹角，反映对 V、H 面的倾角 β、α 2. 正面投影，水平投影仍为类似形，面积变小
投影特性小结	1. 在与该平面相垂直的投影面上的投影，积聚为直线；它与投影轴的夹角，反映该平面对另外两个投影面的倾角 2. 在另外两个投影面上的投影仍为类似形，面积变小		

（2）投影面平行面　平行于一个投影面也即垂直于其他两个投影面的平面

称为**投影面平行面**。平行于 H 面的称**水平面**；平行于 V 面的称**正平面**；平行于 W 面的称**侧平面**。它们的投影特性见表 2－4。

表 2－4　投影面平行面的投影特性

名称	水平面（$//H$，$\perp V$，$\perp W$）	正平面（$//V$，$\perp H$，$\perp W$）	侧平面（$//W$，$\perp V$，$\perp H$）
立体图	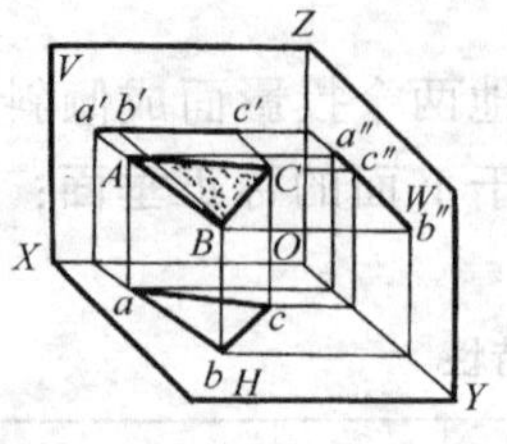	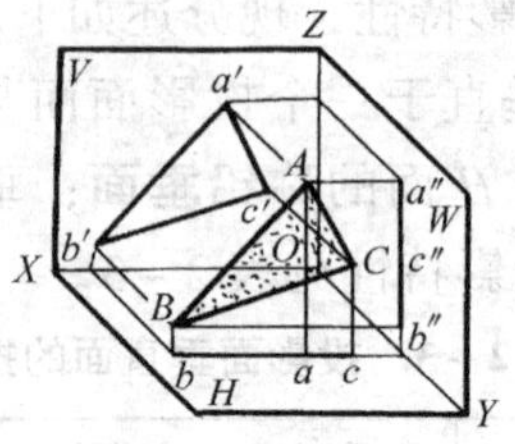	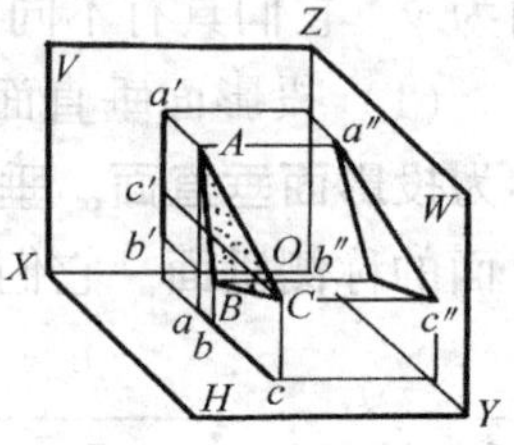
投影图	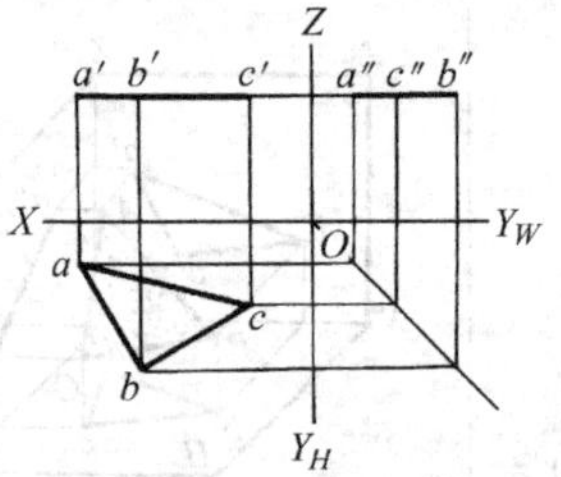	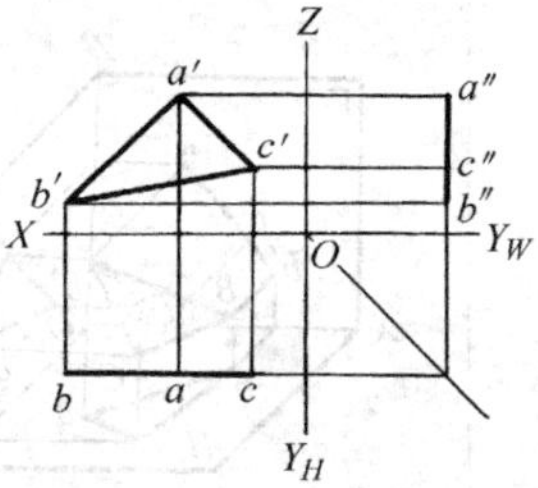	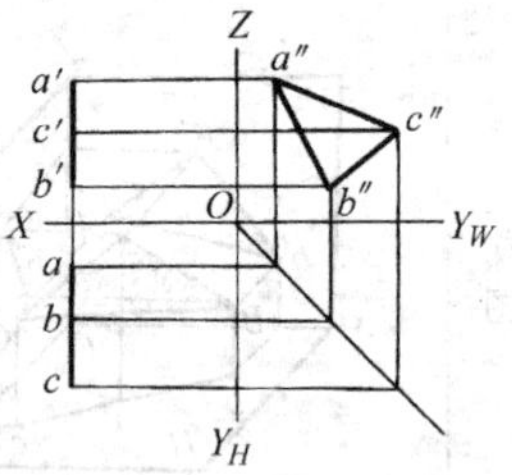
投影特性	1. 水平投影反映实形 2. 正面投影、侧面投影都积聚成直线，分别平行于 OX、OY 轴	1. 正面投影反映实形 2. 水平投影、侧面投影都积聚成直线，分别平行于 OX、OZ 轴	1. 侧面投影反映实形 2. 正面投影、水平投影都积聚成直线，分别平行于 OZ、OY 轴
投影特性小结	1. 在与平面平行的投影面上的投影，反映平面实形 2. 在另外两个投影面上的投影，都积聚成直线，且平行于相应的投影轴		

（3）投影面倾斜面（一般位置平面）　对三个投影面都成倾斜的平面称为**投影面倾斜面**。其投影特性是：

1）由于平面倾斜于投影面，各投影面均不反映实形，所以各投影形状变小，为原图形的类似形，也不具有积聚性。

2）各投影不能直接反映平面对投影面的倾角，如图 2－22 所示。

三、平面上的直线和点

（1）在平面上取直线

1）一直线经过平面上两点，则此直线必在该平面上。

如图 2－23 所示，△ABC 决定一平面 P，由于 M、N 两点分别在 AB 和 AC 上，所以 MN 的连线也一定在 P 平面上。

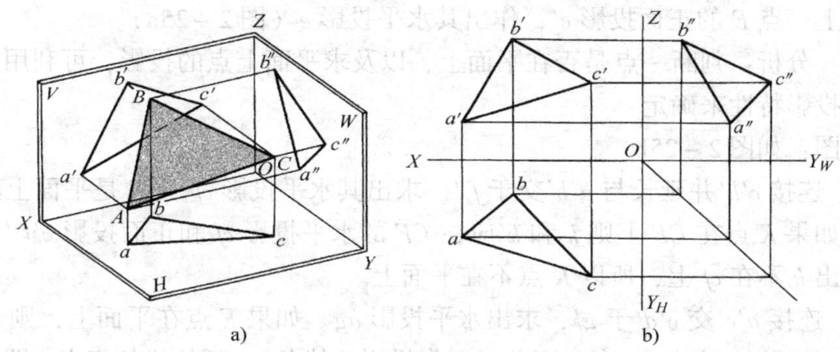

a) b)

图 2－22 倾斜面的投影特性

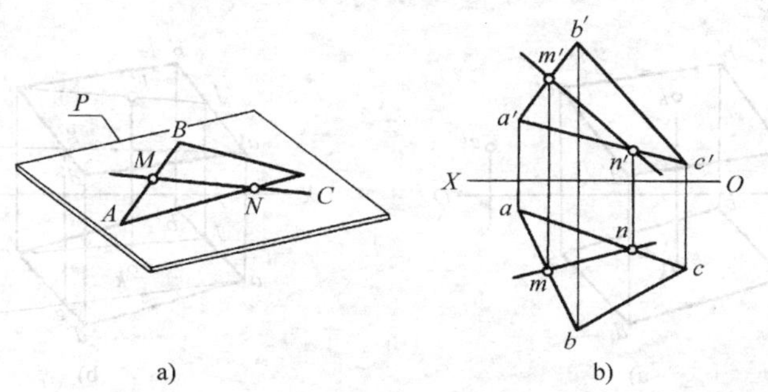

a) b)

图 2－23 平面上取直线（一）

2）一直线经过平面上一点，且平行于平面上的另一直线，则此直线必定在该平面上。

如图 2－24 所示，*EF* 和 *ED* 两相交直线决定一平面 *Q*，如在 *ED* 上取一点 *M*，过 *M* 点作 *MN*∥*EF*，则 *MN* 必定在 *Q* 平面上。

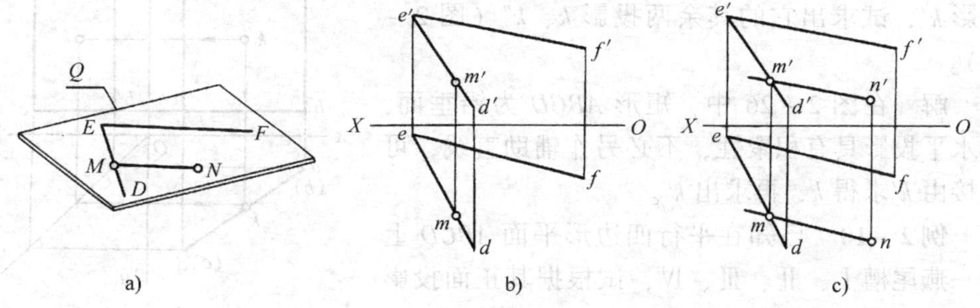

a) b) c)

图 2－24 平面上取直线（二）

（2）在平面上取点 假如点在平面内的任一直线上，则此点必定在该平面上。因此要在平面上取点，必须先在平面上取直线。如图 2－24 所示，由于 *N* 点在平面内直线 *MN* 上，则 *N* 点在此平面上。

例 2－8 已知一平行四边形 *ABCD*，（1）检查 *K* 点是否在平面上；（2）已

知平面上一点 E 的正面投影 e'，作出其水平投影 e（图 2－25a）。

解 分析：判断一点是否在平面上，以及求平面上点的投影，可利用点在平面上的投影特性来确定。

作图：如图 2－25b。

1）连接 $c'k'$ 并延长与 $a'b'$ 交于 f'。求出其水平投影 cf。CF 是平面上的一条直线，如果 K 点在 CF 上则 k 和 k' 应在 CF 的水平投影 cf 和正面投影 $c'f'$ 上。从图上看出 k 不在 cf 上，所以 K 点不在平面上。

2）连接 $a'e'$ 交 $c'd'$ 于 g'，求出水平投影 ag。如果 E 点在平面上，则 E 应在 AG 线上，所以 e 应在 ag 上，因此过 e' 作投影连线与 ag 延长线的交点 e 即为所求 E 点的水平投影。

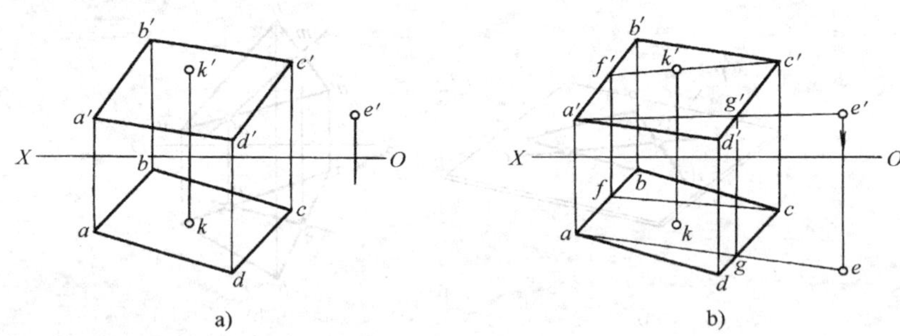

图 2－25 在平面上取点

由此可知，**即使点的两个投影都在平面图形的投影范围内，该点也不一定在平面上；即使一点的两个投影都在平面图形的投影范围外，该点也不一定不在平面上。点是否在平面上应根据它的投影特性来确定。**

例 2－9 已知矩形 $ABCD$ 平面内点 K 的正面投影 k'，试求出它的其余两投影 k、k''（图 2－26）。

解 在图 2－26 中，矩形 $ABCD$ 为铅垂面，其水平投影具有积聚性，不必另作辅助直线，可直接由 k' 求得 k，再求出 k''。

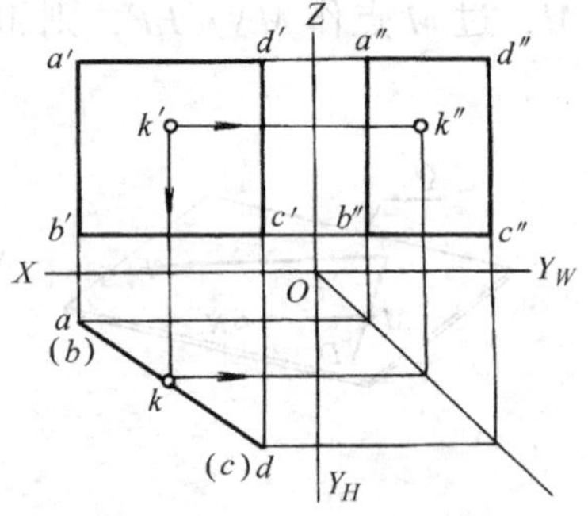

图 2－26 在特殊位置面内取点

例 2－10 已知在平行四边形平面 $ABCD$ 上开一燕尾槽Ⅰ、Ⅱ、Ⅲ、Ⅳ，试根据其正面投影完成其水平投影（图 2－27a）。

解 分析：平面上燕尾槽的水平投影，可根据平面上取点、线的方法求出。

作图：如图 2－27b、2－27c 所示步骤。

1）由于Ⅰ、Ⅳ两点在 AB 线上，则 1、4 在 ab 上。

2）延长 $1'2'$ 与 $c'd'$ 相交于 $5'$，求出Ⅴ点的水平投影 5。再根据投影关系由 $2'$

求出Ⅱ点的水平投影2。

3）由于$2'3'$∥$c'd'$，而Ⅱ、Ⅲ两点与CD在同一平面上，所以ⅡⅢ∥CD，因此过2作cd的平行线23与从$3'$作的投影连线相交得3点。

4）连接1、2、3、4即得燕尾槽的水平投影。

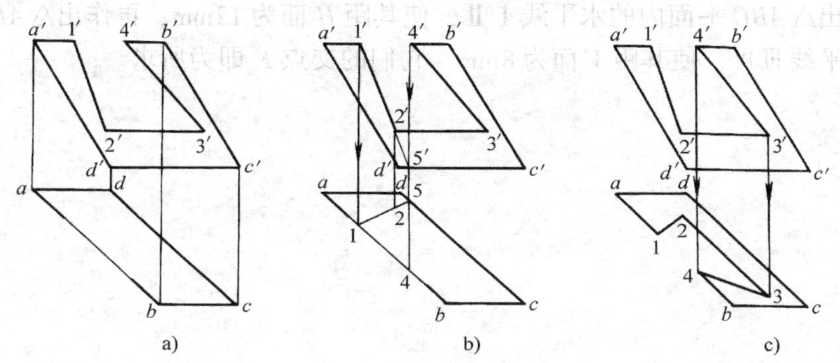

图2－27　求平面上燕尾槽的投影

（3）平面上的投影面平行线　直线既在平面上，又平行于某一个投影面的直线，称为平面上的投影面平行线。可分为三种情况：①**平面上的水平线——直线在平面上，又平行于水平面的直线；②平面上的正平线——直线在平面上，又平行于正面的直线；③平面上的侧平线——直线在平面上，又平行于侧面的直线。**

平面上的投影面平行线，除具有投影面平行线的特性外，由于它又在平面上，所以还应满足直线在平面上的几何条件。如图2－28所示，过A点在平面内要作一水平线AD，可过a'作$a'd'$∥OX轴，再求出它的水平投影ad，$a'd'$和ad即为△ABC上一水平线AD的两面投影。如过C点在平面内要作一正平线CE，可过c点作ce∥OX轴，再求出它的正面投影$c'e'$，$c'e'$和ce即为△ABC上一正平线CE的两面投影。

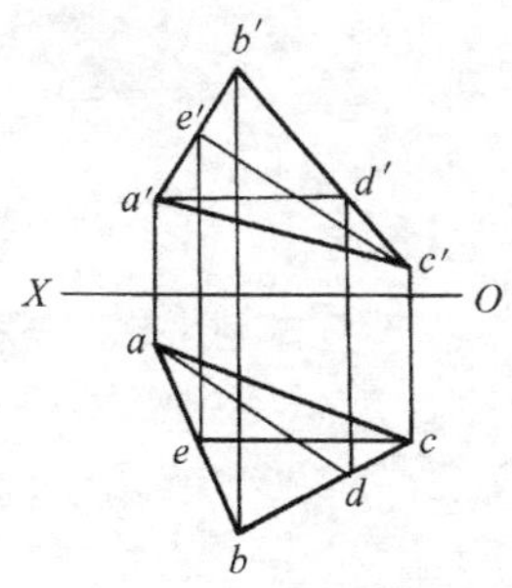

图2－28　平面上的投影面平行线

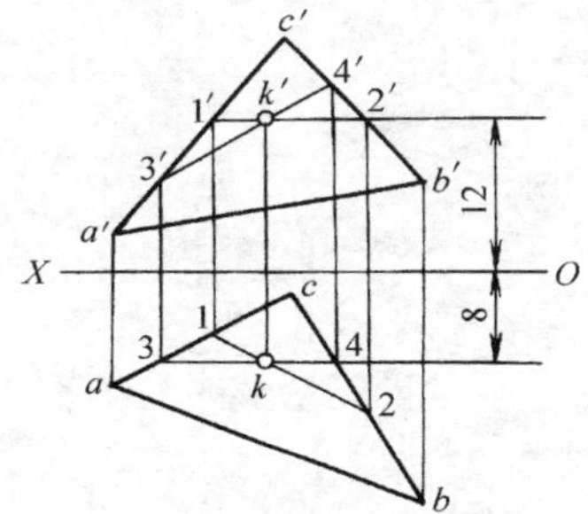

图2－29　在平面内取距H、V为已知距离的点

例 2－11 在△ABC 内取一点 K，使 K 点距 V 面为 8mm，距 H 面为 12mm（图 2－29）。

解 因平面内的水平线是该平面内与 H 面等距离点的轨迹，又因平面内的正平线是该平面内与 V 面等距离点的轨迹，则此两轨迹的交点必满足所求。为此，作出△ABC 平面内的水平线ⅠⅡ，使其距 H 面为 12mm；再作出△ABC 平面内的正平线ⅢⅣ，使其距 V 面为 8mm。它们的交点 K 即为所求。

第三章　立体的投影

立体由若干平面或曲面所围成。由平面围成的立体称为平面立体，简称为平面体，如棱锥、棱柱等；由曲面和平面或曲面围成的立体称为曲面立体，如圆锥、圆柱、球、圆环等。一般复杂的物体都可以看成是上述一些立体的组合，因此在研究复杂物体时应先掌握立体的投影及画法。本章主要介绍常见立体投影图的画法及其表面上取点、线的作图方法。

第一节　平面体的投影

平面体的各表面称为棱面，相邻两棱面的交线称为棱线，三个或三个以上两两相交的棱面有一个公共点称为顶点。作平面体的投影就是作出组成平面体的点（顶点）、线（棱线）、面（棱面）的投影，而关键是正确作出各个顶点的投影。与此同时，还需判别其投影的可见性，可见的棱线用粗实线画出，不可见的棱线用虚线画出。在平面体表面上取点、线就是在平面内取点、线。

作平面体的投影时，应将其放入到三投影面体系中适当的位置。为使作图简便和作出的图形度量性好，应使尽可能多的棱线或棱面处于特殊位置。

一、棱柱

常见的棱柱有三棱柱、四棱柱、六棱柱等，由若干棱面和上下底面组成，棱线互相平行，正棱柱的棱线和棱面垂直于底面。下面以正六棱柱为例说明其投影图的画法及表面上的点和线。

1. 棱柱的投影图

将正六棱柱置于三投影面体系中的适当位置，使其顶面和底面平行于水平面，前后两棱面为正平面，其余四个棱面为铅垂面，六条棱线为铅垂线，如图3－1a 所示。

（1）投影分析　水平投影为反映顶面和底面实形的正六边形，六个棱面积聚在正六边形的六边上，六条棱线积聚在六边形的六个顶点上。正面投影为三个并列的矩形，中间的矩形为平行于正面的两棱面的投影，反映实形，前后重合；两旁的矩形为其余四个棱面的投影，不反映实形，但前后重合，三矩形对齐的上下边为顶面和底面的积聚投影。侧面投影为两并列的矩形，它是左右四个棱面的投影，不反映实形，但左右重合，顶面和底面、前后棱面积聚为一直线。

把正六棱柱从三投影面体系中移开，将其按规定展开摊平，得到正六棱柱的

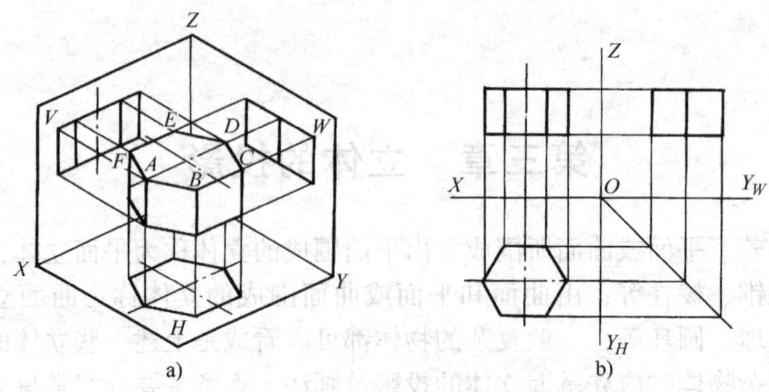

图 3－1　正六棱柱的投影

三面投影图，如图 3－1b 所示。

（2）绘图步骤

1）画出投影轴（也可省略不画）和对称中心线（图中的点画线，超出图形外约 3mm）；

2）画出反映实形的投影及其余两投影；

3）画出各棱线的投影；

4）判别可见性，擦去多余的线，不可见的用虚线表示，可见的用粗实线表示。

正六棱柱的绘图步骤如图 3－2 所示。

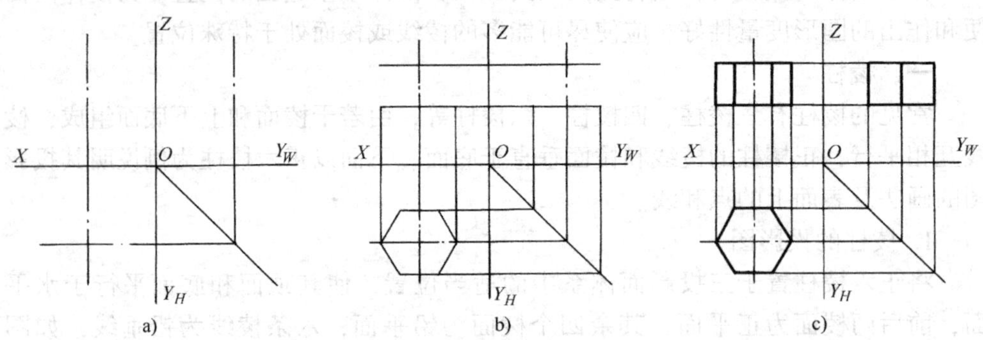

图 3－2　正六棱柱的绘图步骤

a）画投影轴及中心线　b）画顶面和底面的投影　c）画棱面的投影，完成全图

2. 棱柱表面上的点和线

在求作棱柱表面上的点和线时，要充分利用各棱面的积聚性来求。由于围成立体的各表面在投影过程中有遮挡，因此平面体表面上的点和线需判断可见性，不可见表面上的点加括号表示，不可见的线用虚线表示。

例 3－1　已知正六棱柱表面上的点 M 的正面投影 m'，点 N 的水平投影 (n)，如图 3－3a 所示，求两点的其余两投影。

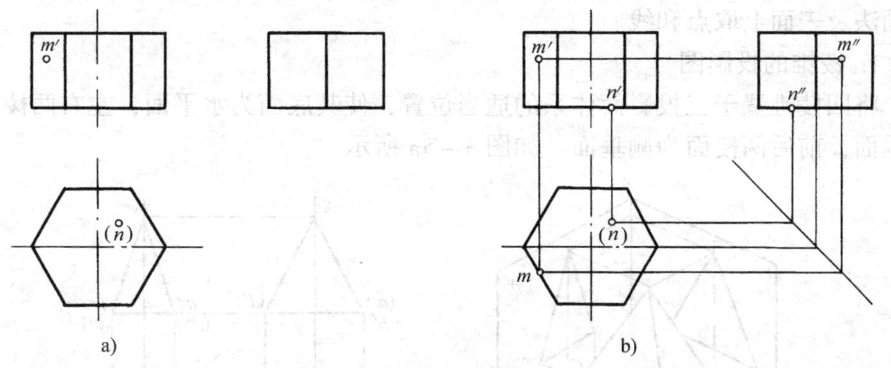

图 3－3　正六棱柱表面上取点

解　分析：从 m' 为可见，可以判断 M 点在左前棱面上，该棱面水平投影积聚为一直线，m 应在此直线上，由 m' 和 m 可求 m''。N 的水平投影为不可见，可以判断 N 应在底面上，该底面正面投影积聚为一直线，n' 也在此直线上。

作图：过 m' 作投射线 $m'm$，$m'm$ 与左前棱面的水平投影交于 m，由 m'、m 可求得 m''，m'、m'' 均为可见；同理，可求得 n'、n''。

例 3－2　已知折线ⅠⅡⅢ在三棱柱的表面上，其正面投影 1′2′3′为可见，如图 3－4a 所示，试作此折线的其余两投影。

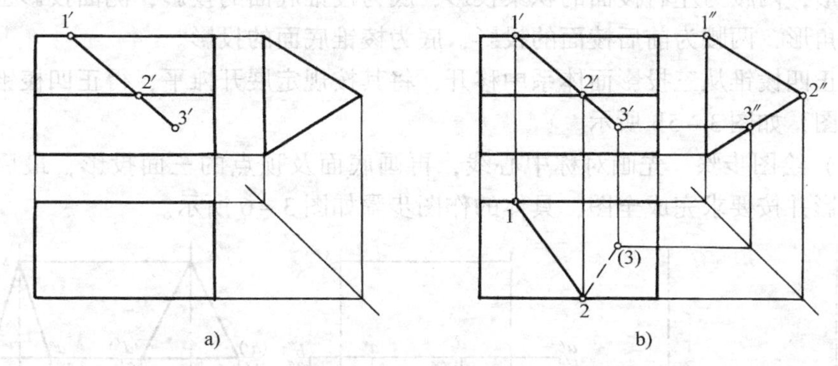

图 3－4　作三棱柱表面上的折线

解　三棱柱的两底面平行于侧面，各棱面均垂直于侧面，其侧面投影有积聚性，因此可直接求出Ⅰ、Ⅱ、Ⅲ三个点的侧面投影 1″、2″、3″，然后再求出这三个点的水平投影 1、2、(3)，如图 3－4b 所示。最后判断可见性，侧面投影可不判别，线段ⅠⅡ所在棱面的水平投影为可见，故将 12 画成粗实线，由于线段ⅡⅢ所在棱面的水平投影为不可见，所以将 2（3） 画成虚线。

二、棱锥

常见的棱锥有三棱锥、四棱锥、六棱锥等，由若干棱面和底面组成，棱面为三角形，棱线相交于顶点，顶点到底面的距离称为高。下面举例说明棱锥投影图的画法及表面上取点和线。

1. 棱锥的投影图

将四棱锥置于三投影面体系的适当位置，使其底面为水平面，左右两棱面为正垂面，前后两棱面为侧垂面，如图 3－5a 所示。

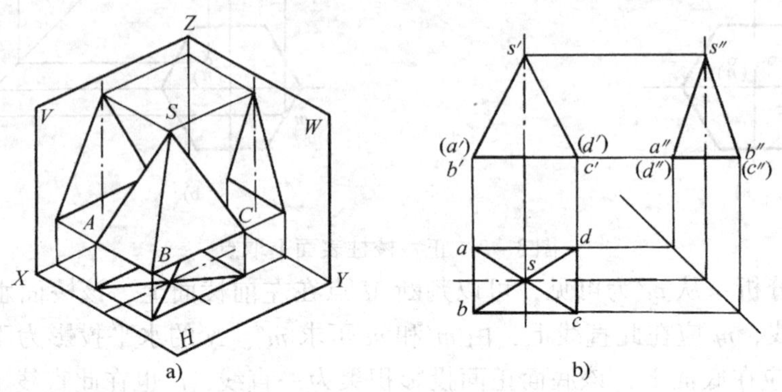

图 3－5　正四棱锥的投影

（1）投影分析　水平投影为一矩形，是底面的实形和四个棱面的投影的重合，底面的投影不可见，矩形的两条对角线为四条棱线的投影；正面投影为一等腰三角形，两腰为左右棱面的积聚投影，底为棱锥底面的投影；侧面投影也为一等腰三角形，两腰为前后棱面的投影，底为棱锥底面的投影。

把正四棱锥从三投影面体系中移开，将其按规定展开摊平，得正四棱锥的三面投影图，如图 3－5b 所示。

（2）绘图步骤　先画对称中心线，再画底面及顶点的三面投影，最后画棱线的投影并按要求完成全图，具体的作图步骤如图 3－6 所示。

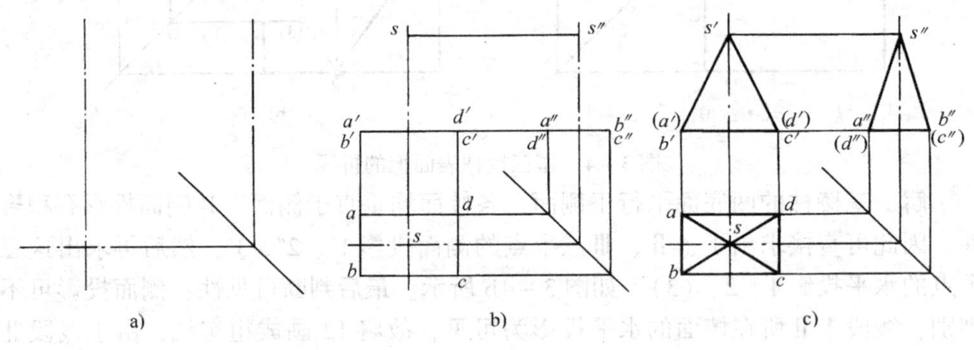

图 3－6　正四棱锥的绘图步骤

a）画对称中心线　b）画底面及顶点的投影　c）画棱线的投影，完成全图

2. 棱锥表面上的点和线

在棱锥表面上取点和线应分析点、线所在棱面的位置来求作。若棱面的投影

有积聚性，则按积聚性求作，若无积聚性应作辅助线来求作。

例 3－3　已知正四棱锥表面上的点 M、K 的侧面投影（m'）、k'，求 M、K 的其余两投影，如图 3－7a 所示。

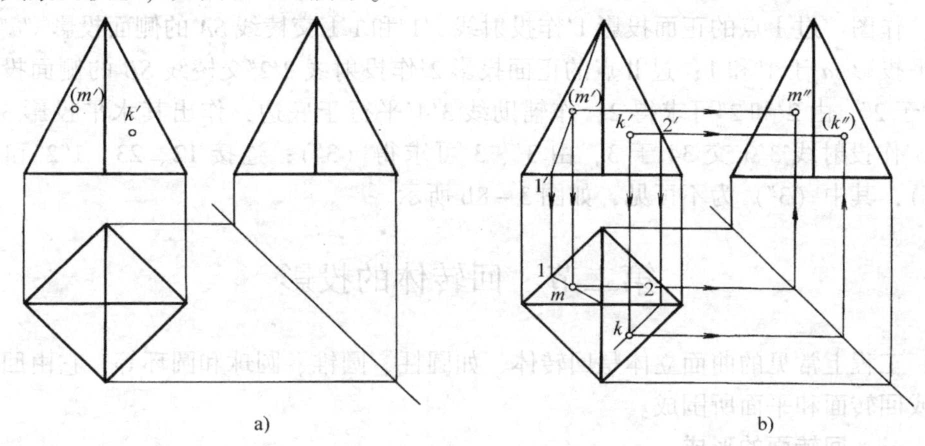

图 3－7　在正四棱锥表面上取点

解　分析：M 点的正面投影为不可见，则 M 点在左后棱面上，且该棱面为一般位置平面，水平投影和侧面投影为可见；K 点的正面投影为可见，则 K 点在右前棱面上，且该棱面为一般位置平面，水平投影为可见，侧面投影为不可见。

作图：过锥顶和 M 点的正面投影（m'）作辅助线（m'）$1'$，作出其水平投影 $m1$，过（m'）作投射线（m'）m 交 $m1$ 于 m，由（m'）、m 可求得 m''，m、m''均可见；作辅助线 $K'2'$平行于底边，同理，可求得 k、（k''）。

例 3－4　已知折线ⅠⅡⅢ在三棱锥的表面上，其正面投影 $1'2'3'$为可见，如图 3－8a 所示，试作此折线的其余两投影。

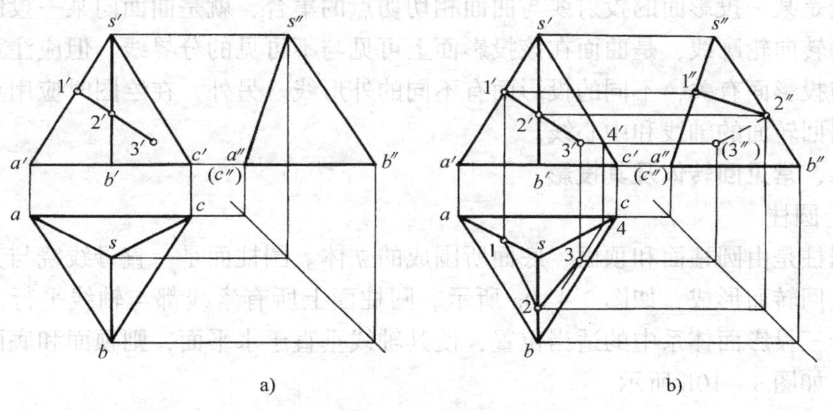

图 3－8　三棱锥表面上的线

解 分析：求折线的其余两投影，只要求出此折线的转折点Ⅰ、Ⅱ、Ⅲ的其他两面投影，然后按可见性连接同面投影即可。Ⅰ、Ⅱ在棱线 *SA* 和 *SB* 上，根据点的从属性可直接求出，Ⅲ点在棱面 *SBC* 内，需作辅助线求其他两投影。

作图：过Ⅰ点的正面投影 1′作投射线 1′1″和 1′1 交棱线 *SA* 的侧面投影 *s″a″*和水平投影 *sa* 于 1″和 1；过Ⅱ点的正面投影 2′作投射线 2′2″交棱线 *SB* 的侧面投影 *s″b″*于 2″，由 2′和 2″可求得 2；作辅助线 3′4′平行于底边，作出其水平投影 34，过 3′作投射线 3′3 交 34 于 3，由 3′、3 可求得（3″）；连接 12、23、1″2″和 2″（3″），其中（3″）为不可见，如图 3－8b 所示。

第二节　回转体的投影

工程上常见的曲面立体是回转体，如圆柱、圆锥、圆球和圆环等，它由回转面或回转面和平面所围成。

一、回转面的形成

一动线（直线或曲线）绕一固定直线旋转所形成的曲面称为回转面，如图 3－9 所示。该动线称为母线，母线在回转面上的任一位置称为素线。该固定直线称为回转轴或轴线。母线上任意一点随母线旋转一周所形成的圆称为纬圆，它的半径是母线上的点至轴线的距离，纬圆所在的平面垂直于轴线。图中，母线 *SA* 绕轴线 *OO* 回转一周形成圆锥面，*SA* 上任意一点 *K* 旋转一周形成一纬圆，SA_1 为素线。

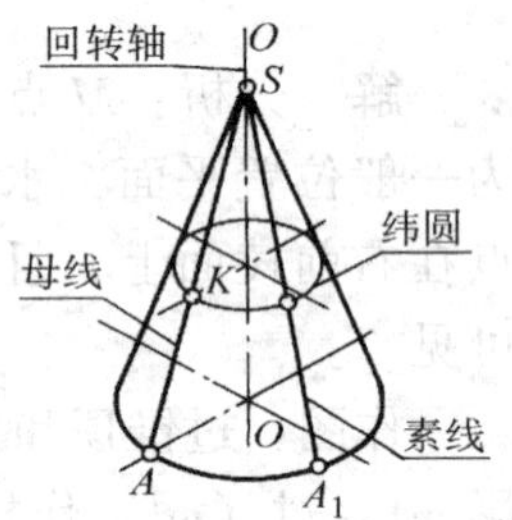

图 3－9　圆锥面的形成

由于回转面是光滑的，在作投影图时应画出它的外形（轮廓）线的投影。外形线是某一投影面的投射线与曲面相切切点的集合，就是曲面向某一投影面投射时的转向轮廓线，是曲面在该投影面上可见与不可见的分界线。但应注意，外形线与投影面有关，不同的投影面有不同的外形线。另外，在绘图时应用点画线先画出回转面的轴线和中心线。

二、常见回转体及其投影

1. 圆柱

圆柱是由圆柱面和顶面、底面所围成的立体。圆柱面是一直母线绕与其平行的轴线回转而形成，如图 3－10a 所示。圆柱面上所有素线都与轴线平行。将圆柱置于三投影面体系中的适当位置，使其轴线垂直于水平面，则顶面和底面为水平面，如图 3－10b 所示。

（1）投影分析　水平投影是一个圆，它是顶面、底面的投影，反映实形，且顶面可见，底面不可见。圆柱面积聚在圆周上。

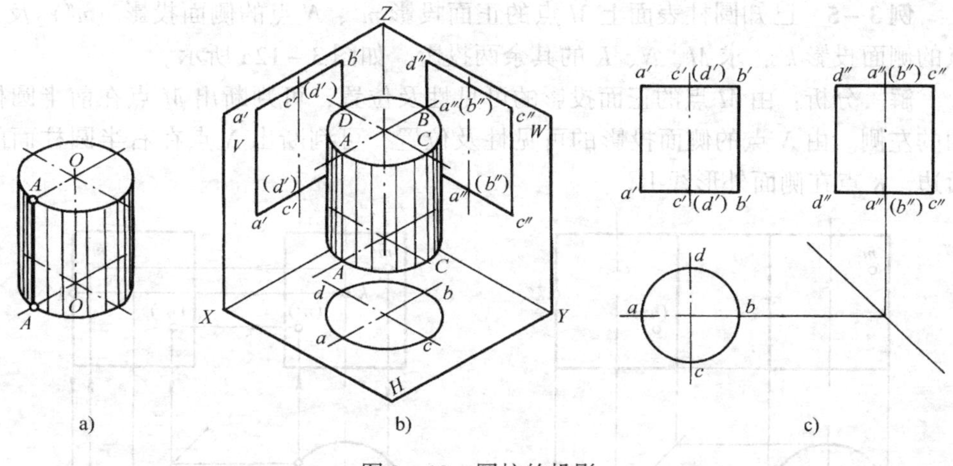

图 3－10　圆柱的投影

正面投影是一矩形，上下两边是顶面和底面的积聚投影，长度为底圆的直径，左右两边为正面外形线 *AA* 和 *BB* 的正面投影。*AA* 和 *BB* 把圆柱面分成前后两部分，前面部分正面投影可见，后面部分正面投影不可见。

侧面投影为一矩形，上下两边是顶面和底面的积聚投影，长度为底圆的直径，前后两边为侧面外形线 *CC* 和 *DD* 的侧面投影。*CC* 和 *DD* 把圆柱面分成左右两部分，左面部分侧面投影可见，右面部分侧面投影不可见。

将圆柱从投影体系中移开，按规定展开摊平，得到圆柱的三面投影图，如图 3－10c 所示。

（2）绘图步骤　绘图步骤如图 3－11 所示，但应注意正面外形线侧面投影中的位置，由于曲面是光滑的，它在侧面投影中不能画成粗实线，同样，侧面外形线在正面也不能画成粗实线。

（3）圆柱表面上的点和线　可利用圆柱面的积聚性来求，还需判断可见性。

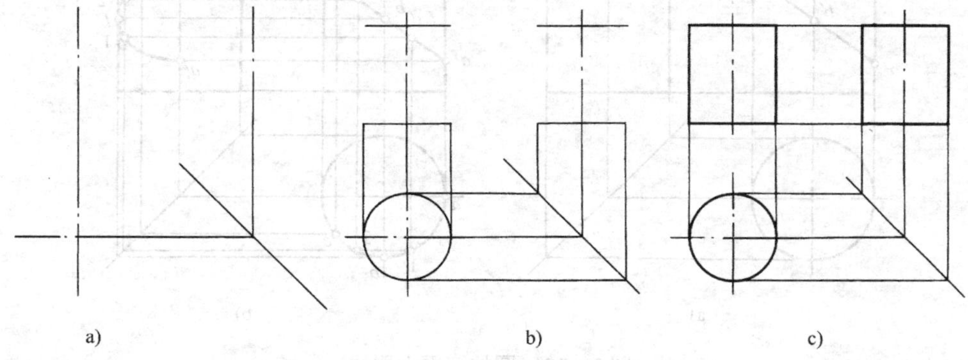

图 3－11　圆柱的绘图步骤

a）画中心线和轴线　b）画顶面和底面的投影　c）画外形线并完成全图

例 3-5 已知圆柱表面上 M 点的正面投影 m'、N 点的侧面投影（n''）及 K 点的侧面投影 k''，求 M、N、K 的其余两投影，如图 3-12a 所示。

解 分析：由 M 点的正面投影的可见性及位置，可判断出 M 点在前半圆柱面的左侧。由 N 点的侧面投影的可见性及位置，可判断出 N 点在右半圆柱面的后边。K 点在侧面外形线上。

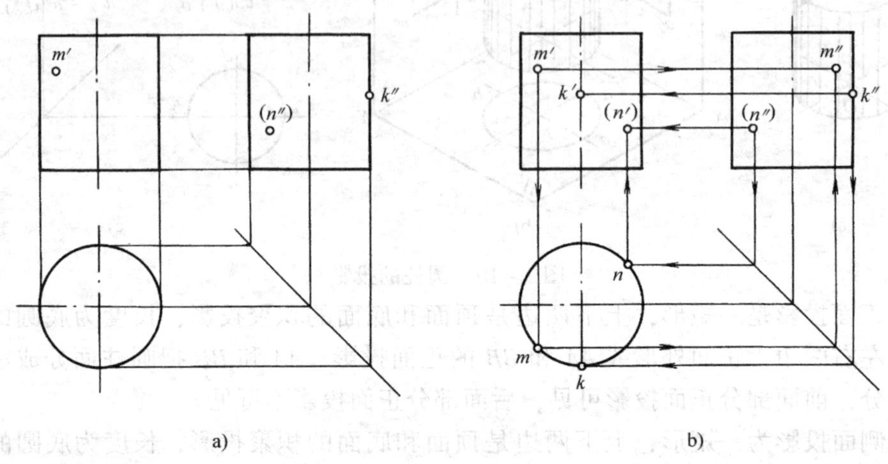

图 3-12 圆柱表面上取点

作图：利用水平投影的积聚性，由 m'求出 m，再由 m'、m 求出 m''，m 可不必判别可见性，m''为可见；同样，由（n''）求得 n，n 可不判断可见性，由（n''）、n 可求得（n'），（n'）为不可见；由 k''求 k'、k，如图 3-12b 所示。

例 3-6 已知圆柱面上的曲线 ABC 的正面投影 $a'b'c'$，求其余两投影，如图 3-13a 所示。

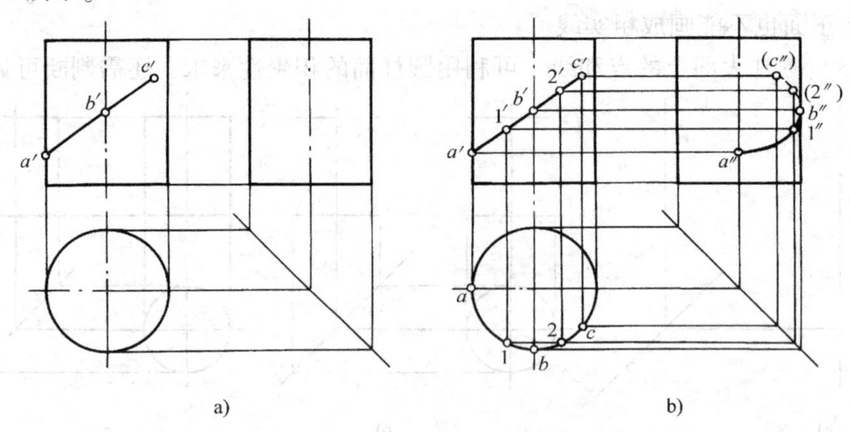

图 3-13 圆柱表面上取线

解 分析：因 ABC 是曲线，其投影一般仍为曲线，求作的方法是在曲线上取若干点，求出这些点的投影，然后根据点的可见性光滑连接同面投影即可。

作图：A、B 两点在外形线上，由 a' 可求得 a、a''，由 b' 可求得 b、b''；由 c' 求得 c，再由 c'、c 求得（c''），（c''）为不可见；在 $a'b'$ 间取一点 $1'$，求出 1、$1''$；在 $b'c'$ 间取一点 $2'$，求出 2、（$2''$）。ABC 的水平投影 abc 与圆柱面的水平投影重合在一起。光滑连接 $a''1''b''$（$2''$）（c''）即得 ABC 的侧面投影，其中 $a''1''b''$ 段可见，用粗实线画出，b''（$2''$）（c''）段不可见，用虚线画出，如图 3 – 13b 所示。

2. 圆锥

圆锥是由圆锥面和底面所围成的立体。圆锥面由一直母线绕与其相交的轴线回转而形成，如图 3 – 9 所示。圆锥面上所有素线都与轴线相交于锥顶。将圆锥置于三投影面体系中的适当位置，使其轴线垂直于水平面，则底面为水平面，如图 3 – 14a 所示。

（1）投影分析　水平投影是一个圆，它是圆锥面和底面的投影，反映底面实形，且圆锥面可见，底面不可见。

正面投影是一等腰三角形，其底边是圆锥底面的积聚投影，长度为底圆的直径，两腰为圆锥正面外形线 SA 和 SB 的正面投影。SA 和 SB 把圆锥面分成前后两部分，前面部分正面投影可见，后面部分正面投影不可见。

侧面投影也为一等腰三角形，其底边是圆锥底面的积聚投影，长度为底圆的直径，两腰为圆锥侧面外形线 SC 和 SD 的侧面投影。SC 和 SD 把圆锥面分成左右两部分，左面部分侧面投影可见，右面部分侧面投影不可见。

将圆锥从投影体系中移开，按规定展开摊平，得到圆锥的三面投影图，如图 3 – 14b 所示。

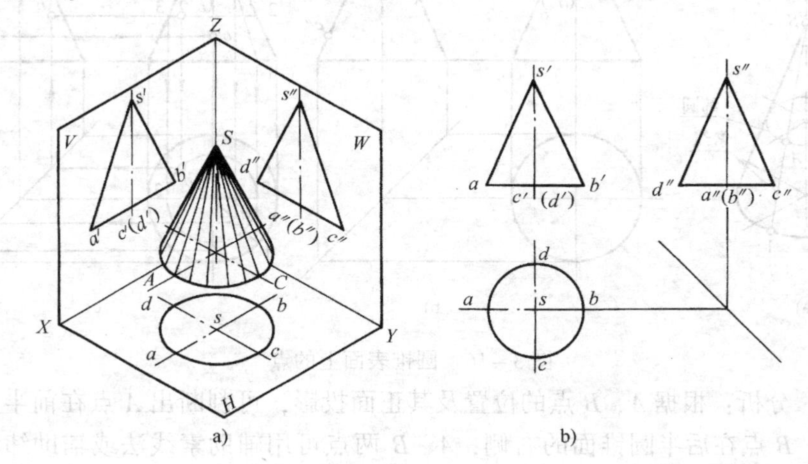

图 3 – 14　圆锥的投影

（2）绘图步骤　绘图时应首先画出轴线和中心线，再画底面和锥顶的投影，最后画外形线，如图 3 – 15 所示。

（3）圆锥表面上的点　在圆锥底面上取点，可利用积聚性求解。在圆锥面

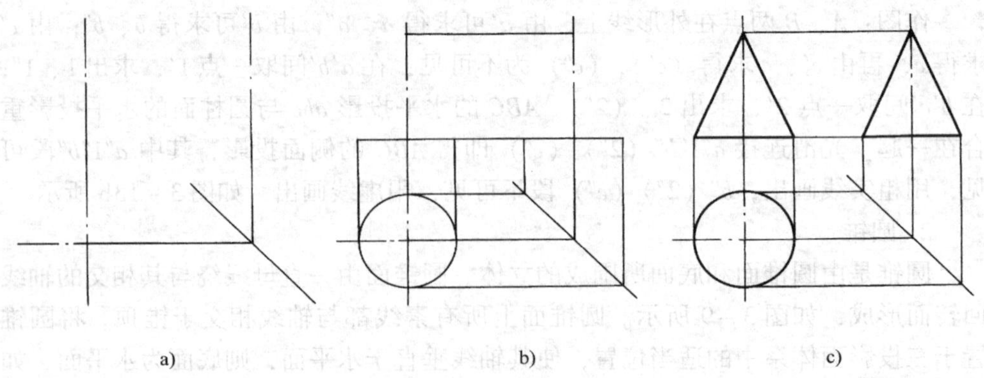

图 3－15　圆锥的绘图步骤

a）画中心线和轴线　b）画底面和锥顶的投影　c）画外形线并完成全图

上取点，可用辅助素线法或辅助纬圆法求解。如图 3－16a 所示，A 点在圆锥表面上，则过 A 点可作一纬圆或素线，只要作出纬圆或素线的其余两投影，根据点在线上的从属性，即可求出点的投影。如果点在外形线上，可利用外形线的投影直接求出。

例 3－7　已知圆锥表面上的点 A、B 的正面投影 a'和（b'）、点 C 的侧面投影 c''，求 A、B、C 的其余两投影，如图 3－16b 所示。

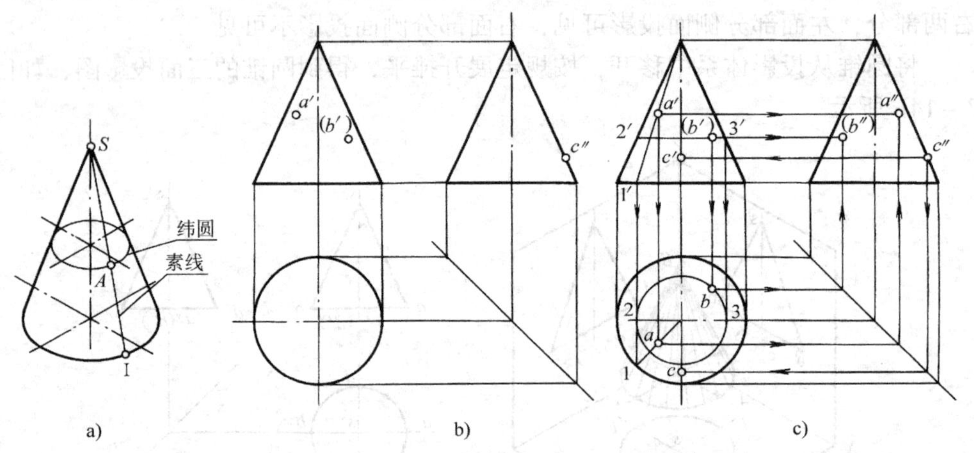

图 3－16　圆锥表面上的点

解　分析：根据 A、B 点的位置及其正面投影，可判断出 A 点在前半圆锥面的左侧，B 点在后半圆锥面的右侧，A、B 两点可用辅助素线法或辅助纬圆法求解。C 点在侧面外形线上，可直接求解。

作图：过顶点作素线 AⅠ，Ⅰ为素线与底圆的交点，先作出 AⅠ的正面投影 $a'1'$，由 $a'1'$可得 $a1$，A 点在素线 AⅠ上，由 a'可求得 a，再由 a'、a 求得 a''，a、a''均为可见。也可用辅助纬圆法求解。

用辅助纬圆法求 B 点的水平投影和侧面投影，过（b'）作纬圆的正面投影 $2'3'$（垂直于轴线），$2'3'$ 为纬圆的直径，作出纬圆的水平投影，B 点在该纬圆上，则由（b'）求得 b，再由（b'）和 b 求得（b''）。

过 c'' 作投射线 $c'c''$ 交轴线于 c'，再由 c'、c'' 可求得 c，如图 3－16c 所示。

3. 球

由圆球面围成的立体称为圆球，简称为球。球面是半圆母线绕着其直径回转一周而形成，如图 3－17a 所示。

（1）投影分析　将球置于三投影面体系中的适当位置，如图 3－17b 所示，向三个投影面作投影，三面投影都为圆，圆的直径与球的直径相等，展开摊平后，得到球的三面投影图，如图 3－17c 所示。

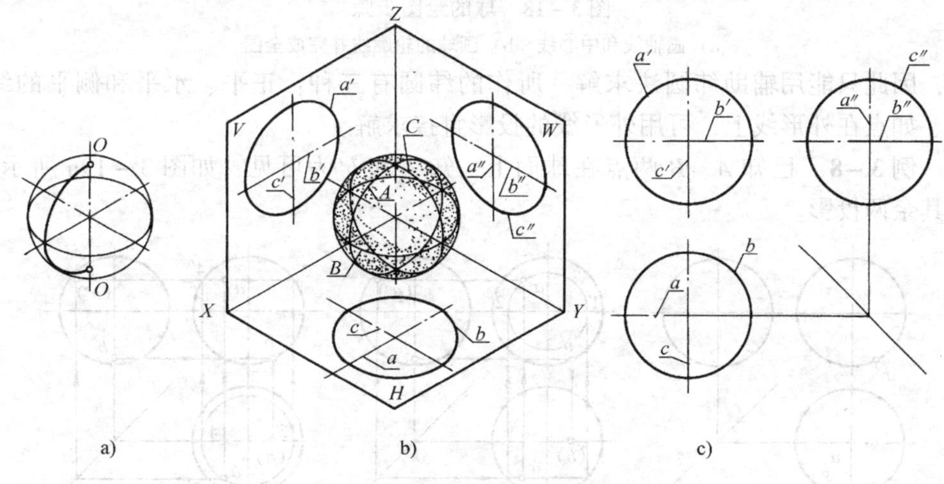

图 3－17　球的投影

水平投影是球面上平行于水平面的最大圆 B 的投影，即水平外形线的投影，它将球面分成上、下两部分，上半部分水平投影为可见，下半部分不可见。最大圆 B 是通过球心的水平面，其正面投影 b' 和侧面投影 b'' 与相应的中心线重合。

正面投影是球面上平行于正面的最大圆 A 的投影，即正面外形线的投影，它将球面分成前、后两部分，前半部分正面投影为可见，后半部分不可见。最大圆 A 是通过球心的正平面，其水平投影 a' 和侧面投影 a'' 与相应的中心线重合。

侧面投影是球面上平行于侧面的最大圆 C 的投影，即侧面外形线的投影，它将球面分成左、右两部分，左半部分侧面投影为可见，右半部分不可见。最大圆 C 是通过球心的侧平面，其水平投影 c' 和正面投影 c'' 与相应的中心线重合。

（2）绘图步骤　画球的投影图时，应画出轴线和中心线，再画三个与球等径的圆，如图 3－18 所示。

（3）球面上的点　由于球的三面投影都无积聚性，而形成球面的母线是曲

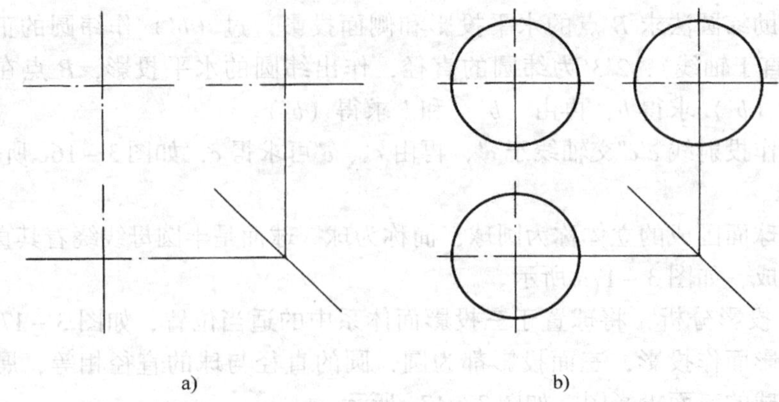

图 3－18　球的绘图步骤

a）画轴线和中心线　b）画球的轮廓线并完成全图

线，因此只能用辅助纬圆法求解。所作的纬圆有三种：正平、水平和侧平的纬圆。如点在外形线上，可用外形线的投影直接求解。

例 3－8　已知 *A*、*B* 两点在球面上，知 *a* 和 *b′* 为可见，如图 3－19a 所示，求其余两投影。

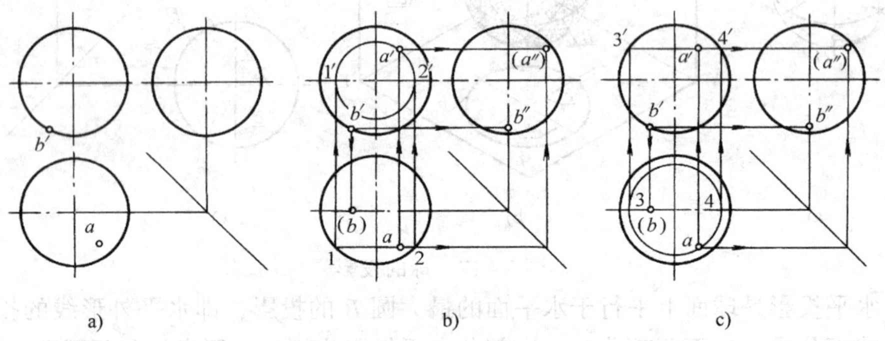

图 3－19　球表面上的点

解　分析：由 *A*、*B* 点的位置及相应投影可知，*A* 点在球面的上半部分的右侧，用辅助纬圆法求解。*B* 点在正面外形线上，可直接求解。

作图：作正平的纬圆，过 *a* 作直线平行于 *OX* 轴，得纬圆的水平投影 12，正面投影为直径等于 12 的圆，再过 *a* 作投射线，交纬圆的正面投影于 *a′*，由 *a*、*a′* 可求得（*a″*），*a′* 为可见，（*a″*）为不可见；由于 *B* 点在正面外形线上，可由 *b′* 直接求得（*b*）、*b″*，侧面投影 *b″* 为可见，水平投影（*b*）为不可见，如图 3－19b 所示。

图 3－19c 中，过 *A* 点作平行于 *H* 面的辅助纬圆，读者可自行分析。

4. 圆环

圆环是由圆环面围成的立体。圆环面是一圆母线绕与圆共面但不通过圆心的轴线回转而成。靠近轴线的半圆形成的环面称为内环面；远离轴线的半圆形成的环面称为外环面，如图 3－20a 所示。

（1）投影分析　将圆环置于三投影面体系中的适当位置，如图 3－20b 所示。

水平投影是两个同心圆，分别是圆环面上平行于 H 面的最大和最小纬圆的投影。此两纬圆把圆环分成上下两部分，上面部分为可见，下面部分为不可见。

正面投影为两个直径相等的小圆（即圆母线的实形），是平行于正面的两个圆素线的投影；与两个小圆相切的上、下两条直线，是内、外环面分界圆的投影。由于内环面的正面投影不可见，所以圆素线靠近轴线的半圆应画成虚线。外环面的前半部分为可见，后半部分为不可见。

侧面投影及可见性，读者可自行分析。

将圆环从投影体系中移开，按规定展开摊平，得到圆环的三面投影图，如图 3－20c 所示。

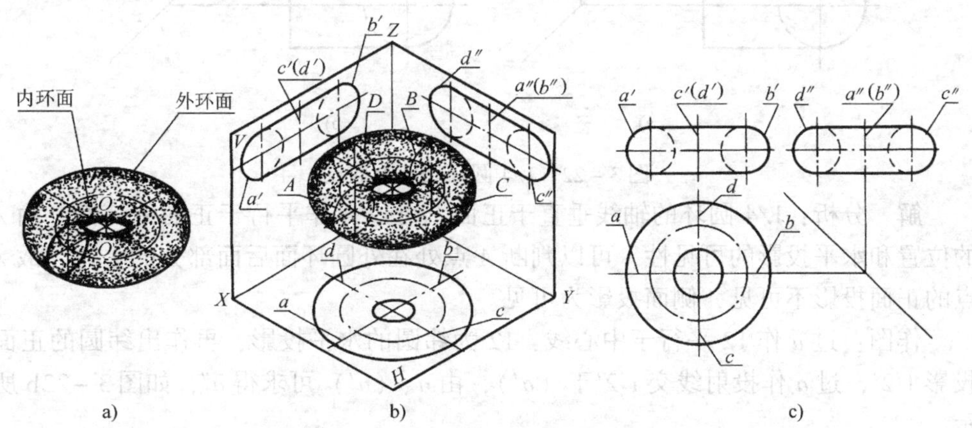

图 3－20　圆环的投影

（2）绘图步骤　绘图时，应首先用点画线画出轴线、中心线、母线圆心的位置、母线圆心的轨迹，然后画正面投影和侧面投影，最后画水平投影，如图 3－21 所示。

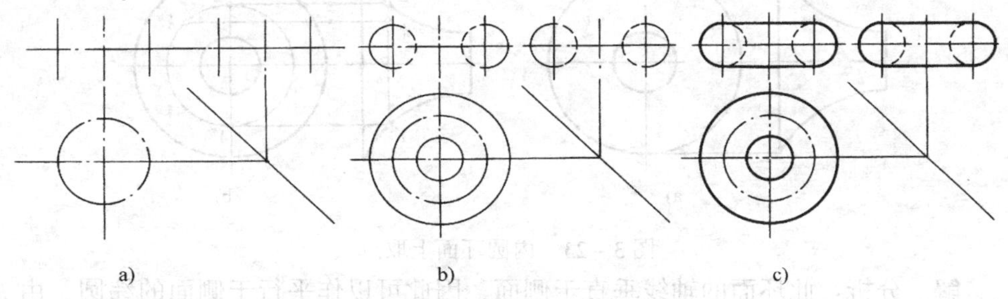

图 3－21　圆环的绘图步骤

a）画轴线、中心线及母线的圆心位置　b）画正面和侧面的素线圆和水平外形线　c）完成全图

(3) 圆环表面上的点　因圆环的三面投影都无积聚性，因此在圆环表面上取点必须作垂直于回转轴的辅助纬圆来求解，如点处在圆环外形线上，则可利用外形线的三面投影直接求解。

例 3-9　已知 1/4 圆环表面上 A 点的水平投影 a，求其余两投影，如图 3-22a 所示。

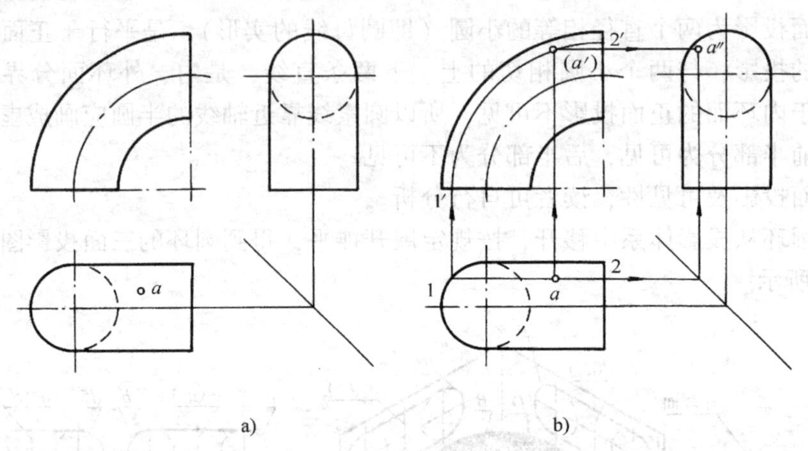

图 3-22　1/4 圆环表面上取点

解　分析：1/4 圆环的轴线垂直于正面，可过 A 作平行于正面的纬圆。由 A 的位置和水平投影的可见性，可以判断 A 点处在外圆环面后面部分的上方，故 A 点的正面投影不可见，侧面投影为可见。

作图：过 a 作 12 平行于中心线，12 为纬圆的水平投影，再作出纬圆的正面投影 $1'2'$，过 a 作投射线交 $1'2'$ 于（a'），由 a、（a'）可求得 a''，如图 3-22b 所示。

例 3-10　已知点 K 在内圆环面上，知其侧面投影 k'' 为可见，求正面投影 k'，如图 3-23a 所示。

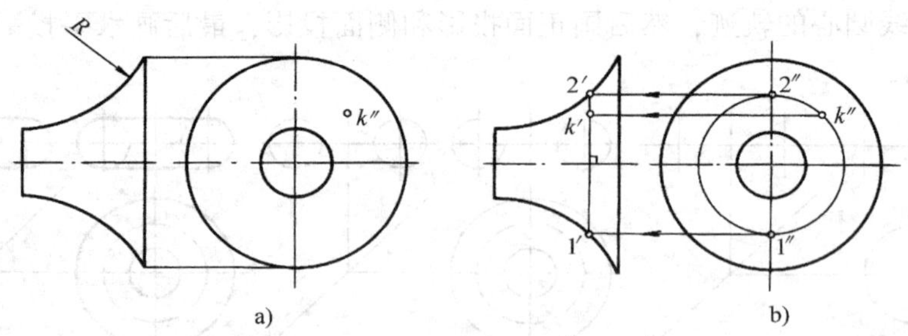

图 3-23　内圆环面上取点

解　分析：此环面的轴线垂直于侧面，因此可以作平行于侧面的纬圆，由 K 点的位置及侧面投影，可以判断 K 点处在环面右半部分，如图 3-23a 所示。

作图：以轴线的侧面投影为圆心，过 k''作一圆（直径为 $1''2''$），即为纬圆的侧面投影；由 $1''2''$求得 $1'2'$，$1'2'$垂直于轴线，即为纬圆的正面投影，过 k''作投射线交 $1'2'$于 k'，k'为正面投影，且 k'为可见，如图 3－23b 所示。

5. 组合回转体

由组合回转面和顶面、底面围成的立体称为组合回转体，组合回转面是多段直线或曲线组合的母线绕轴线回转而形成，每一段形成一回转面。如图 3－24 给出了轴线垂直于侧面的组合回转体的两面投影图，图 3－24a 的组合回转体由圆锥、圆柱和圆柱组成，图 3－24b 的组合回转体由圆锥、圆柱、圆环、圆锥、圆柱和部分球组成。

作组合回转体的投影图时，以母线上的折点和切点为界，作出每段母线所形成的回转面的投影，折点和切点所形成的纬圆是两个回转面间的分界线，而折点形成的分界线必须画出，切点形成的分界线不应画出，如图 3－24b 所示，图中直线与圆弧的切点所形成的分界线不应画出。

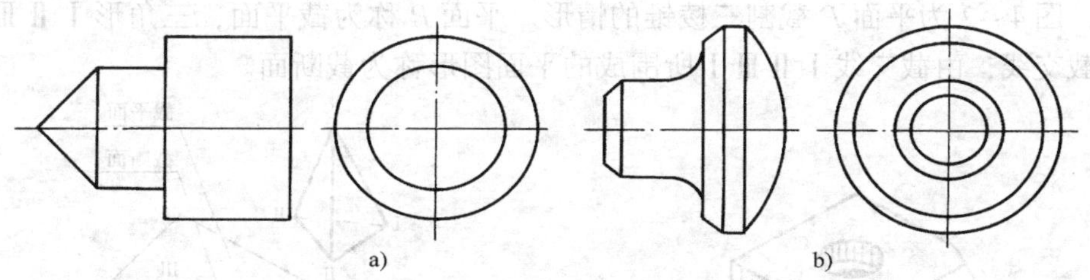

图 3－24　组合回转体的投影

在组合回转体表面上求点，应先判断点在回转体上的位置及可见性，再过点作垂直于回转轴的纬圆，在该纬圆上取点即可求出点的投影，然后判断可见性。

第四章　截交线和相贯线

第一节　平面体的截交线

一些立体可以看成是简单的平面体被平面切去某些部分后形成的，如图 4－1 所示。这就出现了平面与平面体相交的问题。

当平面截割平面体时，与平面体表面产生的交线称为平面体的截交线。本节主要讨论平面体截交线的基本性质及其投影的求作方法。

一、平面体截交线及其性质

图 4－2 为平面 *P* 截割三棱锥的情形。平面 *P* 称为截平面，三角形ⅠⅡⅢ称为截交线，由截交线ⅠⅡⅢⅠ所围成的平面图形称为截断面。

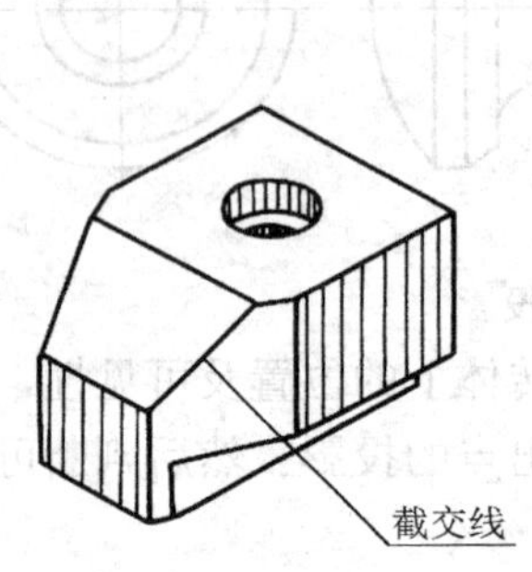

图 4－1　压板的截交线

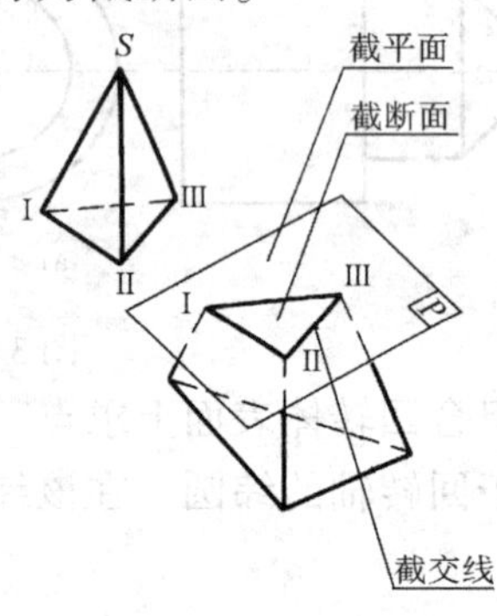

图 4－2　平面体的截交线

平面体截交线的形状，取决于平面体的几何性质及截平面与立体的相对位置，它具有如下基本性质：

（1）共有性　截交线是截平面和平面体表面的交线，所以是截平面和平面体表面的共有线。截交线上的点都是截平面与平面体表面的共有点，这些点的连线就是截交线。

（2）封闭性　由于平面体是由平面围成的封闭实体，所以截交线必是一封闭的平面图形，即为截平面与平面体表面的交线所围成。

二、平面体截交线的求法

如图 4－2 所示，截交线ⅠⅡⅢ是三棱锥各棱面与截平面 *P* 的交线（共有线），其顶点是三棱锥的各棱线与截平面 *P* 的交点（共有点）。因此只要求出各棱线与截平面的交点的投影，然后依次连接各点的同面投影，即得截交线的投影。当截平面处于特殊位置时，截交线的投影就重合在截平面有积聚性的那个投影上，即截交线的这面投影为已知，于是就可利用我们熟悉的平面体表面上取点和线的方法（即已知平面体表面上点和线的一面投影，求其余投影的方法）来求作截交线的其余投影。

例 4-1 如图 4-3a 所示，三棱锥被一正垂面所截割，求切去顶部后三棱锥的水平投影和侧面投影。

解 分析：因截平面 P 是正垂面，其截交线（为一三角形）的正面投影积聚为一直线，三角形的各顶点（即各棱线与截平面的交点）位于被截各棱线上（即被截表面的一条直线上），其正面投影 1′2′3′可直接定出，其余投影必在各棱线的同面投影上。

作图：

1）首先用细实线画出完整三棱锥的侧面投影。

2）定出截交线ⅠⅡⅢ的正面投影 1′2′3′，1′、2′、3′为截平面与各棱线的交点的正面投影，作出水平投影 1、2、3 和侧面投影 1″、2″、3″。

3）判别可见性。

4）将可见的轮廓线画成粗实线，不可见的画成虚线，如图 4-3b 所示。注意棱线被切去的部分不应画出。

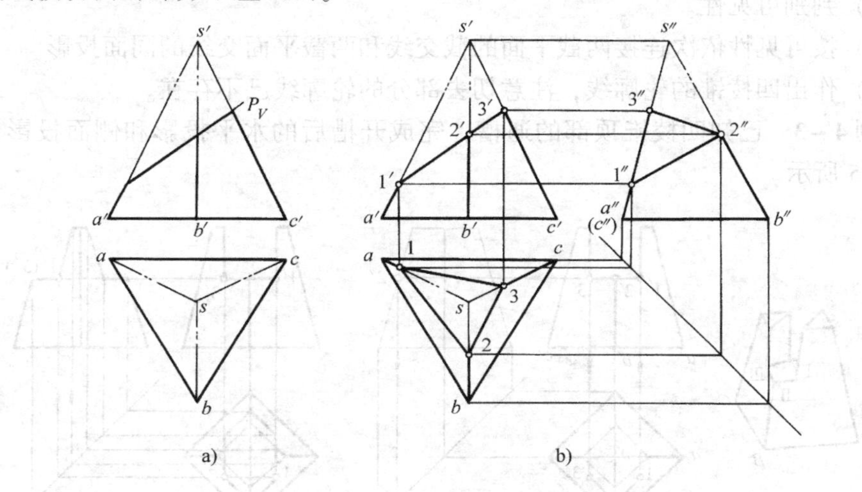

图 4-3 截头三棱锥的投影

例 4-2 完成图 4-4a 所示四棱锥切口的投影。

解 分析：从给出的正面投影可知，四棱锥的切口是由正垂面 P 和水平面 Q 截割四棱锥所形成的。只要分别求出 P 平面和 Q 平面与四棱锥的截交线 $ABCDE$ 和 $CDFGH$，以及 P、Q 两平面的交线 CD 即可。

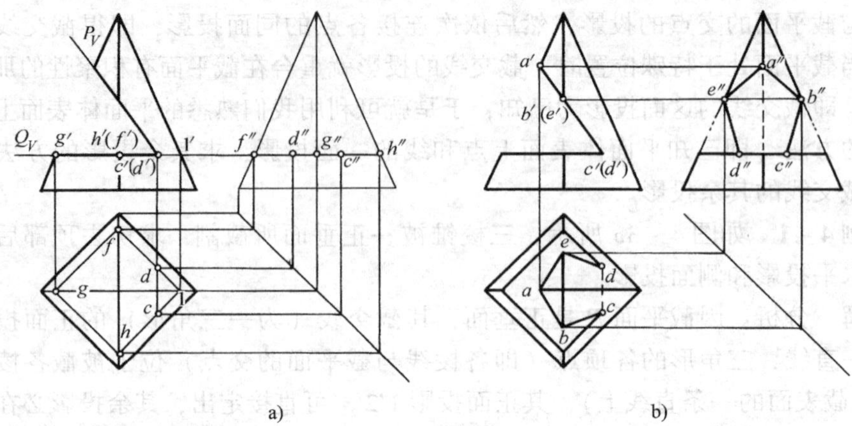

图 4－4　四棱锥切口的投影

作图：

1）先用细实线作出完整四棱锥的侧面投影。

2）由截平面 Q 与四棱锥的截交线的正面投影 $f'g'h'1'$（Ⅰ为平面 Q 延伸后与右边棱线的交点），求出其余两投影。

3）由截平面 P 与四棱锥的截交线的正面投影 $a'b'e'$，求出它的其余两投影。

4）求出 P、Q 两截平面的交线 CD。

5）判别可见性。

6）按可见性依次连接两截平面的截交线和两截平面交线的同面投影。

7）作出四棱锥的轮廓线，注意切去部分的轮廓线已不存在。

例 4－3　已知四棱锥顶部的通槽，完成开槽后的水平投影和侧面投影，如图 4－5 所示。

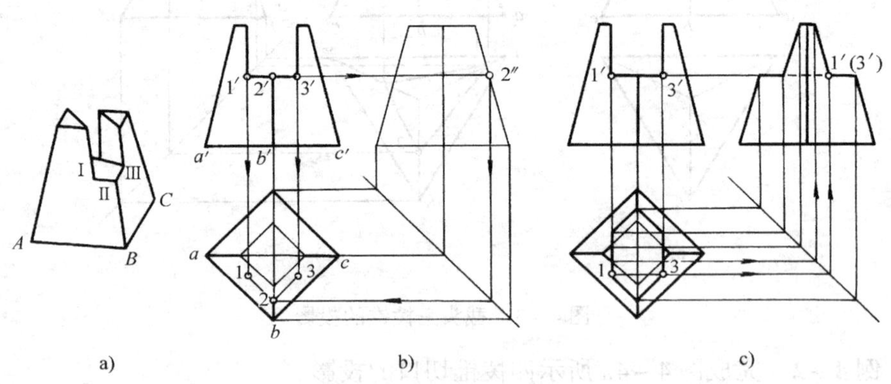

图 4－5　开槽四棱锥的投影

解　四棱锥顶部的通槽是由两个左右对称的侧平面和一个水平面截割而

成，通槽的正面投影积聚为三条直线。从图 4－5a 中可以看出，通槽的底面（水平面）平行于锥底，即得ⅠⅡ//AB、ⅡⅢ//BC。根据此关系由 2′求得 2″和 2，再过 2 分别作 12、23 平行于底边求得ⅠⅡ、ⅡⅢ的水平投影 12、23，如图 4－5b 所示，再画出水平投影的对称后半部分，如图 4－5c 所示，最后完成侧面投影。

例 4－4 如图 4－6b 所示，求作四棱柱被截割后的水平投影和侧面投影。

解 四棱柱的上部被一个正垂面和一个侧平面所截割，除分别求出其截交线外，还应作出两截平面的交线 AB，如图 4－6a 所示。

利用四棱柱的四个棱面均垂直于水平面的特性，作图时先完成水平投影。侧平面的水平投影积聚为一直线，如图 4－6c 所示，然后由正面投影和水平投影求作侧面投影。

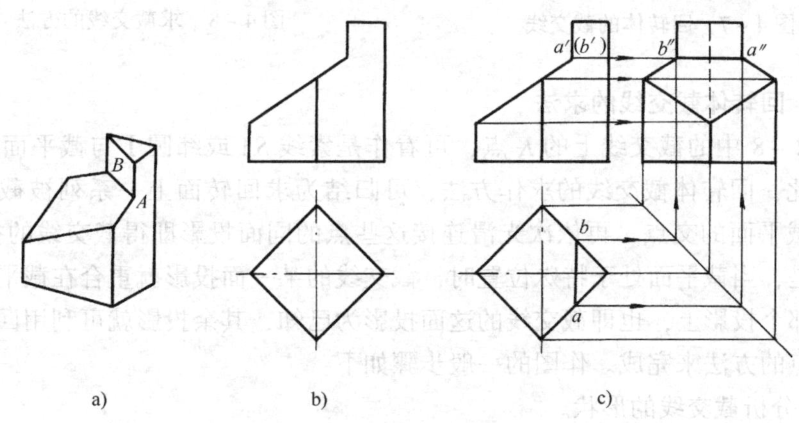

图 4－6 截割四棱柱的投影

第二节 回转体的截交线

一些立体是回转体切去某一部分形成的，如图 4－7 所示，这就出现了平面与回转体相交的问题。当平面截割回转体时，与回转体表面的交线称为回转体的截交线。本节主要讨论回转体截交线的基本性质及其投影的求作方法。

一、回转体截交线及其性质

当平面截割回转体时，其表面产生截交线，如图 4－8 所示。其截交线的形状，取决于回转体的几何形状及截平面与回转体轴线的相对位置，它具有如下基本性质：

1）截交线上的每一点都是截平面和立体表面的共有点，这些点的连线就是截交线。

2）回转体的截交线一般都是封闭的平面曲线或平面曲线与直线的组合图形（特殊情况为平面多边形）。

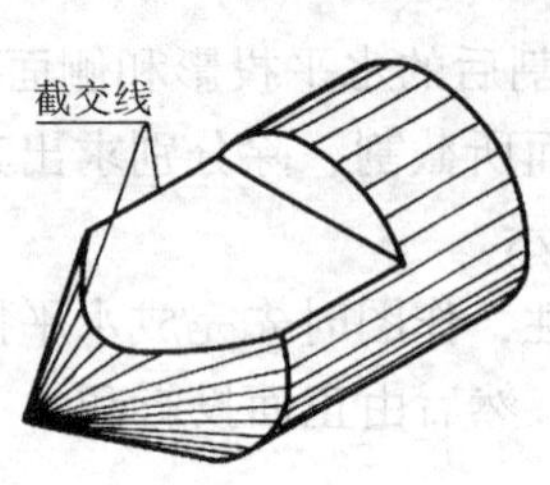

图 4－7　回转体的截交线

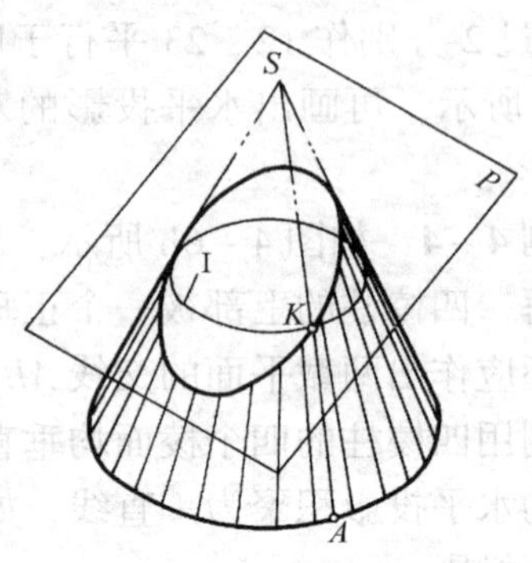

图 4－8　求截交线的方法

二、回转体截交线的求法

图 4－8 中的截交线上的 K 点，可看作是素线 SA 或纬圆 Ⅰ 与截平面 P 的交点，因此，回转体截交线的求作方法，可归结为求回转面上一系列被截素线或纬圆与截平面的交点，再依次光滑连接这些点的同面投影即得截交线的投影。

但是，当截平面处于特殊位置时，截交线的某一面投影就重合在截平面有积聚性的那个投影上，也即截交线的这面投影为已知，其余投影就可利用回转体表面上取点的方法来完成。作图的一般步骤如下：

1）分析截交线的形状。

2）求截交线的特殊点，这些点的投影确定了截交线投影的范围。应求出下列各点：回转体各面外形线与截平面的交点，截交线自身的特殊点（如椭圆的长、短轴端点，抛物线、双曲线的顶点等）。

3）求适当的一般位置点，即求出特殊点之间的若干点，一般只需求出 1～2 点即可。

4）按可见性依次光滑连接各点的同面投影。

三、常见回转体的截交线

这里介绍工程上常见回转体的截交线形状和具体的作图方法。

1. 圆柱的截交线

由于截平面与圆柱轴线的相对位置不同，其截交线有三种形状，详见表4－1。下面举例说明其具体求法。

表 4－1　圆柱的截交线

截平面位置	垂直于轴线	倾斜于轴线	平行于轴线
截交线	圆	椭圆	矩形
轴测图			
投影图			

例 4－5　已知圆柱被正垂面截割，求作其侧面投影，如图 4－9 所示。

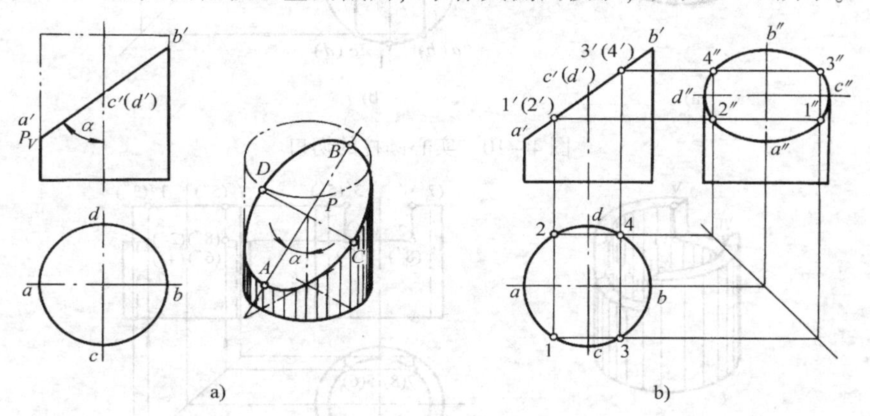

图 4－9　圆柱的截交线

解　分析：截平面 P 倾斜于圆柱轴线，截交线应为椭圆。它的正面投影积聚在 P_V 上，水平投影积聚在圆周上。截交线的侧面投影仍为椭圆。

作图：

1）用细实线作出完整圆柱的侧面投影。

2）求特殊点：由外形线上的点 A、B 和 C、D 的正面投影求出水平投影和侧面投影。这四个点也是椭圆长、短轴的端点，如图 4－9b 所示。

3）取适当的一般点Ⅰ、Ⅱ及Ⅲ、Ⅳ点，由 $1'$、$2'$ 可求得 1、2；再由 $1'$、$2'$ 和 1、2 求得侧面投影 $1''$、$2''$；由 $3'$、$4'$ 可求得 3、4，再由 $3'$、$4'$ 和 3、4 求得 $3''$、$4''$，如图 4－9b 所示。

4）判断可见性，并按相邻点连接的原则，依次光滑连接各点的同面投影即完成作图。

还应指出，本例中截交线的侧面投影是椭圆，其长、短轴仍为截交线椭圆的长、短轴。当截平面与轴线的夹角 $\alpha < 45°$ 时，椭圆长轴的投影仍为椭圆侧面投影的长轴；而当夹角 $\alpha > 45°$ 时，椭圆的长轴的投影，变为侧面投影椭圆的短轴；当 $\alpha = 45°$ 时，$a''b'' = c''d''$，椭圆的侧面投影为圆。

例 4－6　完成实心圆柱的切口（图 4－10）和空心圆柱的切口（图 4－11）的水平投影和侧面投影。

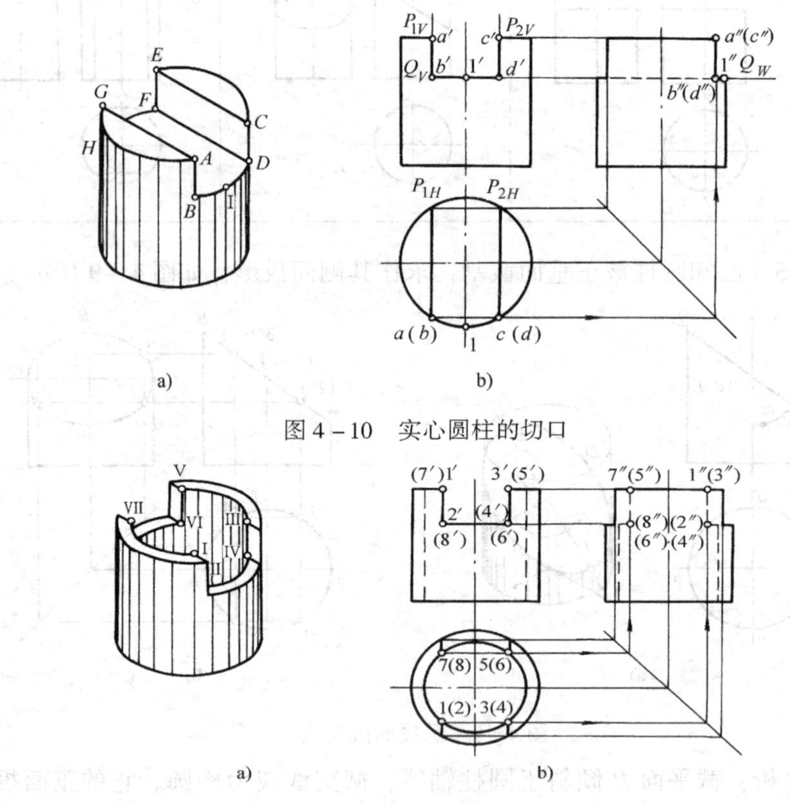

图 4－10　实心圆柱的切口

图 4－11　空心圆柱的切口

解

（1）实心圆柱切口的作图　由图 4－10 可知，该圆柱上部槽口是由两个左、

右对称的侧平面 P_1、P_2（与圆柱轴线平行）和一个垂直于圆柱轴线的水平面 Q 截割而成。具体作图步骤如下：

1）画出完整圆柱的水平、侧面投影。

2）求两平面 P_1、P_2 所产生交线的投影，即 AB、CD、EF、GH 四条铅垂素线的投影，其正面投影重影在 P_{1V} 和 P_{2V} 上，水平投影积聚在 a、c 等四点上，由此可求得截交线的侧面投影。

3）求 Q 平面产生交线的投影，因 Q 为水平面故其截交线的正面投影重合在 Q_V 上，水平投影为夹在 P_{1H} 和 P_{2H} 间的两段圆弧，侧面投影积聚为一直线。

4）P_1、P_2 和 Q 的交线为两条正垂线，正面投影积聚在 b' 和 d' 上，水平投影和侧面投影分别在 P_{1H}、P_{2H} 和 Q_W 上。

5）判别可见性，完成全图，如图 4－10b 所示。

注意：槽口处的侧面外形线 1″以上部分被截去已不存在。

（2）空心圆柱切口的作图　空心圆柱切口的作图方法与上述方法类似，所不同的是 P_1 和 P_2 两平面同时与内、外圆柱面相交，其交线为八条铅垂素线，Q 平面也同时与内、外圆柱相交，其交线为四段水平圆弧，需一一作出。同时槽口处的内、外圆柱面的侧面外形线均被截去。完成后的投影如图 4－11b 所示。

2. 圆锥的截交线

由于截平面与圆锥轴线的相对位置的不同，其截交线有五种形状，详见表 4－2。下面举例说明其具体作图方法。

表 4－2　圆锥的截交线

截平面位置	垂直于轴线	倾斜于轴线 $\theta>\alpha$	倾斜于轴线 $\theta=\alpha$	平行（$\theta=0$）或倾斜于轴线（$\theta<\alpha$）	通过锥顶
截交线	圆	椭圆	抛物线	双曲线	三角形
轴测图	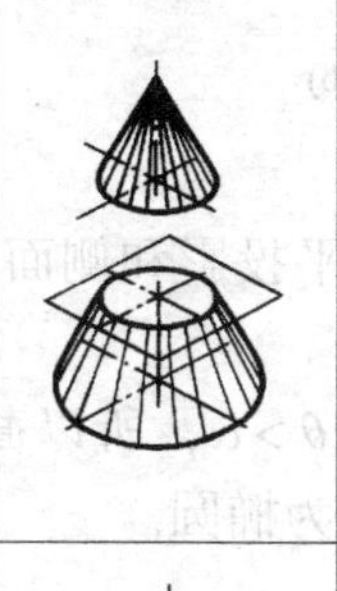	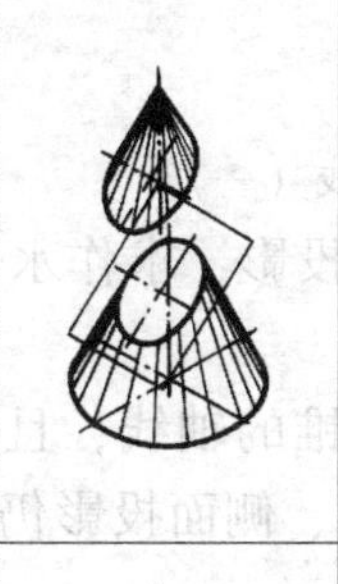	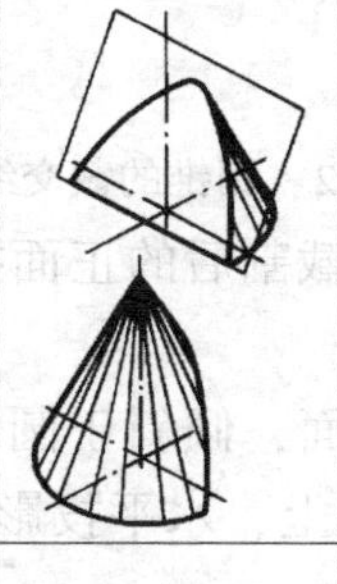	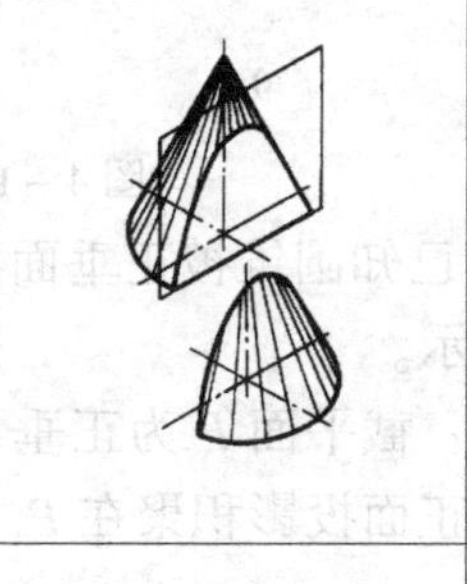	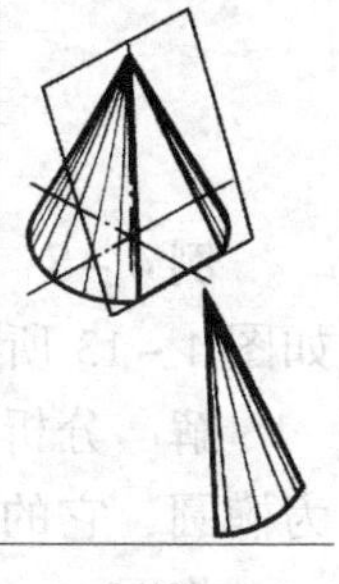
投影图	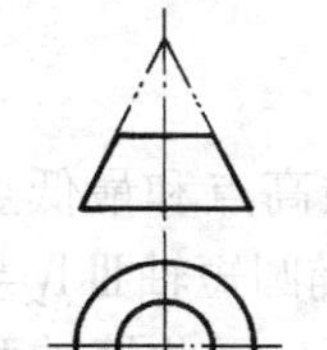	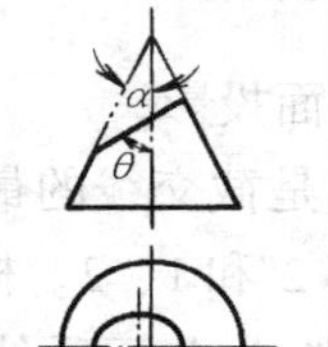	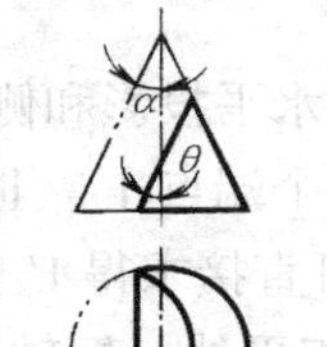	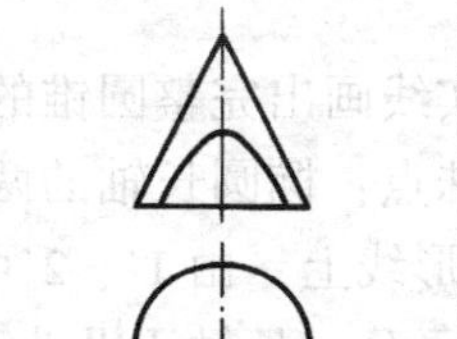	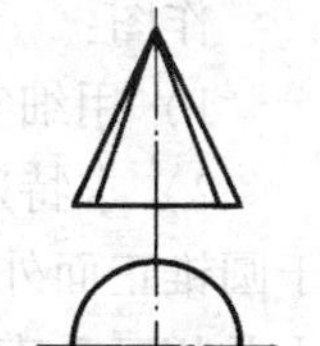

例 4-7　已知圆锥被侧平面截割，求作其投影，如图 4-12 所示。

解　分析：截平面 P 是平行于轴线的侧平面，它与圆锥的截交线为双曲线 BAC，与底面的交线是直线段 BC，它们组成一个封闭的平面图形，其水平投影和正面投影积聚为一直线，只需求侧面投影。

作图：

1）求特殊点，即双曲线的顶点 A 及与底面的交点 B、C。用细实线作出完整圆锥的侧面投影后，由 a'可求得 a''，b、c 求得 b''、c''，如图 4-12a 所示。

2）求适当的一般位置点，可先在截交线的已知投影中选取，然后过所取点在圆锥面上作辅助线（素线或纬圆），求出其他投影。如在截交线的正面投影中取 d'、(e') 作出纬圆的正面投影和其他两投影，即可求出 d、e 和 d''、e''，如图 4-12b 所示。

3）按可见性依次光滑连接各点的侧面投影即得截交线的侧面投影。

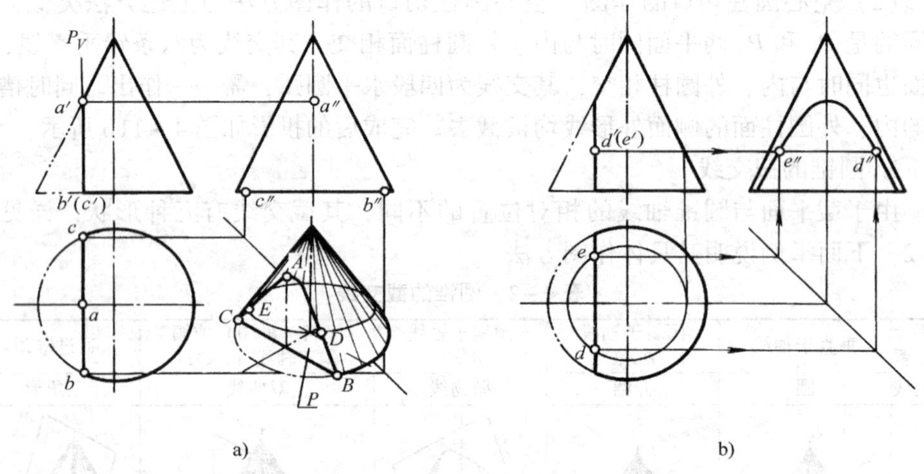

图 4-12　圆锥的截交线（一）

例 4-8　已知圆锥被正垂面截割后的正面投影，求作水平投影和侧面投影，如图 4-13 所示。

解　分析：截平面 P 为正垂面，倾斜于圆锥的轴线，且 $\theta > \alpha$，所以截交线为椭圆，它的正面投影积聚在 P_V 上，水平投影、侧面投影仍为椭圆。

作图：

1）用细实线画出完整圆锥的水平投影和侧面投影。

2）求特殊点：椭圆长轴的两个端点Ⅰ、Ⅱ是截交线的最高点和最低点，位于圆锥正面外形线上，由 1′、2′可直接求得 1″、2″和 1、2。椭圆短轴ⅢⅣ与长轴ⅠⅡ相互垂直平分，长轴ⅠⅡ为正平线，短轴Ⅲ Ⅳ为正垂线，因此短轴两端点Ⅲ、Ⅳ的正面投影 3′、4′位于长轴的正面投影 1′、2′的中点，3、4 和 3″、4″可由纬圆法求得。另外还需求出Ⅴ、Ⅵ两点，这两点是侧面外形线上的点，也是侧面外形线和椭圆的结合点，由5′、(6′) 直接求得5″、6″，然后求出水平投影5、6。

3）作一般位置点：在截交线的正面投影的适当位置取点7′、(8′)，由纬圆法可求其他两面投影。

4）判别可见性，并按可见性依次光滑连接各点的同面投影，完成全图，如图4－13b 所示。

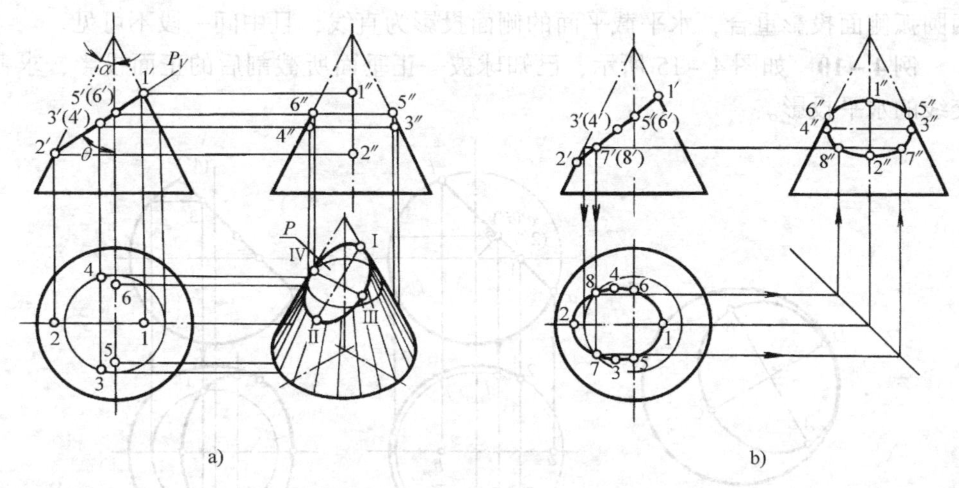

图4－13　圆锥的截交线（二）

3. 球的截交线

球被平面截割后，其截交线的空间形状总是圆。当截平面平行于某一投影面时，截交线在该投影面内的投影为圆，当截平面垂直于某一投影面时，截交线在该投影面内的投影为直线段。当截平面倾斜于投影面时，截交线在该投影面内的投影为椭圆。下面举例说明其具体作法。

例4－9　如图4－14a 所示，已知带通槽半球的正面投影，完成它的水平投影和侧面投影。

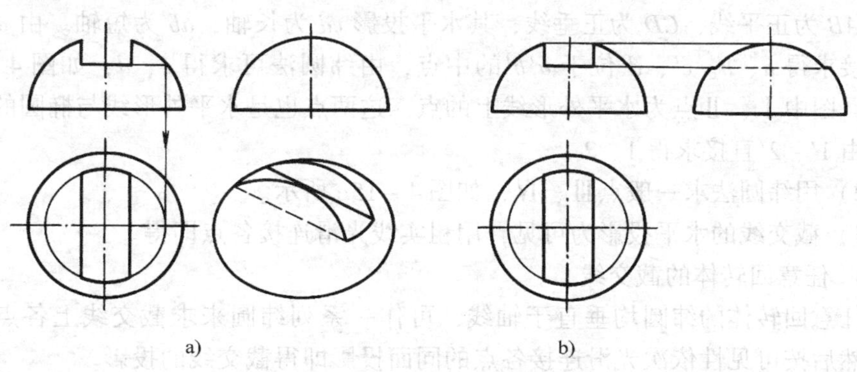

图4－14　开槽半球的投影

解 分析：半球的通槽由一个水平面和两个侧平面三个平面截割半球而成，它们与球的截交线都是平行于投影面的圆弧。作图的关键在于确定这些圆弧的半径。

作图：通槽的水平投影作法如图4－14a所示，将通槽的水平面扩大与正面外形线相交即可求得圆弧半径，在水平投影上作圆，作出两侧平面的水平投影。水平截平面的截交线的投影为夹在两线之间的两段圆弧。

通槽侧面投影的作法如图4－14b所示，通槽的两个侧平面左、右对称，故两圆弧侧面投影重合，水平截平面的侧面投影为直线，且中间一段不可见。

例4－10 如图4－15所示，已知球被一正垂面所截割后的正面投影，求截交线的水平投影。

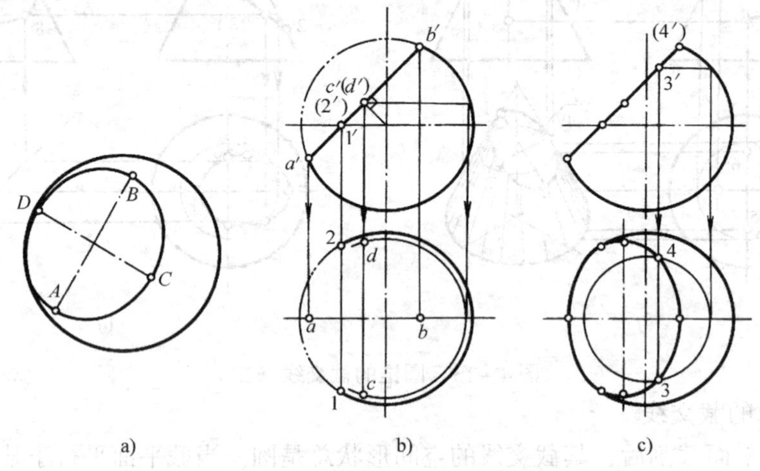

图4－15 球的截交线

解 分析：因截平面是一正垂面，截交线的正面投影积聚为一直线段 $a'b'$，水平投影为椭圆。

作图：

1）求特殊点：椭圆的长、短轴是截交线圆上相互垂直的两直径 AB、CD，其中 AB 为正平线，CD 为正垂线，其水平投影 cd 为长轴，ab 为短轴。由 a'、b' 可直接求得 a、b。c'、d' 位于 $a'b'$ 的中点，由纬圆法可求得 c、d，如图4－15b所示。图中Ⅰ、Ⅱ点为水平外形线上的点，这两点也是水平外形线与椭圆的结合点，由 $1'$、$2'$ 直接求得1、2。

2）用纬圆法求一般点Ⅲ、Ⅳ，如图4－15c所示。

3）截交线的水平投影为可见，用粗实线光滑连接各点即得。

4. 任意回转体的截交线

任意回转体的纬圆均垂直于轴线，可作一系列纬圆来求截交线上各点的投影，然后按可见性依次光滑连接各点的同面投影即得截交线的投影。

例 4－11 已知轴线垂直于侧面的内环体被一正平面截割后的侧面投影，求截交线的正面投影，如图 4－16 所示。

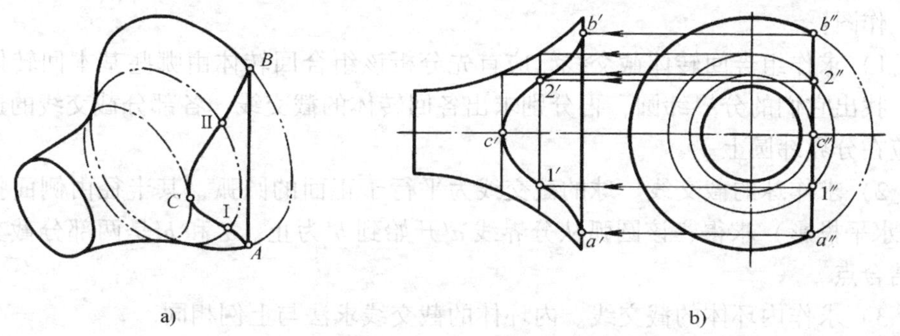

图 4－16 内环体的截交线

解 分析：由于截平面为正平面，因此截交线的侧面投影积聚为一直线，正面投影反映截交线的实形。因截交线上下对称，最左边点 C 的正面投影 c'应在环的轴线上，侧面投影在 $a''b''$的中点，最右边点 A、B 应在环的底面上，如图4－16a 所示。

作图：

1）求特殊点：在侧面投影上过 c''作纬圆，作出纬圆的正面投影，与内环体轴线的交点即为 c'。由 a''、b''可直接求得 a'、b'。

2）用纬圆法取适当数量的一般点，如Ⅰ、Ⅱ点，如图 4－16b 所示。

3）按可见性依次光滑连接各点的正面投影即得截交线的正面投影。

例 4－12 已知组合回转体（拉杆头）被前后两个对称的正平面截割后的水平投影和侧面投影，求截交线的正面投影，如图 4－17 所示。

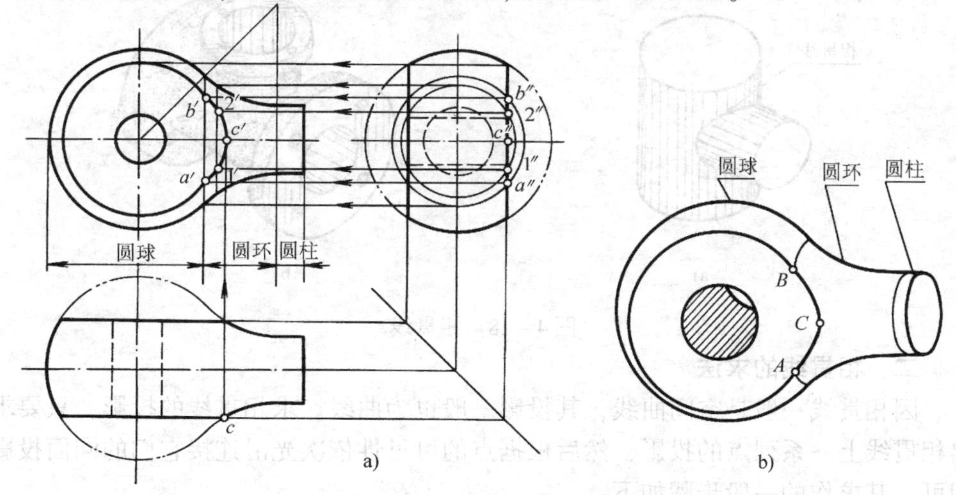

图 4－17 组合回转体的截交线

解 分析：本例中的组合回转体由球、圆环、圆柱组成。截平面只截割球和内环体，只要分别求出这两部分的截交线即可。

作图：

1）求作组合回转体截交线。应首先分析该组合回转体由哪些基本回转体组成，找出它们的分界纬圆，再分别求出各回转体的截交线，各部分截交线的连接点应在分界纬圆上。

2）求作球的截交线。球的截交线为平行于正面的圆弧，其半径由侧面投影（或水平投影）求得，该圆弧从分界线 a' 开始到 b' 为止。a' 和 b' 是两部分截交线的结合点。

3）求作内环体的截交线。内环体的截交线求法与上例相同。

第三节 两回转体的相贯线

一、相贯线及其性质

两立体相交称为相贯，两回转体相贯其表面产生的交线称为回转体的相贯线，如图 4－18a 所示。两回转体相贯是工程中最常见的相贯，如图 4－18b 所示。两回转体相贯线的形状取决于相贯两回转体的几何形状、相对位置和它们的大小。两回转体相贯线有如下基本性质：

1）相贯线是相贯两回转体表面的共有线，也是相贯两回转体表面的分界线，它由相贯两回转体表面的一系列共有点组成。

2）相贯线一般是封闭的空间曲线，如图 4－18a 所示，特殊情况下是平面曲线或直线段，如图 4－19 所示。

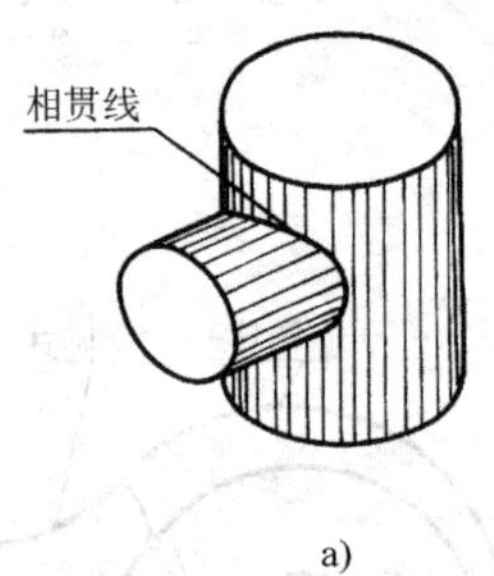

a)

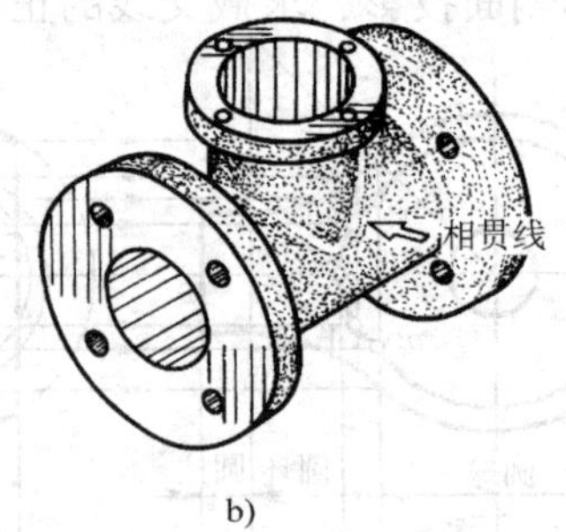

b)

图 4－18 相贯线

二、相贯线的求法

因相贯线一般是空间曲线，其投影一般也为曲线。求相贯线的投影，只要求出相贯线上一系列点的投影，然后根据点的可见性依次光滑连接它们的同面投影即可。其求作的一般步骤如下：

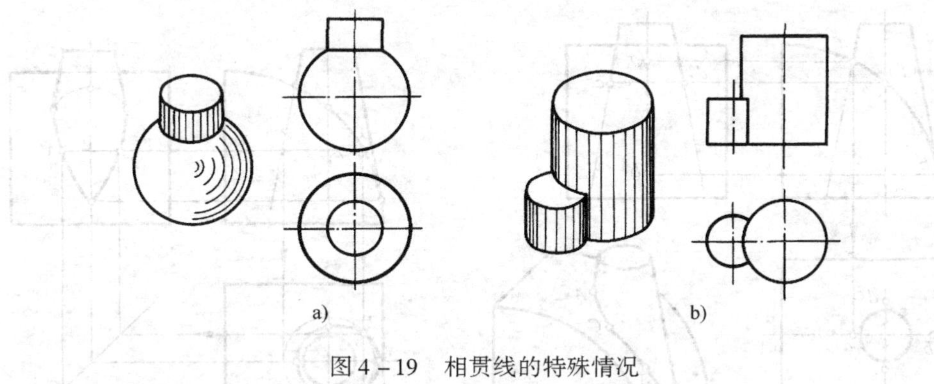

图 4－19　相贯线的特殊情况

a）相贯线为圆（平面曲线）　b）相贯线为直线

1）分析两相贯回转体的形状特征、相对位置，确定求作的方法。

2）求特殊位置点：这些点为相贯线的最高、最低，最左、最右，最前、最后的点。这些点是相贯两回转体其中一立体的外形线与另一立体的交点，其投影为两回转体外形线上的点。

3）求一般位置点：即求特殊点之间的若干点，一般只求 1～2 点。

4）判断可见性，依次光滑连接各点的同面投影。

常用求相贯线的方法有：表面取点法、辅助平面法和辅助球面法。这里只介绍前两种。

1. 表面取点法

表面取点法是在相贯线的某一面已知投影上取若干点，求出这些点的另两面投影，然后根据可见性用粗实线或虚线依次光滑连接其同面投影，因此此法只适用于两相贯回转体至少有一个是圆柱且垂直于某一投影面的情形。由于有一个圆柱垂直于某一个投影面，因此此圆柱面在该投影面上的投影积聚为圆周，相贯线的这面投影重合在该圆周上，即相贯线的这一面投影为已知。通过回转体表面取点的方法可求出相贯线的另两面投影。表面取点法简单、直观，只要满足条件都可用此法来求作相贯线。

例 4－13　求作圆锥台和圆柱的相贯线，如图 4－20 所示。

解　分析：本题为由四分之一圆柱与圆锥台相贯，其中四分一圆柱的轴线垂直于正面，因此可用表面取点法求作。相贯线的正面投影为已知，重合在圆柱的正面投影上。

作图：

1）求特殊位置点：如图 4－20a 所示，相贯线上最高（最右）、最低（最左）、最前、最后的点是圆锥台外形线上的点，由正面投影 a'、b'、c'、(d')，可求出它们的侧面投影和水平投影。可以看出：c''和 d''是相贯线侧面投影可见与不可见的分界点。

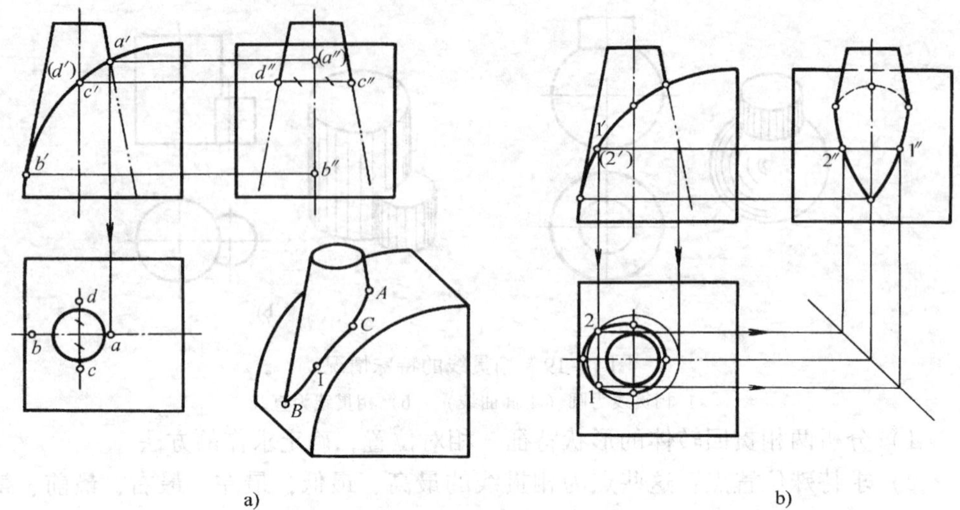

图 4－20　圆锥台与圆柱的相贯线

2）作一般位置点：在相贯线上任取两点Ⅰ、Ⅱ，其正面投影为 1′、（2′）。Ⅰ、Ⅱ 点也在圆锥台的表面上，可通过作圆锥台的纬圆为辅助线求出水平投影 1 和 2，再求出侧面投影 1″和 2″。同理，还可作出一系列点。

3）判断可见性，并按可见性依次光滑连接各点的同面投影即得，如图 4－20b 所示。

例 4－14　求作正交两圆柱的相贯线，如图 4－21 所示。

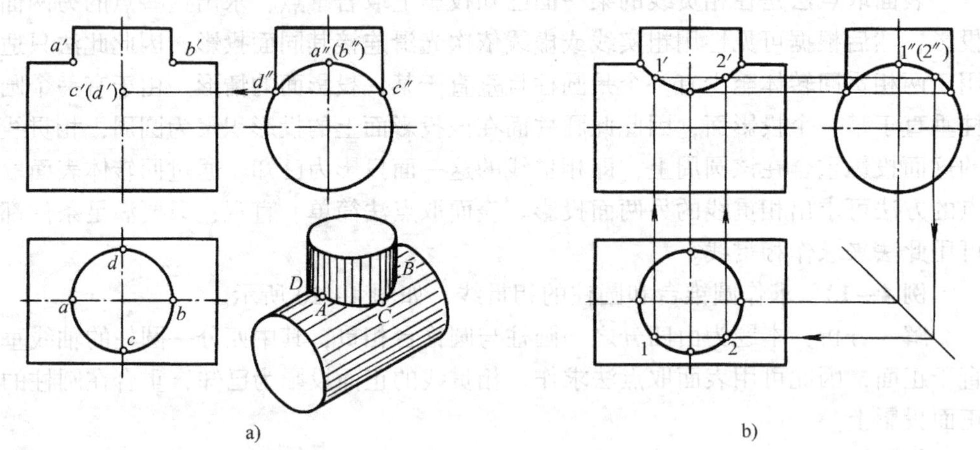

图 4－21　正交两圆柱相贯线

解　分析：如图 4－21 所示，两圆柱的直径不相等，轴线正交，并分别垂直于水平面和侧面，所以相贯线的水平投影与小圆柱面的水平投影相重合（是一个圆），相贯线的侧面投影与大圆柱面的侧面投影相重合（是一段圆弧）。要求作的是相贯线的正面投影，可用表面取点法求解。

作图：

1）求特殊位置点：在图 4－21a 中，相贯线上的最左、最右、最前、最后点 A、B、C、D 都是外形线上的点，由水平投影 a、c、b、d 和侧面投影 a''、c''、(b'')、d''，求出正面投影 a'、c'、b'、(d')。点 A、B 和 C、D 也分别是相贯线上的最高、最低点。

2）求一般位置点：在相贯线的侧面投影上任取两点 $1''$ 和 $(2'')$，如图 4－21b 所示，作出水平投影 1、2，再求出正面投影 $1'$、$2'$。同理，还可求出一系列点。

3）判断可见性，并按可见性依次光滑连接各点的正面投影即得，如图 4－21b 所示。

工程上，常常会遇见在圆柱或圆柱筒上钻一圆柱孔，如图 4－22 所示。当圆柱孔与圆柱相交时，圆柱的表面也要产生相贯线，如图 4－22a 所示。当圆柱孔与圆柱筒相交时，圆柱筒的内、外表面也都要产生相贯线，如图 4－22b 所示。相贯线的求作方法与例 4－14 相同。

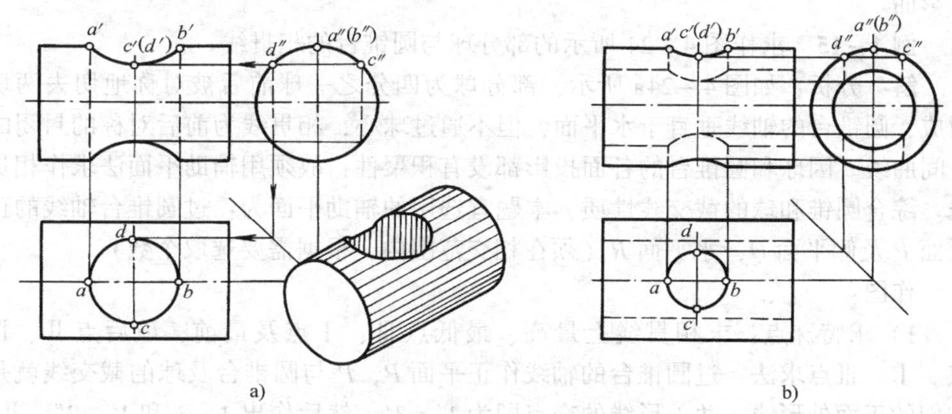

图 4－22　圆孔与圆筒的相贯线

2. 辅助平面法

基本原理：如图 4－23 所示，假想用一辅助平面 P 截割两相贯的回转体，P 与两回转体表面的截交线必在辅助平面 P 内，两截交线也必定相交，交点 A、B、C、D 就是两回转体表面与辅助平面三者的共有点，即为相贯线上的点。若作一系列辅助平面，可求得相贯线上的一系列点，然后按可见性依次光滑连接各点的同面投影，就得相贯线的各面投影。

辅助平面的选择原则：

1）辅助平面的位置应取在两回转体相贯的范围内。

2）辅助平面与两回转体的截交线的投影应最简单，即为直线或平行于投影面的圆。对圆柱而言，辅助平面应平行于圆柱的轴线，但当圆柱的轴线垂直于某

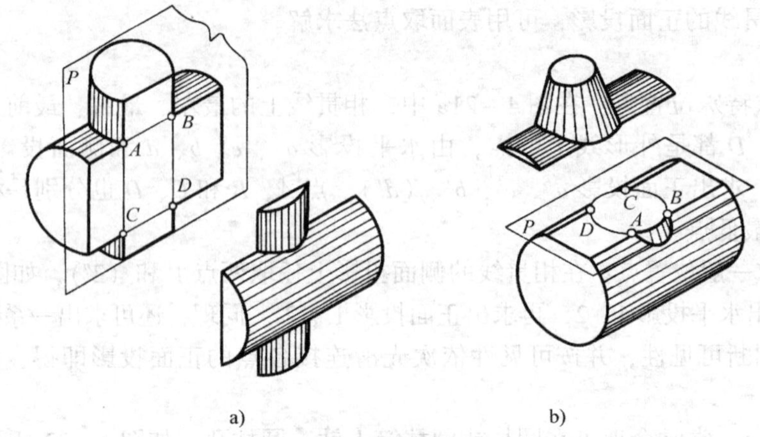

图 4-23 辅助平面法

一投影面时，也可以垂直于轴线；对圆锥而言，辅助平面应通过锥顶，当圆锥的轴线垂直于某一投影面时，也可以垂直于轴线；对圆球而言，辅助平面应平行于投影面。

例 4-15 求作图 4-24 所示的部分球与圆锥台的相贯线。

解 分析：如图 4-24a 所示，部分球为四分之一球前后被对称地切去两块而成，圆锥台的轴线垂直于水平面，但不通过球心，相贯线为前后对称的封闭的空间曲线。因球和圆锥台的各面投影都没有积聚性，故须用辅助平面法求作相贯线。综合圆锥和球的截交线性质，本题宜选用的辅助平面为：过圆锥台轴线的正平面 P 及侧平面 Q；水平面 R（须在相交范围内，根据需要选取个数）。

作图：

1）求特殊点：求相贯线上最高、最低点Ⅲ、Ⅰ点及最前、最后点Ⅱ、Ⅳ点。Ⅰ、Ⅲ点求法：过圆锥台的轴线作正平面 P，P 与圆锥台及球的截交线就是它们的正面外形线，两外形线的交点即为 $1'$、$3'$，然后作出 1、3 和 $1''$、$3''$。Ⅱ、Ⅳ点的求法：过圆锥台的轴线作侧平面 Q，Q 与圆锥台的截交线的侧面投影即为圆锥的侧面外形线，需作出 Q 与球的截交线的侧面投影（为圆弧），两截交线侧面投影的交点即为 $2''$、$4''$，由于Ⅱ、Ⅳ也是 Q 平面上的点，因此 2、4 应在 Q_H 上，$2'$、$(4')$ 应在 Q_V 上，如图 4-24a 所示。

2）作一般点：在点Ⅰ、Ⅱ之间，作平行于水平面的辅助平面 R，平面 R 与圆锥台的截交线的水平投影为圆，与球的截交线的水平投影为圆弧，分别作出后其交点即为 5、6，然后求出 $5'$、$(6')$ 和 $5''$、$6''$。同理，还可作出一系列点。

3）判断可见性，依可见性光滑连接各点的同面投影，即得相贯线的各面投影，如图 4-24b 所示。

三、相贯线的特殊情况

1）直径相等、轴线相交的两圆柱相贯，简称为等径相贯。其相贯线是两椭

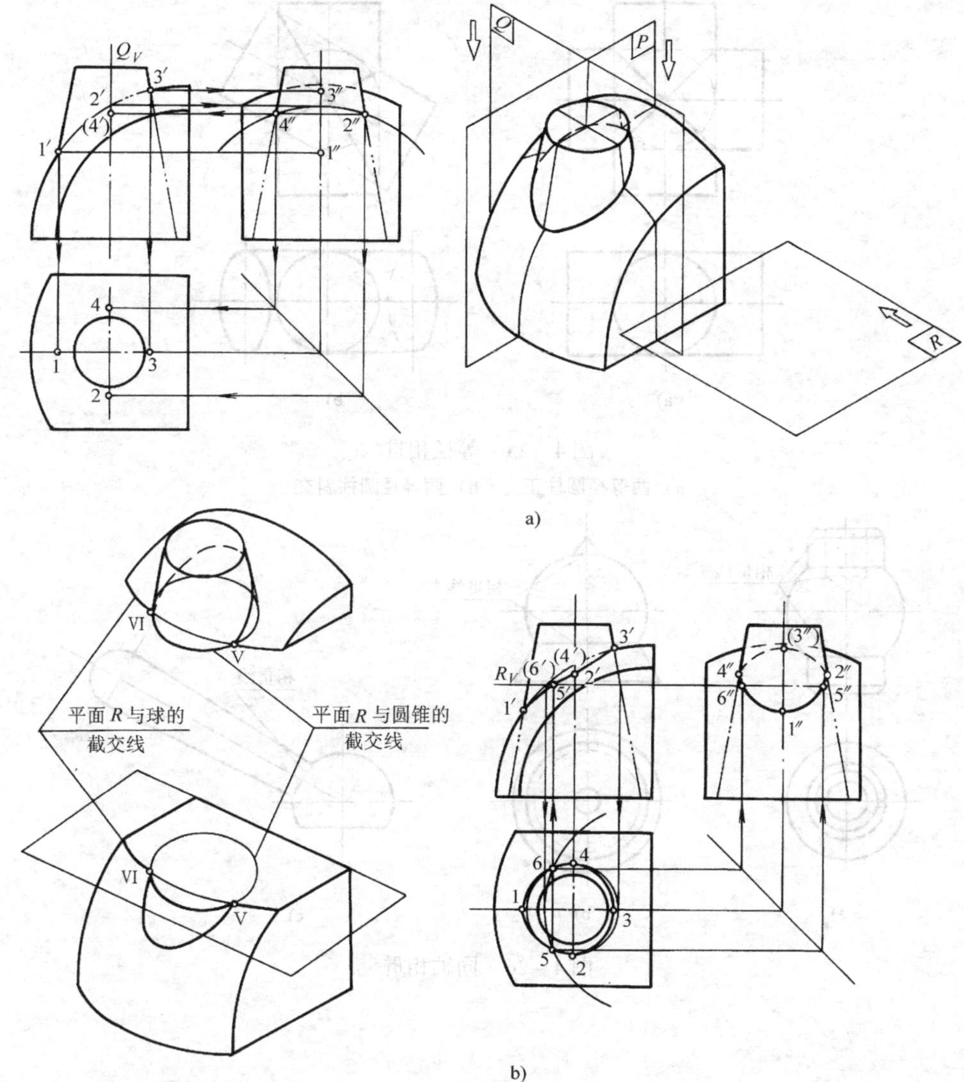

图 4－24　部分球与圆锥台的相贯线

圆（平面曲线），它在与两轴线都平行的投影面上的投影积聚为两相交直线，如图 4－25 所示。

2）相贯两圆柱，其轴线相互平行时，相贯线是两条素线，如图 4－19b 所示。

3）轴线重合的两回转体相贯，称为同轴相贯。其相贯线为一垂直于公共轴线的圆，如图 4－26a、b 所示。当公共轴线为投影面平行线时，相贯线的圆在该投影面上的投影为垂直于轴线的直线段，可直接求得，如图 4－26c 所示。

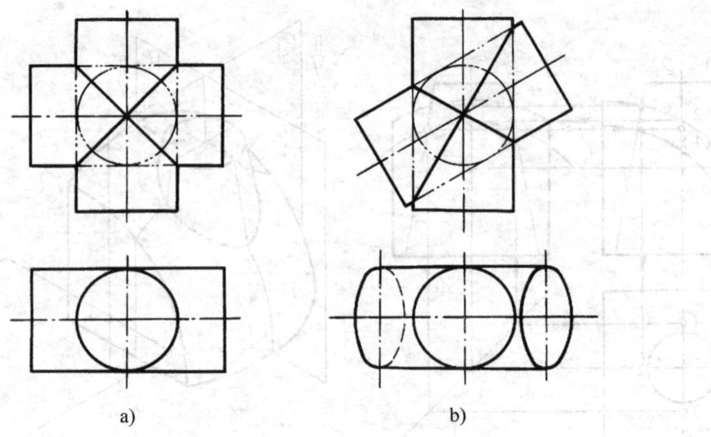

图 4－25　等径相贯

a）两等径圆柱正交　b）两等径圆柱斜交

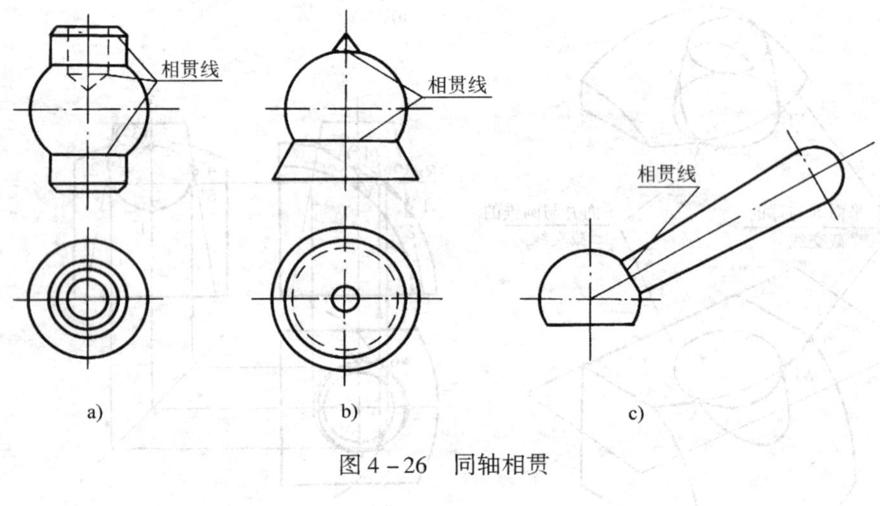

图 4－26　同轴相贯

第五章　制图的基本知识

第一节　关于技术制图的一些国家标准介绍

一、技术制图　图纸幅面和格式（GB/T14689—1993）

1. 图纸幅面

（1）定义　图纸宽度与长度组成的图面称为图纸幅面。

（2）图纸幅面尺寸　图纸幅面分为基本幅面和加长幅面。绘制技术图样时应优先采用基本幅面。基本幅面的尺寸见表 5－1，其中 *B* 为宽度，*L* 为长度。加长幅面的加长法如图 5－1 所示。

表 5－1　图纸的基本幅面及图框尺寸　　（单位：mm）

幅面代号	A0	A1	A2	A3	A4
$B \times L$	841×1189	594×841	420×594	297×420	210×297
a	25				
c	10			5	
e	20		10		

2. 图框格式

（1）定义　图纸上限定绘图区域的线框称为图框。

（2）图框格式　在图纸上必须用粗实线画出图框。其格式分为不留装订边和留有装订边两种，但同一产品的图样只能采用同一种格式。

不留装订边的图纸的图框格式如图 5－2 所示。留有装订边的图纸的图框格式如图 5－3 所示。图框格式的尺寸见表 5－1。

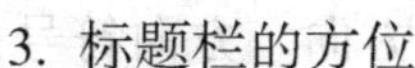

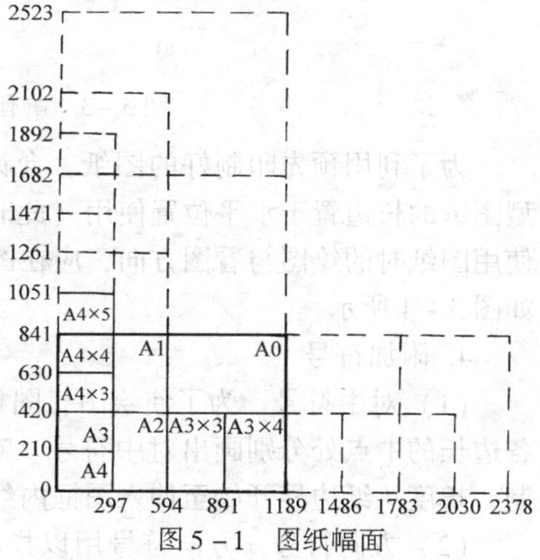

图 5－1　图纸幅面

3. 标题栏的方位

标题栏的位置应于图纸的右下角，如图 5－2、图 5－3 所示。

标题栏的长边置于水平方向并与图纸长边平行时就构成 X 型图纸，如图 5－2a、图 5－3a 所示。若标题栏的长边与图纸的长边垂直时就构成了 Y 型图纸，如

图 5－2b、图 5－3b 所示。这样，看图的方向与看标题栏的方向是相同的。

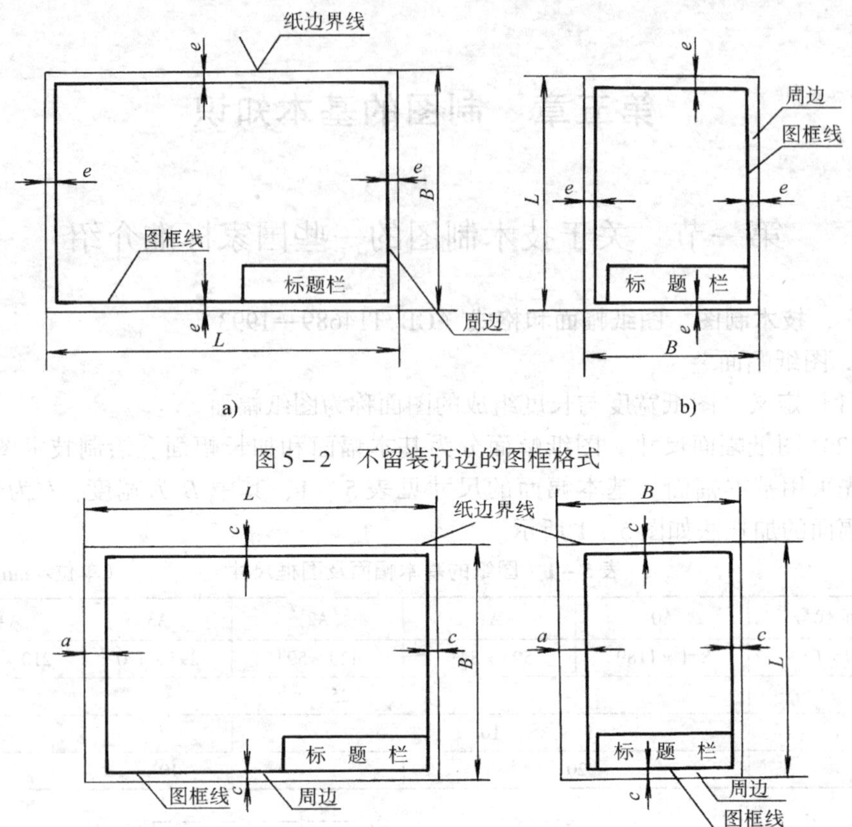

图 5－2 不留装订边的图框格式

图 5－3 留有装订边的图框格式

为了利用预先印制好的图纸，允许将 X 型图纸的短边置于水平位置或将 Y 型图纸的长边置于水平位置使用（此时标题栏应在图纸的右上角）。为明确这样使用图纸时的绘图与看图方向，应在图纸下边的对中符号处画出一个方向符号，如图 5－4 所示。

4. 附加符号

（1）对中符号 为了使绘图、图样复制和缩微摄影时定位方便，应在图纸各边长的中点处分别画出对中符号。对中符号用线宽不小于 0.5mm 的粗实线绘制，长度从纸边界开始至伸入图框内约 5mm，如图 5－4a 所示。

（2）方向符号 方向符号用以指明图纸的绘图和看图方向。方向符号是用细实线绘制的等边三角形，其大小和位置指向如图 5－4b 所示。

此外，还有剪切符号、米制参考分度线和图幅分区，此处从略。若必须使用，请参阅 GB/T14689—1993。

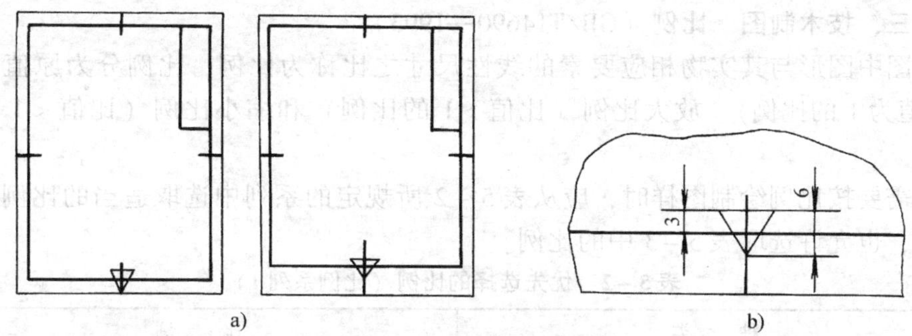

a) b)

图5-4 对中符号和方向符号

二、技术制图 标题栏（GB/T10609.1—1989）

1. 基本要求

每张技术图样上都应有标题栏。标题栏中除签字之外的字体和线型等均应符合有关国家标准的规定。

2. 标题栏的格式及尺寸

1）标题栏一般由签字区、更改区、名称及代号区和其他区组成，如图5-5所示。各组成区的布置有如图5-5a、b两种形式。

2）标题栏的长和宽如图5-5所示，其具体格式和尺寸可参照图5-6。

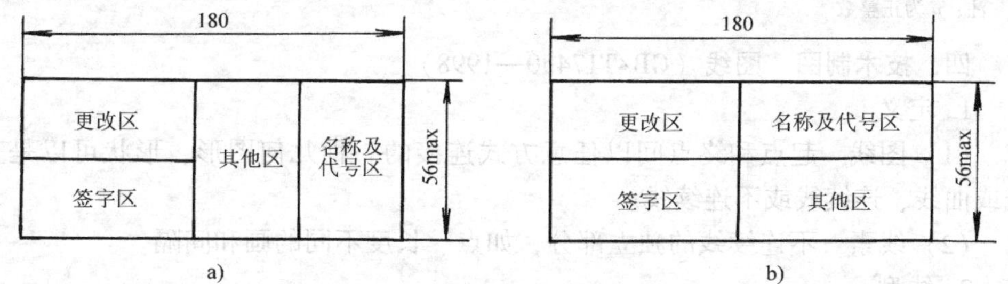

图5-5 标题栏的分区形式

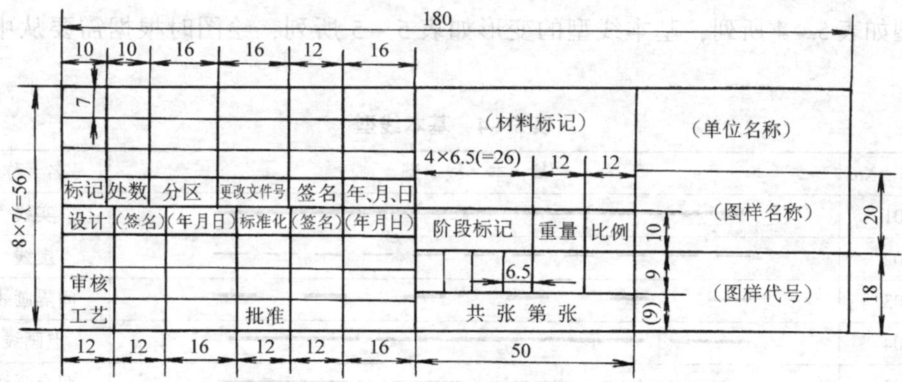

图5-6 标题栏的格式与尺寸

三、技术制图　比例（GB/T14690—1993）

图中图形与其实物相应要素的线性尺寸之比称为比例。比例分为原值比例（比值为1的比例）、放大比例（比值>1的比例）和缩小比例（比值<1的比例）。

需要按比例绘制图样时，应从表5－2所规定的系列中选取适当的比例。必要时，也允许选取表5－3中的比例。

表5－2　优先选择的比例（比例系列1）

种　类	比　例
原值比例（比值为1的比例）	1:1
放大比例（比值>1的比例）	2:1　5:1　5×10^n:1　2×10^n:1　1×10^n:1
缩小比例（比值<1的比例）	1:2　1:5　1:10　1:2×10^n　1:5×10^n　1:1×10^n

注：n为正整数

表5－3　比例系列2

种　类	比　例
放大比例	2.5:1　4:1　4×10^n:1　2.5×10^n:1
缩小比例	1:1.5　1:2.5　1:3　1:4　1:6　1:1.5×10^n　1:2.5×10^n　1:3×10^n　1:4×10^n　1:6×10^n

注：n为正整数

四、技术制图　图线（GB/T17450—1998）

1. 定义

（1）图线　起点和终点间以任意方式连接的一种几何图形，形状可以是直线或曲线、连续线或不连续线。

（2）线素　不连续线的独立部分，如点、长度不同的画和间隔。

2. 线型

由不同线素以不同形式构成了技术制图的基本线型和基本线型的变形。基本线型如表5－4所列，基本线型的变形如表5－5所列，绘图时根据需要从中选用。

表5－4　基本线型

代码　No.	基　本　线　型	名　称
01	————————————	实线
02	— — — — — — — — — — —	虚线
03	—　—　—　—　—　—	间隔画线
04	———— · ———— · ————	点画线
05	———— ·· ———— ·· ————	双点画线

（续）

代码 No.	基本线型	名称
06		三点画线
07		点线
08		长画短画线
09		长画双短画线
10		画点线
11		双画单点线
12		画双点线
13		双画双点线
14		画三点线
15		双画三点线

3. 图线的宽度（d）

所有图线的宽度都应按图样的类型和尺寸大小在下列数系中选择。该数系的公比为 $1:\sqrt{2}$。

0.13、0.18、0.25、0.35、0.5、0.7、1、1.4、2（单位：mm）

图线分为粗线、中粗线和细线；粗线、中粗线和细线的宽度比率为 4∶2∶1。例如：粗线宽 0.7mm，中粗线宽 0.35mm，细线宽 0.18mm。建议优先选用粗线宽 0.5 和 0.7 的两组。在同一图样中，同类图线的宽度应一致。

表 5－5　基本线型的变形

基本线型的变形	名　称
	规则波浪连续线
	规则螺旋连续线
	规则锯齿连续线
	波浪线（徒手连续线）

4. 线素的尺寸

构成各种线型的线素的宽度应与同类图线的宽度相同。其长度尺寸是以图样中的粗线宽度 d 为基数来确定的，具体情况见表 5－6。

表 5-6　线素的尺寸

线　素	线型 No.	长　度
点	04~07，10~15	≤0.5d
短间隔	02，04~15	3d
短画	08，09	6d
画	02，03，10~15	12d
长画	04~06，08，09	24d
间隔	03	18d

五、技术制图　字体（GB/T14691—1993）

在图样上书写字体必须做到：字体工整、笔画清楚、间隔均匀、排列整齐。

1. 字高与字号

字体高度用 h 表示。字体高度的公称系列为：1.8、2.5、3.5、5、7、10、14、20（单位：mm）。

字体高度的毫米数就为字体的号数。

2. 汉字

汉字应写成长仿宋体字，并应采用国家正式公布的简化字。汉字的高度（h）不应小于 3.5mm，字宽一般为 $h/\sqrt{2}$，即约为 0.7h。

书写长仿宋体字的要领是：横平竖直，注意起落，结构匀称，填满方格。

长仿宋体字的基本笔画的写法见表 5-7。

表 5-7　长仿宋体字的基本笔画

笔画	形状和运笔方法	字例	笔画	形状和运笔方法	字例
点	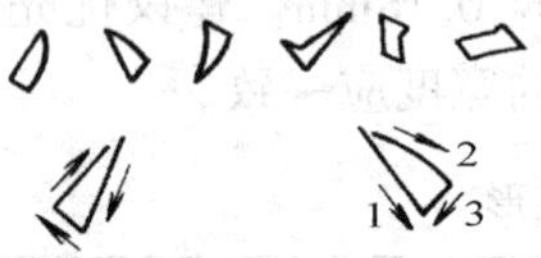	总	撇	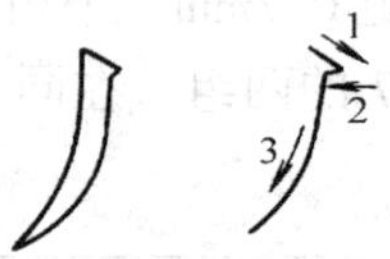	力
横	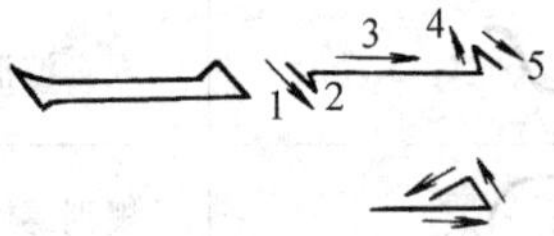	工	捺	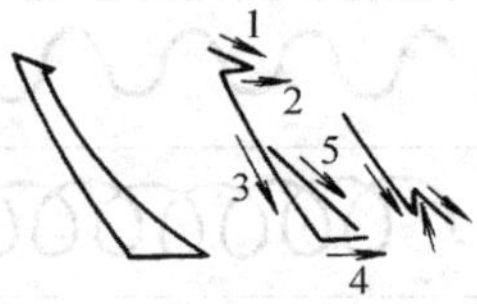	人
竖	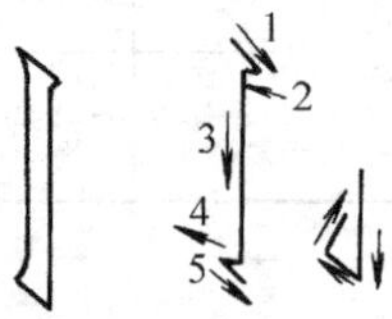	中	钩	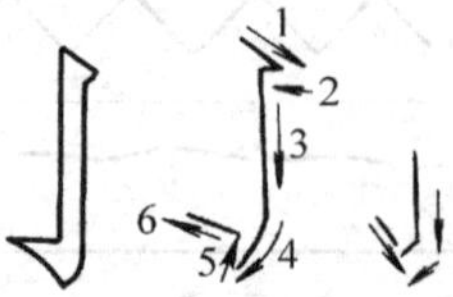	字
			挑		均

长仿宋体字示例如图 5－7 所示。

3. 字母和数字

字母和数字分为 A 型和 B 型。A 型字体的笔画宽度（b）为字高（h）的十四分之一，B 型字体的笔画宽度为字高的十分之一。在同一图样上，只允许使用一种型式的字体。

10号　横平竖直注意起落排列整齐间隔均匀

7号　装配时作斜度深沉大小球厚直网纹均布水平镀抛光

视图向旋转前后表面展开两端中心孔锥销键锪平刮

5号　技术制图机械电子汽车航空船舶土木建筑矿山共坑港口纺织服装

3.5号　螺纹齿轮端子接线飞行指导驾驶舱位挖填施工引水通风闸阀坝棉麻化纤

图 5－7　长仿宋体字

字母和数字可写成直体和斜体，斜体字的字头向右倾斜，与水平基准线成 75°。

字母和数字的字形应符合规定。字母和数字的写法如图 5－8 所示。

六、技术制图　剖面区域的表示法（GB/T17453—1998）

假想用剖切面剖开物体，剖切面与物体的接触部分称为剖面区域。

一般应在剖面区域内画上剖面符号（剖面线）。不需在剖面区域中表示材料的类别时，可采用通用剖面线表示。通用剖面线应以适当角度的细实线绘制，最好与主要轮廓线或剖面区域的对称线成 45°角，如图 5－9 所示。

同一物体的各个剖面区域，其剖面线的画法应当一致。相邻物体的剖面线必须以不同的方向或以不同的间隔画出。剖画线间的间隔根据剖面区域的大小适当选择，但应大于 0.7mm。在剖面区域内标注字母或数字时，剖面线必须断开，允许在剖面区域内用点阵或涂色代替通用剖面线，如图 5－10 所示。

窄剖面区域可全部涂黑，如图 5－11a 所示。相邻两涂黑的窄剖面区域之间必须留有不小于 0.7mm 的间隙，如图 5－11b 所示。

若需在剖面区域内表示材料的类别时，应采用特定的剖面符号表示。剖面符号在 GB/T4457.5—1984《机械制图　剖面符号》与 GB/T17453—1998 的规定相一致，在机械制图范围内仍适用。GB/T4457.5—1984 所规定的 14 种剖面符号见表 5－8。

A型字体

拉丁字母示例

大写斜体

小写斜体

abcdefghijklmnopq

rstuvwxyz

大写直体

ABCDEFGHIJKLMNOP

QRSTUVWXYZ

小写直体

abcdefghijklmnopq

rstuvwxyz

图 5-8　字母和数字的写法

希腊字母示例
大写直体

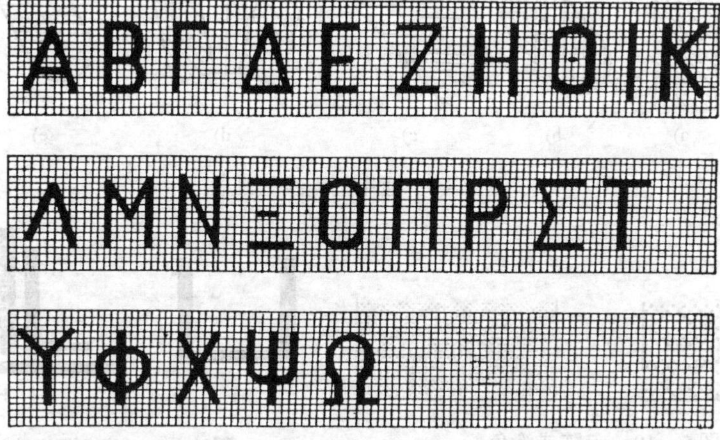

小写斜体

图 5－8　字母和数字的写法（续）

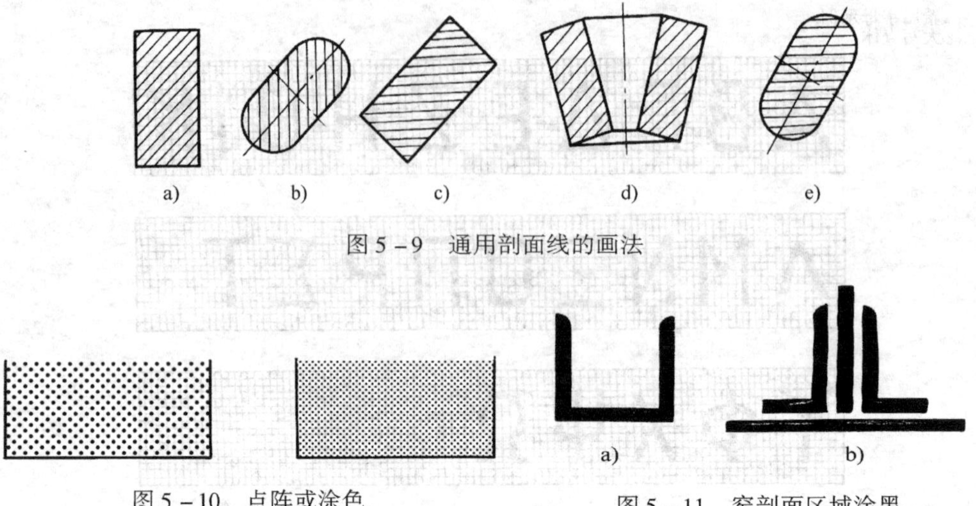

图 5－9　通用剖面线的画法

图 5－10　点阵或涂色

图 5－11　窄剖面区域涂黑

七、尺寸注法

无论图样选用何种比例绘制，图样中的图形只能表示物体的结构、形状，不能确定物体的大小。物体的大小是用所标注的尺寸来确定的，因此，尺寸是图样上的重要内容之一。尺寸标注法的有关规定如下：

1. 基本规则

1）物体的真实大小应以图样上所注的尺寸数值为依据，与图形的大小及绘图准确度无关。

2）图样中（包括技术要求和其他说明）的尺寸以毫米为单位时，不需标注其计量单位的名称或代号；如果采用其他单位，如英寸、度、厘米、米等时，则必须注明所用计量单位的名称或代号。

3）物体的每一个尺寸，在图样上一般只标注一次。

4）图样中所标注的尺寸，是物体（含机件）的最后完工尺寸，否则应另加说明。

5）在保证不致误解、不会产生理解多意性的前提下，可简化标注，力求制图简便。

2. 尺寸的组成

一个完整的尺寸一般由尺寸界线、尺寸线、尺寸线两端、尺寸数字和相关符号等组成，如图 5－12 所示。

（1）尺寸界线　尺寸界线是用来表示所注尺寸的起、止位置的。尺寸界线用细实线绘制，且应从图形的轮廓线、轴线或中心线处引出，尽可能引出画在图形外，并超出尺寸线末端约 2mm。也可以轮廓线、轴线或中心线作为尺寸界线。

表 5－8　GB/T4457. 5—1984 所规定的剖面符号

材料	剖面符号	材料	剖面符号
金属材料（已有规定剖面符号者除外）		木质胶合板（不分层数）	
线圈绕组元件		基础周围的泥土	
转子、电枢、变压器和电抗器等的迭钢片		混　凝　土	
非金属材料（已有规定剖面符号者除外）		钢筋混凝土	
型砂、填砂、粉末冶金、砂轮、陶瓷刀片、硬质合金刀片等		砖	
玻璃及供观察用的其他透明材料		格　　网（筛网、过滤网等）	
木材　纵　剖　面		液　　体	
木材　横　剖　面			

注：1. 剖面符号仅表示材料的类别，材料的名称和代号必须另行注明。
2. 迭钢片的剖面线方面应与束装中迭钢片的方向一致。
3. 液面用细实线绘制。

同一线性尺寸的两条尺寸界线应互相平行，一般应垂直于所注尺寸的方向，必要时允许倾斜，如图 5－13。角度尺寸的尺寸界线应交于（或延长相交）角的顶点，弦长及弧长的尺寸界线平行于弦的垂直平分线。如图 5－12～图 5－14 所示。

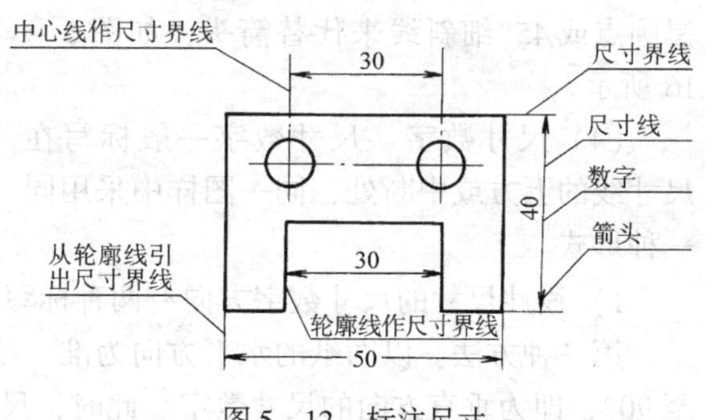

图 5－12　标注尺寸

（2）尺寸线　尺寸线用细实

线单独绘制，不得与其他图线重合或画于其他图线的延长线上。标注线性尺寸时，尺寸线应平行于所表示的尺寸方向。标注角度尺寸时，尺寸线画成圆弧，圆心是该角的顶点。弦长或弧长的尺寸线画法如图 5－14b、c 所示。

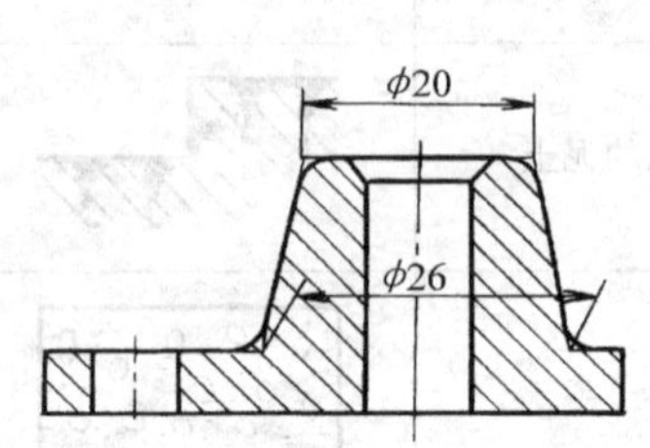

图 5－13　倾斜引出的尺寸界线

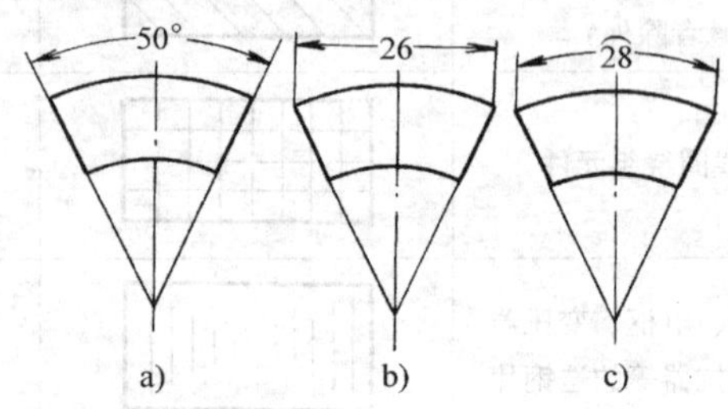

图 5－14　角度、弦长、弧长的标注法
a) 角度　b) 弦长　c) 弧长

(3) 尺寸线终端　尺寸线的终端有箭头和 45°细斜线两种形式，如图 5－15 所示。

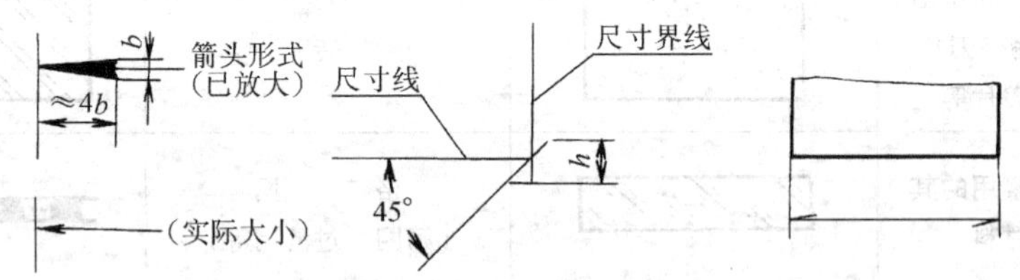

图 5－15　尺寸线终端形式

箭头的尾部宽度等于图样中图形可见轮廓线的宽度 b，箭头长约为 $4b$，也可用图 5－15 右边的单边箭头，箭头的形式适用于各种类型的图样。尺寸线两端采用 45°细斜线时，只能用于尺寸线垂直于尺寸界线的情况。细斜线的方向以尺寸界线为准顺转 45°，如图示，其高为尺寸数字的字体高 h。细斜线的形式对于直径、半径、弧长、角度等尺寸不适用。当尺寸线与尺寸界线相互垂直时，同一张图样中只能采用一种尺寸线终端形式。

当采用箭头而位置又不够时，允许用小黑圆点或 45°细斜线来代替箭头，如图 5－16 所示。

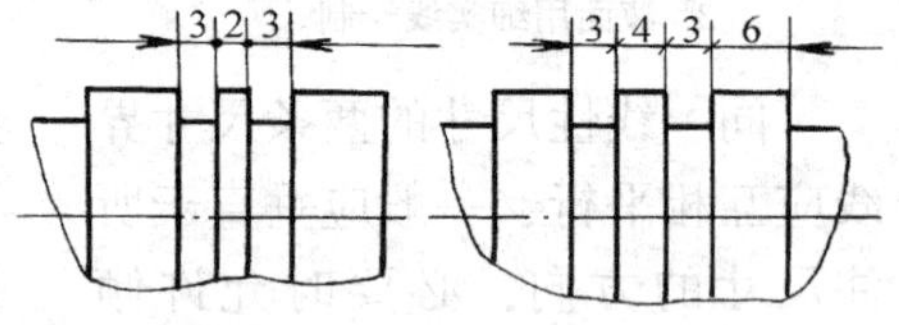

图 5－16　黑圆点或斜线代替箭头

(4) 尺寸数字　尺寸数字一般标写在尺寸线的上方或中断处，同一图样中采用同一种形式。

1) 线性尺寸的尺寸数字方向有两种标写方法：

第一种方法：以图纸的水平方向为准，按逆时针方向随尺寸方向旋转，可转至 90°，即为垂直方向的尺寸数字。此时，尺寸数字应在尺寸线的左边，且字头向左标写，如图 5－17 所示。若顺时针旋转，则一般只在顺转 60°范围内标写尺寸。在图示的30°范围内（画有网纹线）的尺寸，可按图5－17d所示的方法标注。

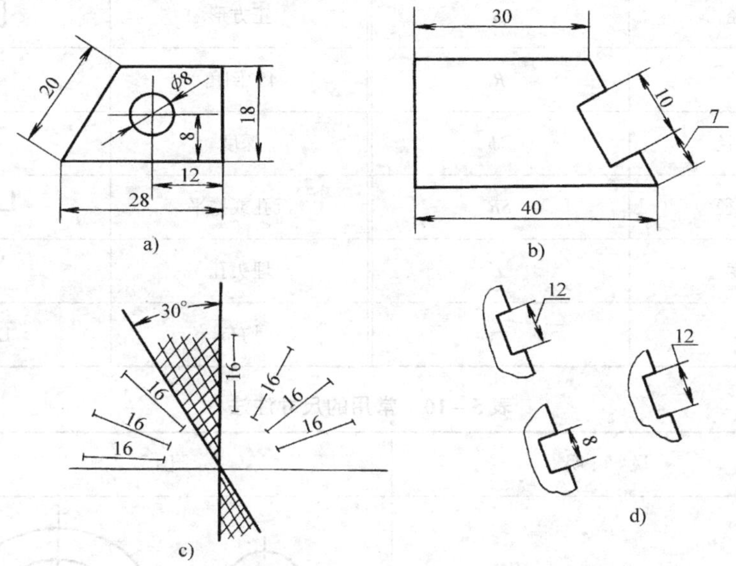

图5－17　线性尺寸的尺寸数字方向（一）

第二种方法：在不致引起误解时，也允许将线性尺寸的尺寸数字一律水平地标写在尺寸线的中断处，如图5－18所示。

2）角度尺寸的尺寸数字应水平地标写在尺寸线的中断处，必要时也可标写在尺寸线的上方、尺寸线的两边或尺寸线的引出线的上方，但应字头向上，如图5－19所示。

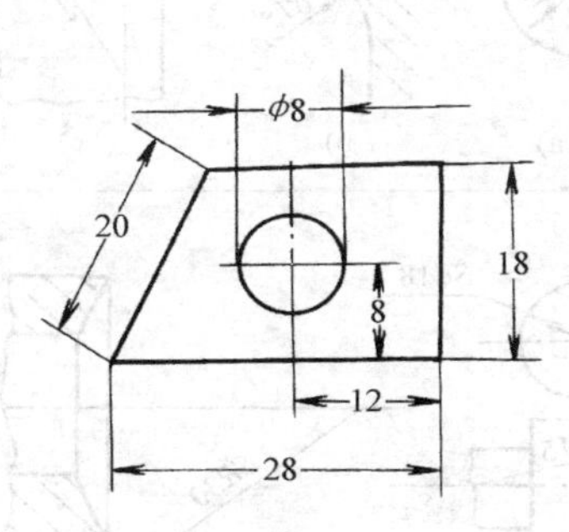

图5－18　尺寸数字方向（二）

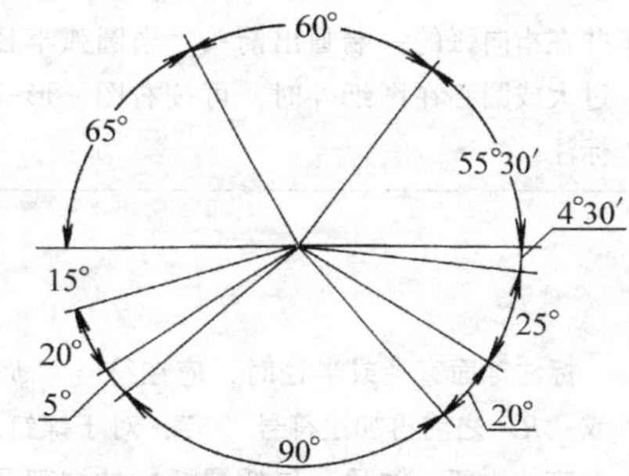

图5－19　角度尺寸数字的标写

（5）标注尺寸的符号　标注尺寸时，应尽可能使用规定的符号和缩写词。常用的标注尺寸的符号和缩写词见表5－9。

常用的尺寸标注法，使用符号和缩写词的标注法见表5－10。

表 5-9　常用符号和缩写词

名称	符号或缩写词	名称	符号或缩写词
直径	ϕ	正方形	□
半径	R	45°倒角	C
球直径	$S\phi$	深度	↧
球半径	SR	沉孔或锪平	⌴
厚度	t	埋头孔	∨
弧	⌒	均布	EQS

表 5-10　常用的尺寸注法

内容	说　明	图　例
直径注法	标注直径尺寸时，应在尺寸数字前面加注符号“ϕ”，且尺寸线应通过圆心	$\phi20$　$\phi35$　$\phi20$　$\phi16$　$\phi16$
半径注法	标注半径尺寸时，应在尺寸数字前面加注符号“R”，其尺寸线必须通过圆弧心，并在指向弧的一端画出箭头。当圆弧半径过大或圆心在图纸外时，可按右图 c 形式标注	$R12$　$R15$　$R120$ a)　b)　c)
球面注法	标注球面直径或半径时，应在符号“ϕ”或“R”之前再加注符号“S”，对于螺钉、铆钉的头部，轴颈（包括螺杆）的端部及手柄端部在不致引起误解的情况下允许省略符号“S”	$S\phi18$　$SR15$　$SR30$　$R8$　$R10$

（续）

内容	说明	图例
斜度注法	斜度符号“∠”，其画法如下： 30°　h ＝尺寸数字高；符号线宽 $=\frac{h}{10}$，符号的方向应与所表示的斜度方向一致	∠1:5　∠1:5　∠1:10
板厚度注法	标注板状零件的厚度时，需在厚度尺寸数字前加注符号“t”	$t2$　$t0.5$
相同的孔和槽的注法	在同一图形中，对尺寸相同的孔、槽等组成要素，可仅在一个要素上注出其尺寸和数量。 直径相同的孔，呈均匀分布时其尺寸按右图所示的方法标注。当其定位和分布情况在图形中已明确时，可不标注角度	X个 15°　8×ϕ8 EQS　8×ϕ8 EQS
几种尺寸数值相近又重复的要素注法	在同一图形中具有几种尺寸数值相近而又重复的要素（如孔）时，可采用涂色分类标记的方法来区别，如右图 a 所示，或采用标注字母的方法来区别，如右图 b 所示，也可用列表的形式来表示，如右图 c 所示	2×ϕ10　3×ϕ8　3×ϕ6 a) 2×ϕ10　3×ϕ8　3×ϕ6 A　B　C　B　C　B　C　A b) 孔的标记 | ○ | ◐ | ⊕ 数量 | 2 | 3 | 3 尺寸 | | | c)

（续）

内容	说　明	图　例
小尺寸注法	当没有足够位置画箭头或写数字时，数字可写在外面或引出标注，且允许用圆点或斜线代替箭头，小尺寸的圆和圆弧可按右图所示的图例标注，半径尺寸线皆通过圆弧的圆心	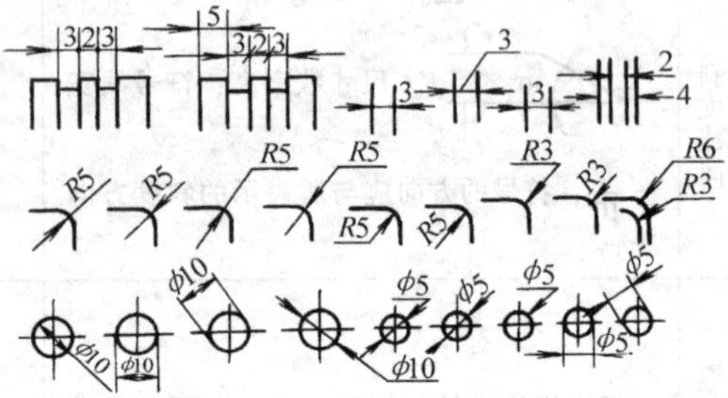
对称图形注法	当图形具有对称中心线时，分布在对称中心线两边的相同结构，可仅标注其中一边的结构尺寸，如右图中 *R5* 对称机件，只画出一半或略大于一半时，尺寸线应略超过对称中心线或断裂线；而且只在尺寸线的一端画出箭头，如右图中的 $\phi16$、60、45 等	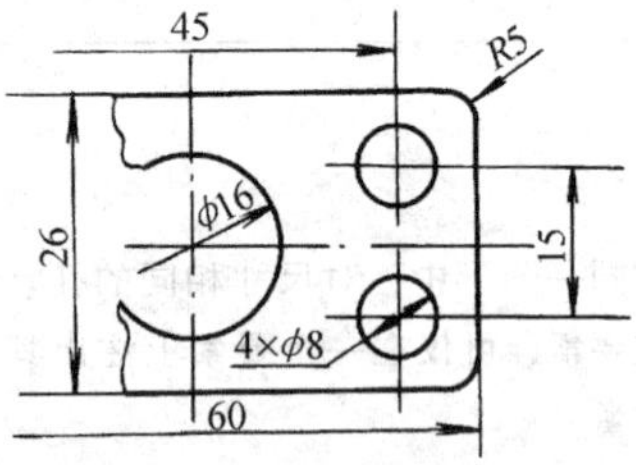

第二节　平面图形的画法及尺寸标注

平面图形由不同的线段（直线段、曲线段）按一定的方法、位置、顺序和大小连接起来，因此，需要按一定的方法来绘制平面图形。在绘制平面图形时，经常要用圆弧去连接另外的圆弧或直线，也就是需要进行圆弧连接。

一、圆弧连接

在圆弧连接中起连接作用的圆弧称为连接圆弧。圆弧连接的主要问题是求作出连接圆弧的圆心位置和连接点（切点）。

无论哪种形式的圆弧连接，都需要首先求作出连接圆弧的圆心位置，然后引垂线求垂足或连心线定出连接点，再画出连接圆弧。

1. 圆弧连接时的基本轨迹的求作方法

圆弧连接时的基本轨迹的求作方法见表 5－11。

2. 用连接圆弧连接两已知直线以及连接两已知圆弧的作图方法

用连接圆弧连接两已知直线的作图方法见表 5－12。

用连接圆弧连接两已知圆弧的作图方法见表 5－13。

表 5－11　圆弧连接的基本轨迹

类别	与定直线相切的圆心轨迹	与定圆外切的圆心轨迹	与定圆内切的圆心轨迹
图例	连接圆弧 圆心轨迹 R O O' T T 连接点（切点） 已知直线	连接圆弧 R O 圆心轨迹 已知圆弧 T R_1+R R_1 O' O_1 T 连接点（切点）	T 已知圆弧 R O 圆心轨迹 连接圆弧 R_1 R_1-R O' T O_1 连接点（切点）
连接弧圆心的轨迹及切点位置	当一个半径为 R 的连接圆弧与已知直线连接（相切）时，则连接弧圆心 O 的轨迹是与定直线相距为 R 且平行于定直线的直线 切点即为连接弧圆心向已知直线所作垂线的垂足 T	当一个半径为 R 的连接圆弧与已知圆弧（半径为 R_1）外切时，则连接弧圆心的轨迹是已知圆弧的同心圆弧，其半径为 R_1+R 切点即为两圆心连线与已知圆的交点 T	当一个半径为 R 的连接圆弧与一已知圆弧（半径为 R_1）内切时，则连接弧圆心的轨迹是已知圆弧的同心圆弧，其半径为 R_1-R 切点即为两圆心连线与已知圆的交点 T

表 5－12　两直线间的圆弧连接

类别	用圆弧连接锐角或钝角（圆角）	用圆弧连接直角（圆角）
图例	R O R T_1 T_2 R R T_1 O R T_2 R	R O T_1 R R R T_2
作图步骤	1. 作与已知角两边分别相距为 R 的平行线，交点 O 即为连接弧圆心 2. 从 O 点分别向已知角两边作垂线，垂足 T_1、T_2 即为切点 3. 以 O 为圆心，R 为半径在两切点 T_1、T_2 之间画连接圆弧，即为所求	1. 以直角顶点为圆心，R 为半径作圆弧交直角两边于 T_1 和 T_2 2. 以 T_1 和 T_2 为圆心，R 为半径作圆弧相交得连接弧圆心 O 3. 以 O 为圆心，R 为半径在两切点 T_1 和 T_2 之间作连接弧，即为所求

二、平面图形的画法

要正确地画出平面图形，必须对平面图形进行尺寸分析和线段分析。

1. 平面图形的尺寸分析

平面图形的尺寸按照其作用可以分为定形尺寸（大小尺寸）和定位尺寸（位置尺寸）两种。定位尺寸应当有标注尺寸的基准点，称之为尺寸基准。平面图形

表 5-13 两圆弧之间的圆弧连接

名称	已知条件和作图要求	作图步骤		
外连接	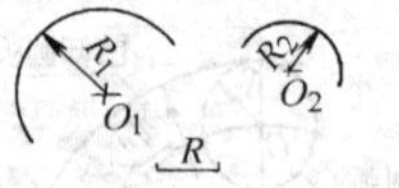 已知两圆 O_1、O_2 的半径为 R_1、R_2，求作以 R 为半径的连接圆弧与两已知圆外切	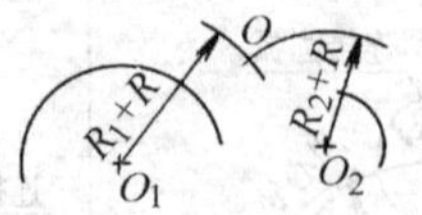 1. 分别以 (R_1+R) 和 (R_2+R) 为半径，O_1、O_2 为圆心，作同心圆弧相交于 O	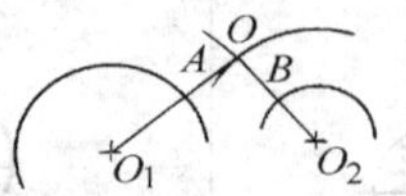 2. 作连心线 OO_1 和 OO_2，与已知圆弧相交于 A、B，即为切点	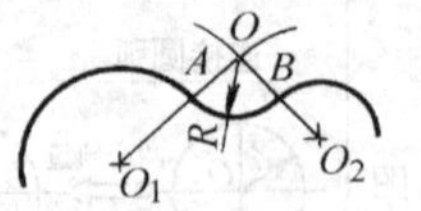 3. 以 O 为圆心，R 为半径，在两切点 A、B 间作连接弧即为所求
内连接	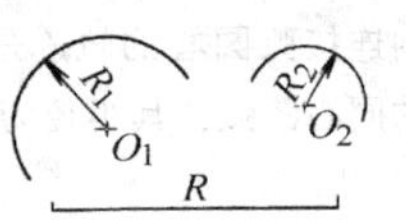 已知两圆 O_1、O_2 的半径为 R_1、R_2，求作以 R 为连接弧半径与两已知圆内切	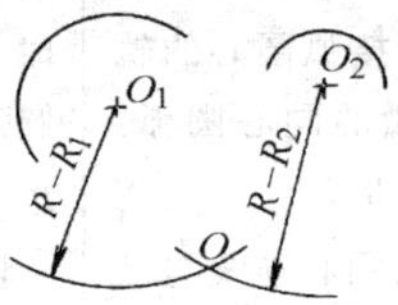 1. 分别以 $(R-R_1)$ 和 $(R-R_2)$ 为半径，O_1、O_2 为圆心，作同心圆弧相交于 O	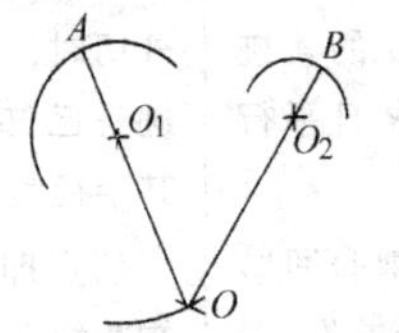 2. 作连心线 OO_1 和 OO_2，与已知圆弧相交于 A、B，即为切点	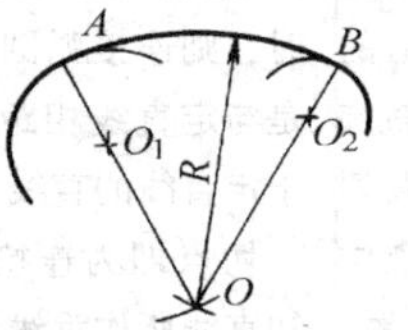 3. 以 O 为圆心，R 为半径，在两切点 A、B 间作连接圆弧即为所求
混合连接	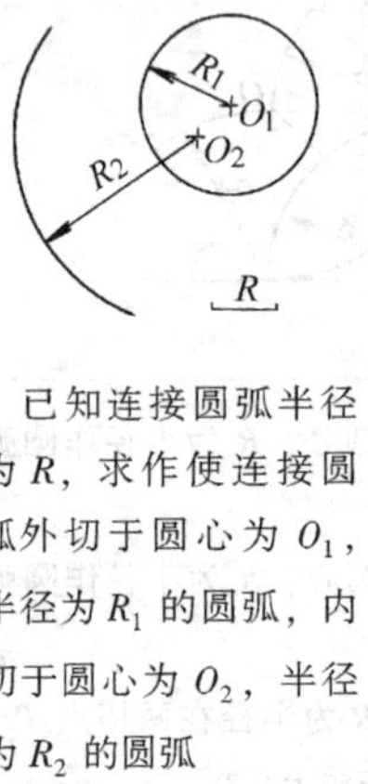 已知连接圆弧半径为 R，求作使连接圆弧外切于圆心为 O_1，半径为 R_1 的圆弧，内切于圆心为 O_2，半径为 R_2 的圆弧	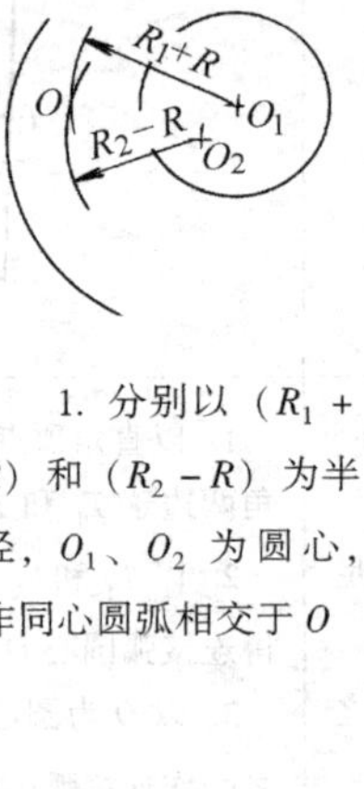 1. 分别以 (R_1+R) 和 (R_2-R) 为半径，O_1、O_2 为圆心，作同心圆弧相交于 O	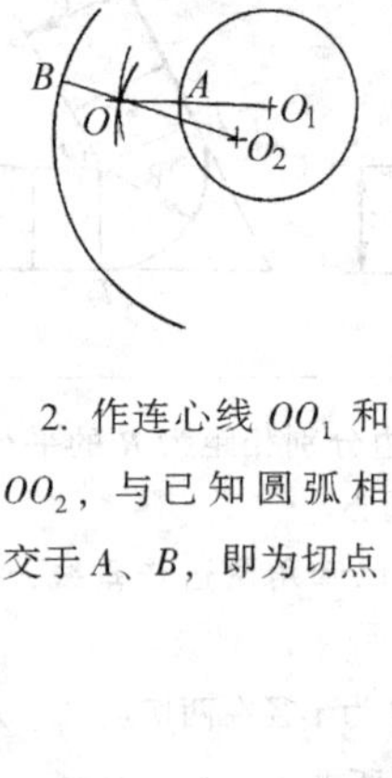 2. 作连心线 OO_1 和 OO_2，与已知圆弧相交于 A、B，即为切点	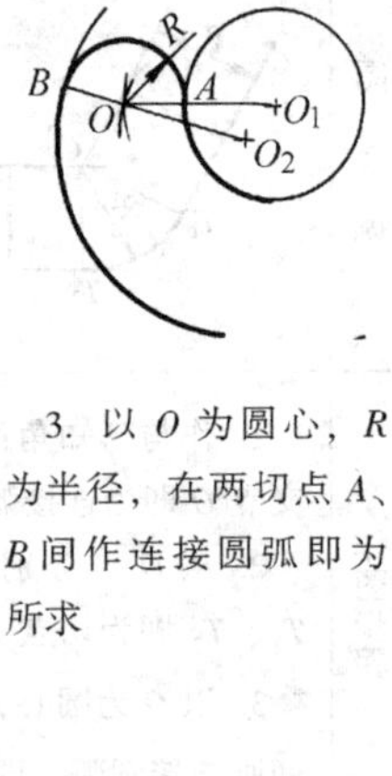 3. 以 O 为圆心，R 为半径，在两切点 A、B 间作连接圆弧即为所求

有两个坐标方向的尺寸基准，常以图形的对称线、较大圆的中心线或端线作为平面图形的尺寸基准。定形尺寸是确定图形大小的尺寸，如线段长度、圆的直径、圆弧的半径和角度的大小等。图 5-20 中的 25、$\phi20$、$R10$、$R20$ 等就是定形尺寸。

定位尺寸是确定平面图形中某线段或某封闭图形位置的尺寸。图 5-20 中的

25、160、$\phi40$ 就是定位尺寸。

2. 平面图形的线段分析

（1）已知线段 已知线段是两个坐标方向的定位尺寸都知道，能直接作出的线段。如图 5－20 中的 $\phi20$、$R10$、$R20$ 等线段就是已知线段。

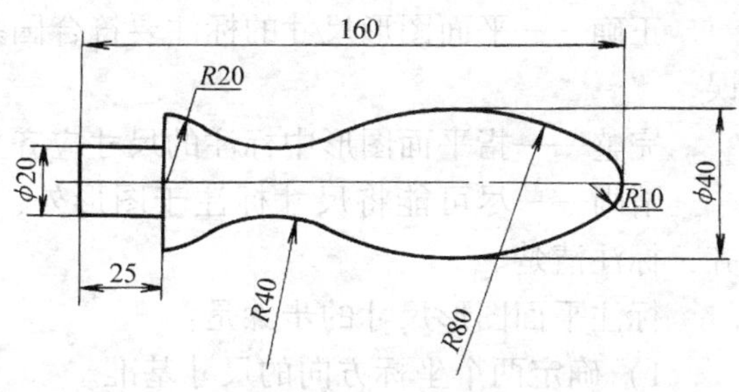

图 5－20 手柄的主视图

（2）中间线段 中间线段是两个坐标方向的定位尺寸只知道一个，但只要一端的相邻线段作出后，就能根据已知的几何条件作出的线段。如图 5－20 中的 $R80$ 就是中间线段。

（3）连接线段 只知道定形尺寸，而两个坐标方向的定位尺寸都不知道，需根据与两端相邻线段的几何关系才能作出的线段是连接线段。如图 5－20 中的 $R40$ 的线段就是连接线段。

3. 画平面图形的步骤

在对平面图形进行了尺寸分析和线段分析的基础上，即可按下面的步骤画出平面图形：

1）画出主要点画线或基准线，以确定图形的位置，如图 5－21a 所示。

2）依次画出各条已知线段（直线或圆弧），如图 5－21b 所示。

3）依次画出各条中间线段（直线或圆弧），如图 5－21c 所示。

4）依次画出各条连接线段（直线或圆弧等），如图 5－21d 所示。

5）检查、修改、加粗应画的粗实线，就得到了需画的图形。

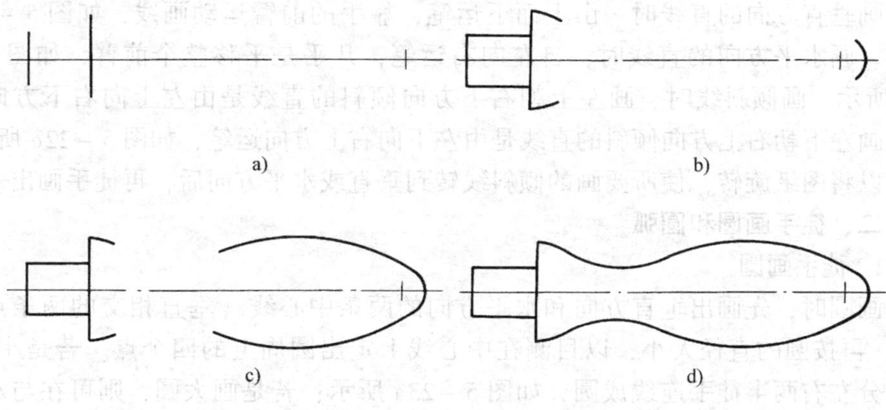

图 5－21 画平面图形的步骤

a）画图形的基准线 b）画已知线段 c）画中间线段 d）画连接线段

三、平面图形的尺寸标注

平面图形尺寸标注的要求是：正确、完整、清晰。

正确——平面图形尺寸的标注要符合国家标准的规定，尺寸数值应当正确无误。

完整——指平面图形中标注的尺寸应齐全，不重复，但也不得遗漏。

清晰——尽可能将尺寸标注于图形外，小尺寸在内，大尺寸在外，布局整齐，标注清楚。

标注平面图形尺寸的步骤是：

1）确定两个坐标方向的尺寸基准。

2）分析、确定图形中各线段的性质，即确定出已知线段、中间线段和连接线段。

3）接已知线段、中间线段和连接线段的顺序，逐一地标注各线段的定形尺寸和定位尺寸。

第三节　徒 手 绘 图

徒手绘图是在不使用绘图仪器和工具的情况下，全凭目测而徒手绘制图样的过程。徒手绘图的结果是得到徒手图，一般称为草图。由于徒手绘图所具有的特性，在一定程度上能满足工程实际的需要，所以徒手绘图是工程技术人员应当学习和掌握的一种绘图方法。

一、徒手画直线

画直线时，先定出直线段的起点和终点，小指头靠在纸面，应看得清笔尖的前进方向，运笔要尽量自然，眼睛的余光瞄向终点。

画垂直方向的直线时，由上而下运笔，靠手的前臂运动画线，如图 5－22a 所示。画水平方向的直线时，自左向右运笔，几乎是平移整个前臂，如图 5－22b 所示。画倾斜线时，画左上朝右下方向倾斜的直线是由左上向右下方向运笔；画左下朝右上方向倾斜的直线是由左下向右上方向运笔，如图 5－22c 所示。也可以将图纸旋转，使所要画的倾斜线转到垂直或水平方向后，再徒手画出。

二、徒手画圆和圆弧

1. 徒手画圆

画圆时，先画出垂直方向和水平方向的两条中心线（垂直相交的两条点画线），再按圆的直径大小，以目测在中心线上定出圆周上的四个点。若是小圆，就可分左右两半徒手连线成圆，如图 5－23a 所示；若是画大圆，则可在与水平倾斜成 45°的方向再画两条细直线，定出圆周上的另外四个点，再徒手分左右两半连线成圆，如图 5－23b 所示。

2. 画圆弧

徒手画圆弧（含圆角）的方法与画圆的方法基本相同，不过只需在中心线和细斜线上按圆弧半径定出圆弧部分的点就行了。

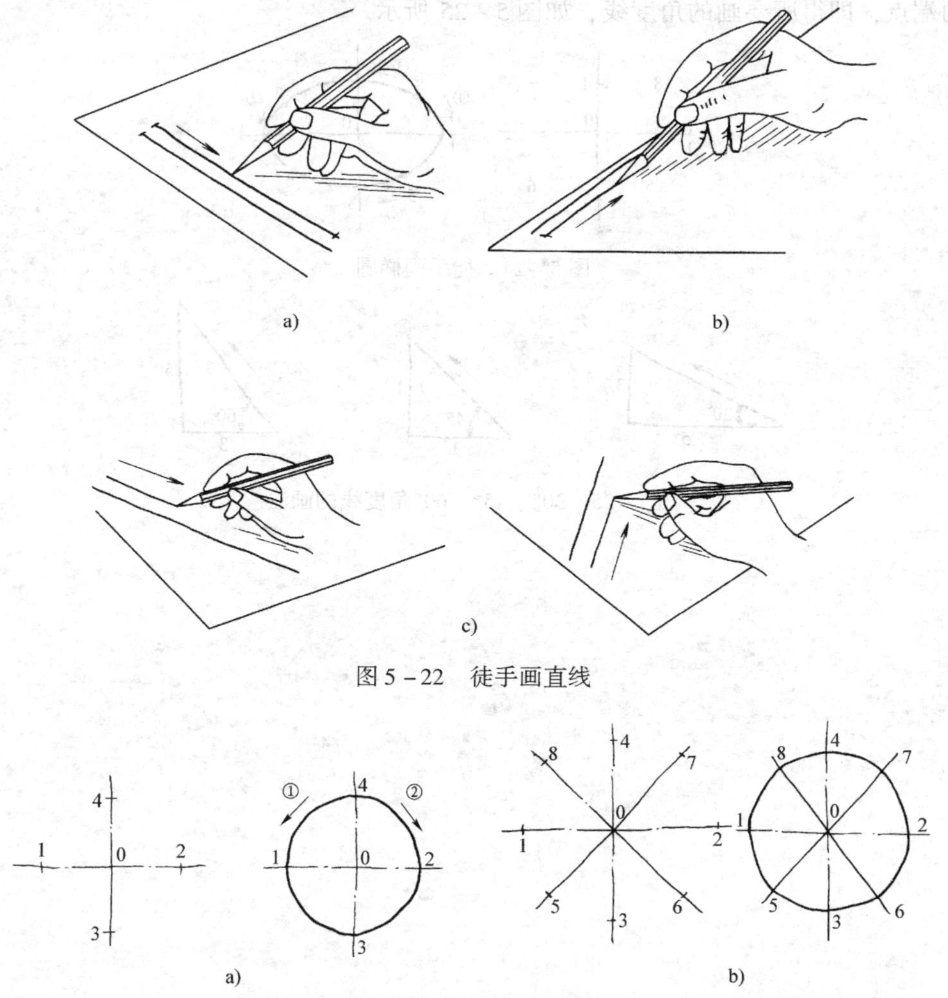

图 5－22　徒手画直线

图 5－23　徒手画圆

三、徒手画椭圆

徒手画椭圆时，先画出垂直和水平方向的两条点画线，按椭圆的长、短轴目测定出椭圆在长、短轴上的四个点（图中 1、2、3、4 点），再目测定出椭圆上对称于长、短轴的另外四个点（图中 5、6、7、8 点），共得到八个点。按相应顺序和箭头所指示的方向连成①、②、③、④四段圆弧，注意圆弧间的连接，就能徒手画出椭圆，如图 5－24 所示。

四、徒手画 30°、45°和 60°角度线

画 30°、45°和 60°角的角度线时，是以角的一边作为直角边作一个直角三角

形。根据两直角边的近似比值，目测定出相应个单位长度而得到两个端点，连接两端点，即得所要画的角度线，如图 5－25 所示。

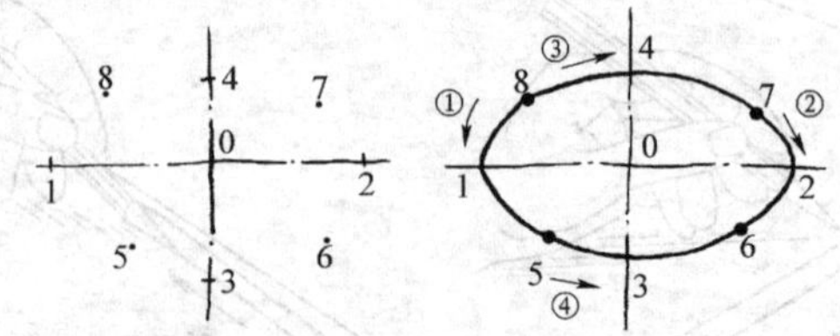

图 5－24　徒手画椭圆

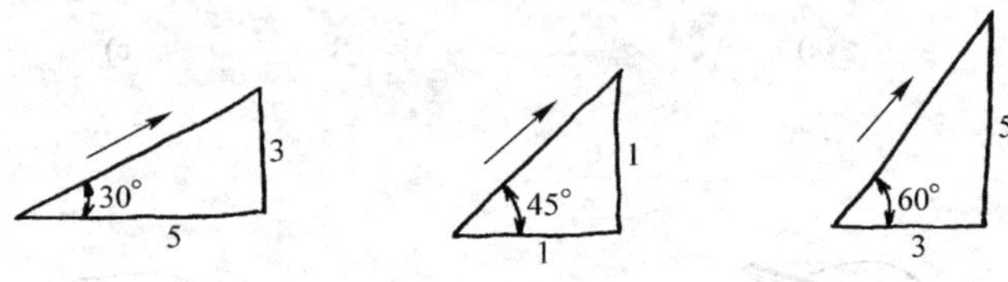

图 5－25　30°、45°、60°角度线的画法

第六章　计算机绘图软件 AutoCAD

第一节　计算机绘图概述

一、计算机绘图的发展简况

计算机图形学（Computer Graphics）是研究如何用数字计算机生成、处理和显示图形的一门新兴学科。1950 年，美国麻省理工学院用配置在旋风一号计算机上的类似示波器上用的阴极射线管（CRT）显示出了简单的图形，1958 年美国 GERBER 公司又根据数控机床原理试制成了世界上第一台平台式绘图机，从此，结束了计算机不能直接显示和输出图形的历史。1963 年，麻省理工学院的 Ivan. F. Sutherland 在题为“SKETCHPAD：人－机通信图形系统”的博士论文中，提出了交互式计算机图形系统的概念、工作原理及实现技术，并首次使用了 Computer Graphics 一词，为计算机图形学奠定了基础。

20 世纪 70 年代中后期，电视技术的发展极大地改进了光栅显示器。半导体大规模集成电路的出现，使计算机的微型化程度、运算速度、存储容量及性价比等都大幅度提高。计算几何、计算方法和图形数据结构等基础理论研究的不断深入，丰富和完善了计算机图形学的基本理论，为计算机绘图的实际应用铺平了道路。

随着微型计算机的普及，计算机绘图作为一门实用技术，其应用已从过去主要使用大、中型计算机绘图的航空航天、造船、建筑、测绘等领域，迅速扩展到国民经济的各个领域。目前，集三维设计、真实感显示和通用数据库于一体的计算机辅助设计软件层出不穷，先进的硬件和功能完善的绘图软件组成的计算机绘图系统，不仅可大幅度提高绘图质量和效率，还将使设计过程产生根本变革。

AutoCAD 是美国 Autodesk 公司推出的计算机辅助绘图软件包，十几年来，从最早的 AutoCAD V1. 1 起，AutoCAD 版本已经过十多次更新，功能日臻完善，目前，最高版本为 AutoCAD2002。在众多的计算机辅助设计软件中，AutoCAD 是目前应用最广泛的交互式计算机绘图软件之一，它具有的三维设计和二维绘图功能，可以满足不同专业的设计绘图要求。它具有的通用图形数据库和二次开发功能，使它可作为微机辅助设计系统的图形标准和软件设计平台。本章仅介绍 AutoCAD2000 版本。

二、AutoCAD2000 的特点

和以前的版本相比，AutoCAD2000 有以下新特点：

1）增加多文档功能：你可在一个 AutoCAD 窗口中打开任意多个 DWG 图形文件，而不会导致系统性能下降。

2）增加了 DesignCenter（设计中心）：它与资源管理器类似，利用它，可方便地使用过去的信息。

3）部分打开功能：利用它，你可只打开图形文件中需要的部分，从而缩短打开时间，减少内存占用。

4）提供全套智能化绘图工具。

5）新增对象特性编辑器：它将原来的 40 多个分离的对话框和命令集中在一起，在一个统一的界面下，控制所有对象的特性。

三、AutoCAD 运行环境

（1）硬件　Pentium133 或更好的兼容处理器；800 × 600VGA 视频显示器（推荐 1024 × 768）；32MB 随机访问内存（至少）；158MB 硬盘空间；CD - ROM，鼠标或其他定点设备。另在系统文件夹中还需 8 ~ 15MB 硬盘空间

（2）操作系统　操作系统为 Windows NT 4. 0 或 Windows95、Windows98。

在 Internet 上看 DWF 图形文件，必备 WHIP！Browser Accessory 软件。

第二节　AutoCAD2000 入门

一、启动 AutoCAD2000

如果你的计算机中已安装了 AutoCAD2000，单击 开始，从“开始”菜单中，选择（单击）AutoCAD2000，便可启动 AutoCAD，如图 6 - 1 所示。也可以双击桌面上的快捷方式图标来启动 AutoCAD。

启动 AutoCAD2000 后，屏幕上显示如图 6 - 2 所示 Startup（启动）对话框。通过该对话框左上方的 4 个按钮，可选择以何种方式开始绘图工作。

（1）Start from Scratch（从白图开始）　按下该钮，对话框如图 6 - 2 所示，你可通过 Metric 或 English（feet and inches）单选钮，选择缺省绘图环境设置（Default Setting）下的度量单位（通常选择 Metric）。然后按 OK，进入 AutoCAD2000 绘图窗口，开始新图绘制。

（2）Use a Template（利用模板）　按下该钮，Startup 对话框变为如图 6 - 3 所示，你可从 Select a template 下的列表中选择已有的模板，然后按 OK，进入 AutoCAD2000 绘图窗口，开始新图绘制。模板是一种可以包含全部绘图环境设置的图样模板文件（. dwt extension）。除了已有的模板外，你还可以按自己的需要

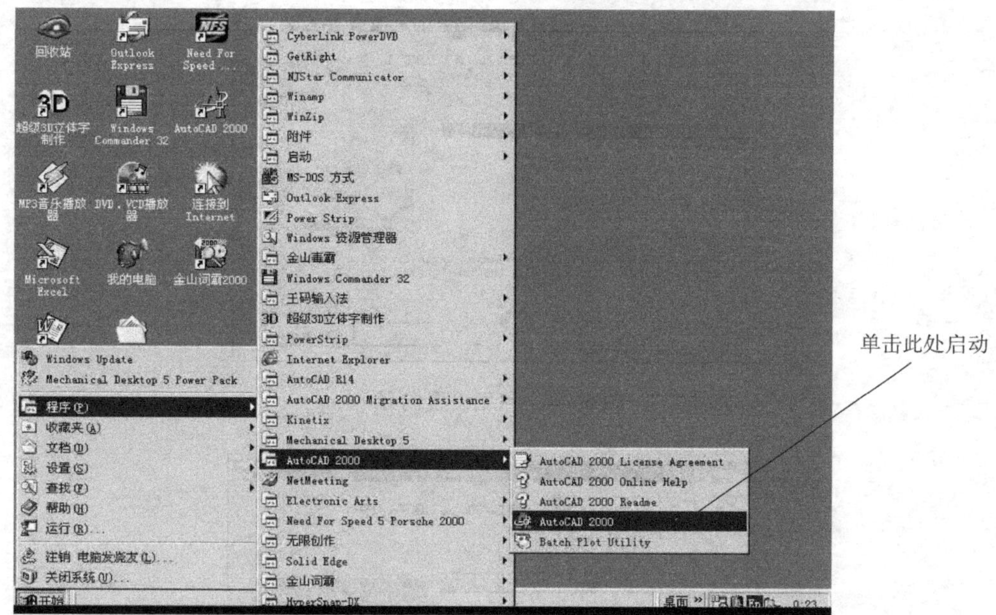

图 6－1　从“开始”菜单启动 AutoCAD2000

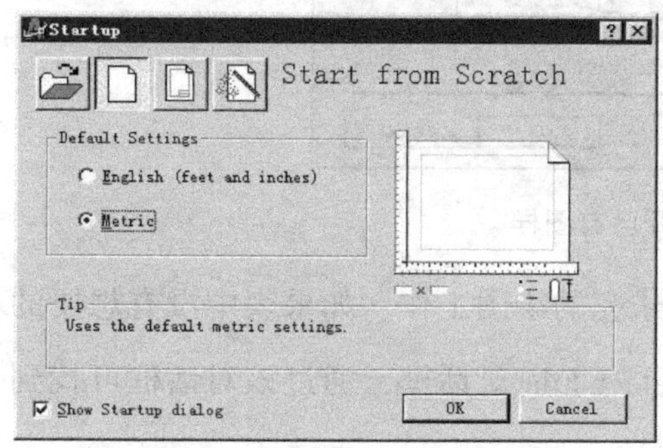

图 6－2　Startup（启动）对话框

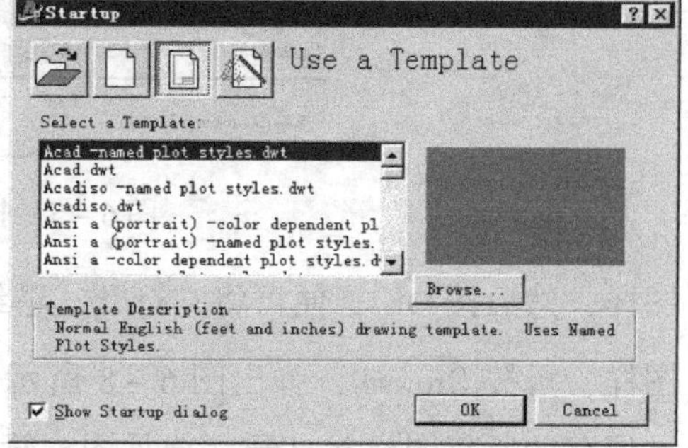

图 6－3　利用模板

制作模板，并用 . dwt 文件保存。

（3）Use a Wizard（利用向导）按下该钮，Startup 对话框变为如图 6－4 所示，你可以从 Select a Wizard 下选择 Advanced Setup（高级设置向导）或 Quick Setup（快速设置向导），显示图 6－9 或图 6－10 所示对话框，使用该对话框，可进行单位和图幅设置（详见绘图环境设置），设置完毕后，按 完成，进入 AutoCAD2000 绘图窗口，开始新图绘制。

（4）Open a drawing（打开已有图样）按下该钮，Startup 对话框变为如图 6－5 所示，Select a File 表中列出的是最近曾打开过的 4 张图样，选择想要的

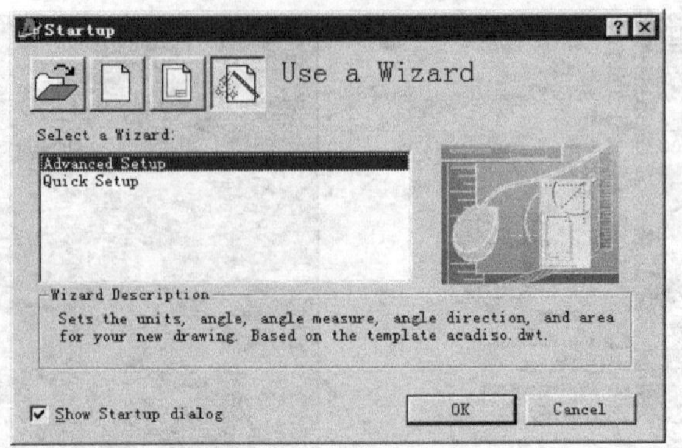

图6-4　利用设置向导

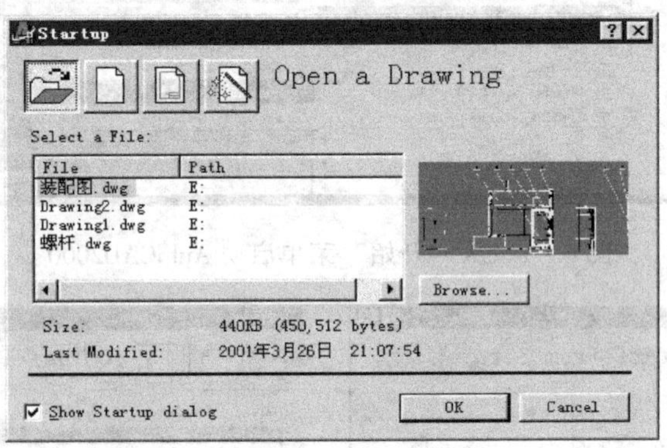

图6-5　打开已有图样

图样，然后按OK，便可将它打开，继续未完的绘图工作。如果表中没有想要的图样，可按Browse，弹出图6-8所示Select File对话框，通过该对话框可找到已保存的所有图样并打开（详见图样管理）。

Startup对话框左下角的□Show Startup dialog核选框，用于选择启动时是否显示Startup对话框。通常选择激活，使启动时显示Startup对话框。

二、AutoCAD2000绘图窗口

完成启动对话后，Startup对话框消失，屏幕显示AutoCAD2000绘图窗口，如图6-6所示，该窗口包含以下各组成部分：

（1）下拉菜单栏　下拉菜单栏为一组菜单的标题，AutoCAD2000的大多数命令都集中组织在这组菜单中。如何使用这组菜单，详见命令输入方法。

（2）工具条　工具条为一组图标，每个图标都代表一条命令。工具条可以按需要显示或隐藏，也可以被拖动到窗口中任何地方，还可以改变其形状。工具条的使用，详见命令输入方法。

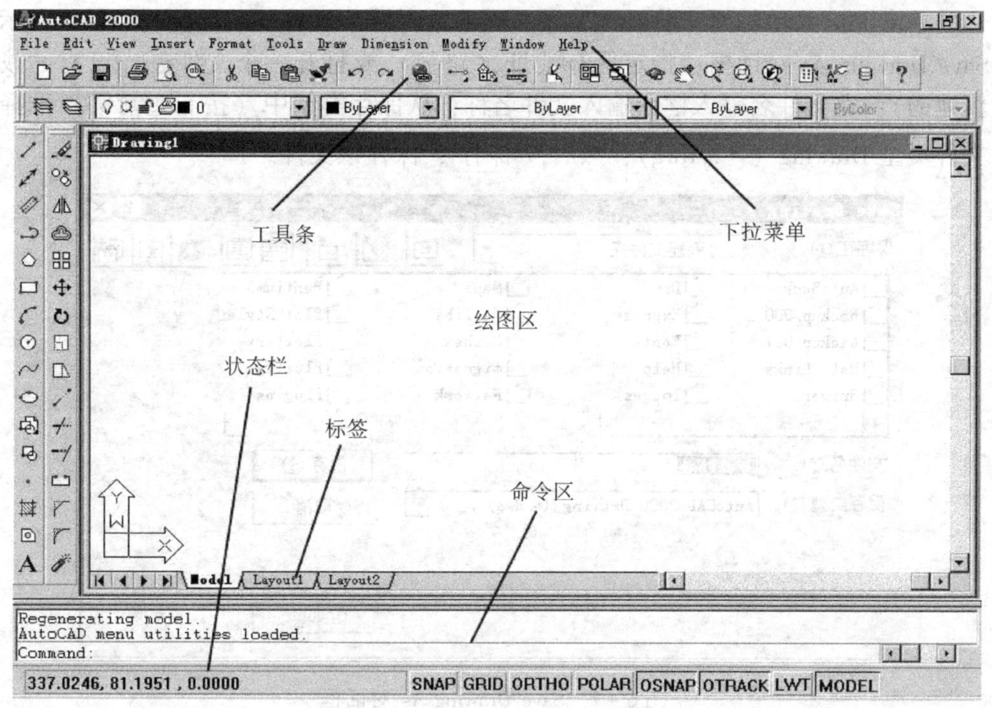

图 6-6　AutoCAD2000 绘图窗口

（3）绘图区　窗口中的大片空白区域就是绘图区，当光标移进绘图区，会变为中间有小方框的十字线“—⊕—”。绘图区左下角的坐标系图标，表示绝对坐标的当前状态。

（4）标签　绘图区左下边缘的 Model 和 Layout 标签，用于模型空间（Model）与图纸空间（Paper）之间的切换。一般在模型空间进行绘图，而在图纸打印布局（Layout）时才用图纸空间。

（5）命令区　缺省设置的命令区为三行，最下一行为命令行，一般在该行输入命令和显示命令提示；其他行为文本行，显示命令执行记录。

（6）状态栏　状态栏位于屏幕最下面，左边为十字光标在绘图区中的当前坐标，利用功能键 F6，可切换三种坐标形式：动态直角坐标（X，Y，Z），静态直角坐标（灰显）和极坐标（$\rho<\theta$）；右边为状态开关（详见绘图辅助工具设置）。

三、图样文件管理

1. 保存图样

用 AutoCAD 画图，不论已画完还是未画完的图样，都需要保存。可按如下操作步骤保存图样（文件）：

单击 File 菜单标题，打开该菜单，选取（单击）Save as，弹出图 6－7 所示 Save Drawing As 对话框；指定保存地址（路径）或打开一个文件夹（已有的或新建的）；在文件名输入框中输入文件名称；从保存类型中（按右边箭头）选择文件类型 Drawing（＊. dwg）；然后按[保存]，保存该文件。

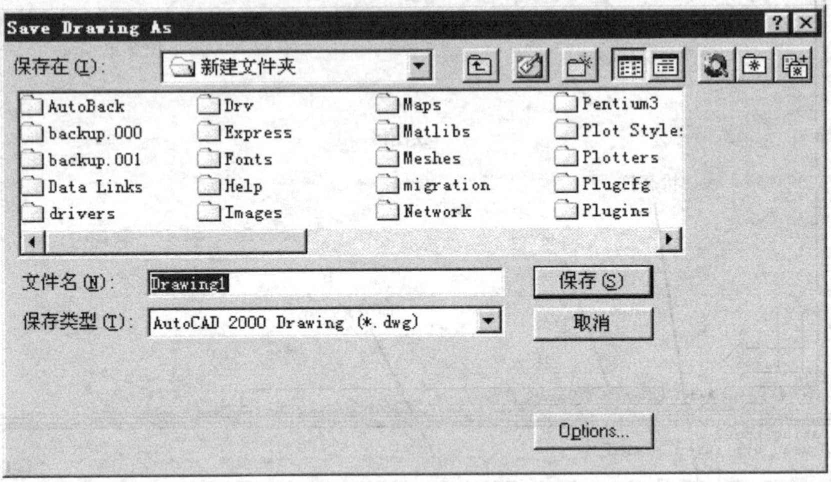

图 6－7　Save Drawing As 对话框

选取 File 菜单中的 Save（命令）或单击标准（Standard）工具条上的图标，也可保存图样。对从未保存过的图样使用 Save 或工具条图标进行保存时，也会显示图 6－7 对话框，操作与 Save as 完全一样。所不同的是，对已保存过的图样使用 Save as（命令），可以修改文件保存地址和文件名称。而单击图标（或用 Save）保存则更方便快捷。建议对正在绘制的图样，每进行若干操作，就按一下图标，保存前面已绘图形，以防止误操作或突然停电。

2. 打开已有图样

当需要查阅图样或继续绘制未画完的图样时，就要打开计算机中已有的图样。前面已讲过如何在启动 AutoCAD 时，通过 Startup（启动）对话框打开已有图样。此外，在进入 AutoCAD2000 绘图窗口后，也可以打开已有图样。单击 Standard 工具条上的图标，弹出图 6－8 所示 Select File 对话框，在文件名右边的输入框中输入要打开的文件名，在文件类型中（按右边的箭头）选择 Drawing（＊. dwg），然后单击[打开]，即可打开所需图样。AutoCAD2000 具有多文档功能，允许同时打开多张图样。

3. 创建新图样文件

单击 Standard 工具条上的图标，会弹出 Create New Drawing 对话框，该对

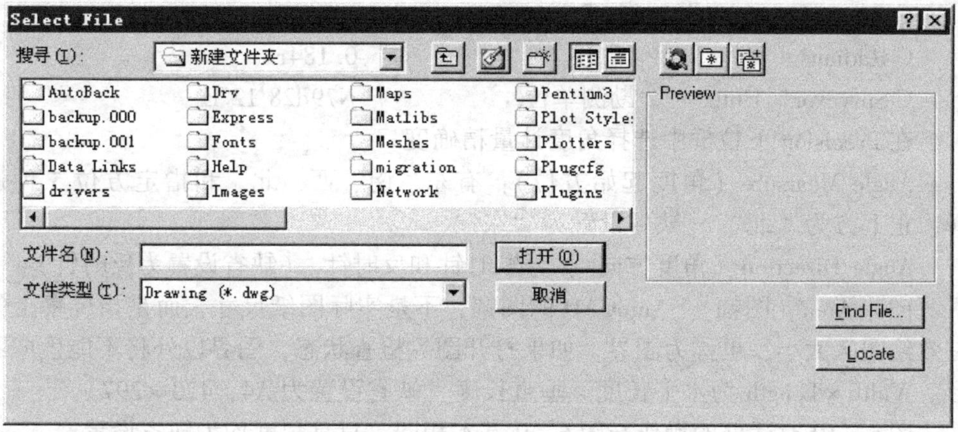

图 6－8　Select File 对话框

话框的界面和使用方法与 Startup（启动）对话框几乎完全相同，只是不能用于打开已有图样。

四、AutoCAD2000 环境设置

1. 单位和图幅

在 AutoCAD2000 启动时，通过图 6－4 对话框，可得到图 6－9 和图 6－10 所示对话框。图 6－9 对话框左边为单位和图幅设置项目，完成一项设置，按 下一步，左边的箭头自动指向下一项目，对话框中的设置内容也随之变化，逐个完成全部项目设置后，按 完成，即可进入绘图窗口。各设置项目介绍如下：

（1）Units（长度单位）　用 AutoCAD 绘图时，采用所谓“图形单位”作为长度计量单位，“图形单位”所代表的具体米制单位或英制单位，如 m（米）、mm（毫米）、″（英寸）等，在图样打印时由用户指定。长度数据形式有 5 种：（以 24.5 个绘图单位为例）

○Decimal	十进制数	24.5	（此项为缺省设置）
○Engineering	工程单位	2′—0.5000″	
○Architecture	建筑单位	2′—0 1/2″	
○Fractional	分数	24 $^{1}/_{2}$	
○Scientific	科学记数	2.4500E＋01	

对于 Engineering 和 Architecture，系统默认 1 绘图单位＝1″。长度数据形式设置效果可在状态栏的坐标显示上看到。

在 Precision 下拉框中选择长度计量精确度。

（2）Angle（角度单位）　角度单位有 5 种：（以 10°31′48″为例）

○Decimal degree	十进制记数度	10.53°	（此项为缺省设置）
○Deg / Min / Sec	度分秒	10d31′48″	

○Grads　　　　　梯度　　　　　11.700g

○Radians　　　　弧度　　　　　0.184r

○Surveyor' Units　勘测单位　　　N79d28′12″E

在 Precision 下拉框中选择角度计量精确度。

Angle Mearsure（角度起始方位）：有东、南、西、北、和指定方位 5 种选择，正上方为“北”。（缺省设置为“东”）

Angle Direction（角度方向）：分顺时针和反时针。（缺省设置为反时针）

（3）Area（图幅）　AutoCAD 的图幅，不是实际图纸尺寸，而是指屏幕上的有效绘图区大小，也称为图界。如果打开图界检查状态，图界以外将不能生成图形。Width × Length 为水平长度 × 垂直长度（缺省设置为 A4，420 × 297）。

图 6－10 对话框的操作与图 6－9 基本相同，只是角度均为缺省设置。

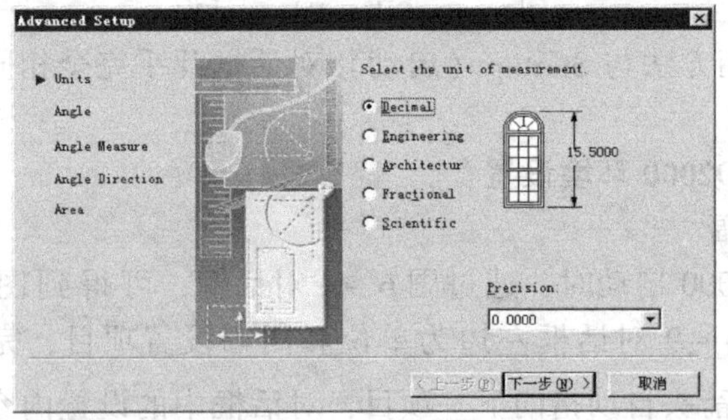

图 6－9　高级设置向导

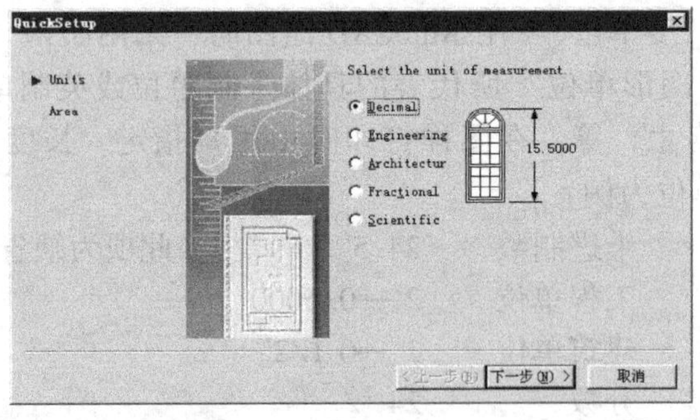

图 6－10　快速设置向导

如果已进入 AutoCAD 绘图窗口，要设置单位，可以单击 Format 菜单标题，打开该菜单，选择 Units..，弹出图 6－11 所示对话框，在 Length 区，从两个下拉框中分别选择长度形式及其精确度；在 Angle 区，选择角度单位及其精确度；激活 □Clockwise 为顺时针；按 Direction...，出现对话框，从中选择角度起始方位。

如要设置图幅，可以从 Format 菜单中，选择 Drawing Limits，命令区出现如下

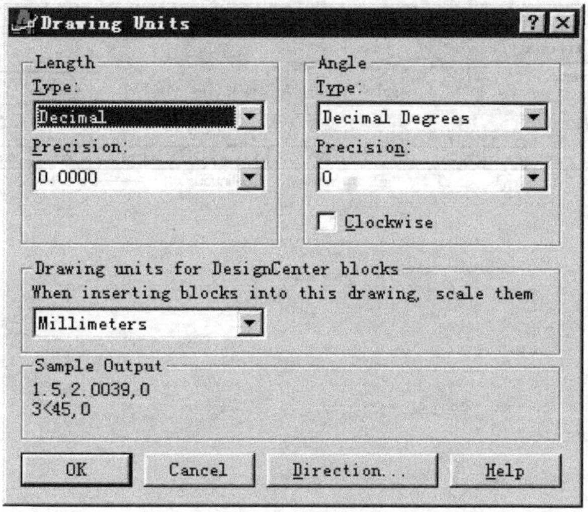

图 6－11　单位设置对话框

提示：

Specify lower left corner or [ON / OFF] < 0.0000 , 0.0000 > :

Specify upper right corner < 420.0000 , 297.0000 > :

按提示顺序指定左下和右上角点坐标，便可确定图幅位置和大小。如果在第一条提示时，不指定左下角点，而是键入“ON” 再回车（↙），则打开已有图界检查状态。

2. 比例

在模型空间应始终按 1:1 绘图，实际图样上对象的尺寸与模型空间中对象的尺寸之间的比例关系，取决于实际图纸的幅面（详见图形输出）。

3. 图层

（1）图层的概念　同一张图样中不同类型的对象通常采用不同颜色、不同线型（线的样式）、不同线宽（线的粗细）的图线表示。例如，机械图样中采用粗实线表示物体的可见轮廓，虚线表示不可见轮廓，细实线表示尺寸，点画线表示轴线等。假设把用不同图线表示的对象，分别画在具有统一坐标的几张透明的纸上，然后再按该坐标重叠起来，就成了一张符合表达要求的图样。AutoCAD 的一个图层可想象成一张透明平面图纸，用户可以创建任意多个图层，还可为每个图层命名并控制其状态，任何一个图层上都可以设置图线颜色、线型、线宽。一般需要用什么图线绘图，就把设置有这种图线的图层指定为当前层。

（2）图层管理与设置　单击 Object Properties 工具条上的图标，显示图 6－12 所示 Layer Properties Manager 对话框，该对话框各部分的功能与操作如下：

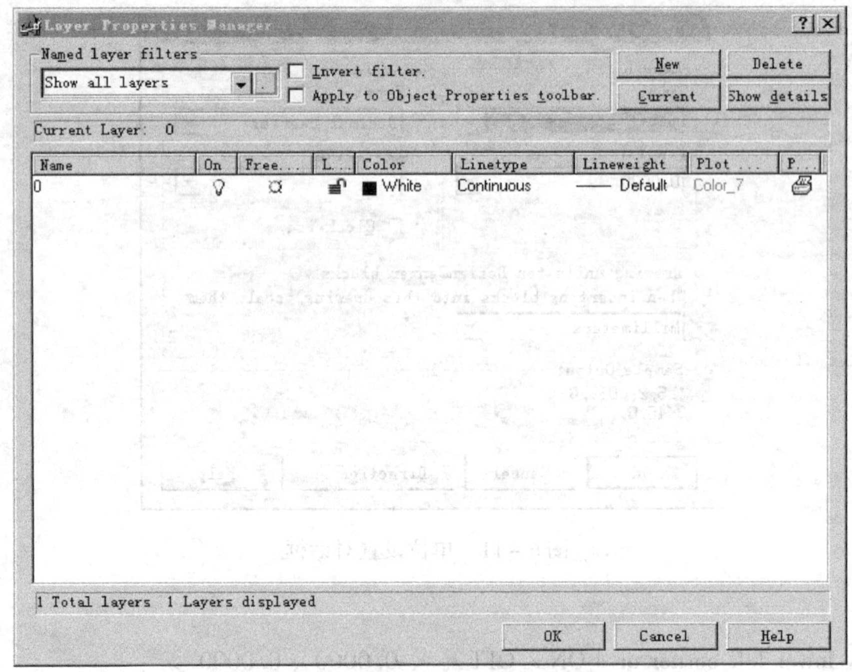

图 6 - 12 图层属性管理器对话框

●右边的 4 个按钮

New：每按一次，创建一个新图层并列于表中，缺省层名依次为 Layer1，Layer2，Layer3…

Delete：单击该钮，删除指定图层（高亮显示），按住 Shift 键可指定多个图层一次删除。但下列图层是删不掉的：0 层、当前层、画有对象的层、Defpoints 层、与外部参照相关的层。

Current：单击该钮，将指定图层设置为当前层。当前层指正处于工作状态的图层，正在绘制中的图线具有当前层上设置的颜色、线型和线宽。

Show details：显示指定图层详细资料的开关。

●关于 0 层。该层为系统缺省设置，不能删除或重新命名。

●表中列出的每一个图层都有与以下标题对应的项目，改变这些项目，便可改变指定图层的名称、状态、图线颜色、线型、线宽等属性。

Name	On	Free...	L...	Color	Linetype	Lineweight	Plot ...	P...

Name 下面为图层名称，若要修改层名，单击指定层名，层名处出现反白框，框中原有层名高亮显示，输入新的层名即可。

On 下面为图标💡，控制图层开启与关闭的开关，关闭时该图标灰显。处于关闭状态的层，层上的对象不显示，但可以被扫描。

Free... 下面为图标¤，控制图层冻结与解冻的开关，冻结时该图标变为❄。处于冻结状态的层，层上的对象不会显示，也不会被扫描。但当前层不能被冻结。

L... 下面为图标🔓，控制图层锁定与解锁的开关，处于锁定状态的层，层上的对象仍会显示，但不能被修改。

Color 下面为有色小方块■，其颜色表示该图层上的图线颜色。要设置图线颜色，单击小方块，会弹出图 6－13 所示对话框，从中选取所需颜色后，按 OK ，返回图 6－12。

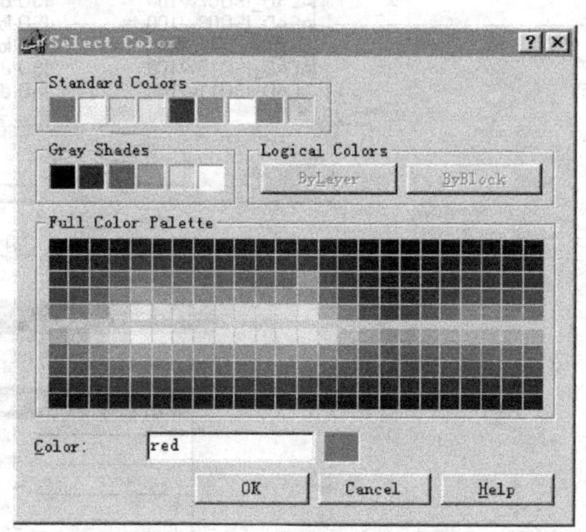

图 6－13　选择颜色对话框

Linetype 下面为线型名称，表示该图层上的线型。要设置线型，单击线型名称，弹出图 6－14 所示对话框，单击 Load... ，又弹出图 6－15 所示对话框，从中选择所需线型后，按 OK ，返回图 6－14，可看到选择的线型已被载入表中，从表中选取所需线型，按 OK ，返回图 6－12。

Select Linetype

Loaded

Linetype	Appearance	Description
Continuous	————	Solid line

OK　Cancel　Load...　Help

图 6－14　选择线型对话框

Lineweight 下面为线宽数值（或 Default），表示该图层上的线宽（或缺省线宽）。要设置线宽，单击线宽数值，会弹出图 6－16 所示对话框，从中选择所需线宽后，按 OK ，返回图 6－12。注意，在完成图 6－12 对话框中的任何操作后，

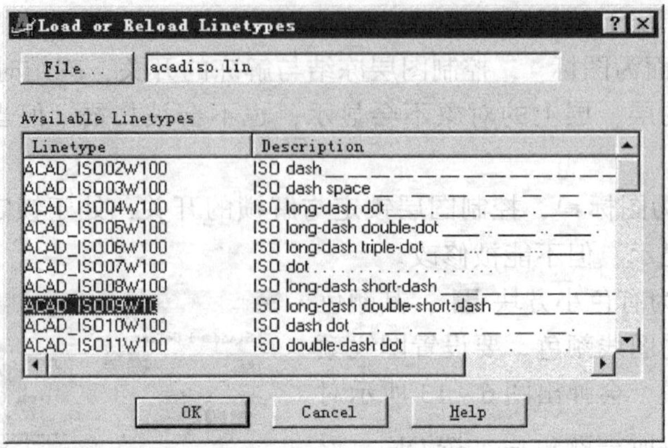

图 6 – 15　线型加载或重新加载

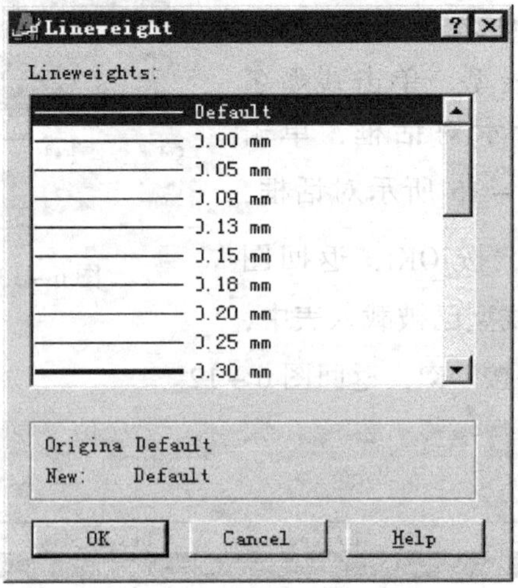

图 6 – 16　线宽对话框

都必须单击该对话框下部的OK，加以确认，否则所有操作无效。

Plot... 详见图 6 – 12 对话框的帮助信息。

P... 下面为图标，控制该图层上的对象是否打印的开关。

（3）使用对象属性工具条（Object properties）管理图层　对象属性工具条如下图，位于 AutoCAD2000 绘图窗口中绘图区上边，主要用于与层有关的操作。

A：将指定对象所在图层设置为当前层。

B：显示图层属性管理器，即图 6 – 12 所示对话框。

C：选取一图层为当前层，控制图层状态。

D、E、F：分别选择颜色、线型、线宽跟随图层（或图块），还是独立设置。

4. 绘图辅助工具

（1）状态开关　位于 AutoCAD2000 绘图窗口最下边的状态栏右边，有以下控制绘图辅助工具状态的开关，按下按钮，为打开状态。

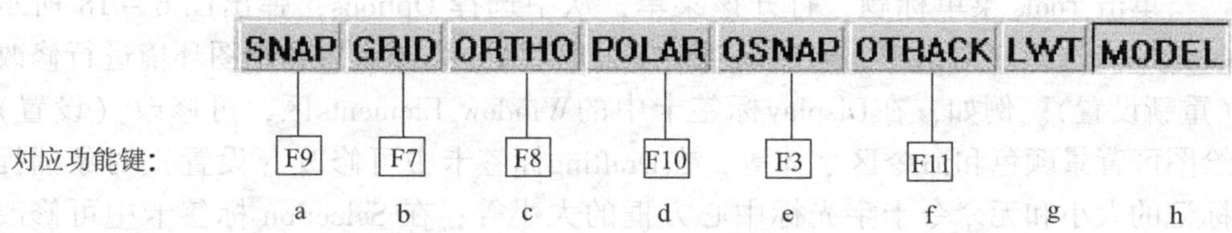

a：步距点捕捉，在该状态下，约束光标按已设定的正交步距长度移动（不必显示栅格），而不能自由移动。一般与栅格配合使用，并设定步长等于栅格间距，使光标只能捕捉显示的栅格点。

b：在图幅区域内显示正交栅格，系统默认栅格左下角点为绝对坐标原点。可设定栅格间距和栅格方位，但不约束光标移动。

c：正交模式，强制绘制正交方位的直线，或强制按正交模式编辑图形（如图形直角旋转）。

d：极轴追踪，在命令激活状态下，以指定点为极点，并按已设定的极角增量，显示极径方位轨迹。还可设置沿轨迹按步距捕捉点。

e：对象捕捉，自动辨认并捕捉到设定对象。（如设定对象为交点，便可保持对交点的捕捉状态，自动辨认并捕捉到交点，直到关闭该状态）

f：对象追踪，以捕捉到的对象为极点，按已设定的极角增量，显示极径方位轨迹。

g：线宽显示开关，打开显示线宽。

h：空间转换开关，主要用于布局时将视口由纸面空间转换到模型空间。

（2）绘图辅助工具的各项设置　用鼠标右键单击状态开关（除 ORTHO 和 MODEL 外），都会显示快捷菜单，从中选择 Settings...（或单击 Tools 菜单标题，从菜单中选择 Drafting Settings）便会弹出图 6－17 所

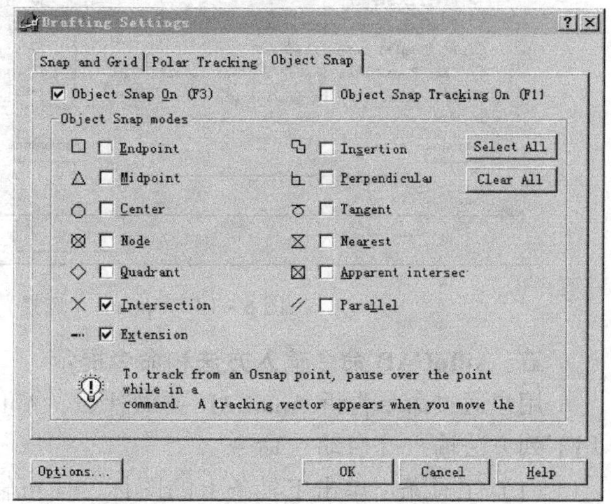

图 6－17　Drafting Setting（草图设置）对话框

示 Drafting Settings（草图设置）对话框，从该对话框选择标签卡，便可对所需的项目进行设置，然后按 OK 完成。如选择 Object Snap 标签卡（图 6－17），可核选要自动捕捉的对象。按 Help，可查阅到其他设置项目的详细介绍。

5. 修改 AutoCAD 环境

单击 Tools 菜单标题，打开该菜单，从中选择 Options，弹出图 6－18 所示 Options（选择）对话框，通过该对话框可以对AutoCAD窗口和绘图环境进行修改（重新设置）。例如，在Display标签卡中的Window Elements区，可修改（设置）绘图区背景颜色和命令区字体等；在Drafting标签卡中可修改（设置）对象捕捉标记的大小和无命令十字光标中心方框的大小等；在 Selection 标签卡中可修改（设置）对象拾取框大小，夹持框大小和颜色，夹持热点颜色等；用 Profiles 标签卡可改变 AutoCAD2000 窗口的界面风格及系统配置。选择所需标签后，按 Help，可查阅到该标签卡的详细使用说明。

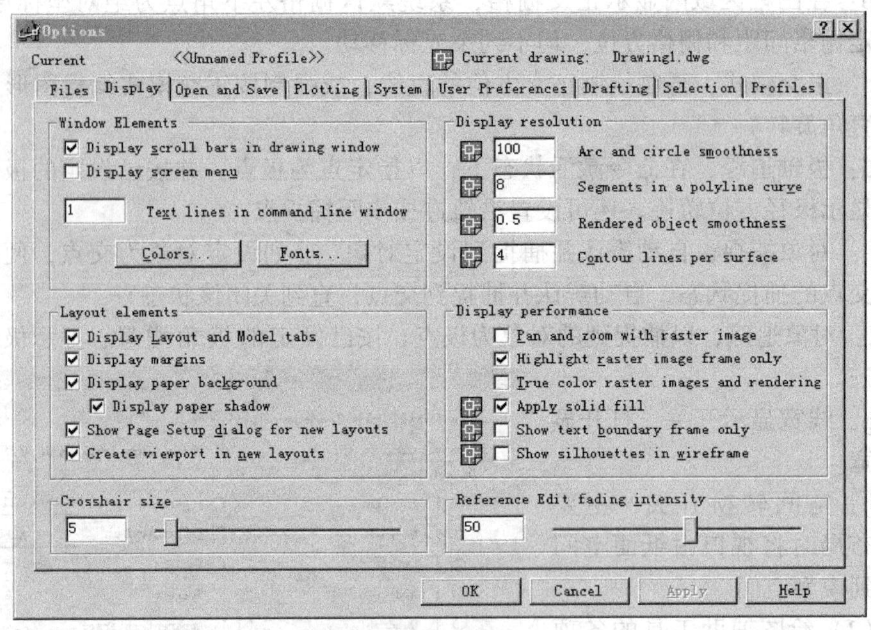

图 6－18　Options（选择）对话框

五、AutoCAD 命令输入方法和命令提示

用户通过命令告诉 AutoCAD 要做什么，AutoCAD 用命令提示予以回答。可用下列方法输入（启动）命令：

（1）工具条　单击工具条上的图标，便可输入与该图标对应的命令。如输入画圆命令：

单击 Draw 工具条上的 ，记为：Draw 。

如果需要的工具条没显示（隐藏状态），移动光标至任何已显示的工具条上，单击鼠标右键，就会弹出图6－19 所示快捷菜单，该菜单中列有 AutoCAD 定义的 24 个工具条，选择（单击）需要的工具条名称，工具条便会显示出来。光标置于工具条的标题框上，按住鼠标左键（不放）拖动，便可将工具条移动至所需位置，然后放开。

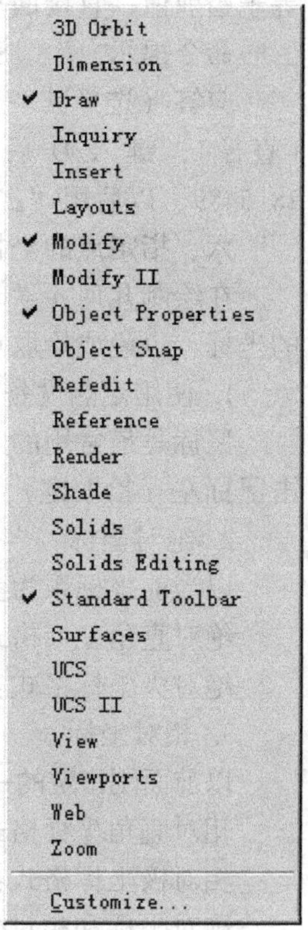

（2）下拉菜单　单击下拉菜单标题，从拉出的菜单中，选择（单击）所需命令（条目），便可输入该命令。如果命令（条目）右边有箭头，表示该命令带有下级菜单，必须选择（单击）下级菜单中的具体项目（选项），才能输入命令；如果命令（条目）带有省略号，表示该命令带有对话框，必须完成对话框中的操作，才能输入命令。如输入画圆命令（给定圆心，半径画圆）：单击菜单标题 Draw，光标指向 Circle ▶，从显示的下级菜单中选择（单击）Center，Radius，记为：Draw － Circle ▶ Center，Radius。

（3）键盘输入　在命令行（命令区最下一行）键入命令全名或缩写，然后回车，便可输入命令。如输入画圆命令：键入 circle，然后回车，记为：circle↙。

（4）命令提示及应答　当无命令输入或结束命令后，命令行显示提示 Command：表示等待输入命令。

3D Orbit
Dimension
✔ Draw
Inquiry
Insert
Layouts
✔ Modify
Modify II
✔ Object Properties
Object Snap
Refedit
Reference
Render
Shade
Solids
Solids Editing
✔ Standard Toolbar
Surfaces
UCS
UCS II
View
Viewports
Web
Zoom
Customize...

图 6－19　工具条快捷菜单

当输入命令或每结束一步操作后，命令行都会显示提示，指示当前操作和可供选择的输入项目（选项），用户必须按当前指示操作或输入选项，对命令提示作出应答，才能结束这步操作，进入下一步操作。命令提示格式如下：

current instruction or ［options］ < current value > ：

current instruction ——当前（操作）指示，它可以是由下面三个英语动词开头的操作之一：

Select：选取对象，详见对象选择。

Enter：在命令行输入一个值（数值或字符）。

Specify：在屏幕上指定一点或在命令行输入一点的坐标，详见点的坐标输入方法。

［options］——方括号中为选项名称，通常命令都有若干选项（options），在命令行键入所需选项名称的规定缩写后，回车，即可输入选项。

< current value >——尖括号中为当前值，即数据或字符，如果要输入的值等于当前值，直接回车，接受当前值即可。例如：

命令提示　　Specify radius of circle or［Diameter］ < 28.5489 >：

应答（选择其一）①指定半径（即指定圆周上一点）；②输入选项 Diameter（直径），键入 D 后回车，该操作记为：D↙；③直接回车，接受当前值 28.5489。以后用“↙”表示回车。

六、指定点的坐标

在绘制几何元素时，要求指定若干点的坐标来约束它的形状和位置。指定点的坐标，也说成拾取点，就是用不同方式输入确定点位置的数据。

1. 使用定点设备

鼠标是最常用的定点设备。移动十字光标，在光标中心对准所需位置时，单击鼠标左（拾取键），便可指定该点的坐标，即用鼠标在屏幕上直接拾取点。

2. 绝对坐标

以当前坐标系为参照系，按规定格式在命令行输入点的直角坐标或极坐标。

绝对直角坐标格式：X，Y　　输入记为：X，Y↙

绝对极坐标格式：ρ（极径） < θ（极角）输入记为：$\rho<\theta$↙

3. 相对坐标

以前面刚指定的一点为原点，按规定格式在命令行输入点的直角坐标或极坐标。

相对直角坐标格式：@X，Y　　输入记为：@X，Y↙

相对极坐标格式：@$\rho<\theta$　　输入记为：@$\rho<\theta$↙

绝对坐标和相对坐标如图 6－20 所示。

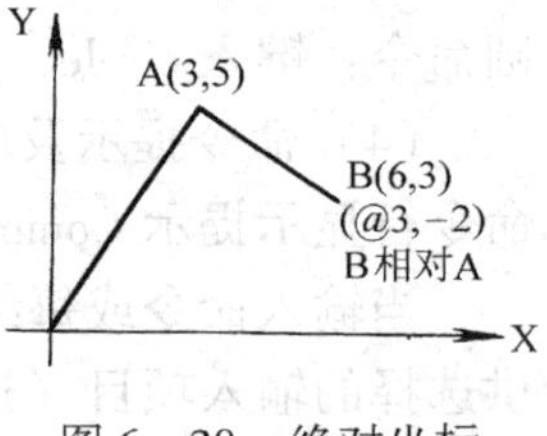

4. 使用对象捕捉

凭眼睛用鼠标在屏幕上直接拾取点，不能精确指定点的坐标，为此 AutoCAD 提供了对象捕捉工具，使用图 6－21 所示对象捕捉工具条（Object Snap）可精确指定各类点（如交点、圆心等）。

图 6－20　绝对坐标与相对坐标

单击 Object Snap 工具条上的图标即可输入捕捉命

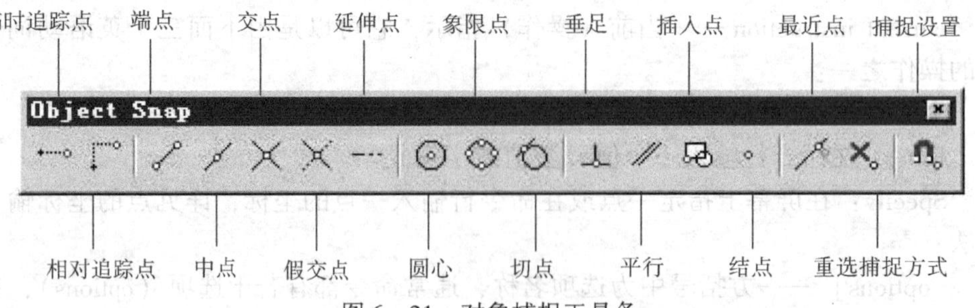

图 6－21　对象捕捉工具条

令，但单独输入捕捉命令是无效的，只有在其他命令执行中，提示出现 Specify 引导的操作时，输入捕捉命令才有效。当光标捕捉到对象时，会显示对象标记和文字提示，如捕捉到交点，会显示：Intersection

第三节　二维图形绘制与编辑（一）

一、图形绘制

1. 直线（Line 命令）

使用 Line 命令绘制如图 6－22 所示的折线 ABC，操作步骤如下：

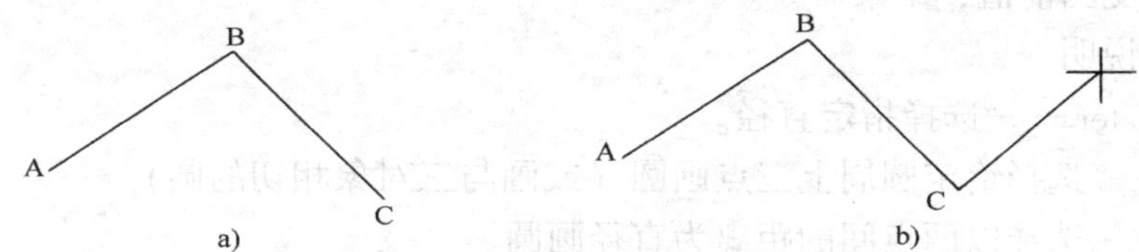

图 6－22　绘制折线 ABC

a）回车后　b）回车前

1）输入命令：①Draw－Line　②Draw　③Line↙

2）Command：_Line Specify first point：指定第一点（A）

3）Specify next point or [Undo]：指定下一点（B）

4）Specify next point or [Undo]：指定下一点（C）

5）Specify next point or [Close/Undo]：↙结束命令，完成折线 ABC 绘制

如果只画直线段 AB，则以↙应答第 4）步的提示，结束命令。从图 6－22b 可以看到，第 5）步的提示出现时，已画出折线 ABC，但在前面指定的点 C 与十字光标之间还连有一根“伸缩”线，表明命令尚未结束，如果以“指定下一点”应答，又将画出从前一点 C 至该点的直线段，并将继续出现相同的提示，反复进行同样的操作，便可画出任意多段首尾相接的折线。

选项说明

Close——将最后指定的一点与第 1 点相连，使折线成封闭线框，并结束命令。

Undo——删除前面指定的一点，重复使用该选项，可依次删除前面的点，直到删除第 1 点。

2. 圆（Circle 命令）

使用 Circle 命令可以根据不同已知几何条件绘制圆。给定圆心和半径绘制圆，如图 6－23 所示。

操作步骤如下：

1）输入命令：①Draw－ Circle ▶Center，Radius ②Draw ③Circle↙

2）Command：_circle Specify center point for circle or［3P/2P/Ttr（tan tan Radius)］：指定圆心点（C）

3）Specify radius of circle or［ Diameter ］＜28.5489 ＞：指定圆周上任意一点（A）（CA 的距离即为半径），结束命令，完成圆 C 绘制。

在指定 A 点前，如图 6－23b，光标与 C 点间有根“伸缩”线，除指定 A 点确定半径外，也可在命令行输入半径值，系统会将前一次使用 Circle 命令时，输入的半径 28.5489 缺省为当前值，如果你要画的圆半径等于当前值，可直接以↙应答，接受当前值，结束命令。

选项说明

Diameter ——选择指定直径。

3P ——选择给定圆周上三点画圆（或画与三对象相切的圆）。

2P ——选择以两点间的距离为直径画圆。

Ttr ——选择与两对象相切，且给定半径画圆。

3. 正多边形（Polygon 命令）

使用 Polygon 命令可绘制圆内接或外切正多边形，边数可在 3～1024 范围内取正数。绘制以 P 点为中心的圆内接正六边形，如图 6－24，操作步骤如下：

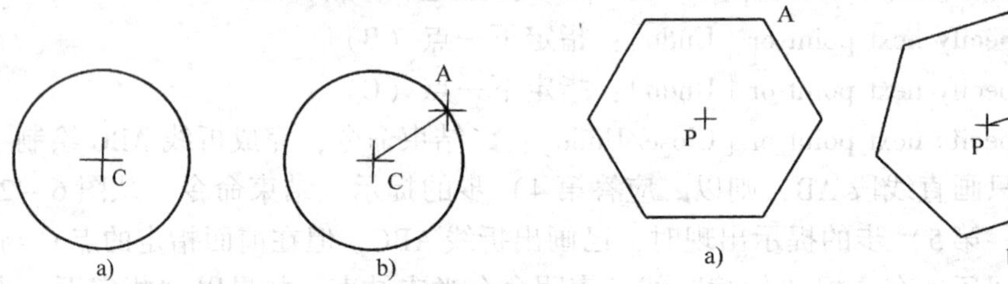

图 6－23 给定圆心、半径绘制圆 C
a）指定 A 点后 b）指定 A 点前

图 6－24 以 P 点为中心的圆内接正多边形
a）指定 A 点后 b）指定 A 点前

1）输入命令：①Draw－Polygon ②Draw ③Polygon↙

2）Enter number of sides ＜ 4 ＞：6↙

3）Specify center of polygon or［ Edge ］：指定多边形中心点（P）

4）Enter an option［ Inscribed in circle / Circumscribed ］：I↙（输入选项 I）

5）Specify radius of circle：指定（A）点（PA 距离即为指定的外接圆半径）结束命令。

在完成第 4）步操作后，才能在屏幕上看到带“伸缩”线的正六边形，如图

6－24b，其位置和外接圆半径都随光标移动改变，任意在屏幕上拾取点，可画出任意以 P 为中心的正六边形。此外也可在命令行输入半径值，结束命令，画出图 6－24a 所示正六边形。

选项说明

Edge——选择按边的位置和长度绘制正多边形。

Inscribed in circle——选择画圆内接正多边形。

Circumscribed——选择画圆外切正多边形。

二、图形编辑

AutoCAD 的图形编辑，可以改变已有图形的大小、形状和位置，也可以删除图形中不要的部分，还可以按需要复制原有图形。只有对绘制出的图形加以必要的编辑，才能使之完全符合表达的要求。

1. 选择对象

选择对象是指从已有的图形中指定需要编辑的对象，AutoCAD 将被指定的若干个对象视为一个集合，称为选择集，逐个指定对象或多个对象一同指定都可以产生选择集，AutoCAD2000 提供了多种对象选择方法，这里介绍常用的两种选择方法和有关设置。

（1）拾取对象　编辑命令输入后，十字光标（crosshairs）会变成小方框，称为拾取框（pickbox），用十字光标或拾取框单击需要编辑的对象，对象会高亮显示，表示已被选中，如图 6－25a 中的 EF。

（2）活动窗口　移动十字光标或拾取框至绘图区内任何点单击，然后移动鼠标（不需按住），都会出现以该点为顶点的矩形框，其大小可随鼠标移动改变，所以叫活动窗口。向该点以右移动鼠标会拉出实线矩形框，称为绝对窗口（Window）；向该点以左移动鼠标会拉出虚线矩形框，称为交叉窗口（Crossing）；同时命令行出现提示 Specify opposite corner：表示等待用户指定窗口另一对角点，以决定窗口包围的范围。完全被绝对窗口包围的对象将被选中，如图 6－25b 中的 CDE；被交叉窗口包围或与之相交的对象将被选中，如图 6－25c 中的 BCDEF。使用活动窗口一次可选择多个对象。在输入编辑命令后，会出现命令提示 Select object：表示选择需要编辑的对象。

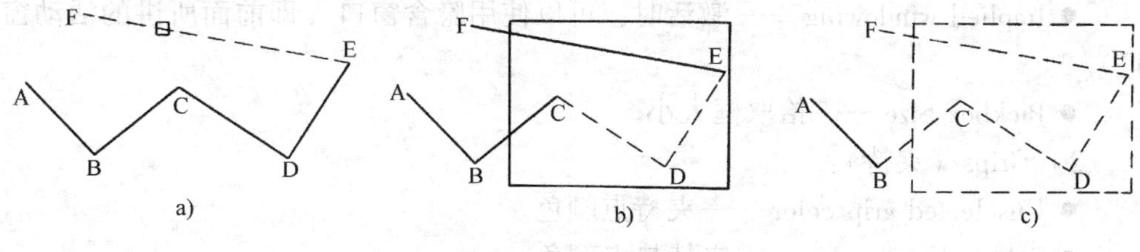

图 6－25　选择对象

a）拾取直线 EF　b）选择折线 CDE　c）选择折线 BCDEF

（3）选择方式设置　在修改 AutoCAD 环境中已讲过，单击 Tools 菜单标题，打开该菜单，从中选择 Options，会弹出图 6－18 所示选择方式（Options）对话框，从该对话框中，选择 Selection 标签，如图 6－26 所示。

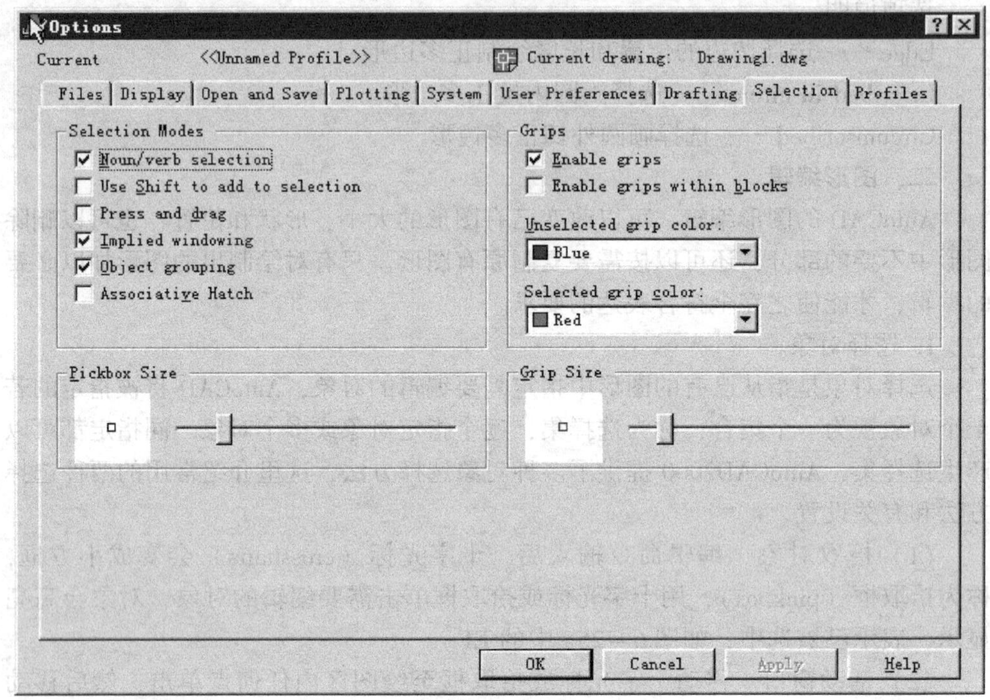

图 6－26　Options－Selection 对话框

1）Selection Modes（选择模式）：

● Noun / Verb Selection ——编辑图形时，通常先输入命令，再选择编辑对象。但在该项激活时，有些编辑命令，就可先选择对象，然后输入命令。

● Use Shift to add to selection ——该项激活时，须按住 Shift ，才能将选择的对象加入选择集。

● Press and drag ——激活时，可以按下鼠标拖动来构造选择集。

● Implied windowing ——激活时，可以使用隐含窗口（即前面所讲的活动窗口）。

● Pickbox Size ——拾取框大小。

2）Grips（夹持）：

● Unselected grip color ——夹持点颜色。

● Selected grip color ——夹持热点颜色。

● Grip size ——夹持点大小。

2. 图线擦除（Erase 命令）

使用 Erase 命令可从已画出的图形中删除被选择的对象。删除图 6－27a 中折线 CDE，操作步骤如下：

1）输入命令：①Modify－Erase　②Modify

2）Select objects（选择对象）：Specify oppsite corner：（用绝对窗口选择折线 CDE）　2 found

3）Select objects：↙（结束命令）

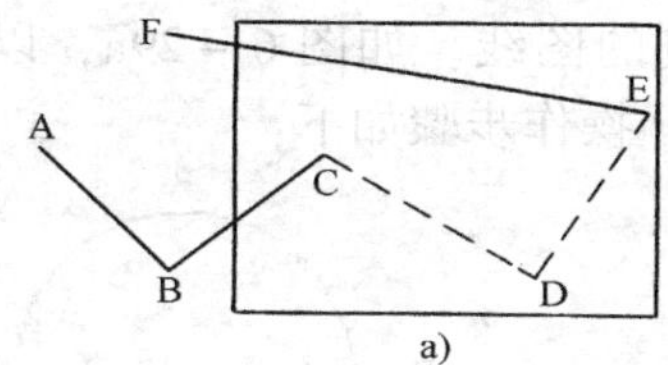

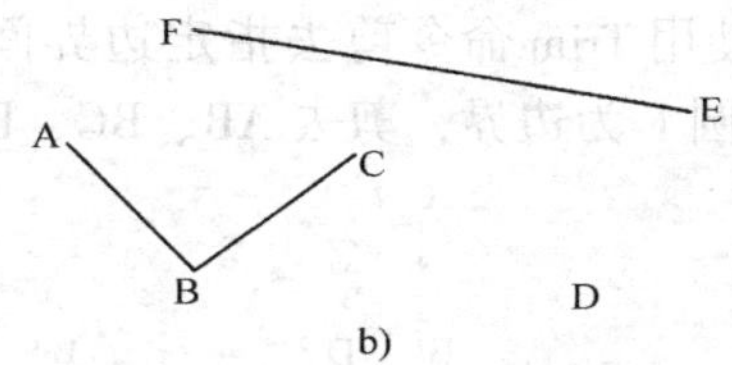

图 6－27　擦除对象

a）命令执行前　b）命令执行后

第 2）步后提示 2 found 表明两个对象被选择。

需要指出的是：用前面所介绍的命令画出的一段直线（折线视为多段直线）、一个圆、一个正多边形被 AutoCAD 作为一个对象。

所有编辑命令都可以由键盘输入，但为简化叙述，以后不再提及。

3. U 命令与 Redo 命令

执行 U 命令，用于放弃最后一条命令的执行结果。重复使用 U 命令，可依次放弃前一命令的执行结果。该命令常用于消除误操作结果。如执行 Erase 命令，结果折线 CDE 被删除，如图 6－27b。执行 U 命令（Standard ），CDE 折线恢复，如图 6－27a。

在执行完 U 命令后马上执行 Redo 命令（Standard ），可放弃刚执行的 U 命令结果。对刚恢复的图 6－27a，马上使用 Redo 命令，CDE 又被删除。

4. 切除图线（Break 命令）

使用 Break 命令可切除图线的指定部分。切除圆 C 的 BE 段，如图 6－28 所示，操作步骤如下：

1）输入命令：①Modify　－Break　②Modify

2）Select Object：拾取圆（默认拾取处 B 为切除起点）

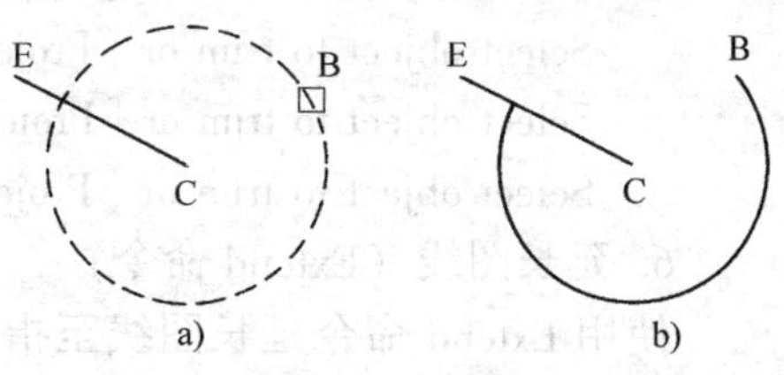

图 6－28　切除圆 C 的 BE 段

a）选择圆 C　b）切除 BE 弧段后

3）Specify second break point or ［First point］：＜Osnap off＞_int of　捕捉到交点 E（命令结束）

圆被切除部分默认沿逆时针方向，如果拾取处为 E（切除起点），指定 B 为第二点，圆的下部将被切除。切除不封闭的图线上指定部分，可将它分为两个单一对象。指定的第二点可以不在被选择对象上，而默认对象上离指定点最近的点为切除终点。在第 1）、3）步提示时，都可以使用对象捕捉，指定切除起止点，如Object Snap ⊠。提示〈Osnap off〉_ int of 表示〈自动捕捉关闭〉捕捉交点。

5. 修剪图线（Trim 命令）

使用 Trim 命令剪去指定边界间或边界一侧的图线。如图 6－29a，以 AE、CG、圆 F 为边界，剪去 AB、BC、DE、弧 DFE，操作步骤如下：

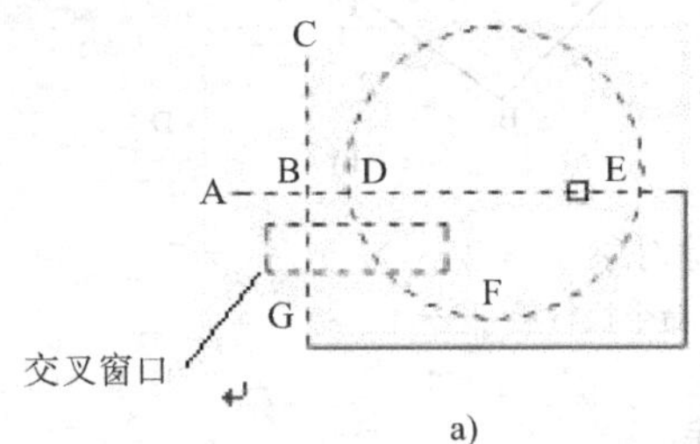

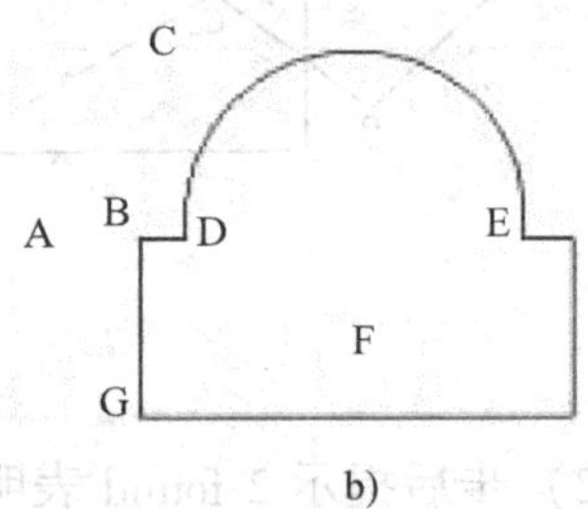

图 6－29　图线修剪

a）选择边界 AE、CG、圆 F　b）执行结果

1）输入命令：①Modify －Trim　　②Modify

2）Current setting（当前设置）：Projection＝UCS Edge＝None
　Select cutting edge...（在命令文本行这部分为命令信息）
　Select objects：拾取边界（AE）
　1 found
　Select objects：Specify opposite corner：（用交叉窗口）选择对象 CG，圆 F
　2 found ，3 total（共找到 3 个对象）
　Select objects：↙（结束边界选择）

3）Select object to trim or ［Project／Edge／Undo］：选择修剪对象（AB）
　Select object to trim or ［Project／Edge／Undo］：选择修剪对象（BC）
　Select object to trim or ［Project／Edge／Undo］：选择修剪对象（DE）
　Select object to trim or ［Project／Edge／Undo］：选择修剪对象（弧 DFE）
　Select object to trim or ［Project／Edge／Undo］：↙结束命令

6. 延长图线（Extend 命令）

使用 Extend 命令延长图线至指定边界。如图 6－30，延长圆弧到 AC 边界，延长直线到 AB 边界，操作步骤如下：

1）输入命令：①Modify －Extend　　②Modify

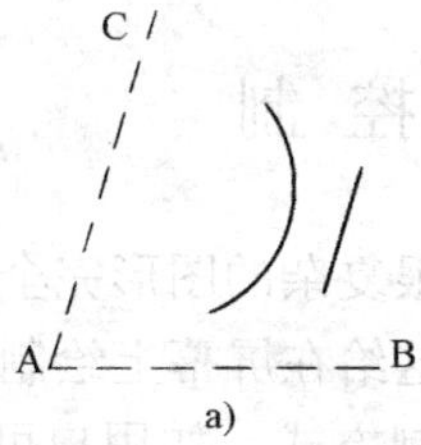

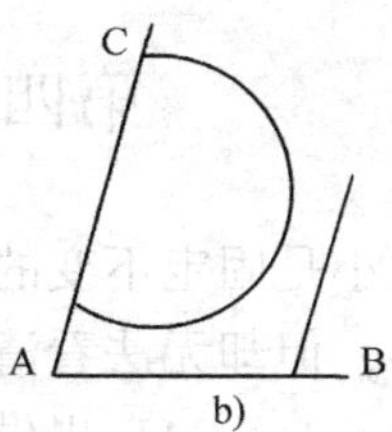

图 6－30　图线延长

a）选择边界 AC，AB　b）执行命令后

2）Current settings：Projection = UCS Edge = None

Select boundary edges …

Select objects：选择边界 AC、AB

2 found

Select objects：↙结束边界选择

3）Select object to extend or［Project / Edge / Undo］：选择延长对象（圆弧下端）

Select object to extend or［Project / Edge / Undo］：选择延长对象（圆弧上端）

Select object to extend or［Project / Edge / Undo］：选择延长对象（直线下端）

Select object to extend or［Project / Edge / Undo］：↙结束命令

7. 图线偏移（Offset 命令）

使用 Offset 命令可按给定的距离或通过指定点生成与已有图线等距的图线，如图 6－31 所示，生成被选择对象（虚线显示）圆、正六边形、直线的等距线，操作步骤如下：

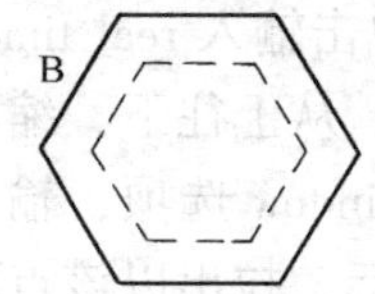

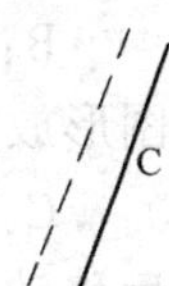

图 6－31　生成选择图线的等距线（虚线为被选择对象）

1）输入命令：①Modify －Offset　②Modify

2）Offset distance or［ Through ］〈 Through 〉：键盘输入距离值

3）Select object to offset or ＜ exit ＞：选择对象（圆），

Specify point on side to offset：指定 A 点

Select object to offset or ＜ exit ＞：选择对象（正六边形）

Specify point on side to offset：指定 B 点

Select object to offset or ＜ exit ＞：选择对象（直线）

Specify point on side to offset：指定 C 点　A，B，C 位于偏移一侧

Select object to offset or ＜ exit ＞：↙结束命令

该命令可连续使用，直到退出。

第四节　显 示 控 制

由于屏幕大小是固定不变的，当把很大又很复杂的图形完全放进屏幕时，虽能浏览整个图形，但却无法看清图形的细节，这给在屏幕上绘制和编辑图形带来许多困难。为此，AutoCAD 提供了若干显示控制方式，如用户可以通过“缩小”浏览图样全貌，也可以通过局部“放大”看清图样细节。但是显示控制的“缩小”与“放大”并不会改变图形的尺寸，这类似于摄影机镜头对准图形上某一点推近或拉远时所看到的效果。

控制图形在屏幕上的大小和位置（但不改变当前坐标）主要使用缩放（Zoom 命令）和移动（Pan 命令）。显示命令不但可单独使用，而且可与其他命令同时使用。输入显示命令同样用前面所讲的方法，但最快捷的方法是使用 Standard 工具条，如图 6－32 所示。

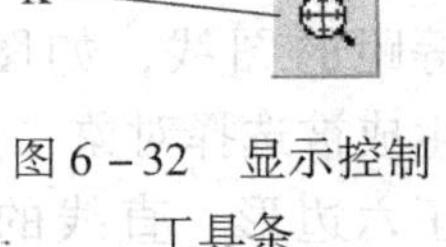

图 6－32　显示控制工具条

A：单击输入 Pan 命令，屏幕上出现图标，按住左键（不放）拖动便可移动图形。

以下是 Zoom 命令的各选项：

B：单击输入 real time 选项，按住左键从下往上拖动，图形放大；从上往下，缩小。

C：Window 选项，输入后，拾取绘图区内任一点，然后移动鼠标，拉出以该点顶点的矩形框（窗口），用框套住要放大的部分，再拾取另一顶点，命令立即执行。该窗口将最大限度地在屏幕上显示。

D：Previous 选项，回到前一屏幕显示。

E：dynamic 选项，执行该命令，可同时在屏幕上观察到全屏幕、当前屏幕和动态屏幕。

F：Zoom scale 选项，按给定显示放大系数，显示图形。如系数取 2，按原来屏幕的 2 倍显示。

G：Zoom Center 选项，按指定点为中心，最大限度显示图形。

H：Zoom in 选项，成倍放大显示图形。

I：Zoom out 选项，成倍缩小显示图形。

J：Zoom all 选项，全屏幕显示。

K：Zoom extent 选项，最大限度显示。

例 6－1　按尺寸绘制图 6－33a 所示图形（不注尺寸），并以 PMTX（平面图形）为名保存。

解　绘图步骤如下：

（1）启动 AutoCAD2000，在启动（Startup）对话框中，按下按钮▢，选择 Metric，按 OK，接受单位和图幅缺省设置，系统自动进入 AutoCAD2000 绘图窗口。

（2）图层设置：

1）单击 Standard 工具条▤，显示图层属性管理器（Layer Properties Manager）对话框（图 6－12）。

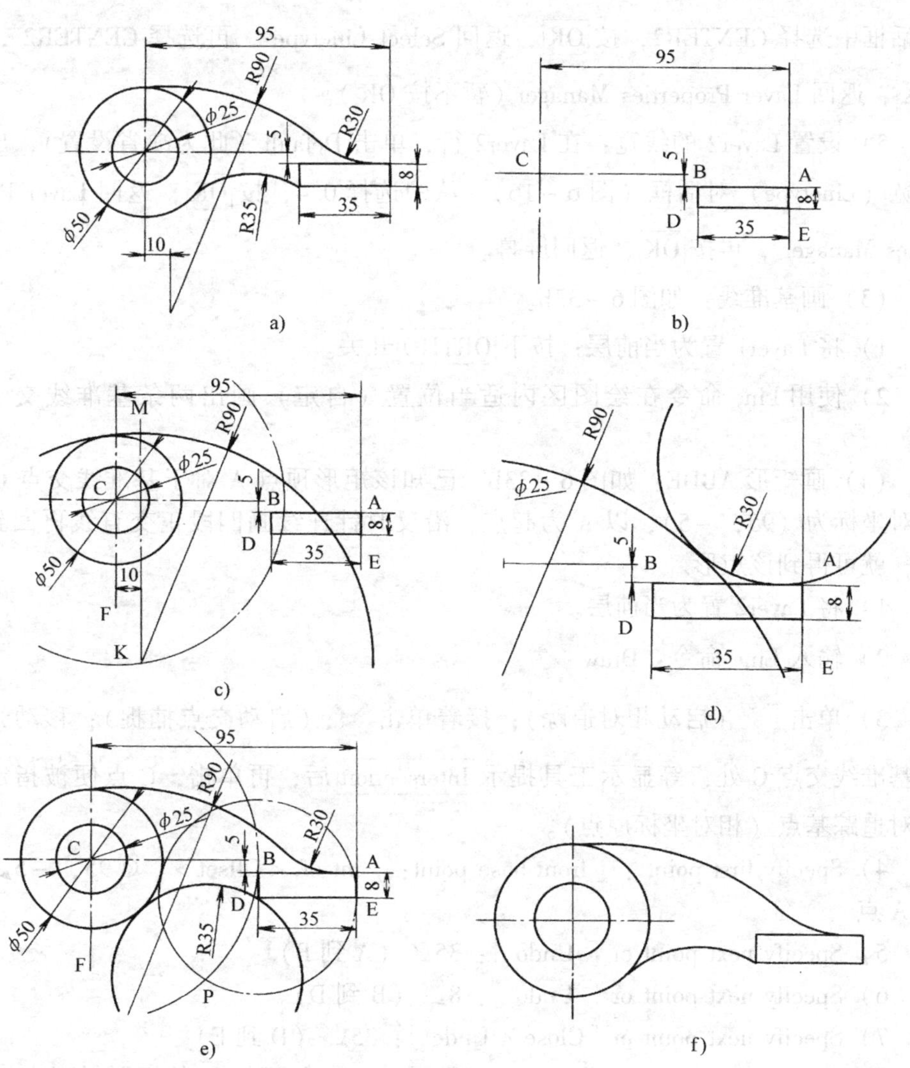

图 6－33　图样绘制实例

2）单击New，设置新图层 Layer1 和 Layer2（每单击一次表中出现一层）。

3）设置 Layer1 的颜色：在 Layer1 行，单击■，出现颜色选择（Select color）对话框（图6－13），单击红色（或自选）调色板，再按OK，返回 Layer Properties Manager。

4）设置 Layer1 的线型：在 Layer1 行，单击 Continuous（此为默认设置），出现选择线型（Select Linetype）对话框（图 6－14），在该对话框中单击 Load...，出现加载线型（Load or Reload Linetype）对话框（图6－15），从该对话框中选择 CENTER2，按OK，返回 Select Linetype，再选择 CENTER2，按OK，返回 Layer Properties Manager（暂不按OK）。

5）设置 Layer2 的线宽：在 Layer2 行，单击 Default（此为缺省设置），出现线宽（Linetype）对话框（图 6－16），从中选择 0.4，按OK，返回 Layer Properties Manager，再按OK，返回屏幕。

（3）画基准线：如图 6－33b。

1）将 Layer1 置为当前层；按下ORTHO开关。

2）使用 Line 命令在绘图区内适当位置（自定）画出两条基准线交于 C 点。

（4）画矩形 ABDE：如图 6－33b，已知该矩形顶点 A 对于基准线交点 C 的相对坐标为（95，－5），以 A 为起点，沿反时针连续画四段正交直线再回到 A 点，就可得到该矩形。

1）将 Layer2 置为当前层。

2）输入 Line 命令：Draw

3）单击（启动相对追踪）；接着单击（启动交点捕捉）；移动光标至基准线交点 C 处，等显示工具提示Intersection后，再单击，C 点便被指定为相对追踪基点（相对坐标原点）。

4）Specify first point：_from base point：_int of <Offset>：@95，－5↙指定 A 点

5）Specify next point or［Undo］：35↙（A 到 B）

6）Specify next point or［Undo］：8↙（B 到 D）

7）Specify next point or［Close / Undo］：35↙（D 到 E）

8）Specify next point or［Close / Undo］：C↙（E 到 A，使矩形封闭）

（5）以 C 点为圆心，绘制 $\phi50$ 的圆：如图 6－33c。

1）输入 Circle 命令：Draw

2）Specify center point for circle or［3P/2P/Ttr（tan tan Radius）］：指定圆心点（C）

3）Specify radius of circle or［Diameter］＜28.0000 ＞：D↙

4）Specify Diameter of circle or［radius］＜14.0000 ＞：50↙

（6）画 R90 的圆弧：如图 6－33c，已知该圆弧与 $\phi50$ 的圆内切，且圆心位于与基准线 CF 相距 10 的直线上。为画出 R90 的圆弧，需作辅助线确定其圆心。

1）使用 Circle 命令，以 C 为圆心，65 为半径，在 Layer1 上画圆。

2）使用 Offset 命令，以基准线 CF 为选择对象，往右偏移 10，便生成直线 MK。

3）使用 Extend 命令，以 R65 圆为边界，延长 MK 的 K 端，使 MK 与 R65 圆相交于 K 点。

4）使用 Circle 命令，以 K 为圆心，90 为半径，在 Layer2 上画圆。

5）用 Erase 命令，擦除辅助圆 R65 和直线 MK，如图 6－33d。

（7）画 R30 的圆弧，与 R90 圆弧外切，且与矩形的 AB 边相切，如图 6－33d。

1）输入 Circle 命令：Draw

2）Specify center point for circle or［3P/2P/Ttr（tan tan Radius）］：ttr↙

3）Specify point on object for tangent of circle：指定 R90 的圆

4）Specify point on object for tangent of circle：指定矩形上边

5）Specify Radius of circle：30↙（命令结束）

6）去掉多余图线，如图 6－33e。使用 Trim 命令，以 R90 的圆和矩形的 AB 为边界，剪去 R30 圆的多余部分；使用 Trim 命令，以 R30 圆弧和 R50 的圆为边界，剪去 R90 圆的多余部分。

（8）画 R35 的圆：已知该圆与 R50 的圆相切，且通过矩形的 D 点，需作辅助线确定 R35 圆的圆心。

1）以 C 点为圆心，画半径为 60 的圆（Layer1）。

2）以矩形的 D 为圆心，画半径为 35 的圆（Layer1）。

3）以交点 P 为圆心，画半径为 35 的圆（Layer2）。

4）去掉多余图线。①用 Erase 命令，擦除半径为 60 和 35 的两个辅助圆；②用 Trim 命令，以 R50 的圆和矩形的 DE 边为边界，剪去 R35 的圆多余部分。完成图形绘制。

（9）图样保存：单击 Standard 工具栏，显示图样保存（Save Drawing as）对话框（图 6－7），创建一个新文件夹，打开该文件夹；然后在文件名：输入

PMTX；文件类型：选择Drawing（＊. dwg），最后按保存。

第五节　二维图形绘制与编辑（二）

一、图形绘制

1. 圆弧（Arc 命令）

使用 Arc 命令可按多种方式绘制圆弧。图 6－34 为该命令的下级菜单，提供了 11 种绘制圆弧的方式。

绘制连接 ABC 三点的圆弧（3P 方式），如图 6－35 所示，步骤如下：

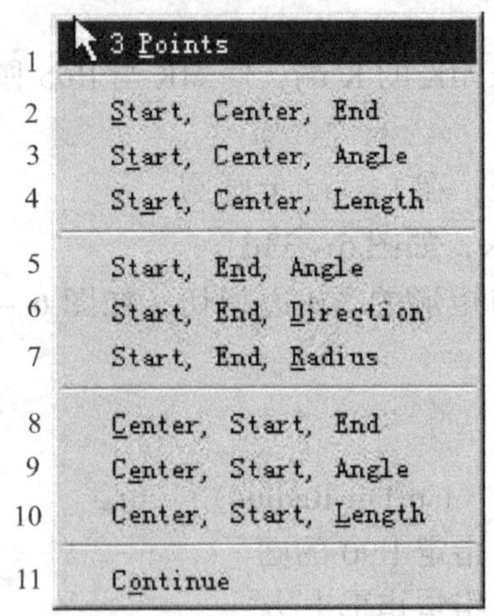

图 6－34　Arc 命令的下级菜单

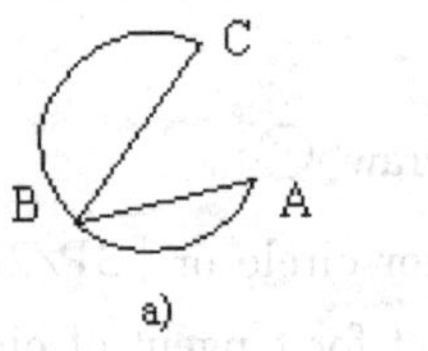

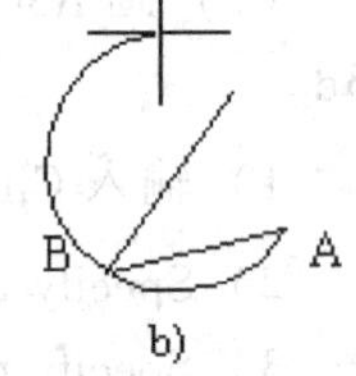

图 6－35　3P 方式画圆

a）指定 C 点后　b）指定 C 点前

1）输入命令：①Draw－Arc▶3 Points　②Draw

2）Specify start point of arc or [Center]:　　指定起点 A

3）Specify second point of arc or [Center / End]:　　指定第二点 B

4）Specify end point of arc:　　指定终点 C（命令结束）

用下拉菜单输入 Arc 命令，必须选择（单击）下级菜单中的一种圆弧绘制方式（图 6－34），才能启动命令。用工具条或键盘输入时，通过输入下列选项决定圆弧绘制方式。

选项说明

Center——选择指定圆心。①在指定起点前，输入该选项，为先指定圆心，再指定起点，与图 6－34 中，8，9，10 选项对应；②在指定起点后，输入该选项，则与 2，3，4 选项对应。

End——选择指定终点。该选项总是出现在指定起点后，与 5，6，7 选项对应。

在指定了起点、圆心、终点三项中的任意两项后，仍不能确定圆弧，还将出现以下选项：

Angle ——选择指定圆弧对应的圆心角。

Direction ——选择指定圆弧起点的切线方向。

Length ——圆弧的弦长。

2. 多义线（Polyline 命令）

多义线是由一系列彼此相连的直线段和圆弧构成的，直线段和圆弧为相切连接。二维多义线被作为单个对象编辑。构成它的各直线段和圆弧可以设置成不同线宽，且各段线宽还可以是渐变的。用 Pline 命令画线与用 Line 命令画折线的操作过程相似，所不同的是 Pline 命令提供了直线段与圆弧的转换及更多选项。

输入命令：①Draw – Polyline ②Draw ⮐

Pline 命令有直线和圆弧两种画线方式（第一条线段系统缺省为直线方式），命令提示及应答介绍如下：

（1）直线方式

command：_ polyline

Specify start point：指定起点

Current line – width is 0. 0000

Specify next point or [Arc/Close/Halfwidth/Length/Undo/Width]：以选项之一应答。

选项说明

Specify next point ——指定下一点，从起点画直线段至该点。第一个点或前面已画出线段的终点都可作为该段的起点。

Arc ——从直线方式切换到圆弧方式。

Close ——画出最后一段，使多义线封闭，但至少画出两段，使用该选项才有效。

Width ——设置线宽。

Halfwidth ——设置线宽为指定宽度的一半。

Length ——加长线段，从前一直线段终点开始按指定长度画出加长段，如果前段为圆弧，则与其相切。

Undo ——删除刚画出的线段，命令退到前段终点。

(2) 圆弧方式

command：_ polyline

Specify start point：

Current line – width is 0. 0000

Specify next point or [Arc/Close/Halfwidth/Length/Undo/Width]：A↙（转到圆弧方式）

Specify endpoint of arc or

[Angle/CEnter/CLose/Direction/Halfwidth/Line/Radius/Second pt/Width]:输入选项

选项说明

Undo，Halfwidth，Width 选项与直线方式作用相同。

Specify endpoint of arc ——输入一点，从起点画一圆弧段至该终点，第一个点或已画出线段的终点都可作为这段圆弧的起点。

Angle——设置圆弧的圆心角画弧。

CEnter——设置圆弧的圆心画弧。

CLose——用圆弧封闭多义线。

Direction——给出圆弧的起始方向画弧。

Line ——切换到直线方式。

Radius——给出半径画弧。

Second pt ——指定三点画弧。

只要会用 Line 和 Arc 命令，就不难掌握 Pline 命令。

3. 绘制椭圆（Ellipse 命令）

使用 Ellipse 命令可绘制椭圆和椭圆弧。绘制长轴为 AB、短轴为 CD 的椭圆，如图 6－36 所示，步骤如下：

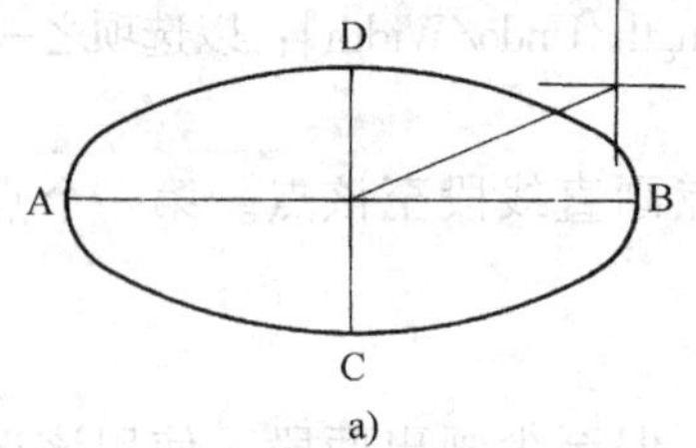

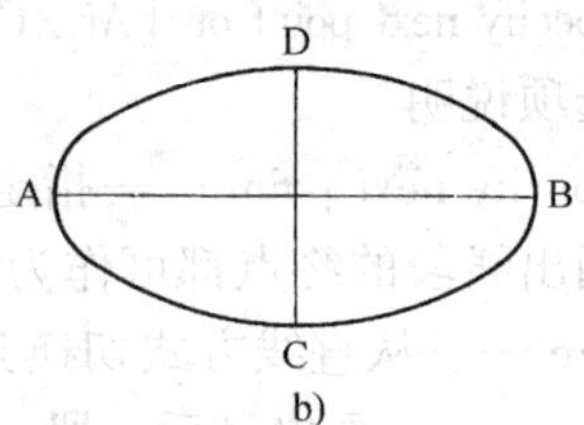

图 6－36　给定长短轴画椭圆

a）指定主轴 CD 后　b）完成椭圆绘制

1）输入命令：①Draw －Ellipse　②Draw

2）Specify axis endpoint of ellipse or [Arc / Center]：指定主轴端点 C

3）Specify other endpoint of axis：　　指定主轴端点 D（捕捉到 D 端点）

4）Specify distance to other axis or [Rotation]：　指定另一轴（AB）的半长

先指定两端点的轴缺省为主轴如 CD，主轴的中点默认为椭圆的中心。CD 的中点至 B（或 A）的距离，即为 AB 的半长。

选项说明

Rotation ——绕主轴旋转给定角度画椭圆。绕主轴旋转的角度指的是：直径为主轴的圆，绕主轴旋转给定角度后，该圆平面与绘图平面间形成的夹角，该圆在绘图平面上的投影就是要画的椭圆。

Center ——给定椭圆中心和长，短半轴长度，绘制椭圆。

Arc ——画椭圆弧，椭圆弧的中心角以主轴为起始边（基准边）。

4. 样条曲线（Spline 命令）

样条曲线，可想象成有弹性的细丝（样条）沿一系列给定点弯曲得到的曲线。Spline 命令用于绘制 NURBS（NonUniform Rational Bezier - Spline）样条曲线。绘制通过字母 KMNSD 的插入点的样条曲线，如图 6-37，步骤如下：

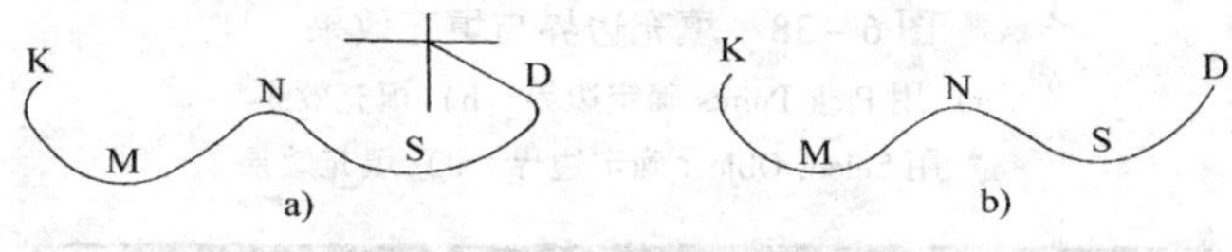

图 6-37 绘制样条曲线

a）指定终点切线前 b）指定终点切线后

1）输入命令：①Draw - Spline ②Draw：

2）Specify first point or [Object]：指定第1点 K

3）Specify next point：指定下一点 M

4）Specify next point or [Close / Fit tolerance]：指定 N 点

5）Specify nextpoint or [Close / Fit tolerance]：指定 S 点

6）Specify nextpoint or [Close / Fit tolerance]：指定 D 点

7）Specify nextpoint or [Close / Fit tolerance]：↙（结束顶点输入）

8）Specify start tangent：指定曲线起点处的切线方向

9）Specify end tangent：指定曲线终点处的切线方向（结束命令）

从图 6-37a 可以看到，在未指定端点切线方向前，如 D 点与光标间有条“伸缩”直线，曲线有关部分会随该直线的方位而变化。

选项说明

Object ——将由 Pline 与 Pedit 命令产生的样条曲线转换成真正样条曲线。

Close ——封闭 Spline 曲线，即使终点与起点重合。

Fit tolerance ——设置拟合精度，即给定拟合公差值。

5. 填充（Bhatch 命令）

使用 Bhatch 命令可以在指定边界的区域内绘制规定的图案，以满足图样表达的要求，如绘制剖面线等。下面以填充图 6-38 所示图形为例，说明操作过程。

输入命令：①Draw - Hatch ②Draw

命令启动后，会弹出图 6-39 所示 Boundary Hatch 对话框，打开该对话框中的 Quick 选项卡，进行以下设置：

1）在 Type 下拉框中，可看到以下填充类型：

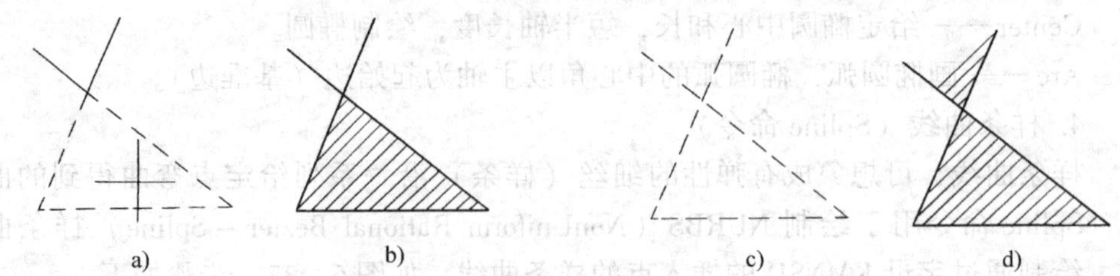

图 6－38　填充边界与填充效果

a）用 Pick Points 确定边界　b）填充效果

c）用 Select Object 确定边界　d）填充效果

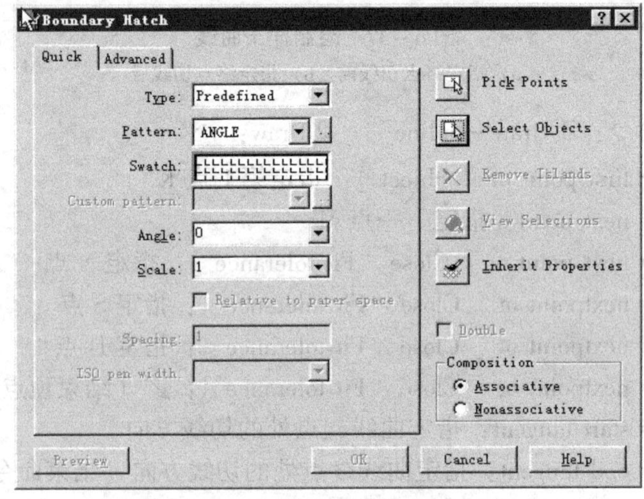

图 6－39　边界填充对话框（Boundary Hatch－Quick）

Predefined ——使用 AutoCAD 已定义的填充图案。

User－defined ——使用当前线型，画平行线束（或网格）作为填充图案。

Custom ——从 acad . pat 文件或其他 ＊. pat 文件中，指定填充图案。

选择 Predefined

2）在 Pattern 下拉框中，可以打开以下标签：

Custom ——使用用户定义的填充图案库文件。

Other Predefined ——其他预定义图案。

ANSI ——美国标准。

ISO ——国际标准。

从 ANSI 标签卡中选择名为 ANSI31 的图案

3）Angle　　设定图案角度　　选择 0°

4）Scale　　设定图案比例　　选择 1

5）单击 Pick Points 返回到屏幕，在需要填充的封闭区域内任拾取一点，该区域的边界会高亮显示，如图 6－38a，然后↙，返回到对话框，按OK，完成填充。效果如图 6－38b。

如果单击 Select Object，返回到屏幕，选择对象作为填充边界，如图 6－38c，然后↙，返回到对话框，按OK，完成填充，效果如图 6－38d。

二、图形编辑

1. 图形复制（Copy 命令）

该命令用于在一张图上对选择的对象进行带基点的复制。如图 6－40 所示，以 B 为基点，复制 AB，BC 边到指定目标点 T。

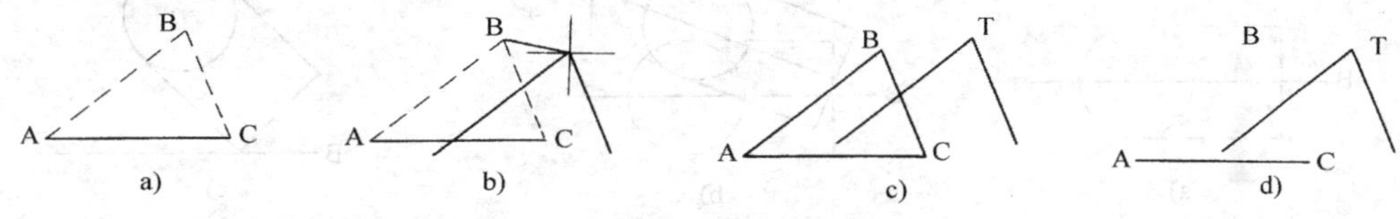

图 6－40　带基点复制与平移

a）选择对象　b）指定基点　c）复制到 T　d）平移到 T

1）输入命令：①Modify－Copy　②Modify

2）Select objects：选择对象 AB

3）Select objects：选择对象 BC

4）Select objects：↙结束对象选择

5）Specify base point or displacement，or［Multiple］：捕捉交点 B

6）Specify second point of displacement〈Use first point as displacement〉：指定目标点 T（命令结束）

如果在第 5）步提示时，输入坐标值（X，Y），作为复制对象在 X，Y 方向的位移，在第 6）步提示时，应以↙应答，表示接受当前值〈以第一点的坐标作为位移值〉。

Multiple——选择多重复制方式，该方式允许多次指定目标点，从而多次复制对象。不选该选项则为单一复制，即复制一次，命令自动结束。

2. 图形平移（Move 命令）

该命令用于将图形中被选择的对象平移至指定位置，其操作与 Copy 命令相同，只是不能复制。如图 6－40d，使用 Move 命令，以 B 为基点，平移 AB、BC 到 T。

1）输入命令：①Modify－Move　②Modify

2）Command：_Move

Select objects：选择对象

（可选择任意多个对象，直到结束操作）

Select objects：↙

3）Specify base point or displacement：指定基点（或X，Y 方向位移）

4）Specify second point of dispaplacement or 〈use first point as displacement〉：指定目标点（或↙接受上一步输入的位移）

3. 图形旋转（Rotate 命令）

该命令用于使图形中被选择的对象绕基点旋转给定角度。将图 6－41 中被选择的对象绕基点 B 旋转 45°：

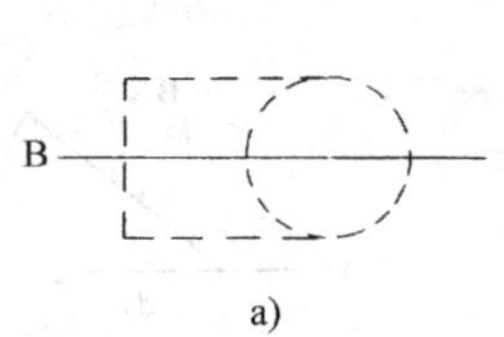

a)

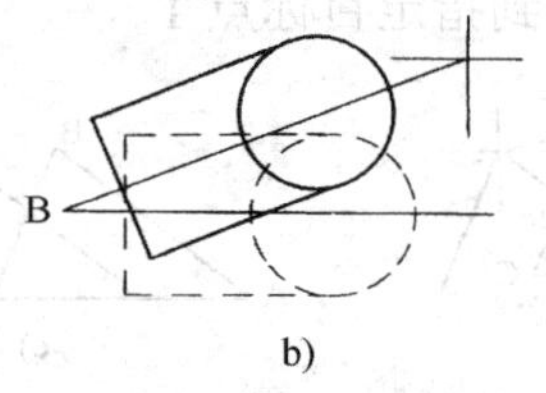

b)

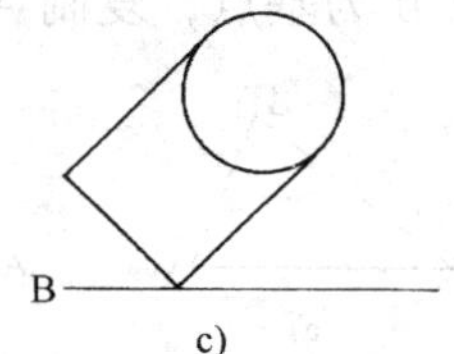

c)

图 6－41　图形旋转

a）选择对象　b）指定基点 B　c）旋转结果

1）输入命令：①Modify－Rotate　②Modify

2）Command：_Rotate

Current positive angle in UCS：ANGDIR＝Counterclockwise ANGBASE＝0

Select objects：Specify opposite corner：4 found

Select objects：↙结束对象选择

3）Specify base point：_endp of 捕捉端点 B

4）Specify rotation angle or［Reference］：45↙

第 2）步提示中的命令信息表示，以当前坐标的 X 轴为角度度量起始方位，沿反时针测量。

Reference——选择重新指定角度起始方位。

4. 镜像（Mirror 命令）

该命令用于生成与被选择对象对称的图形，对称轴可任意指定，并可选择是否保留被选择对象。以 AB 为对称轴，画出被选择对象的镜像，如图 6－42 所示。

1）输入命令：①Modify－Mirror　②Modify

2）Command：_Mirror

Select objects：选择对象，如图 6－42a

Select objects：↙结束对象选择

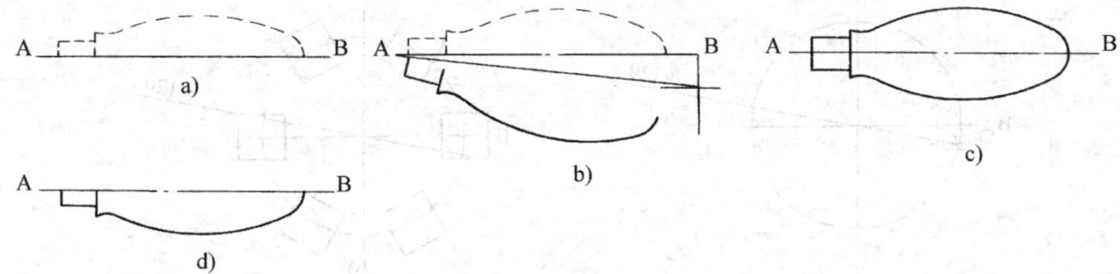

图 6-42　绘制被选择对象的镜像

a）选择对象　b）指定对称轴 AB　c）保留原对象镜像结果　d）删除原对象镜像结果

Specify first point of mirror line：指定 AB 上第一点（如 A）

Specify second point of mirror line：指定 AB 上第二点，如图 6-42b

Delect source objects?［Yes / No］＜No＞：↙（接受当前值 No，保留原对象）

Yes——选择删除原对象

5. 阵列（Array 命令）

使用该命令可复制被选择的对象，并排列成矩形或圆形阵列。如图 6-43，复制圆 A，并排列成 2 行 3 列矩形阵列。

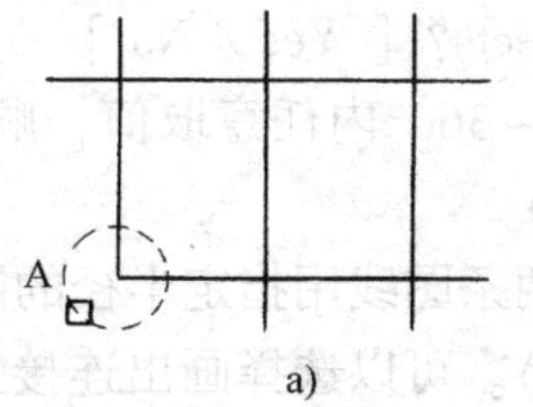

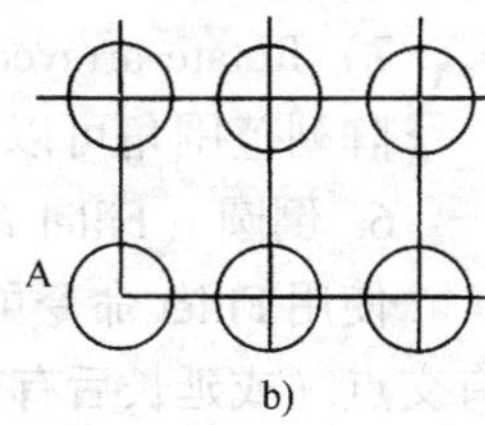

图 6-43　矩形阵列

a）选择对象　b）2 行 3 列矩形阵列

1）输入命令：①Modify - Array　②Modify

2）Command：_ Array

Select objects：选择圆 A

Select objects：↙结束对象选择

3）Enter the type of array［Rectangular / Polar］：＜R＞：↙（R 选项为矩形阵列）

4）Enter the number of row（——）＜1＞：2↙（行数）

5）Enter the number of columns（| | |）＜1＞3↙（列数）

6）Enter the distance between rows or specify unit cell（= =）：80↙（行距）

7）Enter the distance between columns（| | |）：60↙（列距）

复制在原对象以下行距为“-”，以左列距为“-”。

如图 6-44，复制正方形 B 成 6 个，并均布于 ϕ120 的圆周上。

1）输入命令：

2）Command：_ Array

Select objects：选择正方形 B，如图 6-44a

Select objects：↙结束对象选择

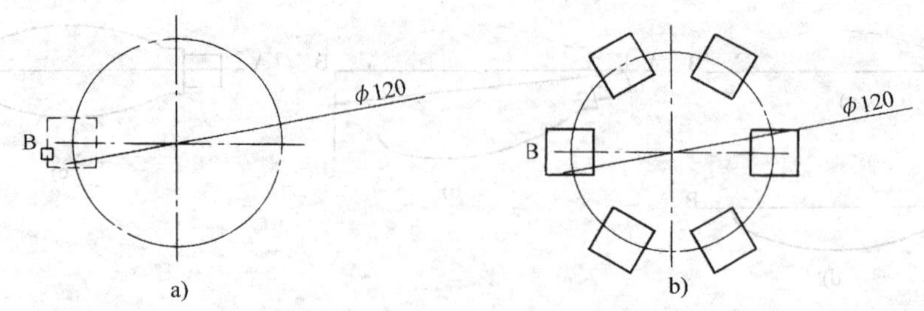

图 6－44　圆形阵列

a）选择对象　b）圆形阵列，原对象已旋转

3） Enter the type of array ［Rectangular / Polar］：<R>：P↙（P 选项为圆形阵列）

4） Specify center point of array：指定阵列中心（捕捉圆心）

5） Enter number of items in the array：6↙（阵列图形总数，含原对象）

6） Specify the angle to fill （+ =ccw， - =cw） < 360 >：↙（阵列范围角）

7） Rotate arrayed objects？［Yes / No］ < Y >：Y↙结束命令

阵列范围角可以在 0～360°内任意取值，顺时针为"+"，反时针为"－"

6. 倒圆（Fillet 命令）

使用 Fillet 命令可将两条图线用指定半径的圆弧光滑连接。被连接的两图线应有交点（或延长后有交点）。可以选择画出连接弧，并保留两图线倒角处原样。如图 6－45，分别将两相交直线 A、B 和两圆弧 C、D 用 R10 的圆弧光滑连接：

图 6－45　倒圆（圆弧连接）

a）倒圆前　b）倒圆后

1） 输入命令：①Modify－Fillet　②Modify

2） Current settings：Mode = Trim，Radius = 10.0000

Specify first object or ［Polyline / Radius / Trim］：选择直线 A（或圆弧 C）

3） Specify second object：选择直线 B（或圆弧 D）命令结束

选项说明

Polyline ——将多义线上存在的所有顶点倒圆。

Radius ——重新设置倒圆弧半径。

Trim ——设定是否保留两图线倒圆处原样。

7. 倒角（Chamfer 命令）

该命令用于在两直线相交处（有交点或延长有交点）生成倒角。如图 6－46，在直线 A 和 B 相交处绘制倒角：

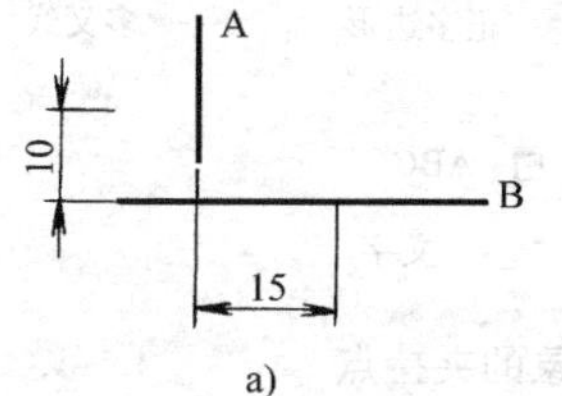

a)

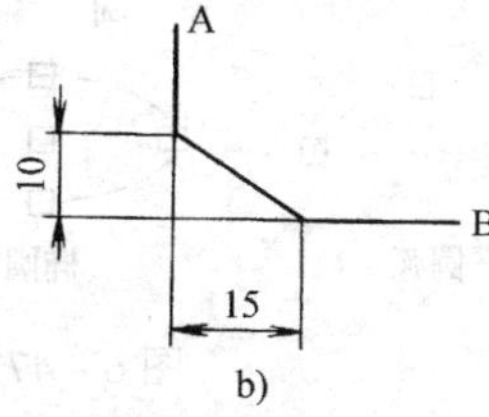

b)

图 6－46　不等边倒角

a）倒角前　b）倒角后

1）输入命令：①Modify－Chamfer　　②Modify

2）Command：_ Chamfer

（TRIM mode）Current chamfer Dist1 ＝ 10.0000 ，Dist2 ＝10.0000

Select first line or［ Polyline ／ Distance ／ Angle ／ Trim ／ Method ］：D↙

3）Specify first chamfer distance ＜ 10.0000 ＞：↙接受当前值

4）Specify second chamfer distance ＜ 10.0000 ＞：15↙命令结束

5）Command：↙（直接回车可重新启动刚结束的命令）

6）Select first line or［Polyline ／ Distance ／ Angle ／ Trim ／ Method］：选择直线 A

7）Select second line ：选择直线 B　　命令结束

选项说明

Polyline ——将多义线所有顶点倒角，顶点为直线的交点，忽略圆弧。

Distance ——设置两倒角的距离。

Angle ——按距离－角度方式设置。

Trim ——设定是否保留倒角处原图线。

Method ——设定倒角度量方式。

8. 夹持点编辑简介

（1）夹持点　在无命令状态（命令提示 Command：），用十字光标直接选择对象时，若干小方框就会出现在被选择对象的关键点（Keypoint）上，这些小方框称为夹持点（Grip），常见对象的夹持点如图 6－47 所示。

（2）夹持点编辑操作　先选择需要编辑的对象，再拾取该对象上的夹持点，该点立即被颜色填充，成为夹持热点。出现夹持热点的同时，命令行出现提示 Specify stretch point or［Base point ／ Copy ／ Undo ／eXit］：如果提示的编辑方式不是所需的，按空格或回车键，会循环出现 5 种编辑方式的提示，选择需要的编辑方式，便可按照提示，对被选择的对象进行编辑。

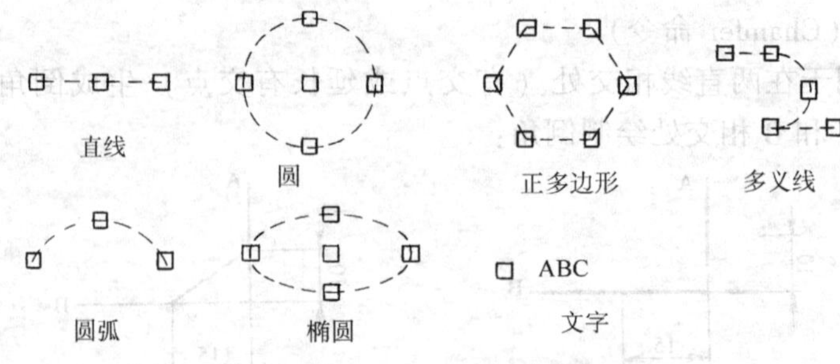

图 6－47　常见对象的夹持点

(3) 五种夹持点编辑方式

1) 拉伸方式提示 Specify stretch point or [Base point / Copy / Undo / eXit]:
鼠标移动时，夹持热点带动对象伸缩，其他夹持点不动或随动。

2) Specify move point or [Base point / Copy / Undo / eXit]:
对象以夹持热点为基点，随鼠标平移。

3) Specify rotation angle or [Base point / Copy / Undo / Reference / eXit]:
对象以夹持热点为基点，随鼠标旋转。

4) Specify scale factor or [Base point / Copy / Undo / Reference / eXit]:
对象以夹持热点为基点，按指定系数缩放。

5) Specify second point or [Base point / Copy / Undo / eXit]:
以夹持热点为对称轴上第一点，指定对称轴上第二点，可画出原对象的镜像。

选项说明

Base point ——重新指定基点。

Copy ——复制对象，与 Move 相似。

Undo ——取消刚进行的夹持点操作。

eXit ——退出夹持点编辑。

(4) 使用 Tools－Option 对话框中的 Selection 标签，可设置夹持功能，详见对象选择设置。

9. 对象特性编辑（Properties 命令）

单击 Standard 工具条 ，启动 Properties 命令，弹出对象特性对话框（Properties－Drawing1），如图 6－48 所示。然后选择需要编辑的对象，对话框上方的下拉框中将会显示该对象的名称，同时在对话框中以表格形式集中显示该对象的各种特性，你可以在表格中直接修改被选择对象的各特性值。选择对象可以用前面已讲过的方法，也可单击快速选择按钮 ，弹出图 6－49 所示快速选择对话框（Quick Select），使用该对话框选择对象，也称为过滤法，即从选择集或整个图样中筛选出符合限制条件（类型和特性）的若干对象。

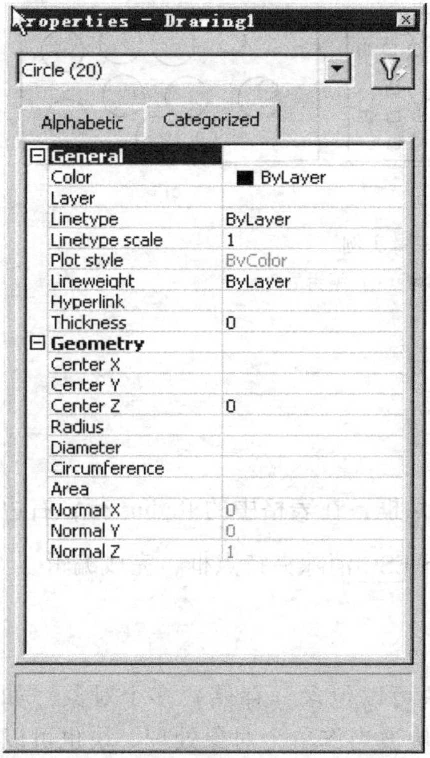

图 6－48　对象特性对话框（Properties） 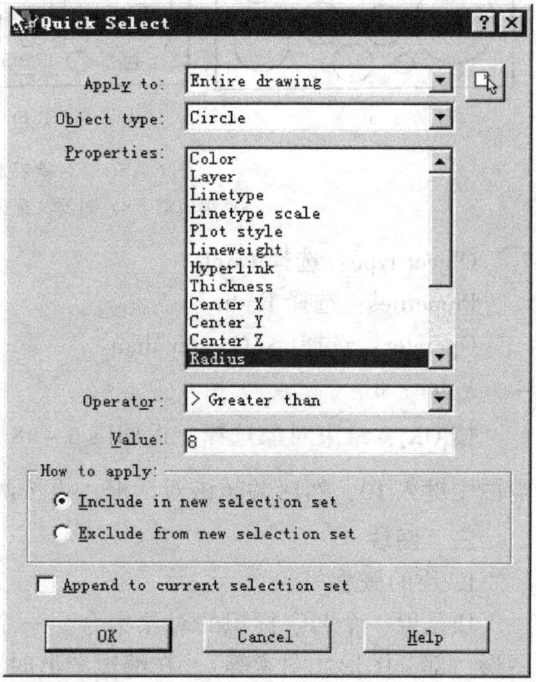　　图 6－49　快速选择对话框（Quick Select）

过滤条件的设置

Apply to ——过滤范围

Object type ——对象类型限制

Properties ——对象特性限制

Operator ——限制条件判断（逻辑运算）

Value ——特性界限值

How to apply（应用方式）：

Include in new selection set ——属于新选择集

Exclude from new selection set ——不属于新选择集

Append to current selection set ——附加于当前选择集

例 6－2　将图 6－50a 中半径大于 8 的圆，改为 10。

解　操作如下：

输入命令，从图 6－48 对话框中，打开图 6－49 对话框。

设置过滤条件：

Apply to：Entire drawing

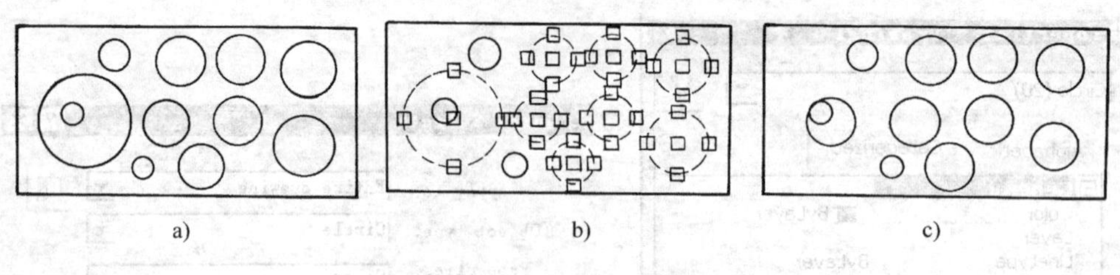

图 6－50　对象特性编辑实例

a）编辑前　b）过滤法选择对象　c）编辑后

Object type：选择 Circle

Properties：选择 Radius

Operator：选择 > Greater than

Value：8

按OK，结束对象选择，返回图 6－48 对话框，在表格中的 Radius 行，右边空白中键入 10，然后关闭该对话框，再按两下ESC消除夹持点框，完成编辑。

三、图块

1. 块的概念

块是以一个名字标识的对象集合。一个块可以包含（存储）多个对象（如图形、部分图形、图素等）。在编辑图形时，块被当作单个对象处理。块也可以作为图形文件被保存和调用。使用块的优点可以用一个例子简要说明：如果在一张图中有很多个同样的螺钉，而一个螺钉又由多种图素构成，逐个重复绘制，费力又费时；如果只绘制一个螺钉，并把构成它的全部图素定义成一个块，且可以保存和反复调用，图样中哪里需要绘制螺钉，往指定位置插入块即可，这不仅省时省力，还会带来很多其他好处。

2. 定义块（Block 命令）

使用 Block 命令可将若干选择的对象定义成块，如将图 6－51a 所示图形定义成块，操作如下：

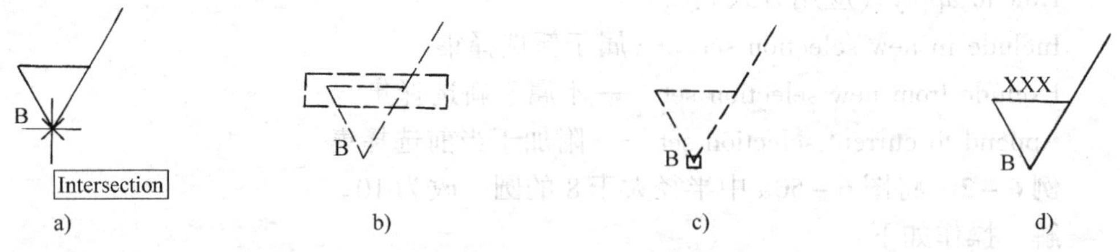

图 6－51　定义块及属性

a）指定插入点　b）选择块包含对象　c）完成块的制作　d）定义块的属性 XXX

1）输入命令：①Draw －Block▶Make　　②Draw

命令启动后，弹出 Block Definition 对话框，如图 6－52，在该对话框中，进行定义（制作）块的操作。

2）在 Name：后输入块名 abc。

3）单击 Base point 下方的按钮 ，返回屏幕。

Specify insertion base point：指定插入点 B

4）单击 Object 下的 ，返回屏幕。

Select objects：选择构块对象 3 found

Select objects：↙结束对象选择，返回对话框。

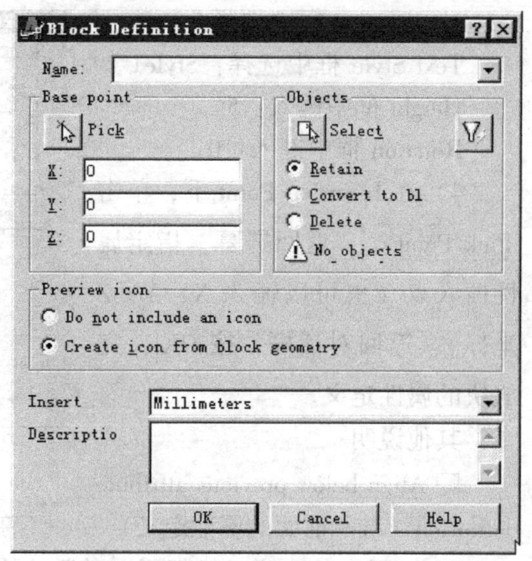

图 6－52　Block Definition 对话框

5）按 OK，完成块 abc 的定义。

其他选项

Retain：激活该项，屏幕上将保留构块对象。

Covert to bl：激活该项，屏幕上的构块对象也转换成块。

Create icon from block geometry：激活该项，创建一个与块形状相同的图标。

Insert：选择图块插入时的单位。

3. 定义块的属性

块的属性指文字属性，它是可以与块连接，且可编辑的文本。为 abc 块定义文字属性，如图 6－51d，步骤如下：

1）输入命令：Draw－Block▶Define Attributes... 弹出图 6－53 所示 Attribute Definition 对话框，在该对话框中，定义块的属性。

2）在 Attribute 下进行属性设置：

在 Tag 框中键入：XXX（当定义属性块和属性块插入图样时，X 将作为标签，示意文字位置）

在 Prompt 框中键入：表面粗糙度数值（当属性块插入图样时，该框内的文字将作为提示出现在命令行）

Value 框中键入：12. 5（12. 5 只作为初始默认值，当属性块插入图样时，它是可以更改的）

3）在 Text Options 下进行文字设置：

Justification 框中选择：Left

Text Style 框中选择：Style1

Height 框中键入：5

Rotation 框中键入：0

4）在 Insertion Point 下，单击 Pick Point < ，返回屏幕，指定属性插入点（也可以输入 X，Y，Z 坐标），返回对话框，按 OK ，完成块的属性定义。

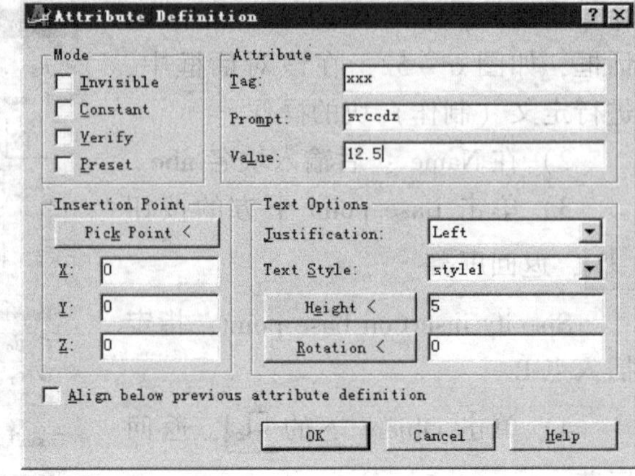

图 6－53 Attribute Definition 对话框

其他说明

□ Align below previous attribute definition（继承前面的属性定义）——不激活

Mode 区中各选项一般都不需激活，故不作介绍。

4. 定义属性块

具有文字属性的块就称为属性块。在属性块插入图形时或插入后，文字都可以按需要编辑。从本质上讲，属性块就是前面讲过的块。定义属性块的操作过程与定义块完全相同，只是要把属性标记 X 连同图形一起选为构块对象。这里不再赘述。

如果要给已定义的块添加属性，也只需把属性标记连同已定义的块一起选作构块对象，并定义成一个新块，即属性块。如将名为 abc 的块（图 6－51）定义成属性块，步骤如下：启动 Bblock 命令；通过图 6－52 对话框，输入块名 CCD；指定插入点 B；选择块 abc 和属性标记 XXX 作为构块对象；按 OK ，完成属性块 CCD 的定义。

5. 块的保存（Wblock 命令）

按前述方法定义的块（或属性块），只能在定义它的那一张图中使用。为了使一张图中定义的块能供其他图样调用，就需用 Wblock 命令将已定义的块写入磁盘，即写块。以下是将前面的 CCD 块写入磁盘的操作过程：

输入命令：Command：Wblock↙

弹出图 6－54 所示 Write Block 对话框，激活 Block 单选钮；在上方的下拉框中选取块名：CCD；在 File name 输入框中输入：123（文件名）；在 Location 下拉框中选取文件保存路径：D：\ ACAD2000 \ user ；在 Insert 下拉框中选取块插入图样时的长度单位：Millimeter；按 OK ，完成写块任务。

注：必须先定义块后，才能用 Wblock 命令将块写入磁盘。

块可以由不同图层上的对象构成，这些图层的设置也储存在块中。把用Wblock命令存储的块，插入另一张图时，构成块的每个对象都画在原来的层上，但“0”层上的对象将画在插入这张图的当前层上。

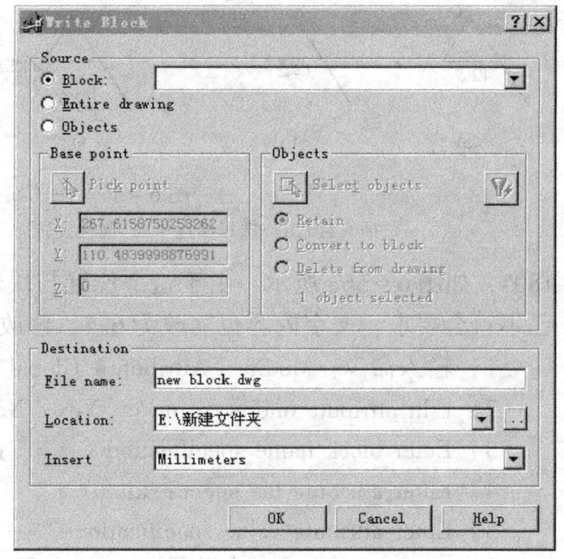

图 6－54 Write Block

6. 块的插入

插入块是指将块插入图样中的指定位置，块在插入时还可旋转或按给定比例缩放。

插入块 CCD 的操作如下：

1）输入命令：Draw ，弹出图 6－55 所示 Insert 对话框，在对话框中进行操作。

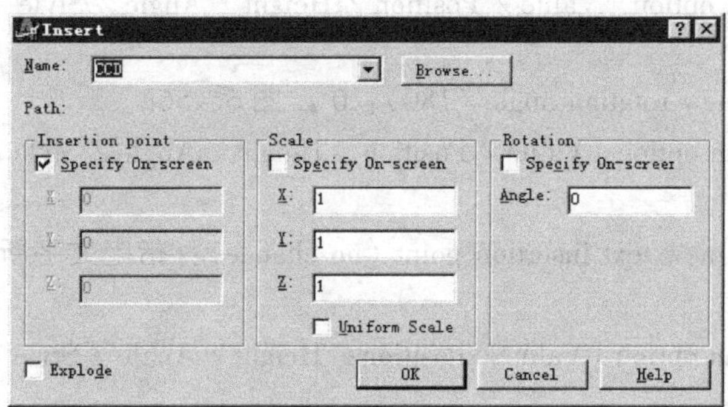

图 6－55 Insert 对话框

2）在 Name 中选择 CCD。

3）按 OK ，返回屏幕。

Specify insertion point or [Scale/X/Y/Z/Rotate/Pscale/PX/PY/PZ/Protate]:R ↙

Specify rotation angle : 180↙

Specify insert point：指定 C 点

Enter attribute values srccdz <12. 5 > : ↙

块 CCD 已插入 C 点，并旋转了 180°如图 6－56a 所示。

7. 修改块的属性

在定义块的属性时所给的属性初始值未必适合该块插入的所有图样，因此插入后还需按具体要求修改属性。例如当属性块CCD插入图样时，需要它旋转

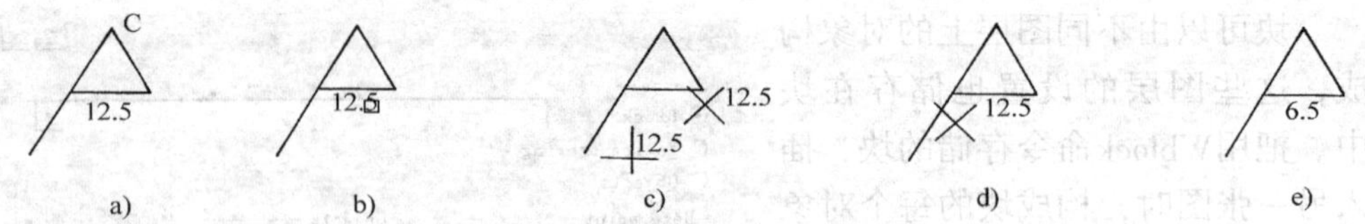

图 6-56 块的属性修改

a）插入后 b）选择属性 c）属性旋转后 d）属性新位置 e）新属性值

180°，如图 6-56a 所示，由于这个位置与块定义时不同，其文字（属性）方向已不符合要求，文字内容也需改为 6.5，修改属性操作如下：

1）输入命令：Modify - Attribute ▶ Global（全面修改）

2）Edit attribute one at a time？［Yes / No］：↙

3）Enter block name specification〈＊〉：↙

4）Enter attribute tag specification〈＊〉：↙

5）Enter attribute value specification〈＊〉：↙

6）Select attributes：选择属性 12.5（图 6-56b）

7）Select attributes：↙

8）Enter an option［Value / Position / Height / Angle / Style / Layer / Color / Next］〈N〉：A↙

9）Specify new rotation angle〈180〉：0 ↙图 6-56c

10）Enter an option［Value / Position / Height / Angle / Style / Layer / Color / Next］〈N〉：P↙

11）Specify new text insertion point〈no change〉：指定文字新插入点，图 6-56d。

12）Enter an option［Value / Position / Height / Angle / Style / Layer / Color / Next］〈N〉：V↙

13）Enter type of value modification［Change / Replace］〈R〉：↙

14）Enter new attribute valu：6.5↙

15）Enter an option［Value / Position / Height / Angle / Style / Layer / Color / Next］〈N〉：↙结束命令，完成属性修改。

第六节 文 字 注 写

要使图样能完整地表达设计构思，必须给图样添加文字或字符注释。

一、文字样式设置

文字样式是包含文字各项设置的命名对象。

从 Format 菜单中，选取 Text Style，弹出图 6-57 所示 Text Style 对话框，在

该对话框中进行文字样式设置。

图 6 – 57　Text Style 对话框

1. 给定样式名称（Style Name 区）

单击New，出现对话框（图 6 – 58），其中“Style ×”，是系统预设的样式名称，你可以使用该名称如Style1，也可以改为自己需要的名称，然后按OK，返回图 6 – 57 对话框，从下拉框中选择Style1，再对该样式进行以下设置。

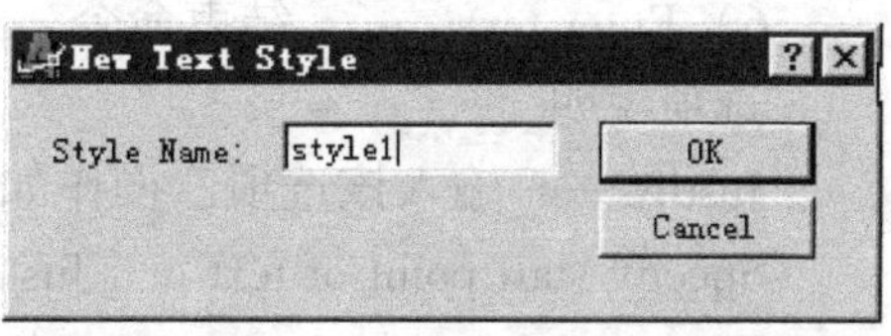

图 6 – 58　New Text Style 对话框

2. 设置字体（Font 区）

从 Font Name 下拉框，选择所需字体（字体名称左侧有 TT 符号的为 Windows 字体，否则为 AutoCAD 的字体），如 Times New Roman。从 Font Style 下拉框，选择字体风格，如标准体、斜体、粗体。在 Height 框中输入字体高度。

激活□Use Big Font 选择大字体。当该项灰显时，表明你选用的字体无该项设定。

3. 设置文字效果（Effects 区）

□Upside down 颠倒

□Backwards 背面

Width Factor 宽/高比

Oblique Angle 斜角

4. 文字效果预览（Preview）

上述设置的效果都可以在 Preview 下的显示框中看到。

完成对 Style1 的设置，按Apply，再按Close，关闭对话框。

5. 文字样式的取消和更名

按 Delect ，将取消下拉框中显示的文字样式。

按 Rename ，可进行文字样式名的更改。

二、单行文字注写（Dtext 命令）

使用该命令一次可注写多行文字，但每行都为单个对象，故称单行文字。单行文字输入与在屏幕上打字完全一样，直观方便。注写如图 6－59 所示文字操作如下：

1）输入命令：Draw－Text▶Singleline Text

2）Current text style："Style1" Text height：2.5

Specify start point of text or［Justify／Style］：指定文字起点

3）Specify height〈3.7500〉：↙

4）Specify rotation angle〈0〉：↙（接受当前值）

5）Enter text：AutoCAD Command↙　输入字符

6）Enter text：↙　结束命令

选项说明

Justify——输入该选项，操作如下：

Specify start point of text or［Justify／Style］：J↙

Enter an option［Align／Fit／Center／Middle／Right／TL／TC／TR／ML／MC／MR／BL／BC／BR］：输入子选项之一

注：也可以在提示 Specify start point of text or［Justify／Style］：下，直接输入子选项。

Align：文字在两定点之间排列，按字符个数自动确定字高。字符越多，字高越小。

Fit：文字在两定点之间，按给定字高排列。文字越多，宽/高比越小。

Center／Middle／Right／TL／TC／TR／ML／MC／MR／BL／BC／BR：各选项基点和对齐式如图 6－60 所示。

AutoCAD Command

图 6－59　单行文字注写（屏幕显示效果）

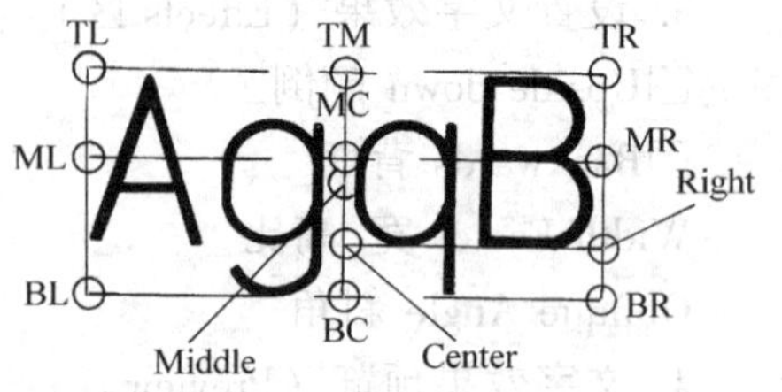

图 6－60　文字对齐点示意图

Style——输入该选项，操作如下：

Specify start point of text or［Justify／Style］：S↙

Enter style name or [?] 〈Style1〉: 键入文字样式名↙

如果接受当前样式 Style1，则直接↙

如果键入?，则显示已有样式，以供选择。

输入选项后，将依次出现命令提示

Specify height 〈3. 7500〉:

Specify rotation angle 〈0〉:

Enter text:

三、多行文字注写（Mtext 命令）

使用该命令可在指定的边界内注写文字，如图 6－61，矩形边界只限制文字行的水平宽度，但不限行数，边界内的多行文字，作为单个对象。以下是多行文字的注写与设置：

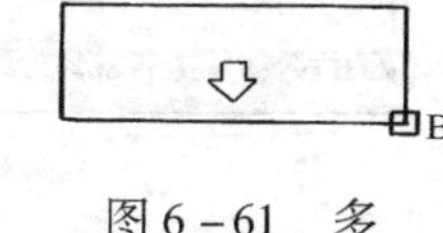

图 6－61 多行文字边界（指定 B 点前）

1）输入命令：①Draw－Text▶Multiline Text ②Draw **A**

Command: _Mtext

Current text style:"Standard" Text height: 2. 5000

2）Specify first corner：指定 A 点

3）Specify opposite corner or [Height / Justify / Line spacing / Rotation / Style / Width]：指定 B 点（或输入选项，进行文字设置后，再指定 B 点）

指定 B 点后，弹出图 6－61 所示多行文字编辑器对话框（Multiline Text Editor），通过该编辑器你可将多行文字注写到由 A，B 点给定宽度的区域内（文字行数不受该区域限制）。如有需要可通过该对话框进行 Height / Justify / Line spacing / Rotation / Style / Width 等项设置。

①Character 标签（图 6－62）

图 6－62 多行文字编辑器 Character 标签

a—选择字体； b—设置字高； c—设置文字颜色；

B—粗体； *I*—斜体； U—文字下加线； ↶—取消最近一次操作；

$\frac{a}{b}$—将选中对象从“a/b”形式转换成“$\frac{a}{b}$”形式；

Symbol —AutoCAD 字体中的特殊字符输入；ImportText... —外部文件插入。

②Properties 标签（图 6－63）

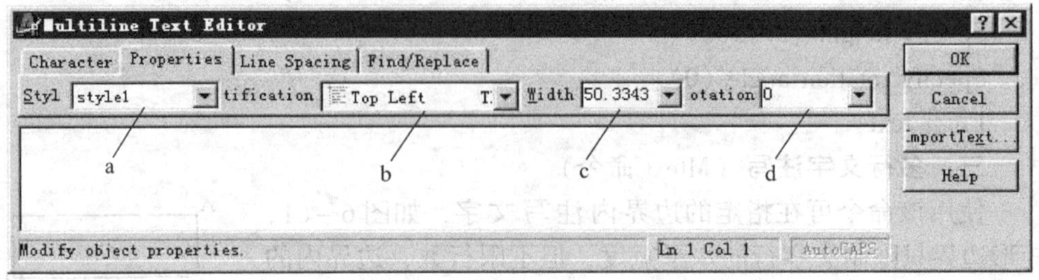

图 6－63　多行文字编辑器 Properties 标签

a—文字选择样式；b—文字对齐方式；c—修改文字行宽；d—文字书写方位。

③Line spacing 标签（图 6－64）

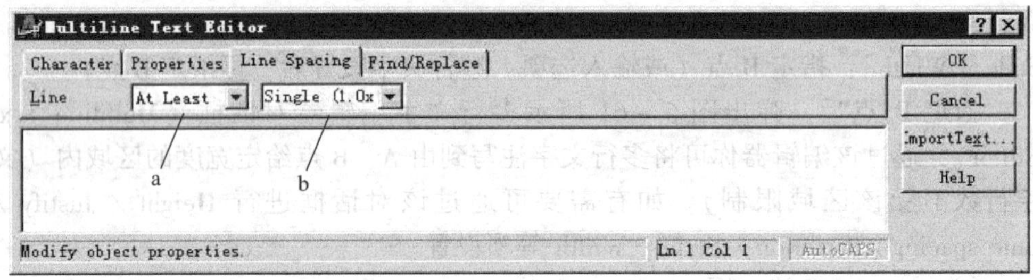

图 6－64　多行文字编辑器 Line spacing 标签

a—设置文字行间距类型：At least 行间距不小于设定值；Exactly 行间距严格等于设定值；b—给定行间距值。

④Find / Replace 标签（图 6－65）

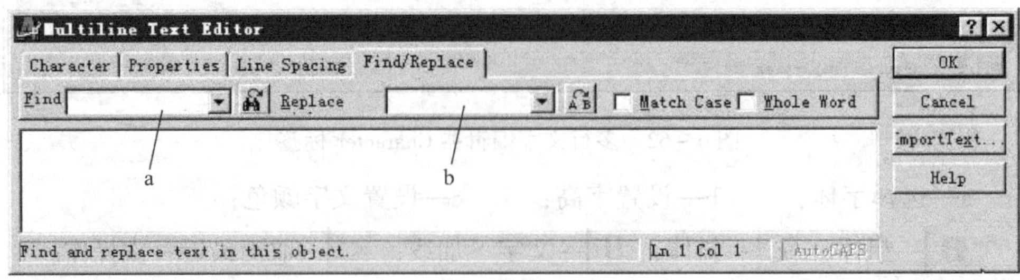

图 6－65　多行文字编辑器 Find/Replace 标签

a—指定要查找需替换的文字，单击，执行查找。

b—指定用于替换的文字，单击，执行替换。

□Match Case 查找时是否区分大小写。激活为区分大小写。

□Whole Word 替换单词还是替换字符。激活为替换单词。

注：A，B 给定的边界，只限制文字或单词，对字符不起作用。

四、特殊字符注写

图样中使用的某些符号在键盘上不能直接找到，这样的符号就要作为特殊字符来处理。AutoCAD2000 字体文件（＊．Shx）和 Windows 字体文件（True Type）的特殊字符输入方法有所不同，分别介绍如下：

1）使用 AutoCAD2000 字体，通过输入控制码来输入特殊字符。

常用控制码与对应特殊字符如下：

控制码　　　　对应字符

%%D ——　　“ °”（度）

%%C ——　　“φ”（直径符号）

%%P ——　　“ ±”

2）使用 Windows 字体，可以用下述方法输入特殊字符：

单击屏幕右下角的键盘语言指示器按钮 En，弹出图 6－66 所示菜单，选择智能 ABC 输入法，出现工具条 标准，鼠标右键单击该工具条上的按钮，弹出图 6－67 所示软键盘菜单，从该菜单中选取具有所需特殊字符的软键盘，如想要输入“Φ”，选取“希腊字母”，显示图 6－68 所示软键盘，鼠标单击该软键盘上的特殊字符 Φ，或敲击键盘上的 V，便可输入字符 Φ，然后单击按钮，关闭软键盘，返回智能 ABC 输入法。

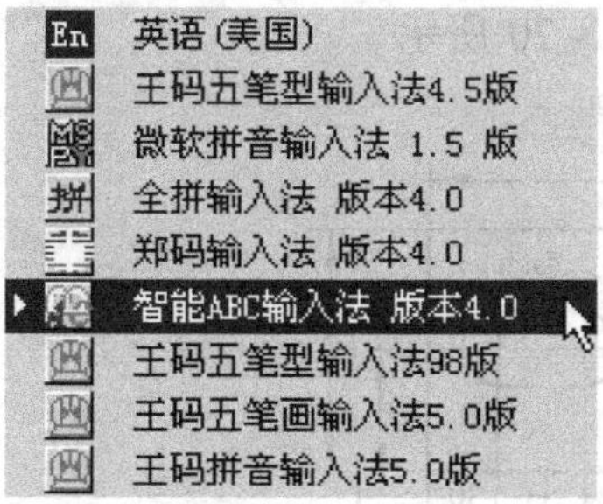

图 6－66　输入法菜单

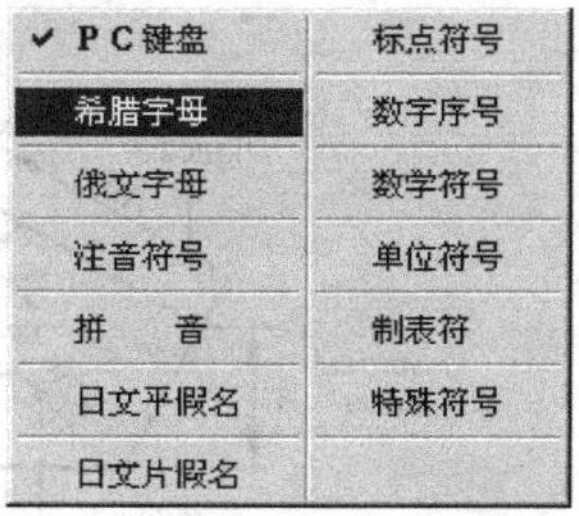

图 6－67　软键盘菜单

图 6－68　希腊文字键盘

五、文字修改

这里的文字修改不包括块的属性文字，而只是由单行和多行文字注写方法输入的文字。文字和图形一样也是 AutoCAD 对象，也可以用对象特性编辑（Properties命令）对话框进行修改，详见对象特性编辑，这里不再赘述。

下面介绍如何使用菜单中的命令（ddedit）修改文字：

输入修改命令：Modify－Text

Select an annotation object or [Undo]：选择要修改的文字（对象）（用拾取框拾取要修改的文字），如果拾取到的是单行文字，弹出图 6－69 所示对话框，修改Text框中的文字，然后按 OK ，即可。如果拾取到的是多行文字，则弹出图 6－62 对话框，修改文字框中的文字即可，详见多行文字注写。

图 6－69　Edit Text 对话框

第七节　尺 寸 标 注

一、概述

AutoCAD 提供的尺寸类型及标注格式如图 6－70 所示。

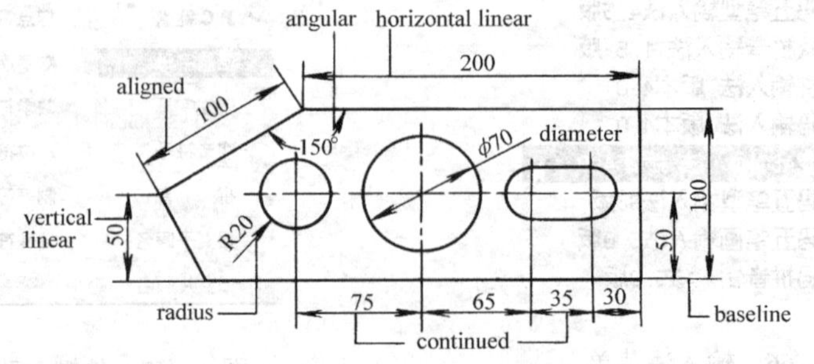

图 6－70　尺寸类型及标注格式

尺寸标注工具条，如图 6－71 所示。

图 6－71　Dimension 工具条

二、线性尺寸（Linear）

如图 6－72 所示，线性尺寸包括三种类型：水平尺寸（Horizontal Linear）表示两点沿 X 方位的直线距离，如图 6－72a；垂直尺寸（Vertical Linear）表示两点沿 Y 方位的直线距离，如图 6－72b；旋转尺寸 表示两点沿指定方位的直线距离，如图 6－72c。

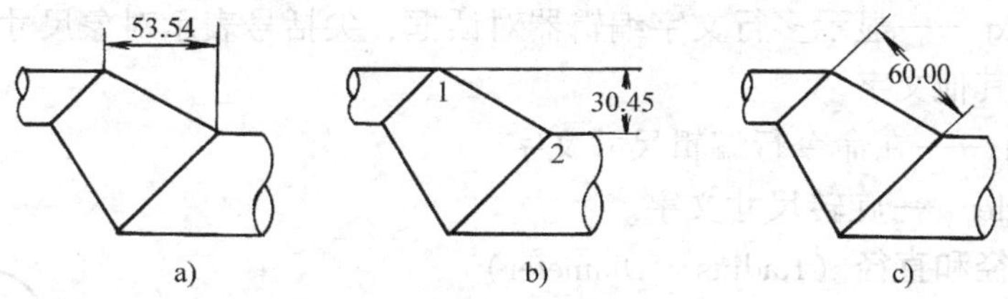

图 6－72　线性尺寸

1. 标注基本操作

1）输入命令 Dimension－Linear

2）Specify first extension line origin or ＜ select object ＞：指定第一尺寸端点 1

3）Specify second extension line origin：指定尺寸第二端点 2

4）Specify dimension line location or［ Mtext / Text / Angle / Horizontal / Vertical /Rotated］：指定一点（确定尺寸线位置）完成标注，命令结束。

2. 选项操作及说明

1）以↙应答第 2）步提示，可直接选择对象进行标注。

2）Mtext——显示多行文字编辑器对话框，尖括号表示对象尺寸，可删除该尺寸，输入其他文字。

3）Text——在命令行编辑尺寸文字。

4）Angle——旋转尺寸文字。

5）Rotated——旋转标注。

6）Horizontal / Vertical——规定水平或垂直标注。

不管采用哪种选项操作，最后都会出现与标注基本操作第 4）步相同的提示。这就是说，必须指定尺寸线位置，才能完成标注，使命令结束。

三、对齐标注（Aligned）

对齐标注表示沿两点直连线方位的尺寸，如图 6－73 所示。

1. 标注基本操作

1）输入命令 Dimension – Aligned

2）Specify first extension line origin or < select object >：指定第一尺寸端点 A

3）Specify second extension line origin：指定第二尺寸端点 B

4）Specify dimension line location or [Mtext / Text / Angle]：指定一点（确定尺寸线位置）完成标注，命令结束。

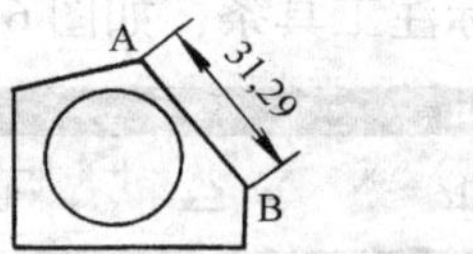

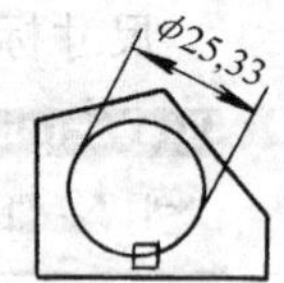

图 6－73 对齐标注

2. 选项操作及说明

1）以↙应答第 2）步提示，可直接选择对象进行标注。

2）Mtext ——显示多行文字编辑器对话框，尖括号表示对象尺寸，可删除该尺寸，输入其他文字。

3）Text ——在命令行编辑尺寸文字。

4）Angle ——旋转尺寸文字。

四、半径和直径（Radius / Diameter）

标注半径和直径的命令虽然不同，但操作过程和选项的作用都是相同的，所以放在一起介绍，如图 6－74 所示。

1. 标注基本操作

1）输入命令 Dimension – Radius 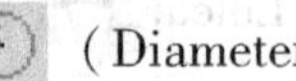（Diameter）

2）Select arc or circle：选择圆弧或圆

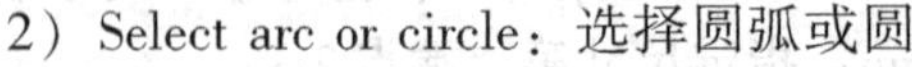

3）Dimension text =

Specify dimension line location or [Mtext / Text / Angle]：指定尺寸线位置

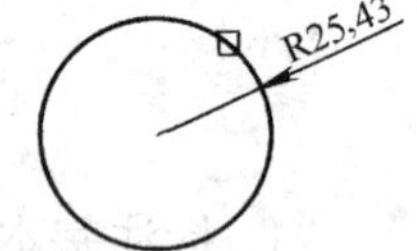

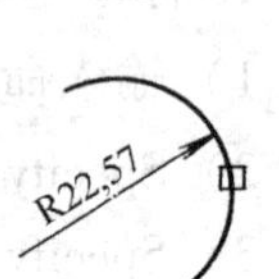

图 6－74 半径标注

2. 选项操作及说明

1）Mtext ——显示多行文字编辑器对话框，尖括号表示对象尺寸，可删除该尺寸，输入其他文字。

2）Text ——在命令行编辑尺寸文字。

3）Angle ——旋转尺寸文字。

五、角度尺寸（Angular）

1. 标注基本操作

1）输入命令：Dimension – Angular

2）Select arc，circle，line，or <specify vertex>：选择一个边 1

3）Select second line：选择另一个边 2 如图 6－75c

4）Specify dimension arc line location or [Mtext / Text / Angle]：指定（弧形）

尺寸线位置　完成标注，命令结束。

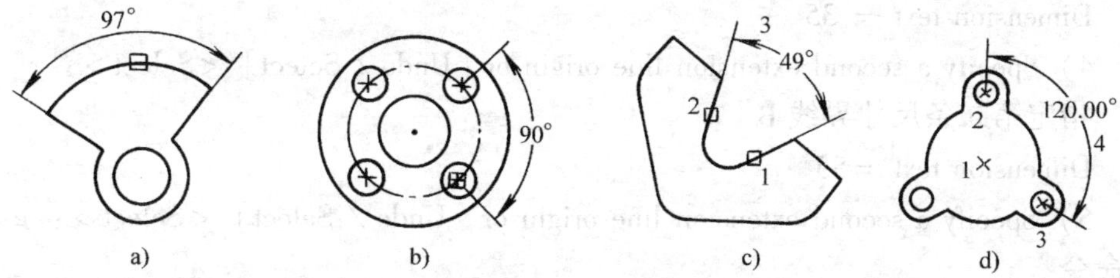

图 6－75　角度标注

a）选择 arc　b）选择 circle　c）选择 line　d）选择 vertex

2. 选项操作及说明

1）在第 2）步提示时，如果选择圆弧，则会标注出该圆弧对应的圆心角，如图 6－75a 所示；如果选择圆，则会标注出圆上指定圆弧对应的圆心角如图 6－75b所示；如果以↙应答，则指定角顶点及两条边上各一点，标注角度，如图 6－75d。

2）Mtext ——显示多行文字编辑器对话框，尖括号表示对象尺寸，可删除该尺寸，输入其他文字。

3）Text ——在命令行编辑尺寸文字。

4）Angle ——旋转尺寸文字。

六、基线标注和连续标注

基线标注以基础尺寸的第一条尺寸界线为基准线，标注其他尺寸如图 6－76a、b。

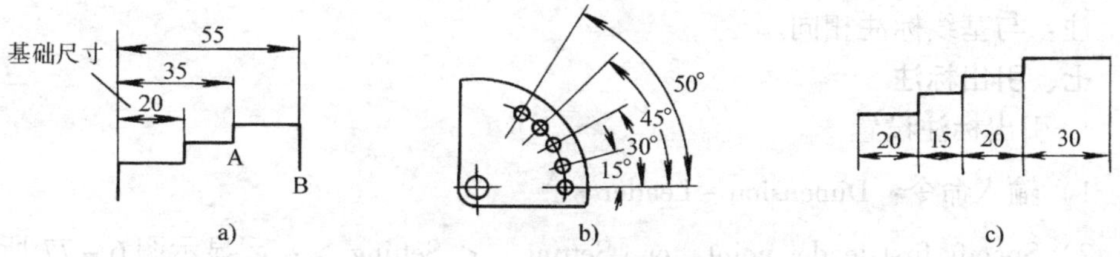

图 6－76　基线和连续标注

a）基线标注　b）角度尺寸基线标注　c）连续标注

连续标注从基础（第一个）尺寸的第二条尺寸界线开始标注第二个尺寸，以后从前一个尺寸的第二条尺寸线开始标注后一个尺寸，依此类推，如图 6－76c。

通常要先标出线性尺寸（Linear）、角度尺寸（Angular）作为基础尺寸。

1. 基线标注（Baseline）

1）标注基础尺寸（标注线性尺寸 20）

2）输入基线标注命令：Dimension－Baseline

3）Specify a second extension line origin or［Undo / Select］<Select>:

指定第二条尺寸界线 A

Dimension text = 35

4）Specify a second extension line origin or [Undo / Select] <Select>：

指定第二条尺寸界线 B

Dimension text =55

5）Specify a second extension line origin or [Undo / Select] <Select>：↙结束命令

注：如果不结束命令，与第5）步同样的提示将反复出现，按提示操作，可标出任意多个尺寸；Undo 选项为放弃前一标注；以↙应答第3）步提示，即接受 Select 选项，接着出现命令提示 Select base dimension ，光标变成拾取框，应答该提示后才会出现第4）步提示。

2. 连续标注（Continue）

1）标注基础尺寸，如图 6－76c 所示。

2）输入连续标注命令：Dimension－Continue

3）Specify a second extension line origin or [Undo / Select] <Select>：

指定第二条尺寸界线

4）Specify a second extension line origin or [Undo / Select] <Select>：

指定第二条尺寸界线

5）Specify a second extension line origin or [Undo / Select] <Select>：↙结束命令

注：与基线标注相同。

七、引出标注

1. 引出标注设置

1）输入命令：Dimension－Leader

2）Specify first leader point，or [Setting] < Setting >：↙显示图 6－77 所示对话框，选择下列标签，对需要的项目进行引出设置：

①Annotation 标签（图 6－77）

● Annotation Type（注释类型）

Mtext——多行文字

Copy an object——拷贝对象

Tolerance——形位公差

Block Reference——图块属性

None——无注释

● Mtext options（多行文字选项）

Leader Settings

Annotation | Leader Line & A... | Attachment

Annotation Type
MText
Copy an Object
Tolerance
Block Reference
None

MText options:
Prompt for width
Always left justify
Frame text

Annotation Reuse
None
Reuse Next
Reuse Current

OK | Cancel | Help

图 6－77　Leader Setting（Annotation）对话框

Prompt for width——提示行宽

Always left justify——始终左对齐

Frame text——文字带框

● Annotation Reuse（注释是否重复使用）

None——不重复

Reuse Next——在下次标注时重复使用注释

Reuse Current——在当前标注中重复使用注释

②Leader line & Arrow 标签（图 6－78）

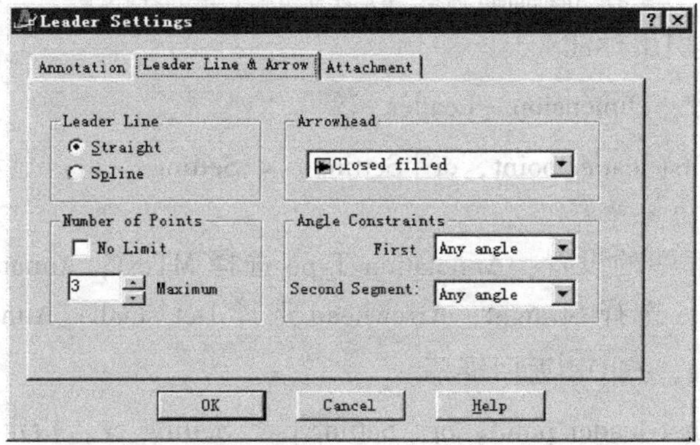

图 6－78　Leader line & Arrow 标签

● Leader Line（引线）

Straight——指引线为直线

Spline——指引线为曲线

● Arrowhead

在下拉框中选择指引线箭头形状

● Number of point

设置引线段数

● Angle Constraints

设置指引线限制角

③Attachment 标签 （图 6－79a）

使用该标签设置注释相对于指引线的位置，如图 6－79b 所示。

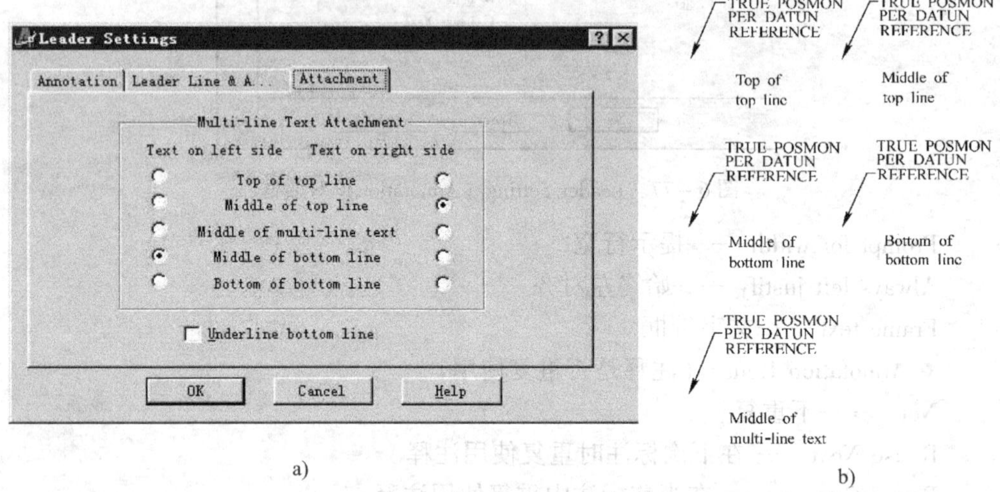

a)　　b)

图 6－79　设置注释相对于指引线

a）Attachment 标签　b）注释相对于指引线的位置

2. 文字注释引出标注

1）输入命令：Dimension－Leader

2）Specify first leader point，or［Setting］＜Setting＞：↙显示 Leader Settings 对话框

3）在对话框中的设置：Annotation Type 选择 MText；Annotation Reuse 选择 None；Leader Line 选择 Straight；Arrowhead 选择 Dot small；Attachment 选择 Underline bottom line，按 OK 返回屏幕。

4）Specify first leader point，or［Setting］＜Setting＞：指定指引线第一点 1

5）Specify next point：指定下一点 2

6）Specify next point：↙结束指定指引线

7）Enter first line of annotation text ＜Mtext＞：↙显示多行文字编辑器对话框

8）在该对框中输入注释文字，按 OK，结束标注，如图 6－80b 所示。

3. 形位公差引出标注

1）输入命令：Dimension－Leader

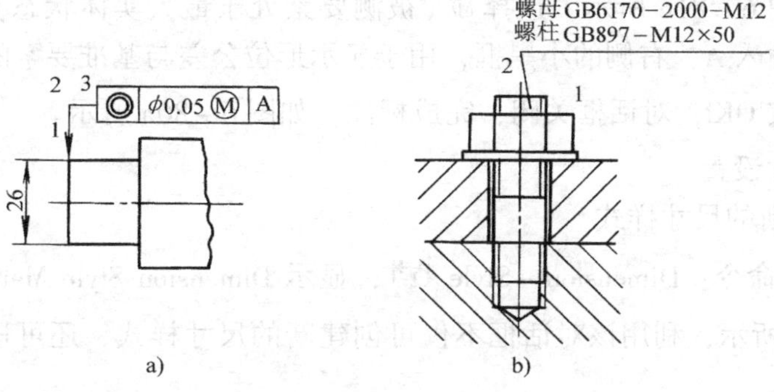

图 6-80　引出标注

a）形位公差引出标注　b）注释引出标注

2）Specify first leader point，or［Setting］< Setting >：↙显示 Leader Settings 对话框

3）在对话框中的设置：Annotation Type 选择 Tolerance；Annotation Reuse 选择 None；Leader Line 选择 Straight；Arrowhead 选择 Closed fiiled，按 OK，返回屏幕。

4）Specify first leader point，or［Setting］< Setting >：指定指引线第一点 1

5）Specify next point：指定指引线下一点 2

6）Specify next point：指定指引线下一点 3，如图 6-80a 所示。

7）Specify next point：↙结束指定指引线

显示 Geometric Tolerance 对话框，如图 6-81a 所示。

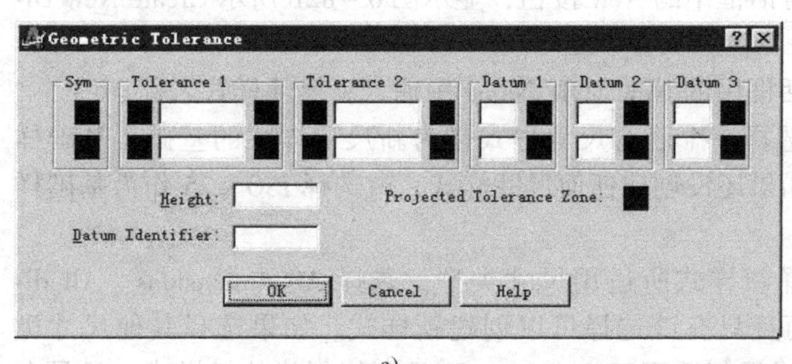

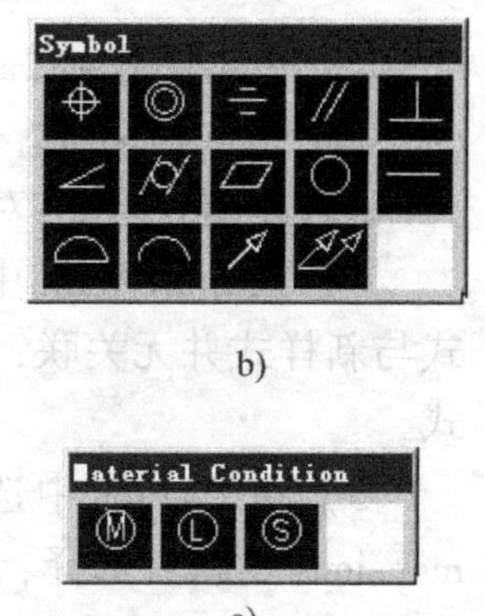

图 6-81　形位公差标注

a）Geometric Tolerance 对话框　b）Symbol 选择框　c）Material Condition 选择框

8）在该对话框中，单击 Sym（符号）下的第一个小黑框，显示 Symbol 选择框，如图 6-81b 所示，选择◎（同轴度）；在 Tolerance1 下面，单击左侧小黑框，显示 ϕ，在白框中输入数字 0.05，单击右侧小黑框，显示 Material condition

选择框，如图 6－81c 所示，选择Ⓜ（被测要素处于最大实体状态）；在 Datum1 下的白框中输入 A，右侧的小黑框，用于显示形位公差与基准要素的尺寸公差相关的符号；按 OK ，对话框关闭，完成标注。如图 6－80a 所示。

八、尺寸设置

1. 创建新的尺寸样式

1）输入命令：Dimension－Style ，显示 Dimension Style Manager 对话框，如图 6－82a 所示，利用该对话框不仅可创建新的尺寸样式，还可进行尺寸样式管理。

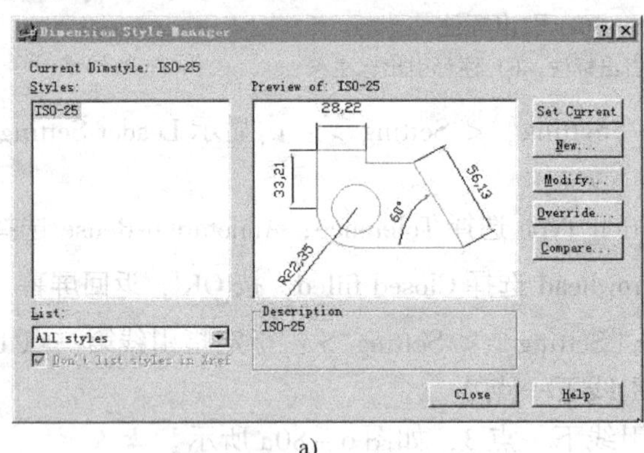

a)

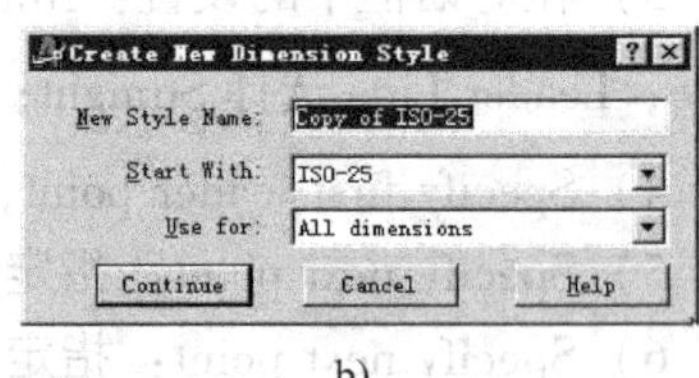

b)

图 6－82 创建新尺寸样式

a）Dimension Style Manager 对话框 b）Create New Dimension Style

2）单击图 6－82a 对话框中的 New 按钮，显示图 6－82b 所示 Create New Dimension Style 对话框。

3）在图 6－82b 对话框中的 New Style Name 中输入新尺寸样式名称。

4）在 Start With 中选择一个已有尺寸样式作为新尺寸样式的基础。基础样式与新样式并无关联，如果还没创建任何尺寸样式，就选择 ISO－25 作为基础样式。

5）在 Use for 中选择新样式所适用尺寸类型，选择 All dimensions。All dimensions 为缺省选择，而且只有该选择可以创建新样式。如果选择其他尺寸类型，如 Angular，表示新设置仅适用于 Angular，而且不能创建的新样式，只是在基础样式下添加子样式。

6）选择 Continue。显示图 6－83 所示 Modify Dimension Style （Lines and Arrows）对话框。

7）在该对话框中，选择下列标签进行新样式的各项目设置：

①Lines and Arrows 标签

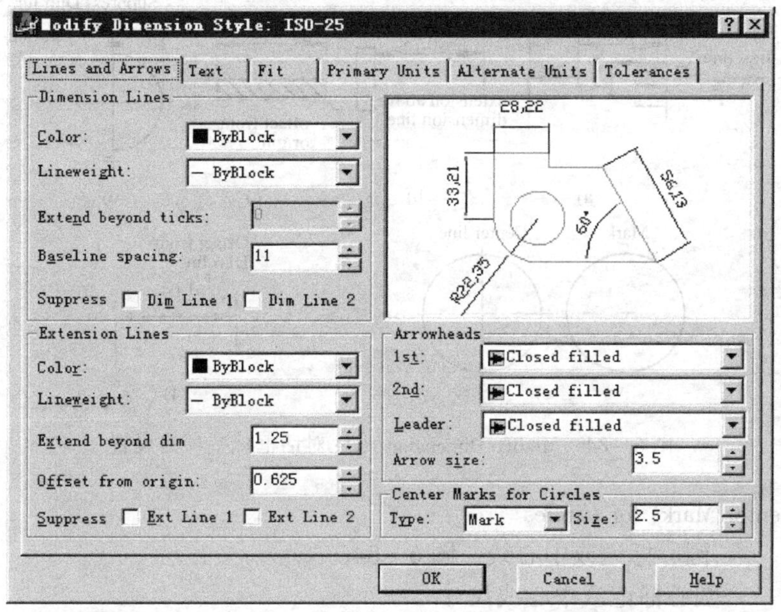

图 6－83　Modify Dimension Style 对话框

● Dimension lines（尺寸线）

Color ——尺寸线颜色

Lineweight ——尺寸线宽

Baseline spacing ——基线标注时的尺寸线间的距离，图 6－84a

Suppress　☐ Dim Line 1 ——是否隐藏第一端尺寸线

☐ Dim Line 2 ——是否隐藏第二端尺寸线，图 6－84d

● Extension Lines（尺寸界线）

Color ——尺寸界线颜色

Lineweight ——尺寸界线宽

Extend beyond dim ——尺寸界线超过尺寸线的长度，图 6－84b

Offset from origin ——尺寸界线起点与标注点间的偏移距离，图 6－84c

Suppress　☐ Ext Line 1 ——是否隐藏第一尺寸界线

☐ Ext Line 2 ——是否隐藏第二尺寸界线，图 6－84d

● Arrowheads

1st ——第一端箭头形状

2nd ——第二端箭头形状

Leader ——指引线箭头形状

Arrow size ——箭头尺寸

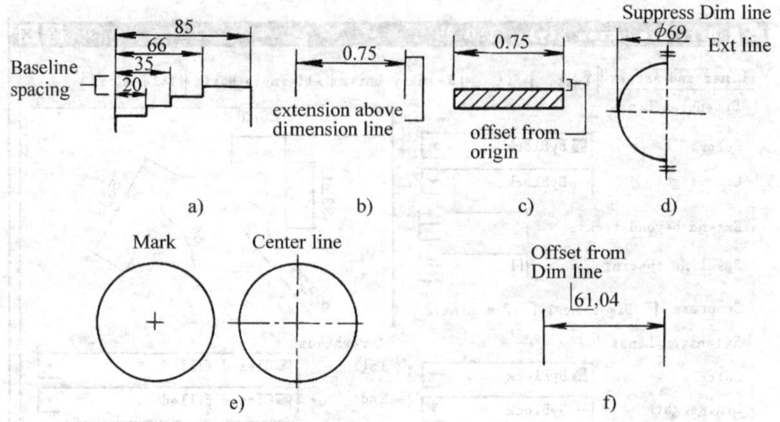

图 6－84　Modify Dimension style 对话框标签项目设置

● Center Marks for Circles

Type ——圆心标记或中心线，图 6－84e

Size ——圆心标记或中心线尺寸

②Text 标签

● Text Appearance

Text style ——文字样式

Text color ——文字颜色

Text height ——文字高度

Fraction height scale ——分数高度比例

□ Draw frame around text ——是否给文字加框

● Text placement

Vertical ——文字在垂直于尺寸线方向的位置（常选 Above）

Horizontal ——文字沿尺寸线方向位置（常选 Centered）

Offset from dim line ——文字与尺寸线间的距离，图 6－84f

● Text Alignment

○ Horizontal ——文字始终沿水平方位排列

○ Aligned with dimension line ——文字沿尺寸线方位排列

○ ISO Standard ——文字按 ISO 标准排列

③Fit 标签

● Fit options

当文字和箭头在尺寸界线之间放不下时，选择按以下方式安排文字或箭头：

○ Either the text or the arrows，whichever fit best ——将其中之一以最佳方式放到尺寸界线以外，或都放到尺寸界线外。

○ Arrows ——优先将箭头放到尺寸界线外（图 6－85c），或都放到尺寸界线外。

○ Text ——优先将文字放到尺寸界线外（图 6－85b），或都放到尺寸界线外。

○ Both text and arrows ——箭头和文字都放到尺寸界线外（图 6－85d）。

○ Always keep text between ext line ——始终将文字放在尺寸界线之间。

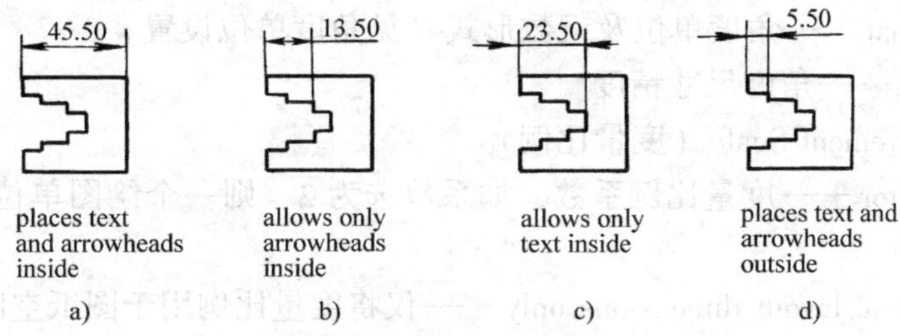

图 6－85　文字和箭头的放置位置调整方式

□ Suppress arrows if they don't fit the extension lines ——当尺寸界线间放不下箭头时，是否隐藏箭头。

● Text Placemen When text is not in the default（当尺寸界线间放不下文字时，文字的配置形式）

○ Beside the dimension line ——文字在尺寸线旁边，如 5,3

○ Over the dimension line, with a leader ——文字引出配置，如 5,3

○ Over the dimension line, without a leader ——文字配置在尺寸线上方，如 5,3

● Scale for Dimension Features（尺寸特征比例）

○ Use overall scale of ——尺寸特征总体比例

○ Scale dimensions to layout（paperspace） ——使用图纸空间尺寸特征比例

● Fine tuning（微调）

□ Place text manually when dimensioning ——是否在标注时，手动安排尺寸文字位置

□ Always draw dim line between ext lines ——是否总要画出尺寸线

④Primary Units 标签

● Linear Dimensions

Unit format ——长度单位及记数形式（见长度单位设置）

Precision——长度尺寸精度

Fraction format——分数书写格式

Decimal——小数点样式

Round off——数字圆整方式

Prefix——文字前缀

Suffix——文字后缀

● Angular

Unit format——角度单位及记数形式（见角度单位设置）

Precision——角度尺寸精度

● Measurement Scale（度量比例）

Scale factor——度量比例系数，如系数选为 2，则一个绘图单位的尺寸数值就为 2。

□ Apply to layout dimensions only——仅将度量比例用于图纸空间

● Zero Suppression（是否隐藏小数点前后的“0”）

□ Leading——是否隐藏小数点前的“0”

□ Trailing——是否隐藏小数点后的“0”

⑤Alternate Units 标签（双单位标注）

采用公制单位绘图，用不上该标签设置。

⑥Tolerances 标签

● Tolerance Format

Method——选择尺寸公差形式如图 6－86 所示

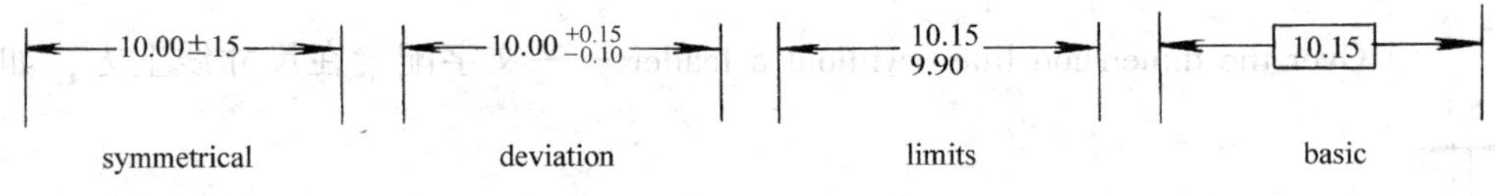

图 6－86　尺寸公差的形式选择

Precision——公差数值精度

Upper value——上偏差

Lower value——下偏差

Scaling for height——文字相对高度

● Zero Suppression

□ Leading——是否隐藏小数点前的“0”

□ Trailing——是否隐藏小数点后的“0”

● Alternate Unit Tolerance　一般不用双单位标注，因此，该区一般不用。

8）完成设置后，单击OK，返回 Dimension Style Manager 对话框，再单击Close，关闭对话框。

九、尺寸样式管理

从 Dimension 菜单中，选择 Style，或单击 ，打开图 6－82a 所示 Dimension Style Manager 对话框，利用该对话框，可以对标注进行以下方面的管理：

1．选用尺寸样式

在 Styles 下的列表中，选取一个样式名，按Set Current键，使该样式成为当前样式，图样中标出的尺寸具有当前样式设置的特性和外观。

2．修改尺寸样式

在 Styles 下的列表中，选取一个样式名，按Modify键，弹出图 6－83 所示 Modify Dimension Style 对话框，按前述方法选择所需标签，修改有关项目参数，然后按OK，就完成了对选择的样式的修改，并返回 Dimension Style Manager 对话框，再按Close关闭对话框。

在选择一个样式后，按Override或Compare...键，分别用于尺寸样式覆盖和两尺寸样式比较，读者可以通过“帮助“了解其功用。

十、编辑已标注尺寸

1．利用对象特性编辑器编辑已标注尺寸

单击 Standard 工具条上的 按钮，打开对象特性编辑器对话框如图 6－49 所示，选择需要编辑的尺寸（也可在单击 之前选择需要编辑的尺寸），按第五节中介绍的方法进行编辑操作，修改尺寸外观或文字。

2．利用多行文字编辑器修改尺寸文字

输入修改命令：Modify－Text

Select an annotation object or [Undo]：拾取尺寸文字

显示多行文字编辑器对话框，在该对话框中修改尺寸文字内容及特性（输入框中的尖括号代表尺寸文字），然后按OK，返回屏幕。

Select an annotation object or [Undo]：↙结束命令

如果还需修改文字，就不回车（↙），而继续选择要修改的文字。

3．利用 Dimension 工具条编辑尺寸

单击 Dimension

Enter type of dimension editing [Home / New / Rotate / Oblique]：<Home>：输入选项

选项说明

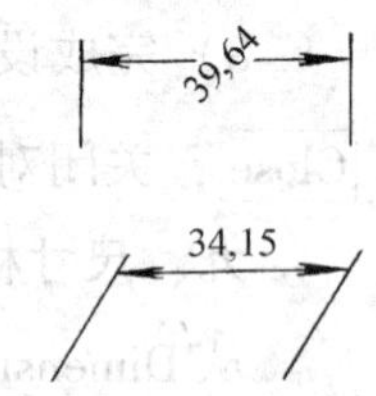

Home ——回到当前尺寸样式给定的文字位置

New ——显示多行文字编辑器，修改尺寸文字

Rotate ——使尺寸文字旋转给定的角度，如文字旋转 45°

Oblique ——使尺寸界线倾斜给定角度，如倾斜 60°

第八节　图 形 输 出

一、概述

1. 模型空间（Model）与布局（Layout）

AutoCAD2000 启动后，将自动带你进入绘图窗口，该窗口中的绘图区就是模型空间。它是一个三维绘图环境，大多数的二维和三维设计模型（图形）都将在模型空间中创建。图纸空间（Paper）是一个二维空间，可以想象为无限大的图纸。在一个 AutoCAD2000 图形文件中，可以建立多个图纸空间配置。一个图纸空间配置称为一个布局，每个布局代表打印输出的一页图纸，页面设置是随布局一起保存的打印设置。一个图形文件可能需要打印多页图纸，也就需要多个布局，每创建一个布局，在绘图区底部就会添加一个标签，使用布局标签和模型标签便可以实现模型空间与布局或布局之间的转换。

2. 视口的概念

视口指屏幕上显示一个图形（文件）的区域，在缺省绘图环境下，整个绘图区即为单个视口，但 AutoCAD2000 提供的多视口功能，可以将模型空间的绘图区分割成不能重叠的多个视口，称为平铺视口，各平铺视口仍为模型空间环境，它能以不同比例显示同一个图形（文件），或一个图形的不同视图。可以选择在任一视口中编辑图形，该视口称为当前视口，但各视口不能同时进行工作。用鼠标在视口内点一下，该视口就成为当前视口，并以粗边界标明。

在一个布局上也可以创建多个视口，称为浮动视口，它们可以重叠，可以设置成不同形状，可以作为编辑对象被编辑（如平移，擦除，拉伸，等），使用浮动视口，可以实现图形的自由分割和布置，从而满足打印的要求。用鼠标在任一浮动视口内双击，就可将该视口转换到模型空间，这样就可在该视口内编辑图形。

3. 出图过程

获得真正的图纸，通常经历以下过程：

1）使用 Model 标签，在模型空间创建图形文件

2）转换到布局标签，在图纸空间使用视口，完成图纸的最终布置

3）在 Page Setup 对话框中完成页面设置，如指定打印设备，纸张尺寸和打

印方位

4）如果想获得特定的打印效果，可选择设置打印样式

5）打印出图

二、设置浮动视口

操作过程：

Command：MVIEW↙

Specify corner of viewport or [ON / OFF / Fit / Hideplot / Lock / Object / Polygonal / Restore / 2 / 3 / 4]〈 Fit 〉：选择以下应答之一

Specify corner of viewport ——指定两对角点设定矩形视口

ON / OFF ——打开或关闭被选择的视口

Fit ——使被选择的视口充满整个绘图区

Hideplot ——使指定的视口消隐

Lock ——锁定被选择的视口

Object ——将指定的单一封闭对象转换成一个视口，如多义线，圆，椭圆，样条曲线，区域

Polygonal ——创建一个多边形视口

Restore ——调用在模型空间创建保存的视口

2 / 3 / 4 ——该三个选项分别将绘图区分割为2，3，4 个视口

三、页面设置

1）单击 Layout 标签，进入图纸空间，再用鼠标右键单击 Layout 标签，显示图 6 – 87 所示快捷菜单，从中选择 Page Setup 选项，弹出图 6 – 88 所示 PageSetup 对话框。

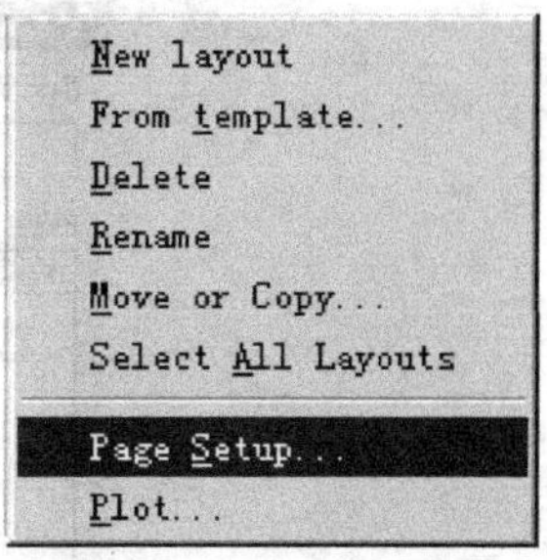

图 6 – 87　快捷菜单

2）在 Layout name 框中输入布局名称（如 A4，删除默认的 Layout1）。

3）单击右上角的 Add... 按钮，弹出图 6 – 89 所示 User Defined Page Setups 对话框，在 New page setup name：下输入当前设置的页面名字（如 123），按 OK，返回图 6 – 88 对话框。

如果不需保存页面设置，可以不进行 2）、3）步操作。

4）在图 6 – 88 对话框中，选择 Plotter Device 标签，在该标签上指定打印设备和选择打印样式：

①Plotter configuration 区

Name 下拉框——选择打印设备（一般选用系统打印机）

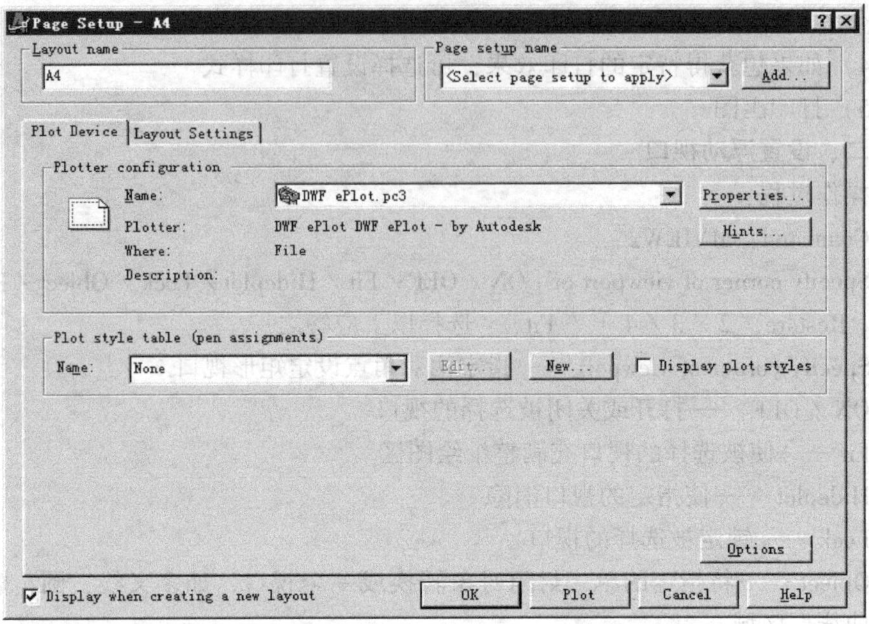

图 6－88　页面设置（Page Setup）对话框

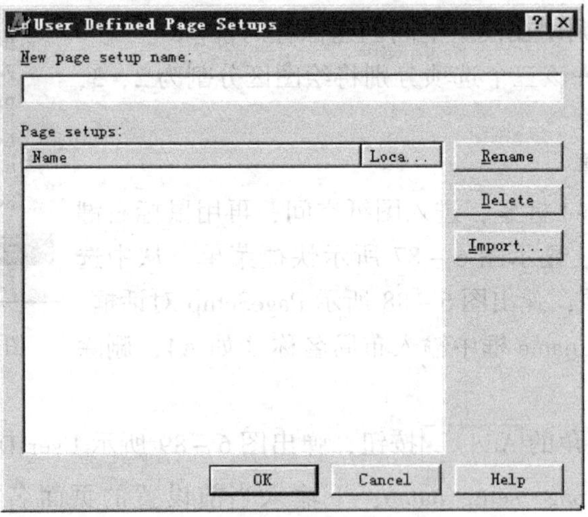

图 6－89　页面定义对话框

Properties——单击该钮，用于查看或修改打印机的配置信息

Hints...——单击该钮，查看与打印有关的信息

②Plot style table（pen assignments）区

Name 下拉框——为页面指定打印样式表，如果对打印风格无特定要求，选择 None。

（打印机械图样一般不用以下按钮）

Edit... ——单击该钮，查看或修改打印样式

New... ——单击该钮，添加新打印样式

Options... ——单击该钮，显示 Options 对话框，选择打印样式表类型

5）选择 Layout Setting 标签，如图 6－90 所示对话框，在该标签卡上进行以下设置：

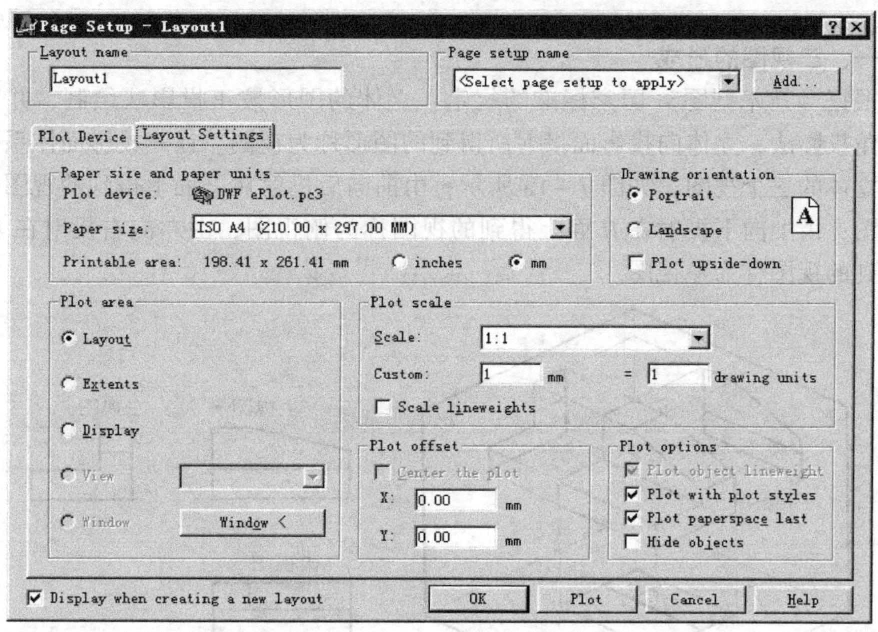

图 6－90　Layout Setting 对话框

①Paper size and paper units 区

Paper size 下拉框——选择图纸规格尺寸

②Drawing orientation 区

○ Portrait —— 图纸竖放

○ Landscape ——图纸横放

□ Plot upside－down ——控制图形打印方向

③Plot scale 区

Scale 下拉框——用于选择图形输出比例（标准比例值）

Custom 和 drawing units ——用于指定图形输出比例（任意比例值）

完成上述设置后，单击 File 菜单，在菜单中选择 Plot...（或在 Standard 工具条上单击 🖨），便可以打印图样。

第七章　组合体的视图及尺寸标注

第一节　三视图及其投影规律

一、三视图的形成

根据《技术制图》国家标准的规定：立体的图形按正投影法绘制，并采用第一角投影法，立体向投影面投射所得到的图形称为视图。在三投影面体系中可得到立体的三个视图，如图 7－1a 所示；由前向后投射在 V 面上得到的视图称为主视图；由上向下投射在 H 面上得到的视图称为俯视图；由左向右投射在 W 面上得到的视图称为左视图。

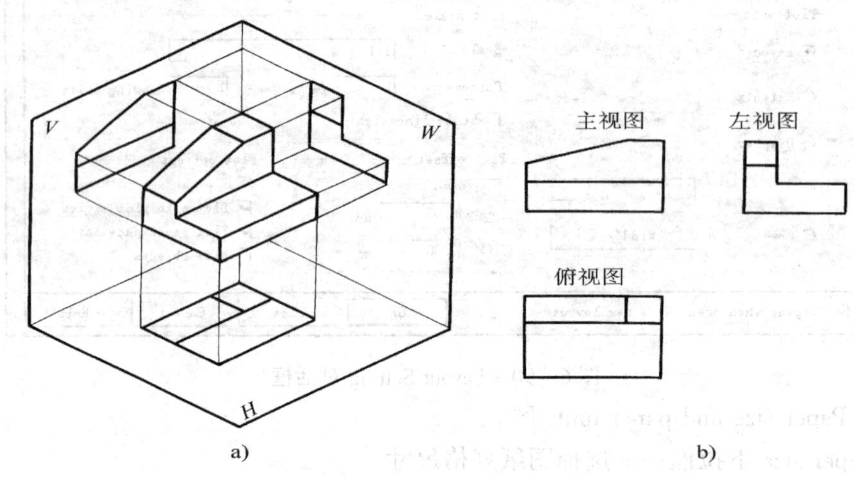

图 7－1　三视图的形成

二、三视图的投影规律

将三投影面体系按规定展开摊平，即正面保持不动，水平面向下旋转 90°，侧面向后旋转 90°，得到立体的三视图，如图 7－1b 所示。这三个视图是同一立体的不同方向的投影图，其中主视图反映立体的长和高，俯视图反映立体的长和宽，左视图反映立体的宽和高。在投影过程中，立体的大小及相对于投影体系的位置都不变，因此三个视图之间存在如下的投影规律：

主、俯视图——长对正，主、左视图——高平齐，俯、左视图——宽相等。

三视图之间的投影规律是绘图和读图必须遵循的最基本的投影规律，不仅整个立体的投影要符合此规律，而且立体的任一局部结构的投影也必须遵循此规律，该规律又简称“三等”对应关系。

由于工程上实际使用的图样都不画投影轴及作图线，从本章起完全取消投影轴及作图线，三视图之间的距离可根据需要（如标注尺寸）而定，但三个视图之间仍须保持“三等”对应关系。

第二节　组合体的视图及其画法

一、组合体的组成分析

1. 组合体及组合方式

任何复杂的立体，分析其形体，都可以看成是由一些基本形体（平面立体和曲面立体）组合而成。通常把由若干个基本形体按一定方式组合而成的立体称为组合体。

组合体常见的组合方式有两种：叠加和挖切，如图 7－2 所示。复杂立体是这两种方式的综合，如图 7－2c 所示。

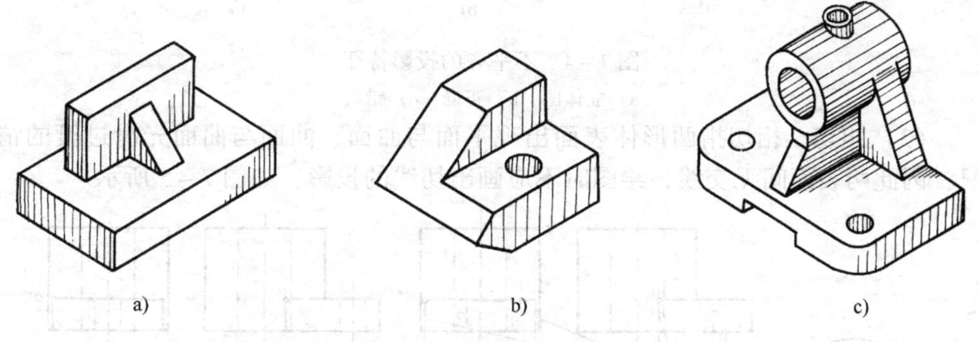

图 7－2　组合体的组合形式

a）叠加　b）挖切　c）综合

2. 组合体中相邻形体表面之间的过渡关系及其投影特征

组合体中各形体之间表面过渡可分为四种：平齐、不平齐、相切和相交。掌握各种表面之间过渡关系的投影特征是正确绘制和阅读组合体视图的保证。下面对其投影特征逐一进行讨论。

（1）平齐　平齐是指两形体的某一表面处于同一平面内，因此两平面间不存在分界线，绘图时不应画出分界线的投影。如图 7－3a 所示，*A* 面与 *B* 面平齐，绘图时 *A*、*B* 面之间无分界线 1′2′，如图 7－3b 所示。

（2）不平齐　不平齐指两形体的某表面不在一平面内，因此两表面间必然存在分界线或有相互错开关系。如图 7－4a 所示，*A*、*B* 两平面不平齐，两表面前后错开，绘图时在主视图中应画出分界线 1′2′，如图 7－4b 所示。

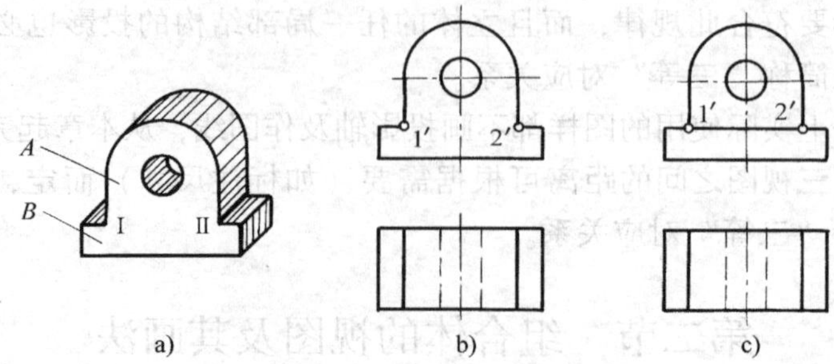

图 7－3　平齐的投影特征

a）立体图　b）正确　c）错误

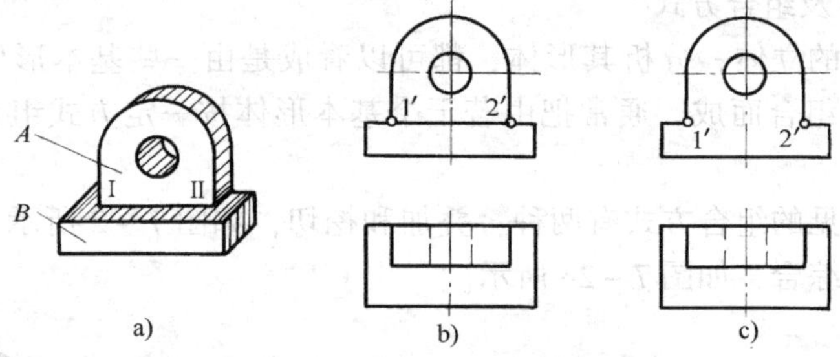

图 7－4　不平齐的投影特征

a）立体图　b）正确　c）错误

（3）相切　相切指两形体表面出现平面与曲面、曲面与曲面光滑过渡的情况，因此两表面间无交线，绘图时不应画出切线的投影，如图 7－5 所示。

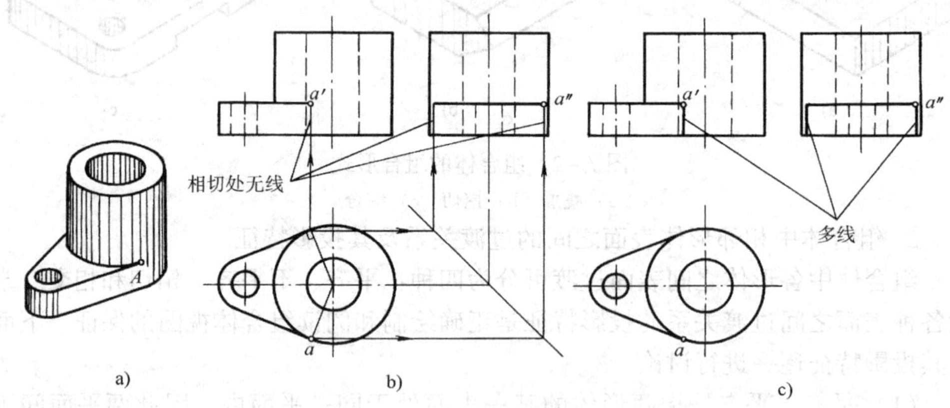

图 7－5　相切的投影特征

a）立体图　b）正确　c）错误

（4）相交　相交指两形体的表面相交，在相交处必有交线（截交线、相贯线）产生，绘图时应画出交线的投影，作图的方法如第四章所述。在图 7－6 中应作出截交线和相贯线的投影。

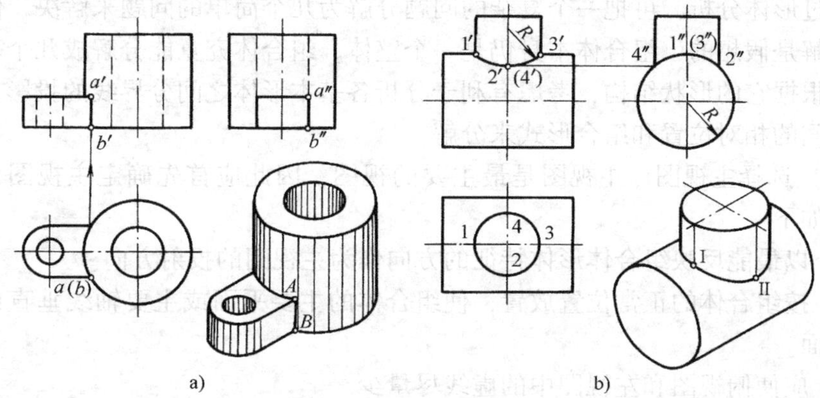

图 7－6　相交的投影特征

a）截交线　b）相贯线

在组合体中，对直径相差较大且轴线垂直相交的两圆柱表面的相贯线的投影，允许作出特殊点的投影 1′、2′、3′，然后光滑连接或用圆弧代替，如图 7－6b 所示。应当注意：**相贯线的圆弧是向大圆柱的轴线弯曲的**。

二、组合体视图的画法

1. 组合体视图的画图方法和步骤

（1）形体分析　画组合体的视图简称为绘图。阅读组合体的视图简称为读图。形体分析法是绘图、读图和标注尺寸所采用的主要分析方法。假想把组合体分解为若干个简单的基本形体，并分析它们之间的相对位置及组合形式、表面之间的关系，这种认识组合体的方法称为形体分析法。如图 7－7a 所示的支架，可用形体分析假想分解为 5 个部分：直立空心圆柱、底板、肋板、水平空心圆柱。肋板与底板是叠加组合；底板、直立空心圆柱和水平空心圆柱本身是挖切组合；底板的底面与直立空心圆柱的底面平齐，底板的前后两面与直立空心圆柱的外表面相切；肋板的前后两面与直立空心圆柱的外表面相交；水平空心圆柱与直立空心圆柱内外表面相交，两孔相通。

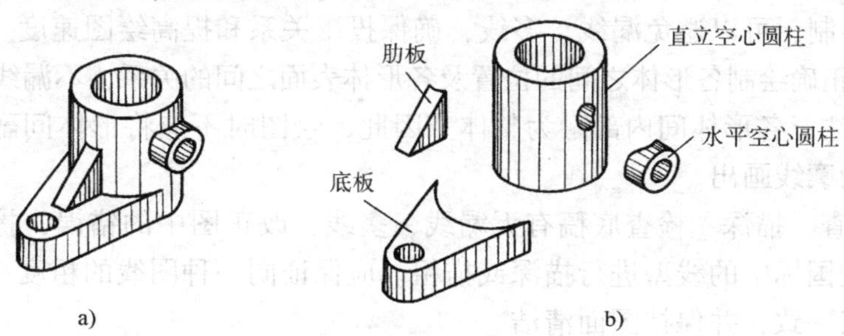

图 7－7　支架的形体分析

通过形体分析，可把一个复杂的问题分解为几个简单的问题来解决。但应注意，分解是假想的，组合体本身仍是一个整体。组合体究竟能分解成几个基本形体，应根据它的形状结构，考虑有利于分析各基本形体之间分界线的投影，以及它们之间的相对位置和组合形式来分解。

（2）选择主视图　主视图是最主要的视图，因此应首先确定主视图，其选择原则如下：

1）以最能反映组合体形体特征的方向作为主视图的投射方向。

2）按组合体的正常位置放置，使组合体的主要平面或主要轴线垂直或平行于投影面。

3）应使俯视图和左视图中的虚线尽量少。

（3）选择比例和图幅、布置视图　视图选择好后，根据实物的大小和其形体的复杂程度，按制图标准确定比例和图幅。比例应优先考虑1:1。然后，布置视图，力求使各视图均匀布置，确定方法如下：

如图7－8所示，设组合体的长、宽、高分别为l、b、h，图幅的长、宽分别为L、B，画图比例为1:1，要使长度方向两视图均匀分布，即长度方向的三处空档应基本一致为$(L-l-b)/3$。同理，垂直方向的三处空档为$(B-h-b)/3$。考虑是否标注尺寸，再适当调整空档的长度。视图位置确定后，画出对称中心线、轴线和定位线。

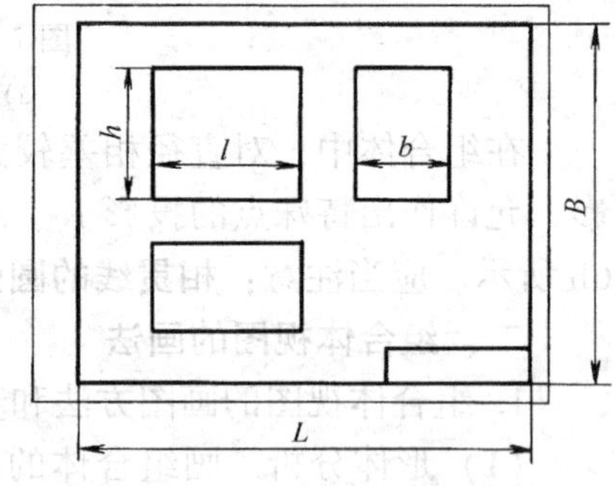

图7－8　视图的布置

（4）绘制底稿　底稿用细实线绘制，应注意：

1）按形体分析，逐一画出每一形体的投影。先画出形体的主要部分，后画细节；先画外形，再画内部细节。

2）每个形体应从积聚性或反映实形的视图入手，然后画出其他投影。三个视图同时绘制，可以避免漏线、多线，确保投影关系和提高绘图速度。

3）要正确绘制各形体之间的位置及各形体表面之间的关系，不漏线、多线。

4）要注意各形体间内部融为整体。因此，绘图时不应将形体间融为整体而不存在的轮廓线画出。

5）检查、描深　检查底稿有无漏线、多线，改正图中的错误，擦去多余的线，然后按国标中的线型进行描深或描粗。应保证同一种图线的粗度一致、各种图线的浓淡一致，并保持图面清洁。

2. 画图举例

例7－1　绘制图7－9a所示轴承座的三视图。

解 1）形体分析。如图 7－9b 所示，轴承座可分解为四个基本形体，底板Ⅰ、支承板Ⅱ、肋板Ⅲ和空心圆柱Ⅳ。底板本身是挖切组合；底板、肋板、支承板之间为叠加组合；支承板两侧倾斜面与空心圆柱外表面相切，相切处无交线；肋板两侧面与空心圆柱外表面相交，产生截交线，空心圆柱本身为挖切组合，在其上方挖去一个圆柱孔，使内外圆柱表面均产生相贯线。

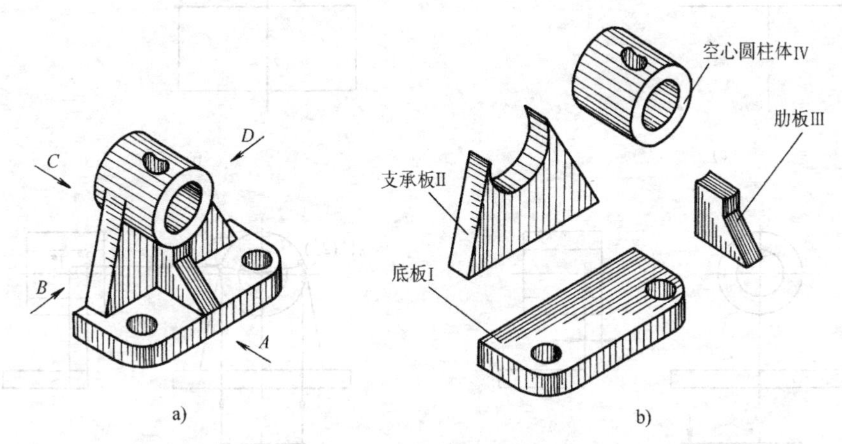

图 7－9 轴承座的形体分析

2）选择主视图。将轴承座按习惯位置放置，如图 7－9a 所示，对 *A*、*B*、*C*、*D* 各方向的投影作比较，确定主视图的投射方向。*A* 向与 *C* 向比较，*C* 向视图的虚线多，不如 *A* 向清晰。*B* 向与 *D* 向视图一样，但 *B* 向作为主视图的投影方向时，其左视图出现较多的虚线，不如 *D* 向好。*A* 向与 *D* 向比较，*A* 向能反映空心圆柱、支承板的形状特征，以及肋板、底板的厚度和各形体上下、左右的位置关系。*D* 向视图能反映空心圆柱的长度、肋板的形状特征以及支承板的厚度，同时也能反映各形体的上下、前后的位置关系。因此以 *A* 向和 *D* 向作为主视图的投射方向，各有特点，差别不大，都可作为主视图的投射方向。本例以 *A* 向作为主视图的投射方向。

3）选择比例和图幅，布置视图。视图选择后，按轴承座实际大小，确定比例和图幅，均匀布置视图，画出轴线、中心线和定位线，如图 7－10a 所示。

4）画底稿。画图的步骤如图 7－10b、c、d、e 所示。应注意相切、相交的投影特征及画法，如图 7－10d、e 所示。

5）检查、描深。检查底稿，有无多线和少线，擦去多余的线，按要求进行描粗或描深，如图 7－10f 所示。

例 7－2 画出图 7－11a 所示组合体的三视图。

解 1）形体分析。图 7－11a 所示的形体，可视为由四棱柱切去Ⅰ、Ⅱ、Ⅲ三个部分而成的组合体。

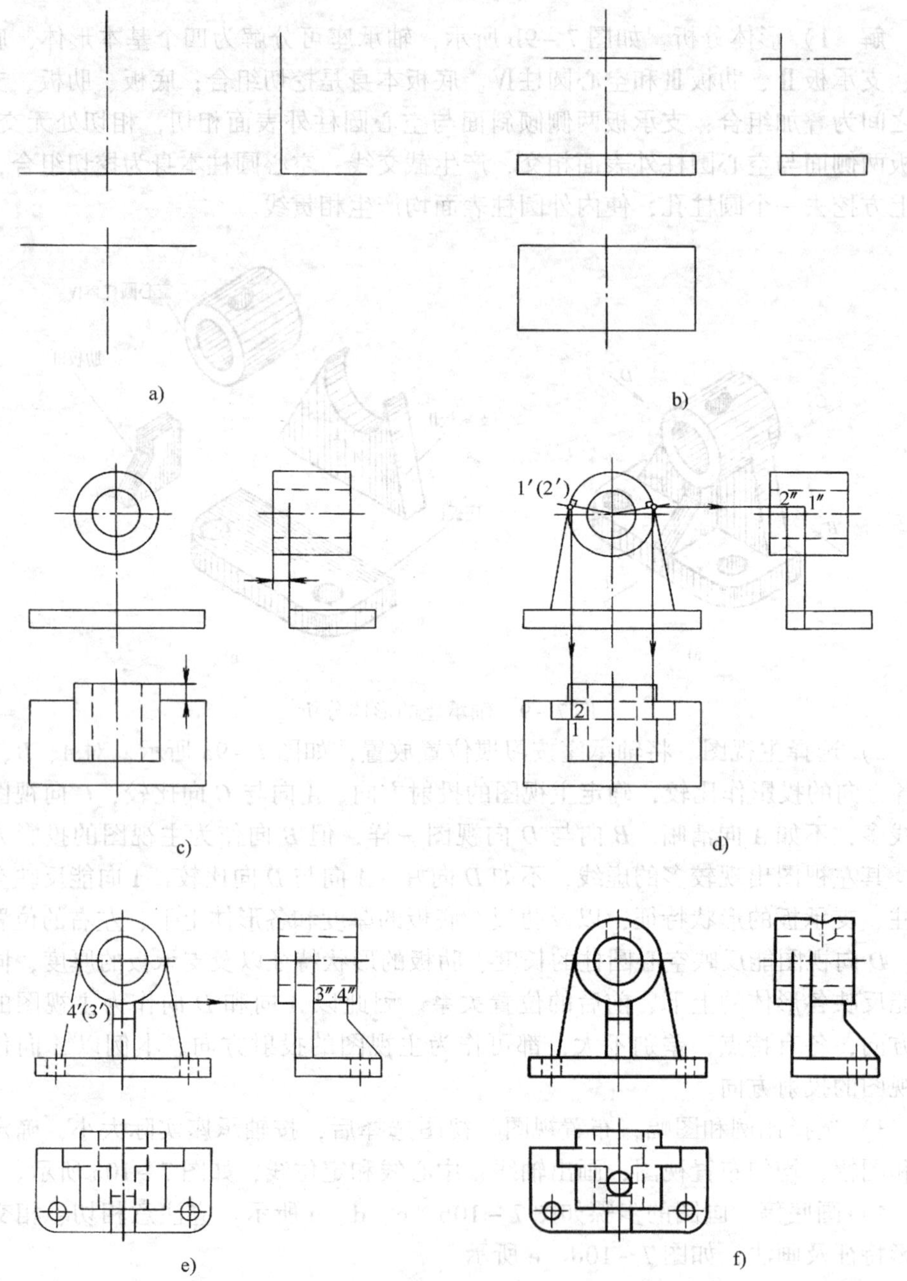

图 7－10　轴承座三视图的作图步骤

a）画轴线对称中心线和定位线　b）画底板三视图　c）画圆柱体三视图

d）画支承板三视图　e）画肋板的三视图　f）画圆柱顶部圆孔，检查图线，描深图线

2）主视图选择。选择以 *A* 向作为主视图的投射方向，如图 7－11a 所示 。

3）选择比例、图幅及均匀布置视图。

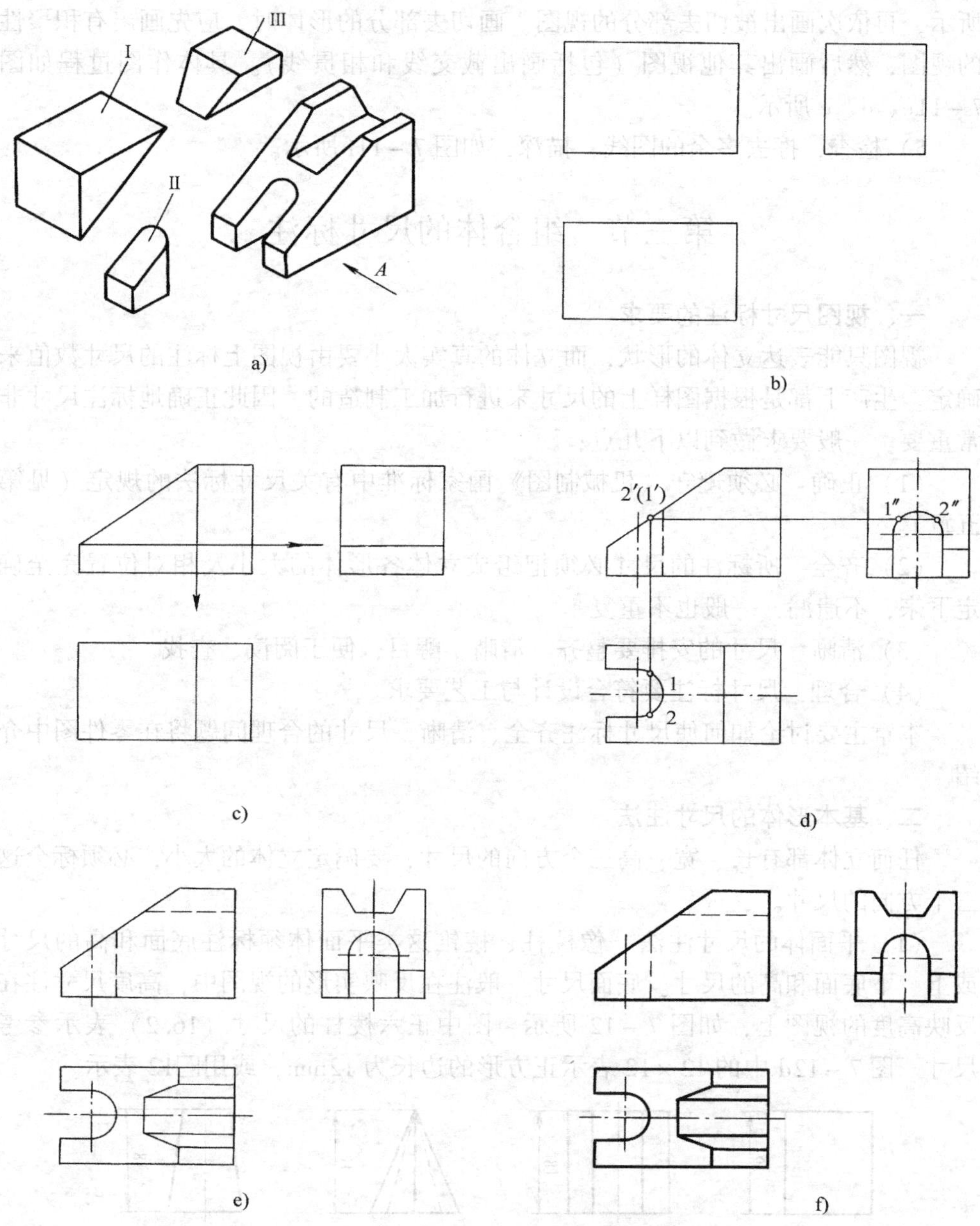

图 7 - 11　挖切型组合体三视图的作图步骤

a）形体分析　b）画四棱柱的三视图

c）画被切去形体Ⅰ的三视图（从主视图画起）

d）画被切去三棱柱Ⅱ的三视图（从俯视图画起）

e）画被切去形体Ⅲ的三视图（从左视图画起）　f）检查、描深

4）绘制底稿。画底稿时，首先画出完整的四棱柱的三视图，如图 7 - 11b

所示，再依次画出被切去部分的视图。画切去部分的形体时，应先画出有积聚性的视图，然后画出其他视图（包括画出截交线和相贯线）。具体作图过程如图7-11c、d、e所示。

5）检查，擦去多余的图线，描深，如图7-11f所示。

第三节　组合体的尺寸标注

一、视图尺寸标注的要求

视图只能表达立体的形状，而立体的真实大小要由视图上标注的尺寸数值来确定。生产上都是根据图样上的尺寸来进行加工制造的，因此正确地标注尺寸非常重要。一般要求做到以下几点；

（1）正确　必须遵守《机械制图》国家标准中有关尺寸标法的规定（见第五章）。

（2）齐全　所标注的尺寸必须把组成立体各形体的大小及相对位置完全确定下来，不遗漏，一般也不重复。

（3）清晰　尺寸的安排要整齐、清晰、醒目，便于阅读、查找。

（4）合理　尺寸标注要符合设计与工艺要求。

本章主要讨论如何使尺寸标注齐全、清晰，尺寸的合理问题将在零件图中介绍。

二、基本形体的尺寸注法

任何立体都有长、宽、高三个方向的尺寸，要确定立体的大小，必须标全这三个方向的尺寸。

（1）平面体的尺寸注法　像棱柱、棱锥这类平面体须标注底面和高的尺寸或上、下底面和高的尺寸。底面尺寸一般注在反映实形的视图中，高度尺寸注在反映高度的视图上，如图7-12所示。图中正六棱柱的尺寸（16.2）表示参考尺寸。图7-12d中的12×12表示正方形的边长为12mm，或用□12表示。

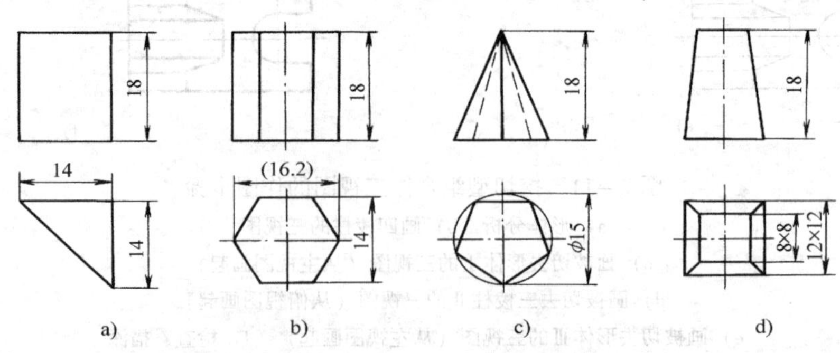

图7-12　平面体的尺寸注法

（2）回转体的尺寸注法　对回转体而言，一般只注出径向尺寸和轴向尺寸。对圆锥、圆柱标注底圆直径和高度尺寸，直径一般注在非圆的视图上，用 ϕ 表示，如图 7－13 所示。标注球面直径或半径时，一般用符号 $S\phi$ 和 SR 表示。

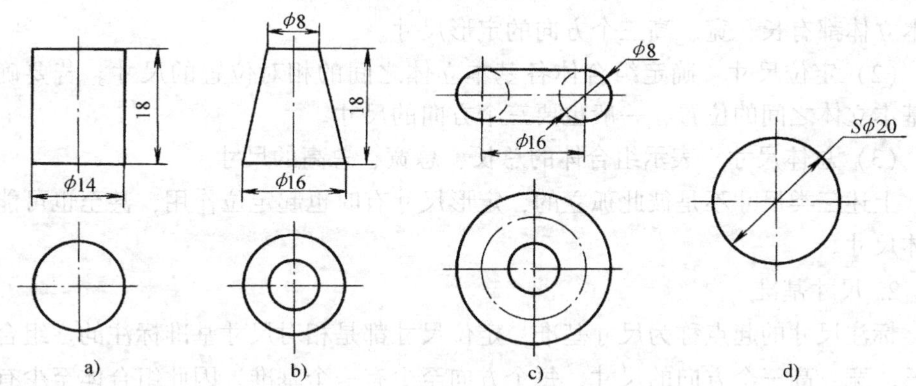

图 7－13　回转体的尺寸注法

a）圆柱　b）圆锥　c）圆环　d）圆球

（3）带切口的基本立体的尺寸注法　首先注出完整的基本立体的尺寸，然后再标注切口部分的尺寸，并且集中标注在某一个视图上，如图 7－14 所示。只要形成切口的切平面的位置确定，切口的交线也就完全确定，交线就可通过作图求出，因此在交线上不标注尺寸。图 7－14 中尺寸线有“ ×”符号的，表示是错误的。

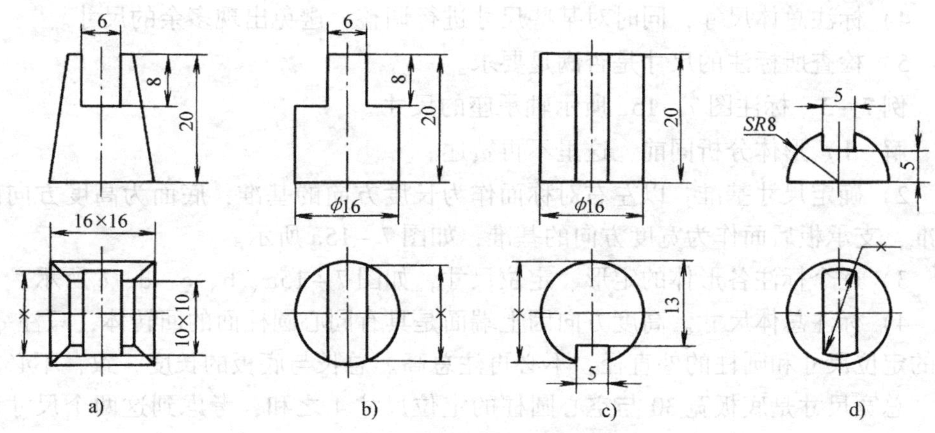

图 7－14　带切口的基本立体的尺寸注法

三、组合体的尺寸标注

1. 形体分析

组合体的尺寸标注比基本形体的复杂，但组合体是由基本形体按一定的组合形式组合而成的，所以只要熟悉基本形体的尺寸注法，也就不难掌握组合体的尺寸标注。在组合体尺寸标注中，根据尺寸的作用不同可分为三类：

(1) 定形尺寸　确定组合体各基本立体形状大小的尺寸。一般情况，每个基本立体都有长、宽、高三个方向的定形尺寸。

(2) 定位尺寸　确定组合体各基本立体之间的相对位置的尺寸。若要确定两基本立体之间的位置，一般也要三个方向的尺寸。

(3) 总体尺寸　表示组合体的总长、总宽、总高的尺寸。

上述三类尺寸不是彼此孤立的，定形尺寸有时也起定位作用，甚至也可能是总体尺寸。

2. 尺寸基准

标注尺寸的起点称为尺寸基准，定位尺寸都是相对尺寸基准标注的。组合体有长、宽、高三个方向的尺寸，每个方向至少有一个基准。因此组合体至少有三个基准，通常以对称平面、底面、重要的端面以及回转立体的轴线作为尺寸的基准。

3. 标注尺寸的步骤

1) 形体分析。标注尺寸的基本方法仍然是形体分析法，分析组合体是由哪些基本形体所形成，并弄清它们之间的相对位置关系。

2) 定出组合体长、宽、高三个方向的基准。

3) 逐个标注各个基本形体的定形尺寸和定位尺寸。

4) 标注总体尺寸，同时对某些尺寸进行调整，避免出现多余的尺寸。

5) 检查所标注的尺寸是否满足要求。

例 7-3　标注图 7-15a 所示轴承座的尺寸。

解　1) 形体分析同前，这里不再赘述。

2) 确定尺寸基准。以左右对称面作为长度方向的基准，底面为高度方向的基准，支承板后面作为宽度方向的基准，如图 7-15a 所示。

3) 逐个标注各形体的定形、定位尺寸，如图 7-15a、b、c、d、e 所示。

4) 标注总体尺寸。高度方向因上端面是具有同心圆柱面的回转体，只注 $\phi 8$ 孔的定位尺寸和圆柱的外直径，不必再注总高。总长与底板的长度一致，不必重复。总宽尺寸是底板宽 30 与空心圆柱的定位尺寸 4 之和，考虑到这两个尺寸都很重要，所以总宽便以这两尺寸的和的形式间接注出，不直接注出。

5) 检查尺寸是否正确、完整，对不适当的尺寸进行调整，如图 7-15f 所示。俯视图中圆柱上的孔 $\phi 10$，经全面考虑，标在左视图上较为合适。

4. 尺寸安排清晰醒目要注意的问题

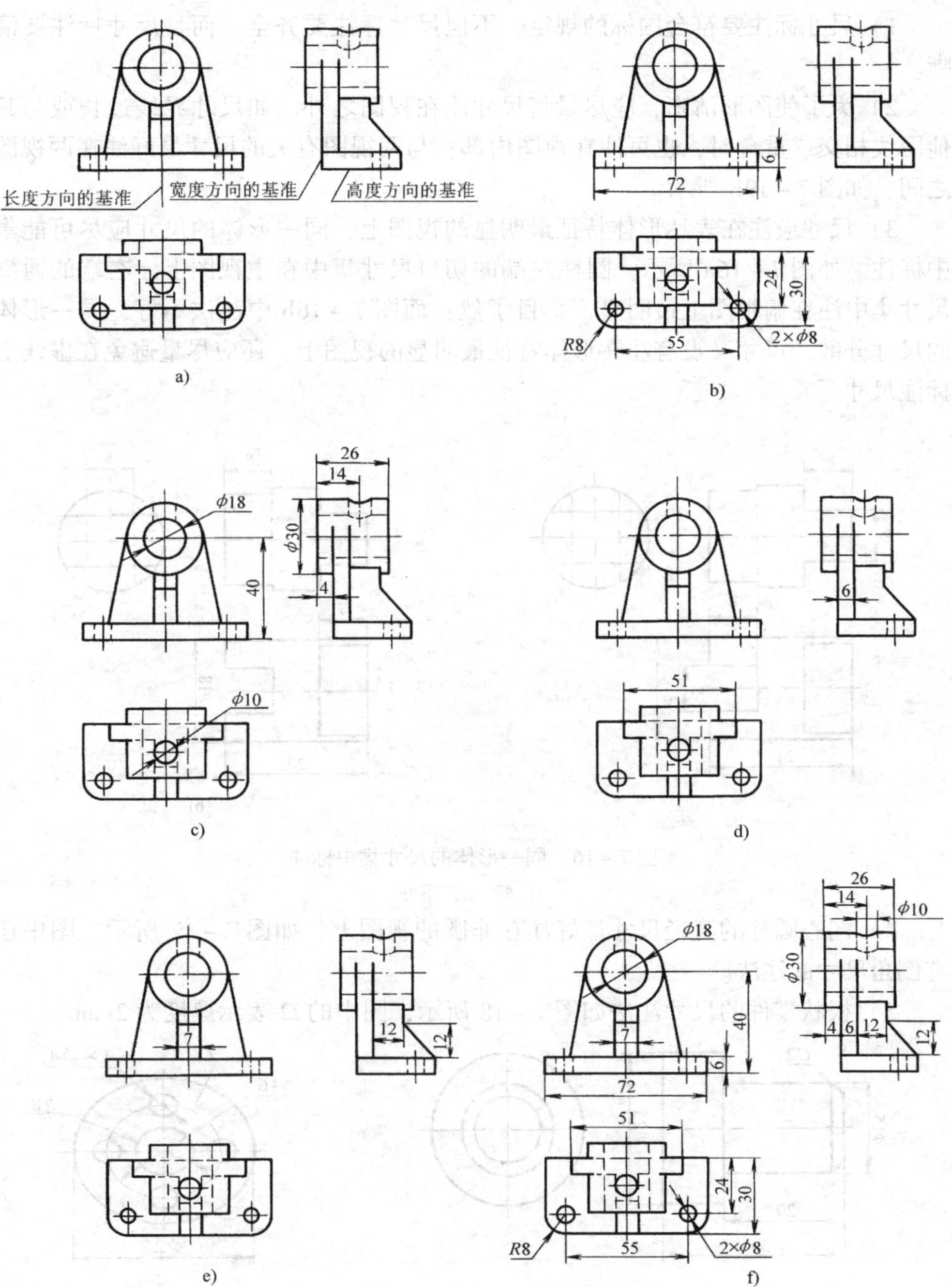

图 7－15　轴承座的尺寸标注

a）选定基准　b）标注底板的尺寸　c）标注空心圆柱尺寸　d）标注支承板的尺寸
e）标注肋板尺寸　f）标注总体尺寸，检查调整后，完成尺寸标注

1）尺寸标注要符合国标的规定，不但尺寸标注要齐全，而且尺寸标注要清晰。

2）为了使图形清晰，应尽量将尺寸注在视图之外。如尺寸界线过长或与其他图线相交或重合时，也可注在视图内部；与两视图有关的尺寸最好注在两视图之间，如图 7－19b 所示。

3）尺寸应注在表达形体特征最明显的视图上，同一形体的尺寸应尽可能集中标注。如图 7－16a 所示，圆柱左端的切口尺寸集中在主视图上，右端的通槽尺寸集中注在俯视图上最明显，一目了然；而图 7－16b 中注法不好，同一形体的尺寸分散，尺寸又没有注在形体特征最明显的视图上，还应尽量避免在虚线上标注尺寸。

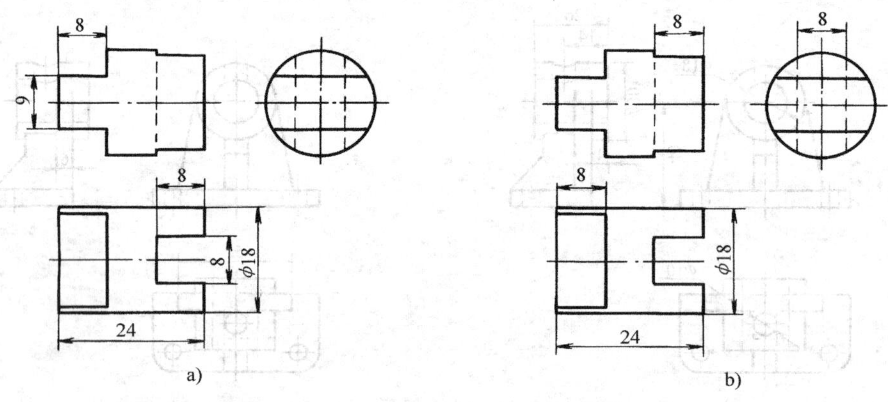

图 7－16　同一形体的尺寸集中标注

a）好　b）不好

4）同心圆柱的直径尺寸最好注在非圆的视图上，如图 7－17 所示。图中还有倒角尺寸的注法。

5）板状零件的尺寸注法如图 7－18 所示，图中的 *t*2 表示厚度为 2mm。

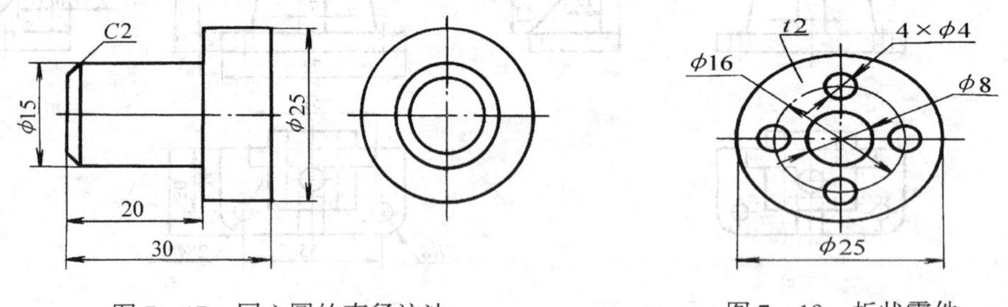

图 7－17　同心圆的直径注法　　　图 7－18　板状零件

6）在截交线和相贯线上都不应标注尺寸，只需注出基本形体的定形尺寸和定位尺寸，如图 7－19 所示。

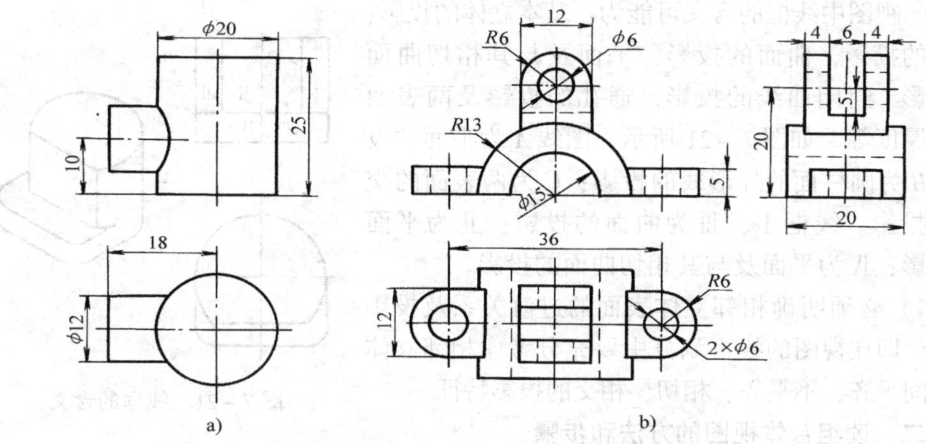

图 7－19　交线上不标注尺寸

第四节　读组合体的视图

绘图和读图是学习本课程的两个重要环节，它们是相辅相成的。绘图是将立体的空间形状用正投影法表示成平面图形；读图则是运用正投影的特性，根据平面特性（视图）想象出该立体的空间形状和结构。

一、读组合体视图的基本知识

1）一般情况下，一个视图不能反映组合体的形状，因此，读图时必须把几个视图联系起来看。如图 7－20 所示，主视图均相同，所代表的立体的形状却不相同。

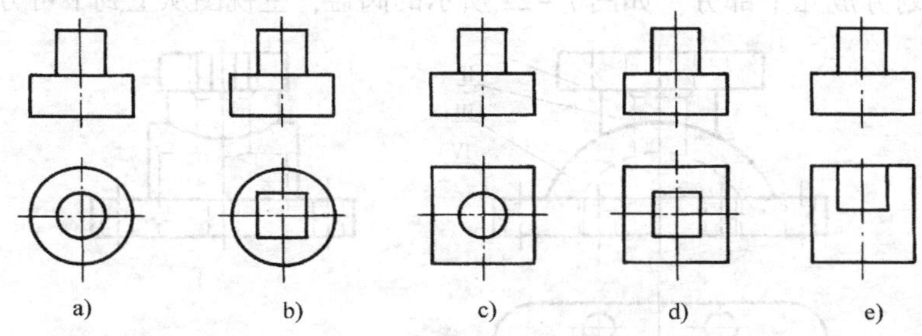

图 7－20　主视图相同，所代表的立体形状可不同

2）必须熟悉基本立体的投影。因为组合体的视图中包含着基本立体的投影，所以圆锥、圆柱、球、圆环等基本立体的投影特征不仅是画图的基础，也是读图的基础。

3）必须明确视图中每条图线和每个线框的含义。视图中的图线有直线、曲线，其含义可为：具有积聚性表面的投影，曲面的外形线的投影，表面与表面的交线。视图中线框的含义可能为：基本立体的投影，平面的投影，曲面的投影，平面及与其相切曲面的投影，封闭曲线的投影，通孔的投影及两表面间的厚度等。如图 7－21 所示，图线 A 为平面的投影；B 为圆柱面的外形线的投影；C 为两表面的交线的投影。线框Ⅰ、Ⅲ为曲面的投影；Ⅱ为平面的投影；Ⅳ为平面及与其相切曲面的投影。

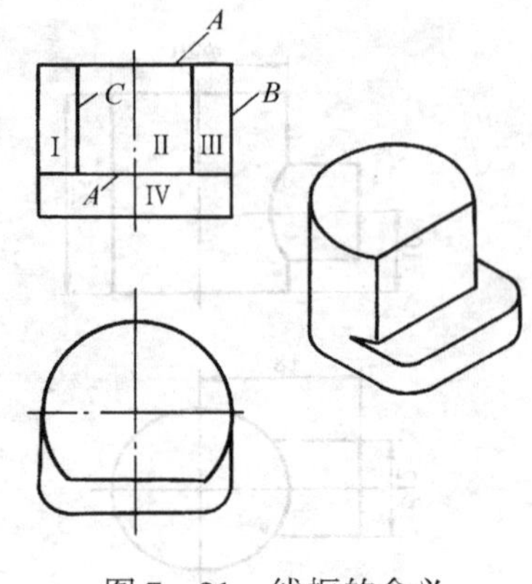

图 7－21　线框的含义

4）必须明确相邻立体表面的过渡关系及投影特征，即在视图的线框划分中要充分考虑相邻立体表面间平齐、不平齐、相切、相交的投影特征。

二、读组合体视图的方法和步骤

1. 读组合体视图的方法

读图的重要方法是形体分析法，即在读图时，根据组合体各个视图的特点，把视图分解为若干部分，然后逐个想象它们的形状，最后根据它们的相对位置综合起来想象出组合体的整体形状。局部难懂的地方，采用线面分析法来帮助读图，也就是在读图时，根据组合体各视图的轮廓线和封闭线框来确定线、面的形状和空间位置。

2. 读组合体视图的步骤

现举例说明读组合体视图的步骤。

（1）形体分析法

1）按线框分解视图。形体分析法常用于由叠加形成的组合体，因此先要考虑分解视图。一般从反映形体特征最明显的主视图着手，联系其他视图，将主视图按线框划分成几个部分。如图 7－22 所示的阀盖，主视图从上到下可分为Ⅰ、Ⅱ、

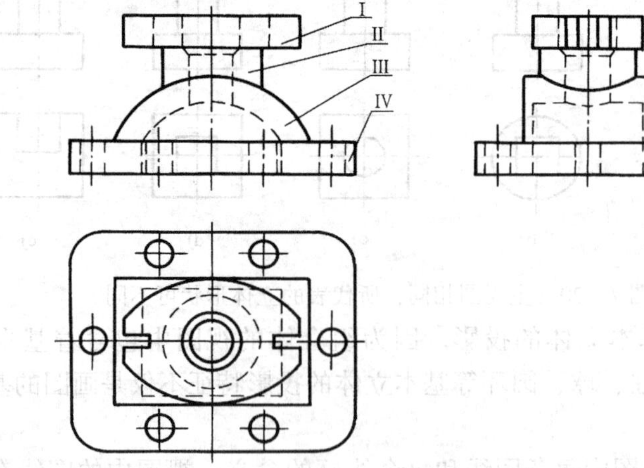

图 7－22　阀盖的三视图

Ⅲ、Ⅳ四个部分。

2）对投影，逐个分析每一部分的形状。借助三角板、分规等仪器，按投影关系逐个找出各部分在其他视图中的对应投影。根据基本形体的投影特征，想象出各部分的形状。

第Ⅰ部分：根据三个视图中的对应投影，可判断这一部分是两边切口、中间穿圆孔的扁圆形板，如图 7－23a 所示。

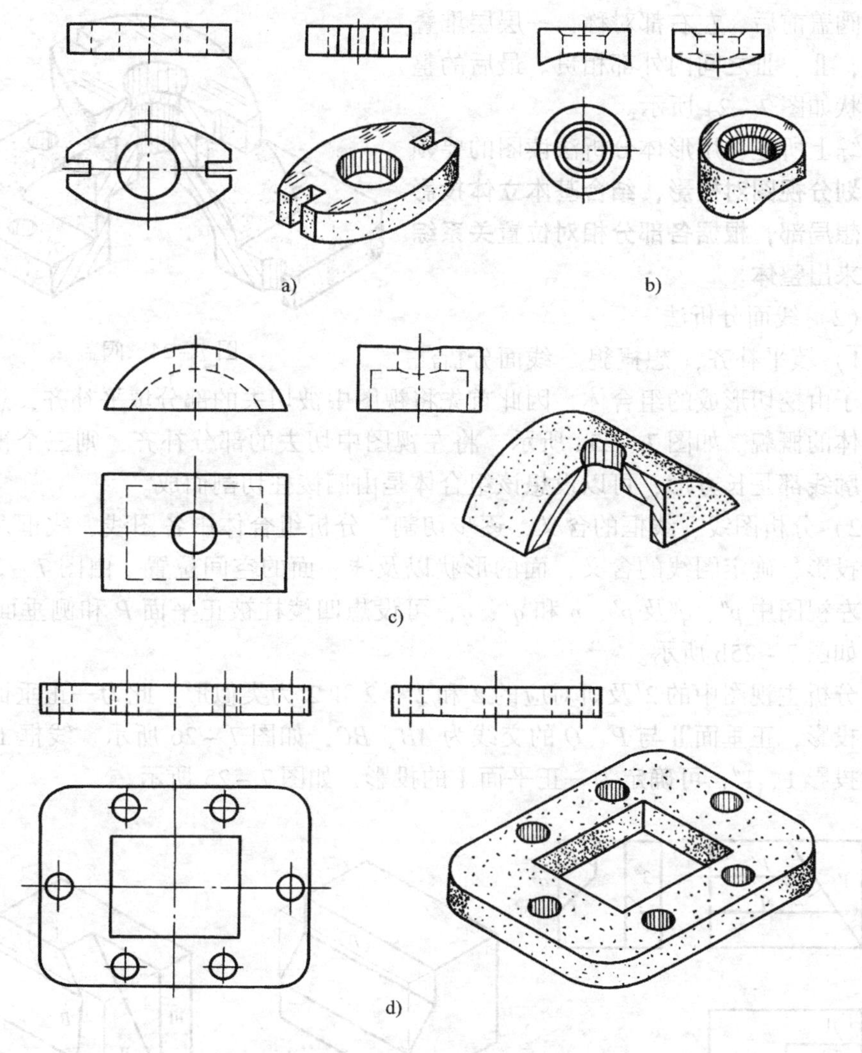

图 7－23　分析阀盖各部分的形状

第Ⅱ部分：可判断是直立圆柱，穿有圆锥和圆柱孔，下端与第Ⅲ部分相贯，如图 7－23b 所示。

第Ⅲ部分：根据三个视图中的对应投影，可判断是小半个水平圆柱，中间挖去同心圆柱，上面钻有一个垂直的圆孔，与第Ⅱ部分的圆柱孔为一体，如图 7－23c 所示。

第Ⅳ部分：根据三个视图中的对应投影，是长方形的底板，底板四角为圆角，并有六个等直径的圆孔，中间的矩形孔与第Ⅲ部分相通，如图 7－23d 所示。

3）综合起来想整体。确定了各部分的形状后，分析各部分的相对位置、表面间的关系，想象出组合体的整体形状。

阀盖前后、左右都对称，一层层堆叠上去，Ⅱ、Ⅲ之间内外都相贯。最后的整体形状如图 7－24 所示。

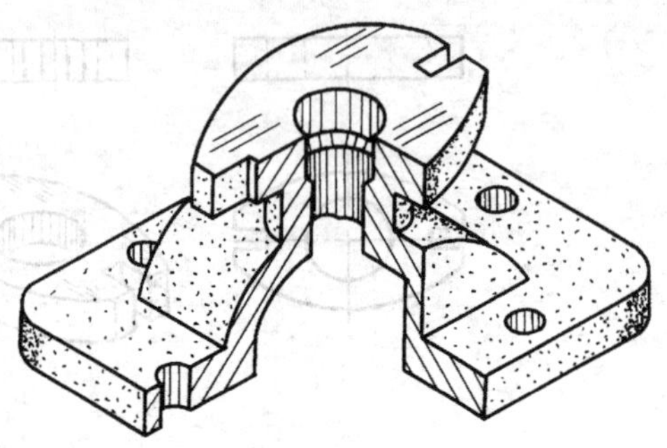

图 7－24　阀盖

综上所述，用形体分析法读图的要领是：**划分视图对投影，结合基本立体投影特征想局部，根据各部分相对位置关系综合起来出整体**。

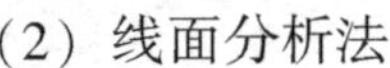

（2）线面分析法

1）填平补齐，想概貌。线面分析法常用于由挖切形成的组合体，因此首先将视图中被切去的部分填平补齐，想象出组合体的概貌。如图 7－25a 所示，将左视图中切去的部分补齐，则三个视图的外轮廓线都是长方形，可以设想该组合体是由四棱柱切割而成。

2）分析图线、线框的含义，逐步切割。分析组合体中各图线、线框及所对应的投影，确定图线的含义，面的形状以及线、面的空间位置。由图 7－25a 所示的左视图中 p''、q''及 p'、p 和 q'、q，可设想四棱柱被正平面 P 和侧垂面 Q 所截，如图 7－25b 所示。

分析主视图中的 2′及所对应的 2 和 2″，2 和 2″为类似形，此为一正垂面Ⅱ的三面投影，正垂面Ⅱ与 P、Q 的交线为 AB、BC，如图 7－26 所示。线框 1′及对应的投影 1、1″，可确定为一正平面Ⅰ的投影，如图 7－25 所示。

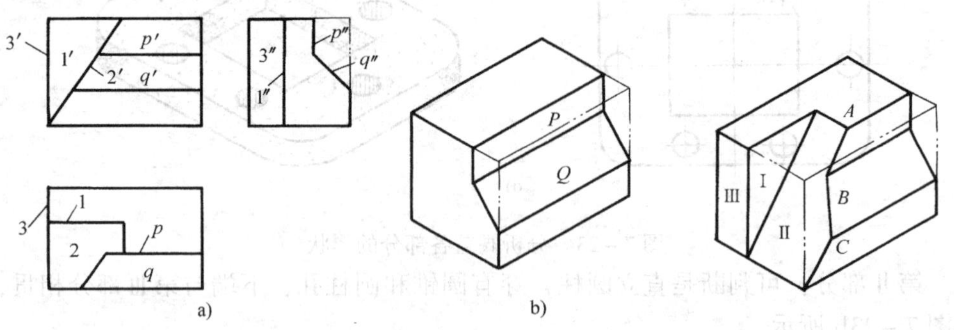

图 7－25　线面分析法　　　　图 7－26　组合体的整体形状

3）综合起来想整体形状。根据对图线、线框的投影分析，综合起来想象出组合体的整体形状。由上述对Ⅰ、Ⅱ、P、Q 的分析，想象出组合体形状如图7－26所示。

3. 读图举例

考察是否读懂组合体视图有两种方法：一种是已知组合体的两面视图补画出第三面视图；另一种是补画视图中所缺的线。下面分别举例介绍。

例7－4 如图7－27所示，已知组合体的主视图和俯视图，作出左视图。

解 由两面视图补画第三面视图，一般分两步走：首先看懂两视图并想象出立体的形状；然后在看懂的基础上，按投影规律画出第三面视图。

具体步骤如下：

1）看懂视图想象形状。从已知的视图入手，按线框划分组合体。本例已知主、俯视图，应从主视图入手，将其分解成1′、2′、3′三个部分，按长对正找出俯视图中对应投影1、2、3。根据基本立体的投影特征，第Ⅰ部分为轴线铅垂的空心圆柱体；第Ⅱ部分为凸台，凸台上有一轴线正垂的圆柱孔与第Ⅰ部分的内孔相贯，凸台上表面与空心圆柱体上表面平齐，凸台左右表面与空心圆柱体外表面相交，凸台下部为半个圆柱面与空心圆柱体外表面相贯；第Ⅲ部分为弧形底板，底板两边有圆柱孔，孔上部为宽等于孔径的横槽，底板的前后表面与空心圆柱的外表面相切。根据这三部分的相对位置，想象出组合体的形状如图7－28所示。

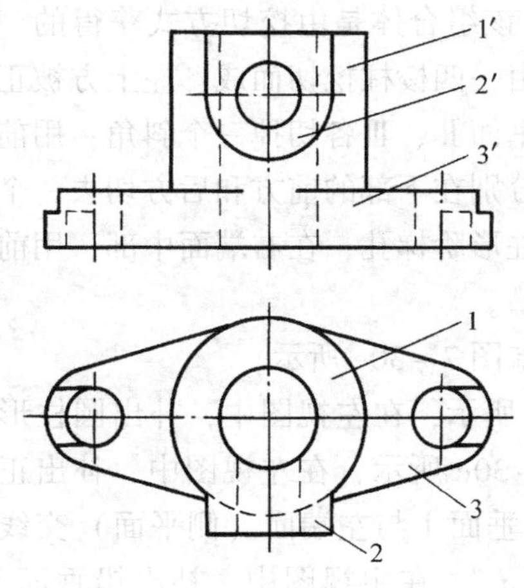

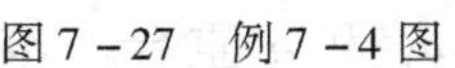
图7－27 例7－4图

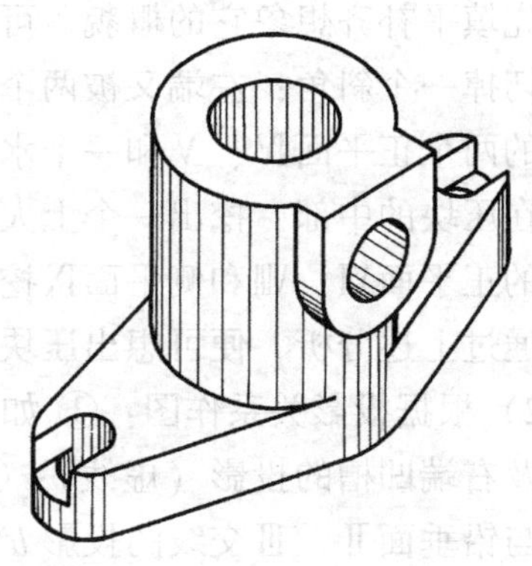
图7－28 组合体的形状

2）根据“三等”关系作图：① 作出空心圆柱体的侧面投影；② 作出凸台的侧面投影，并作出与空心圆柱体的截交线和相贯线；③ 作出底板的侧面投影，并根据相切的投影特征，作出上表面的侧面投影。

完成的三视图如图 7－29 所示。也可以看懂一部分，就把这一部分的侧面投影补画出来，画出相邻的两部分后就可根据相邻两部分表面的过渡关系，处理它们结合部分的图线，直到完成全图。

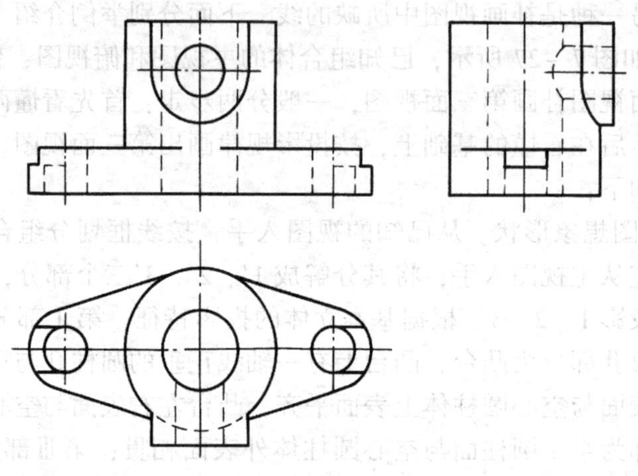

图 7－29　组合体的三视图

例 7－5　补全图 7－30a 所示压块主视图和左视图中所缺的线。

解　1）想象压块的空间形状。

对图 7－30a 所给三视图投影分析可知，该组合体是由挖切方式获得的，因此，先填平补齐想象它的概貌。可知压块是由一四棱柱挖切而成：左上方被正垂面Ⅰ切掉一个斜角；左端又被两个对称的铅垂面Ⅱ、Ⅲ各切掉一个斜角；用前后对称的两个正平面Ⅳ、Ⅴ和一个水平面Ⅵ，分别在下部的前方和后方切去一个长条；在压块的中部，挖出一个上大下小的圆柱形阶梯孔；在右端面中部，用前后对称的正平面Ⅶ、Ⅷ和侧平面Ⅸ挖出一个凹槽。

通过上述分析，便可想出压块的形状，如图 7－30e 所示。

2）根据投影关系作图：① 如图 7－30b 所示，在左视图中，补出圆柱形阶梯孔及右端凹槽的投影（虚线）；② 如图 7－30c 所示，在左视图中，补出正垂面Ⅰ与铅垂面Ⅱ、Ⅲ交线的投影 b''和 b_1''；正垂面Ⅰ与左端面（侧平面）交线的投影 c''；铅垂面Ⅱ、Ⅲ与左端面交线的 d''、d_1''。在主视图中，补出铅垂面Ⅱ、Ⅲ与前、后表面（正平面）交线的投影 a'、a_1'；a_1'和 a'重合。③ 按照投影对应关系，检查所补线条的正确性以及是否补全。完成的三视图如图 7－30d 所示。

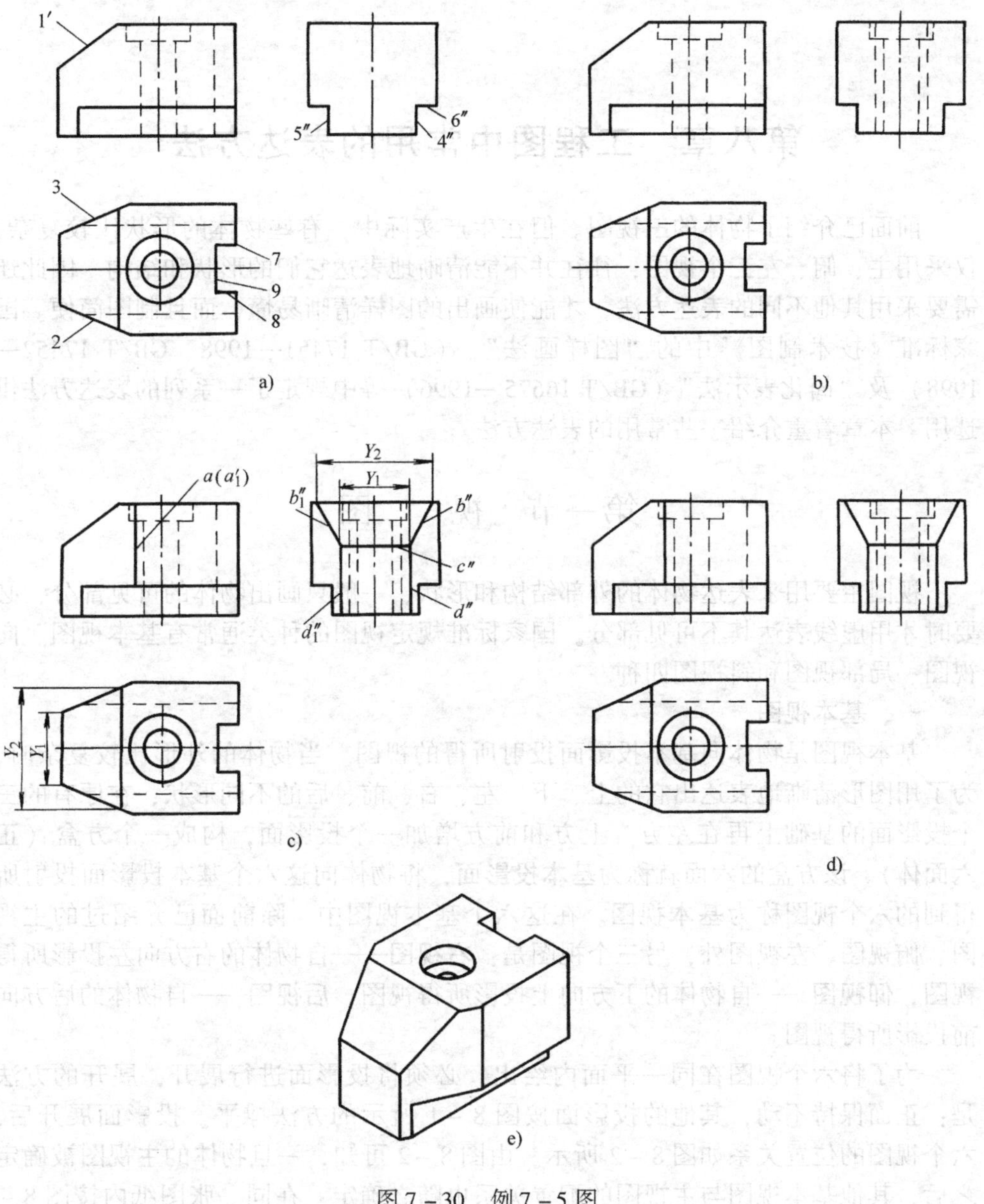

图 7－30　例 7－5 图

第八章　工程图中常用的表达方法

前面已介绍了物体的三视图。但在生产实际中，有些物体的形状比较复杂，仅采用主、俯、左三个视图，往往并不能清晰地表达它们的形状和结构。因此还需要采用其他不同的表达方法，才能使画出的图样清晰易懂，而且制图简便。国家标准《技术制图》中的“图样画法”（GB/T 17451—1998、GB/T 17452—1998）及“简化表示法”（GB/T 16675—1996）等中规定了一系列的表达方法供选用。本章着重介绍一些常用的表达方法。

第一节　视　　图

视图主要用来表达物体的外部结构和形状，一般只画出物体的可见部分，必要时才用虚线表达其不可见部分。国家标准规定视图的种类通常有基本视图、向视图、局部视图和斜视图四种。

一、基本视图

基本视图是物体向基本投影面投射所得的视图。当物体的外形比较复杂时，为了用图形清晰地表达出它的上、下、左、右、前、后的不同形状，在原有的三个投影面的基础上再在左方、上方和前方增加一个投影面，构成一个方盒（正六面体）。该方盒的六面就称为**基本投影面**，将物体向这六个基本投影面投射所得到的六个视图称为**基本视图**。在这六个基本视图中，除前面已介绍过的主视图、俯视图、左视图外，另三个视图是：**右视图**——自物体的右方向左投影所得视图，**仰视图**——自物体的下方向上投影所得视图，**后视图**——自物体的后方向前投影所得视图。

为了将六个视图在同一平面内绘出，必须将投影面进行展开，展开的方法是：正面保持不动，其他的投影面按图 8－1 所示的方法摊平。投影面展开后，六个视图的位置关系如图 8－2 所示。由图 8－2 可知，一旦物体的主视图被确定之后，其他基本视图与主视图的配置关系也随之确定。在同一张图纸内按图 8－2 配置时，可不标注视图的名称，这是基本视图配置的特点，也是与其他视图的主要区别之一。

绘制基本视图时还应注意：

1）六个视图的度量对应关系仍应遵循“长对正、高平齐、宽相等”的原则。

2）六个视图的方位对应关系仍然是：左、右、俯、仰视图中离主视图最远的图线代表物体最前面要素的投影；反之，则代表物体最后面要素的投影。

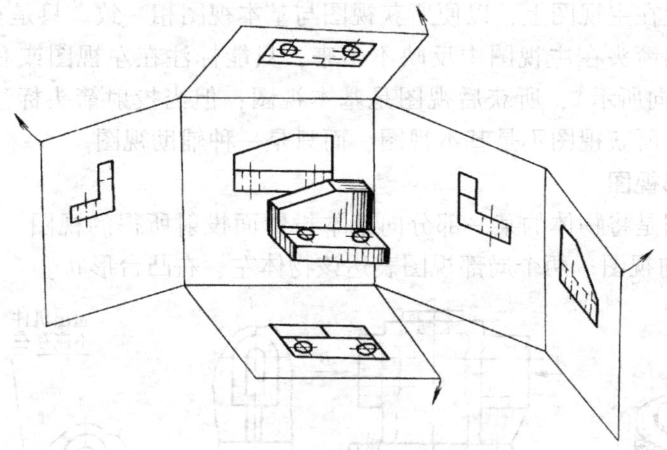

图 8－1　六个基本投影面及其展开

3）表达物体时，应优先选用主、俯、左三个基本视图。一般情况下，应优先选用基本视图。

二、向视图

标准规定了一种可以自由配置的视图——向视图。通常用注在主视图上表示投射方向的箭头旁的大写字母识别。在向视图的上方标注“×”（“×”为大写拉丁字母），在相应视图的附近用箭头指明投射方向，并标注相同的字母，见图 8－3 所示。这种表达方式通常用于机械类产品设计绘图中。在实际应用时，要注意以下几点：

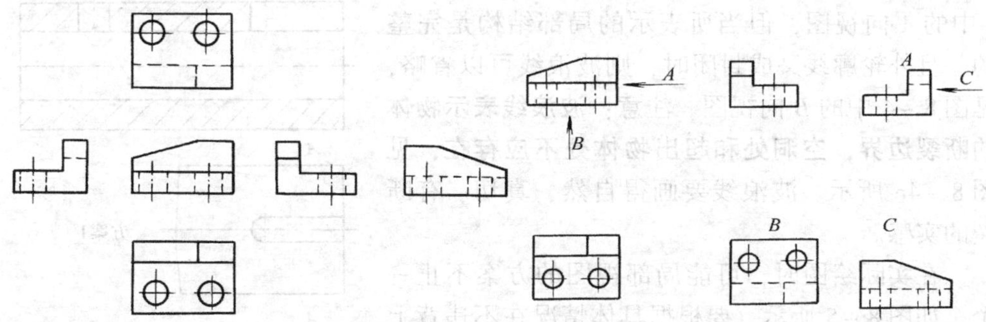

图 8－2　六个基本视图的配置　　图 8－3　视图位置变动后的标注方法

1）向视图是基本视图的一种表达形式，它们的主要差别在于视图的配置方面。基本视图配置由于其他视图围绕主视图使关系确定，所以简化了标注；而向视图的配置是随意的，就必须予以明确标注才不至产生误解。

2）向视图的视图名称“×”为大写拉丁字母，无论是在箭头旁的字母，还是视图上方的字母，均应与正常的读图方向相一致，以便于识别。

3）由于向视图是基本视图的另一种表达形式，所以，表示投射方向的箭头应尽可能配置在主视图上，以便所获视图与基本视图相一致。只是在表示后视图的投射方向的箭头在主视图中反映不出来，只能标注在左视图或右视图上（如图 8－3 中 C 向所示），所获后视图是基本视图；但当投射箭头标注在俯视图或仰视图上时，所获视图不是基本视图，而只是一种辅助视图。

三、局部视图

局部视图是将物体的某一部分向基本投影面投射所得的视图。如图 8－4 中的 A 向及 B 向视图。两个局部视图表达该物体左、右凸台形状。

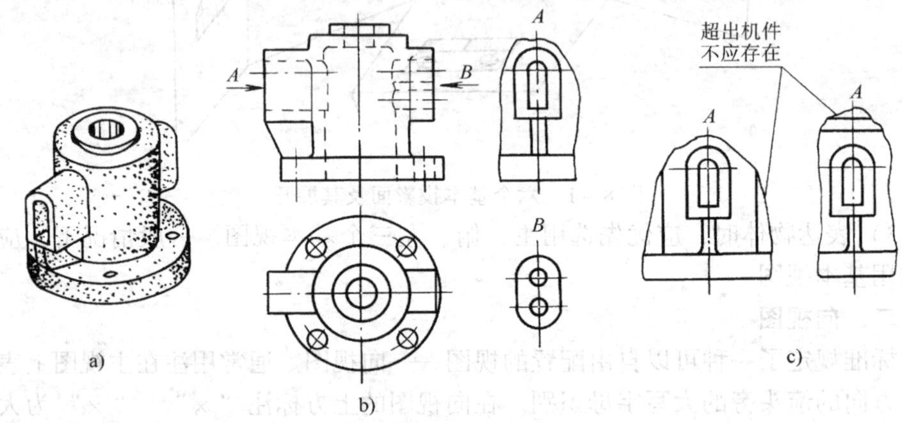

图 8－4 局部视图（一）

a）立体图 b）正确 c）波浪线错误的画法

局部视图的范围一般以波浪线表示，如图 8－4 中的 A 向视图，但当所表示的局部结构是完整的，且外轮廓线又成封闭时，则波浪线可以省略，见图 8－4 中的 B 向视图。注意：**波浪线表示物体的断裂边界，空洞处和超出物体处不应存在**，见图 8－4c 所示。波浪线要画得自然、真切、有断裂的实感。

在实际绘图时，可能局部视图的方案不止一个，如图 8－5 所示，要根据具体情况在不违背上述原则的基础上灵活处理。局部视图最好按投影关系配置，如图 8－4、图 8－5 中的 A 向视图，但为了合理地利用图纸，也允许配置在图纸其他适当的地方，如图 8－4 中的 B 向视图。

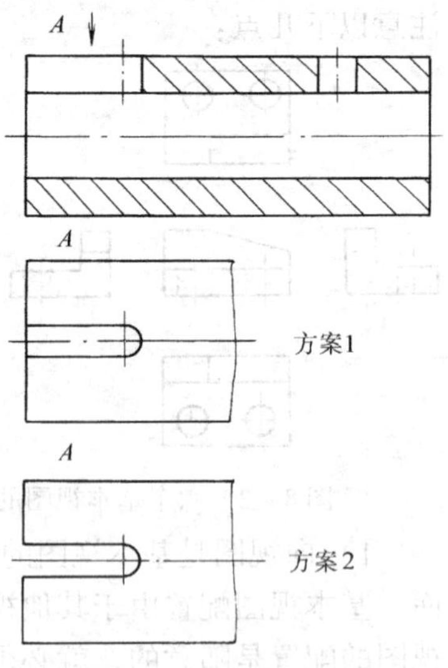

图 8－5 局部视图（二）

局部视图一般应进行标注，标注的方法是：在局部视图的上方标出它的名称“×”（“×”为大写拉丁字母），并在相应的视图附近用带同样字母的箭头指明表达部位和投射方向（见图 8－4），但如果局部视图按投影关系配置，中间又没有其他图形隔开时，标注可省略，如图8－4中的 A 向局部视图可省略标注。图 8－7 中俯视图为省略标注示例。

为了节省绘图时间和图幅，对称的构件或零件的视图可只画一半或四分之一，并在对称中心线的两端画出两条与其垂直的平行细实线，如图 8－6 所示。这是一种特殊的局部视图，实际上是用对称中心线代替了断裂边界的波浪线。

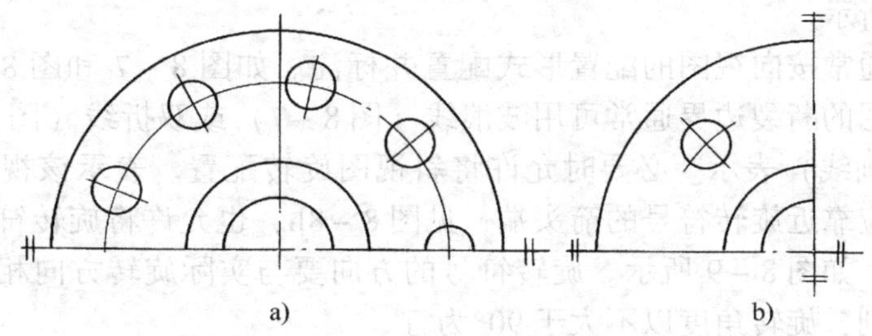

图 8－6　特殊的局部视图

四、斜视图

斜视图是物体向不平行于基本投影面的平面投射所得的视图。斜视图通常用于表达物体上的倾斜部分。当物体上某部分的倾斜结构不平行于任何基本投影面时，在基本视图中不能反映该部分的实形。这时，可选一个新的辅助投影面，使它与零件上倾斜部分平行（且垂直于一个基本投影面），然后，将这倾斜部分向该辅助投影面投射，就可得到反映该部分实形的视图，即斜视图，如图 8－7 所示。

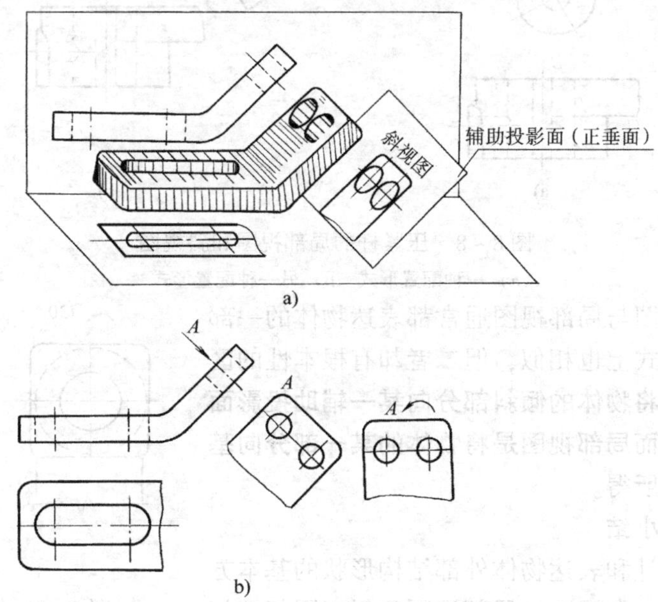

图 8－7　斜视图

a）斜视图的形成　b）斜视图的画法

当物体倾斜部分投射后，必须将辅助投影面按箭头所指方向，旋转到与基本投影面重合（根据基本投影面展开的方法），以便将斜视图与其他基本视图画在同一张图纸上，如图 8－7b 和图 8－8 中的 *A* 视图所示。

斜视图只反映物体上倾斜部分的实形，因此原来平行于基本投影面的一些结构，在斜视图中就不能反映实形。这些不反映实形的投影，省略不画，如图 8－7、图 8－8 所示。

斜视图通常按向视图的配置形式配置并标注。如图 8－7 和图 8－8a 中的 *A* 视图。斜视图的断裂边界通常可用波浪线（图 8－7）或双折线（图 8－9）或中断线（双点画线）表示。必要时允许将斜视图旋转配置。表示该视图名称的大写拉丁字母应靠近旋转符号的箭头端，见图 8－8b，也允许将旋转符号角度标注在字母之后，如图 8－9 所示。旋转符号的方向要与实际旋转方向相一致，以便于读图者辨别，旋转角度以不大于 90°为宜。

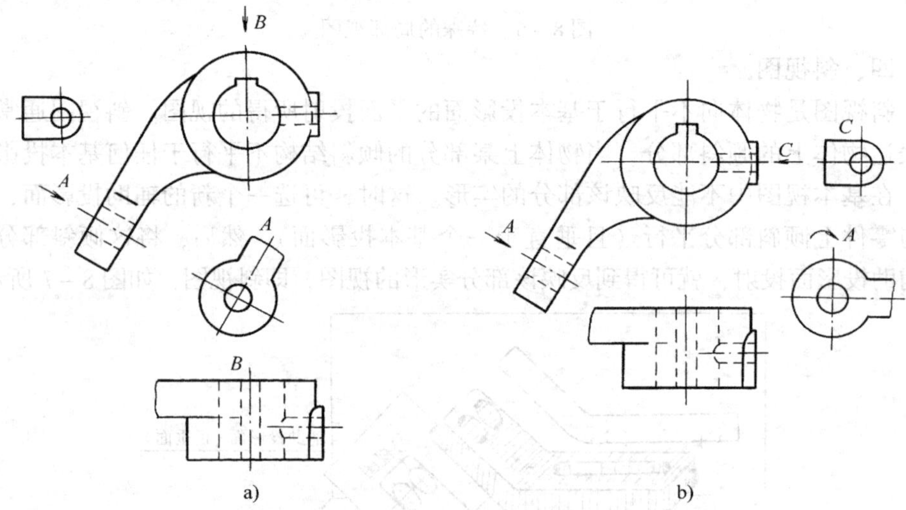

图 8－8　压紧杆的局部视图和斜视图

a）一种配置形式　b）另一种配置形式

虽然斜视图与局部视图通常都表达物体的一部分，在表现形式上也相似，但二者却有根本性的区别。**斜视图是将物体的倾斜部分向某一辅助投影面上投射所得，而局部视图是将物体的某一部分向基本投影面投射所得。**

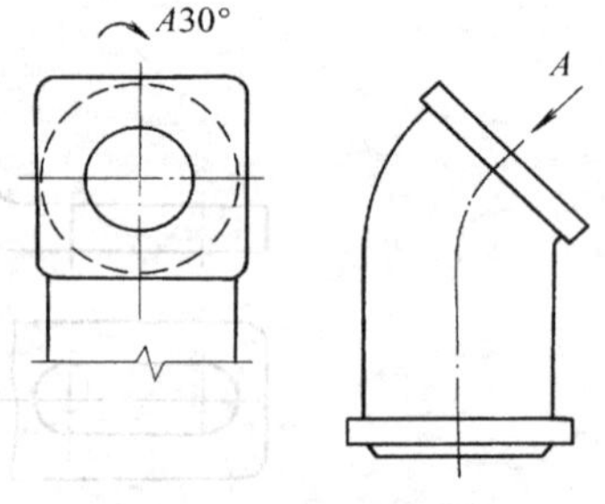

图 8－9　斜视图的旋转角度配置

五、视图小结

视图是设计和表达物体外部结构形状的基本方法，基本视图、向视图、局部视图和斜视图相辅相成，各有侧重，它们的相互关系和特点如下：

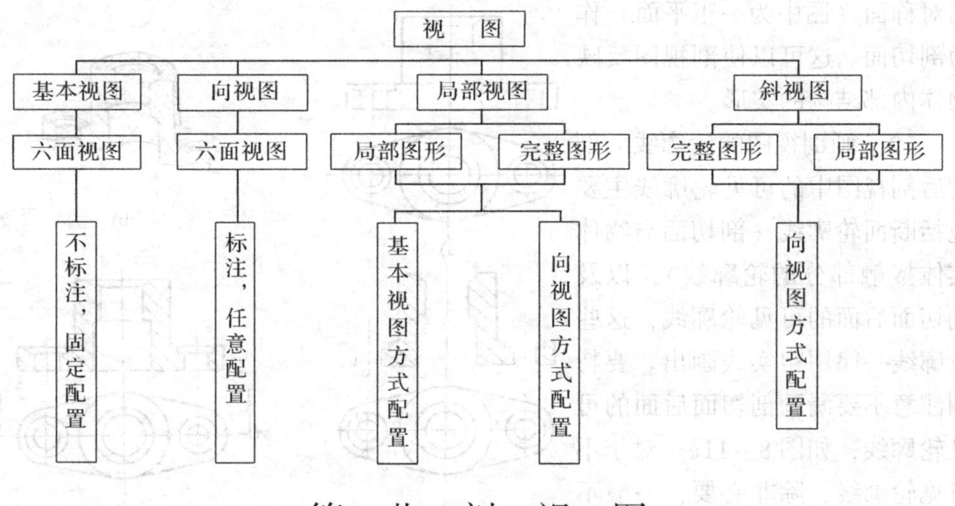

第二节 剖视图

一、剖视的基本概念

当物体的内部结构比较复杂时，在视图中就出现很多虚线，不便于画图、看图和尺寸标注。为此，假想用剖切面剖开物体，将处在观察者和剖切面之间的部分移去，而将其余部分向投影面投射，并在被剖切到的实体部分的投影上画上剖面符号，所得的图形称为剖视图，简称为剖视，如图 8－10 所示。

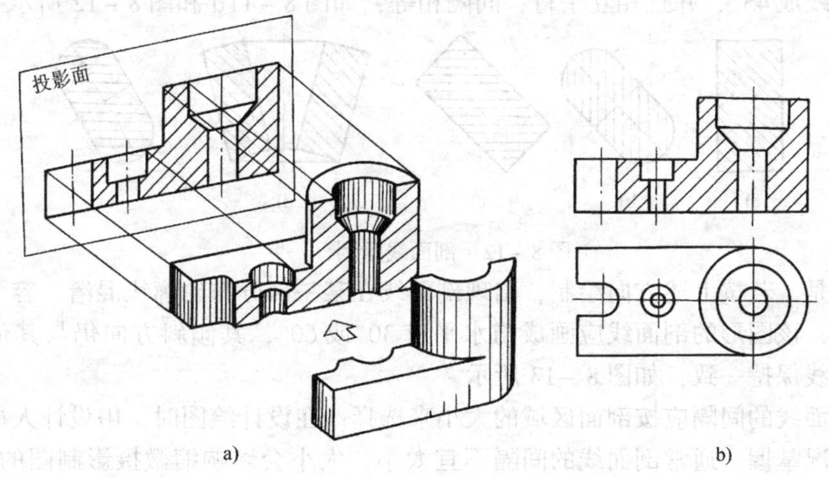

图 8－10 剖视的概念及剖视图

二、剖视图的画法及标注

1. 剖视图的画法

（1）确定剖切面的位置 如图 8－11 所示，通常选用通过物体主要内部结构的对称面（图中为一正平面）作为剖切面。这可以使剖视图反映物体内部结构的实形。

（2）画剖视图的轮廓线　剖切后剖视图中的可见轮廓线主要包括断面轮廓线（剖切面与物体实体接触部分的轮廓线），以及剖切面后面的可见轮廓线，这些轮廓线一律用粗实线画出。要特别注意不要漏画剖切面后面的可见轮廓线，如图8-11c。对于不可见轮廓线，除非必要，一般不再画出虚线，如图8-11d所示。

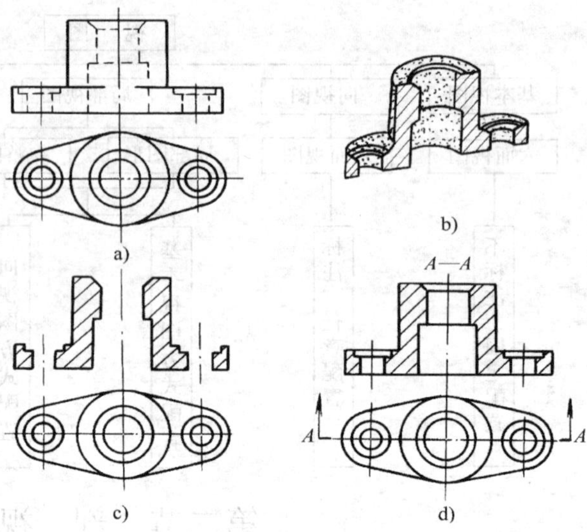

图8-11　剖视图的画法

（3）画剖面符号　剖面符号主要是用来区分物体的实体部分和空心部分而画在被剖切到的实体部分的投影上的。

不同类别的材料一般采用不同的剖面符号。在图样中，金属材料的剖面符号又称剖面线。剖面线应以适当角度的细实线绘制，最好与主要轮廓线或剖面区域的对称线成45°，并且相互平行，间隔相等，如图8-11d和图8-12所示。

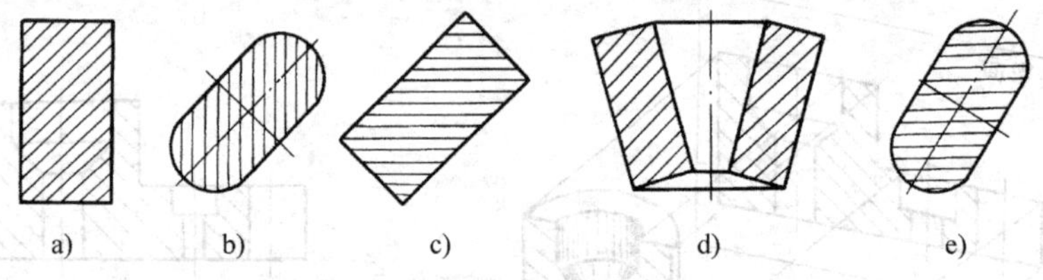

图8-12　剖面线示例（一）

但是，若按上述方向绘制，出现剖面线在某一部分与轮廓线混淆、容易产生误解时，该图形的剖面线应画成与水平成30°或60°，其倾斜方向仍与其他剖视中剖面线保持一致，如图8-13所示。

剖面线的间隔应按剖面区域的大小来选择。在设计绘图时，由设计人员根据具体情况掌握。通常剖面线的间隔不宜太小，太小会影响缩微摄影制图的效果，也会增加绘图的工作量；但也不宜太疏，否则会影响读图的效果。

2. 剖视图的标注

（1）完整标注　一般在剖视图上方用大写字母标出剖视图的名称“×—×”（“×”为大写字母），在相应视图上用剖切线和剖切符号表示剖切面的位置，在表示剖切面起止的剖切符号外端用箭头表示投射方向，并注上与名称相同的字母，如图 8－11d 所示。

剖切符号为粗实线，线宽为粗实线宽的 1～1.5 倍，用来标明剖切面的起止和转折情况，尽可能不与图形轮廓线相交。剖切线为细点画线，具体表明剖切面的情况，通常也可以省略而仅用剖切符号标明剖切面的位置。

（2）省略标注　当剖视图按投影关系配置，中间又没有其他图形隔开时，可省略箭头（如图 8－14 中的 *A*—*A* 剖视图）。当平行于基本投影面的单一剖切平面通过物体的对称平面、基本对称的平面或主要轴线，且剖视图按投影关系配置，中间又没有其他图形隔开时，可省略标注，如图 8－14 中的主视图、图 8－16 中的主视图和左视图所示。因此图 8－11d 和图 8－15 中的剖视图可以不加标注。

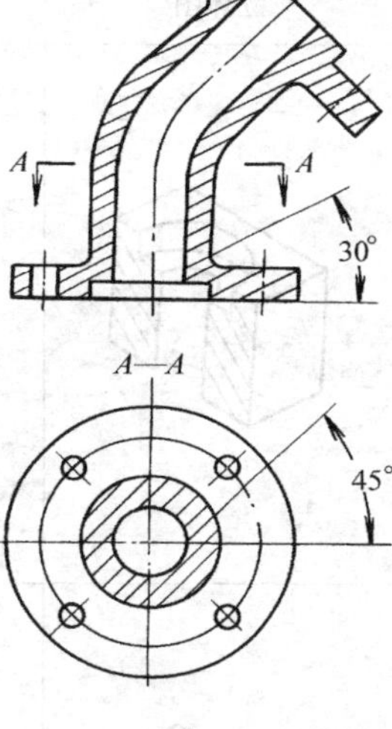

图 8－13　剖面线示例（二）

3. 画剖视图的注意事项

（1）假想剖切　剖视图是假想把物体剖切后画出的投影，目的是清晰地表达物体的内部结构。剖视图仅是一种表达手段，其他未取剖视的视图应按完整的物体画出，如图 8－11d 中的俯视图。

（2）剖面线处理　同一物体的两个以上的剖视图都要画剖面线时，它们的剖面线方向和间隔均应一致，如图 8－14 所示。

（3）基本视图配置的规定同样适用于剖视图　即剖视图可按投影关系配置在剖切符号相对应的位置上，如图 8－14 中的 *A*—*A* 剖视图，也允许配置在其他适当位置，如图 8－14 中的 *B*—*B* 剖视图。

（4）剖视图上不要漏线　剖切平面后的可见轮廓线应画出，见表 8－1。

表 8－1　剖视图中容易漏线的示例

立体图	正	误

（续）

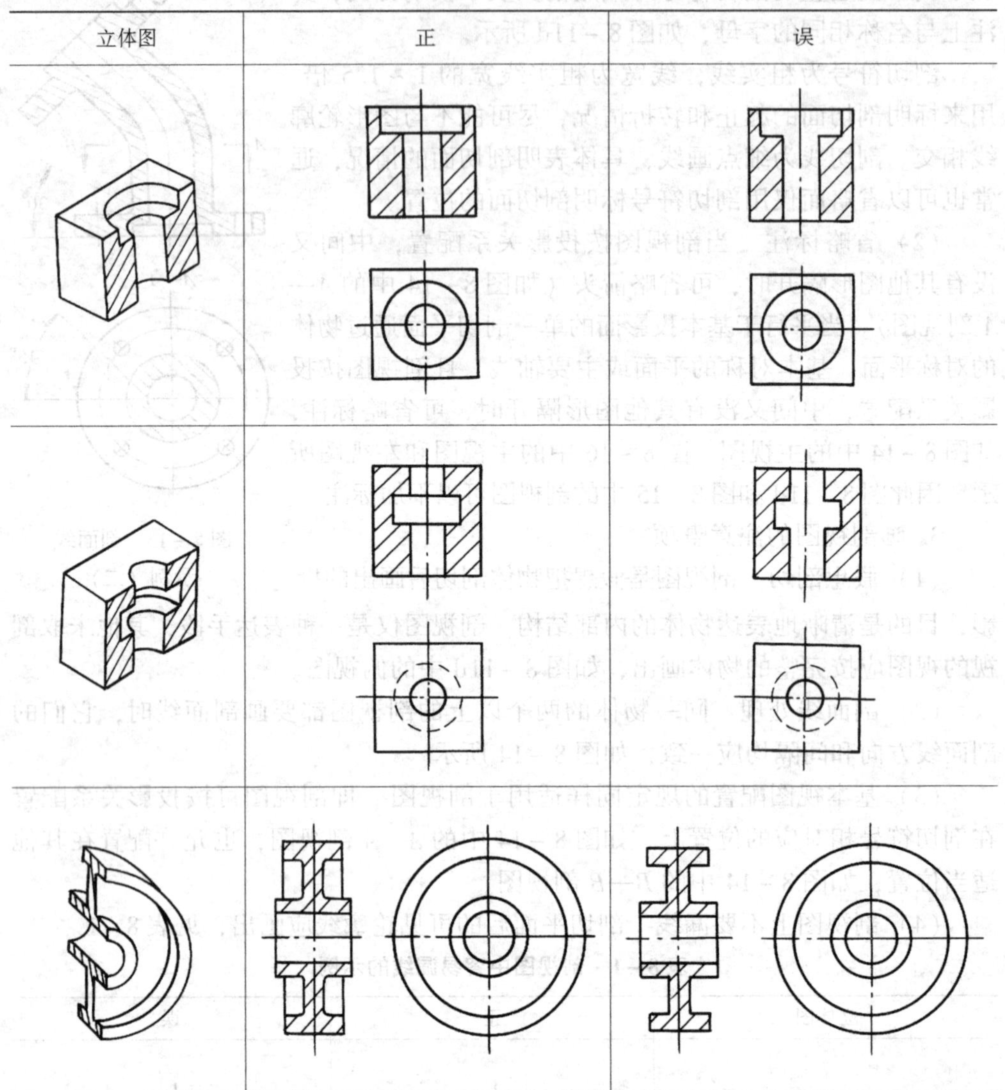

三、剖视图的种类

根据剖切范围来分，剖视图可分为全剖视图、半剖视图和局部剖视图三种。

1. 全剖视图

全剖视图是用剖切面完全地剖开物体所得的剖视图。全剖视图主要用于表达内部形状复杂的不对称物体或外形简单的对称物体，见图 8 - 11d 和图 8 - 15。全剖视图的标注，应按前述规则进行。

2. 半剖视图

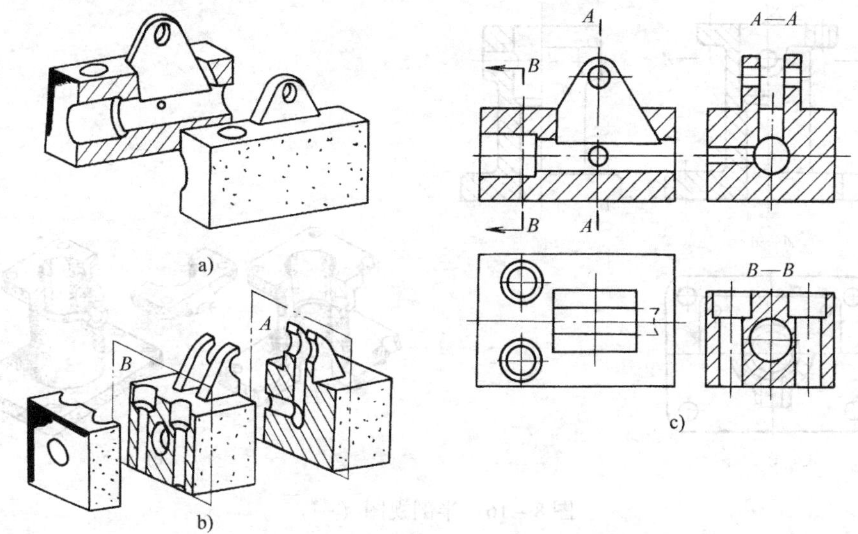

图 8－14　定位块的剖视图

图 8－15　全剖视图

半剖视图是当物体具有对称平面时，向垂直于对称平面的投影面上投射所得的图形，可以对称中心线为界，一半画成剖视图反映内部结构，另一半画成视图反映外形。半剖视图主要用于内、外形状都需要表达的对称物体，如图 8－16 所示。注意对称物体是指物体具有一个或一个以上对称平面，在图样上则是相对于某一基本投影面而言的。如图 8－16 所示的物体在前后左右方向各有一个对称面，即在主视图和左视图以及俯视图中，均可以对称中心线为界，分别画出半剖视图。

半剖视图的标注规则与全剖视图相同。在图 8－16 中，俯视图所采用的剖切面，并非物体对称平面，故应标注出剖切符号和字母，并在俯视图上方注写相应的名称 *A—A*，但可省箭头。

若物体的形状接近于对称，且不对称部分已另有图形表达清楚时，也可画成半剖视图，如图 8－17 所示。

需要指出，在图 8－17 所示的半剖视图中，右侧肋板被剖切，但未画剖面线，这是国家标准规定的一种简化画法（详见本章第四节中的简化画法）。

应该注意，**半剖视图中视图与剖视的分界线是表明对称平面位置的点画线**（对称面上不应有平面积聚线或棱线，如图 8－22 所示），**不能画成粗实线**。半剖视图中内、外结构对称，视图与剖视表达方式互补，已将内外结构表达清楚，因此在视图部分表达内部结构的虚线一般应省略。

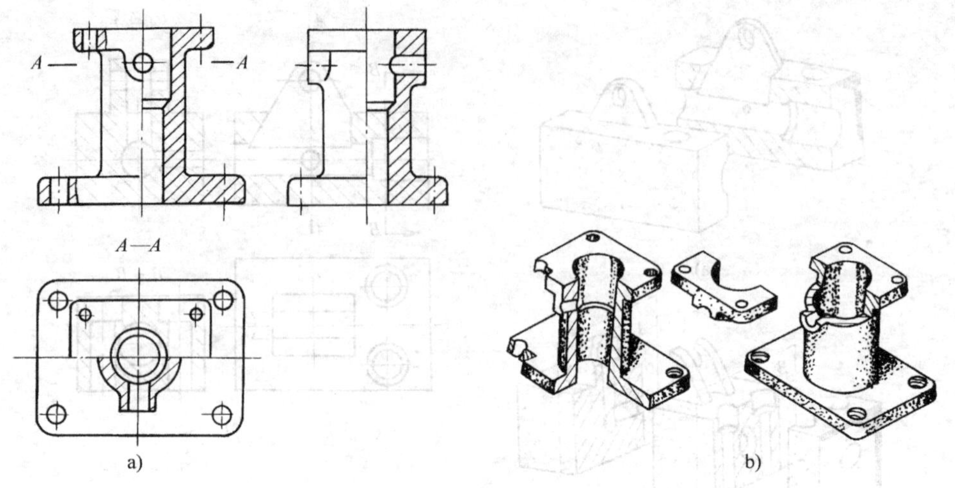

图 8-16　半剖视图（一）

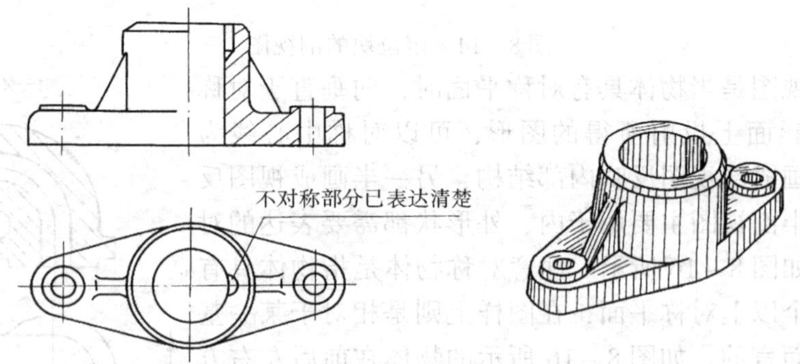

图 8-17　半剖视图（二）

半剖视图中剖视部分的位置通常可按以下原则配置：主视图中位于对称线右侧；俯视图中位于对称线下方；左视图中位于对称线右侧，如图 8-16 所示。有时为了表达某些特殊或具体形状，也可以按具体情况配置。

3. 局部剖视图

用剖切面局部地剖开物体得到的剖视图称为局部剖视图。它主要用于表达物体的局部内部形状结构，或不宜采用

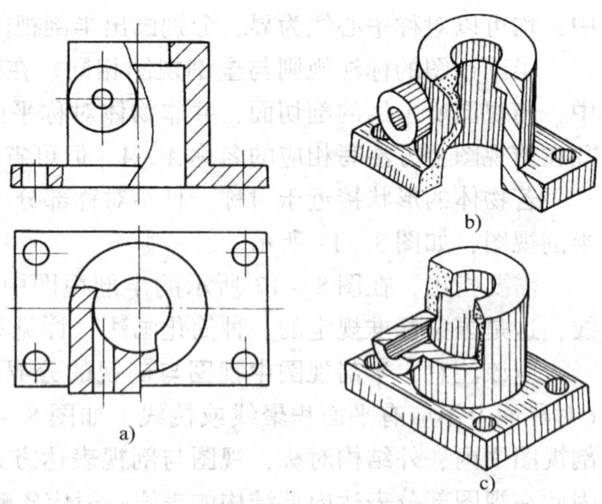

图 8-18　局部剖视图

全剖视图或半剖视图的地方（诸如轴、连杆、箱体等零件上的某些孔或槽等），如图 8－16 主视图及图 8－18 所示。在一个视图中，选用局部剖的次数不宜过多，否则会显得零乱以致影响图形清晰。局部剖视图的剖切位置和剖切范围视需要而定，是一种比较灵活的表达方法。

画局部剖视图时，应着重注意以下几点：

1）局部剖视图存在一个被剖部分与未剖部分的分界线，这是局部剖视图和全剖视图的主要区别。分界线用波浪线表示，如图 8－19 所示。为了计算机绘图方便，也可采用双折线表示，如图 8－23 所示。

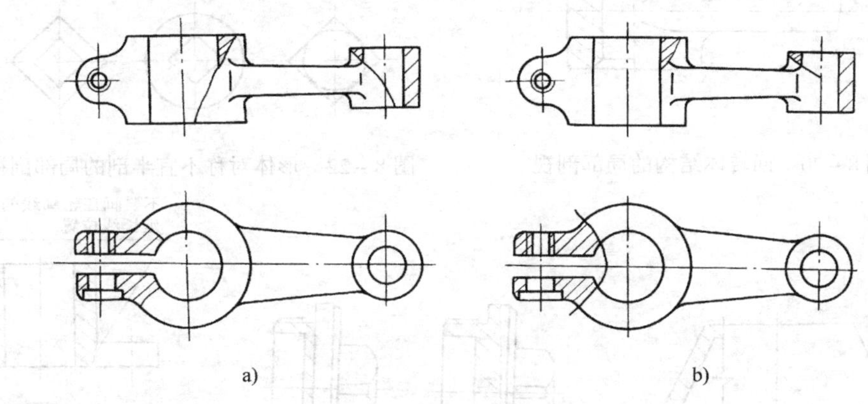

图 8－19　波浪线的画法

a）正确　b）错误

2）当被剖的局部结构为回转体时，允许将该结构的中心线作为局部剖视图与视图的分界线，如图 8－20 所示；而图 8－21 所示方孔不是回转体，就不能以其中心线为界，而只能以波浪线作为分界线。这种局部剖视图与半剖视图的区别是：前者强调物体的局部结构为回转体，而后者则强调整个物体应具有对称平面。当对称物体在对称中心线处有图线而不便于采用半剖视图时，也可使用局部剖视图表示，如图 8－22 所示。

3）作为被剖部分与未剖部分分界的波浪线或双折线，不能与视图上其他图线重合，如图 8－19b 主视图左边的孔剖切分界以及图 8－24；也不能以部分中心线作为边界线剖开物体，如图 8－19b 主视图右边的孔剖切分界。同时，波浪线不可画到物体的空心部位，也不能超出视图轮廓界线，如图 8－19b 俯视图。但双折线则应超出视图轮廓线，如图 8－23 所示。波浪线也不应画在图线的延长线上，应错开一个位置，如图 8－24 所示。

4）局部剖视图的标注规则与全剖视图基本相同，当单一剖切面的剖切位置明显时，均可省略标注，如图 8－18 至图 8－24。

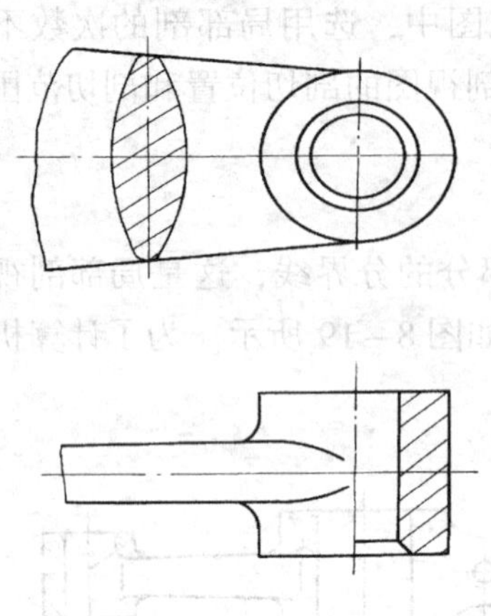

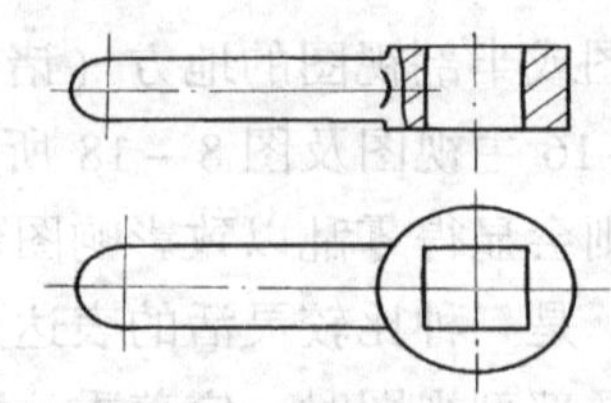

图 8－21　非回转体结构的局部剖视

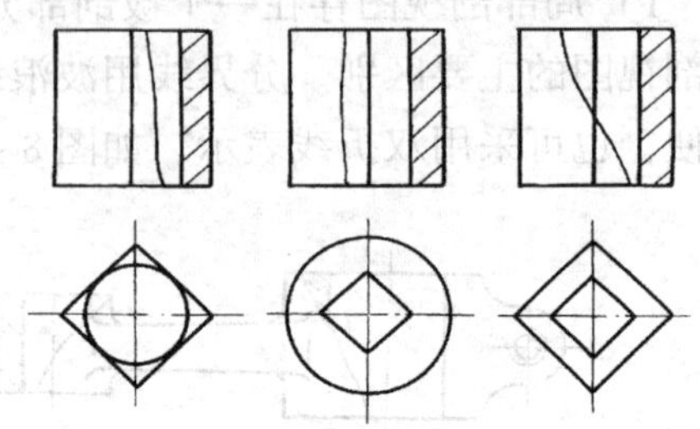

图 8－20　回转体结构的局部剖视

图 8－22　形体对称不宜半剖的局部剖视

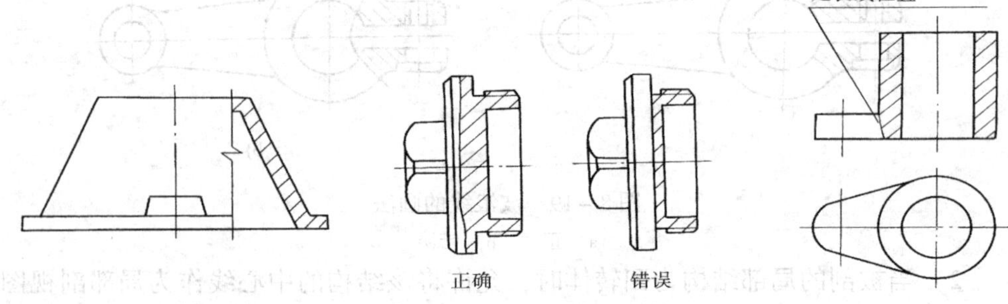

图 8－23　双折线分界的局部剖视

图 8－24　波浪线不应与轮廓线重合以及画在图线的延长线上

四、剖切面的种类

根据物体的结构特点：GB/T 17452—1998 规定可以选用以下三种剖切面剖开物体：① 单一剖切面；② 几个平行的剖切平面；③ 几个相交的剖切面。

1. 单一剖切面

单一剖切面指用于剖开物体的剖切面只有一个。这一个剖切面主要是指平面或柱面。而平面中既包含了平行于某一个基本投影面的平面（投影面平行面），也包含了不与基本投影面平行的倾斜平面（投影面垂直面）。在前面介绍的各种剖视图的各个图例中，都是用的单一平行剖切平面。图 8－25 是单一斜剖切平面示例，图 8－26 是单一剖切柱面示例。

在图 8－25 中，物体的倾斜部分的内部结构需要表达。只有用倾斜剖切平面才能获得反映该部分实形的剖视图。用单一斜剖切平面获得的剖视图最好按投影关系配置，也可以平移和旋转（见图 8－25）。图 8－27 所示是用单一斜剖切平

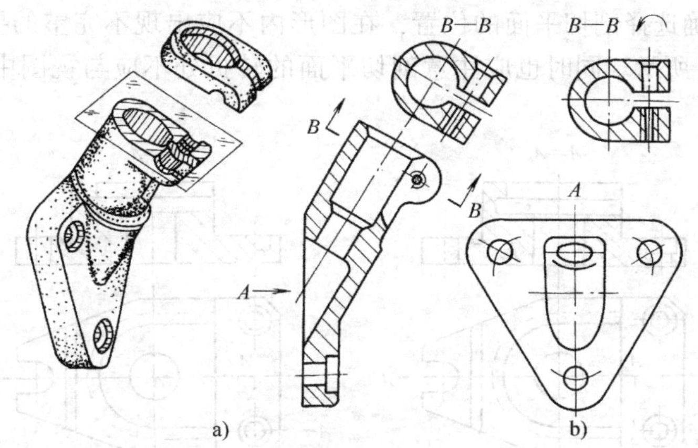

图 8-25　单一斜剖切的全剖视图

面获得的剖视图旋转配置的画法和标注方法。

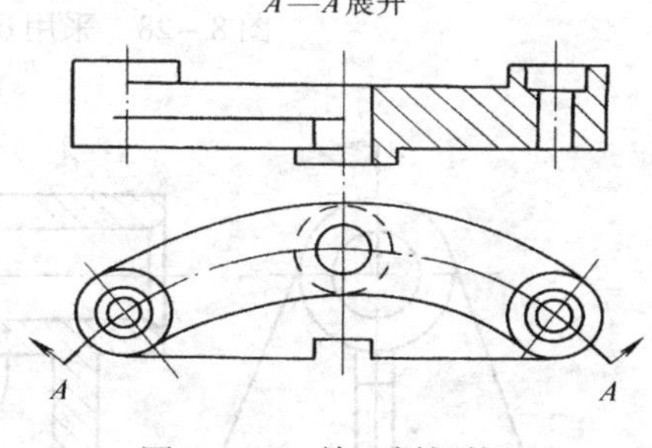

图 8-26　单一剖切柱面获得的半剖视图

从图 8-26 可以看出，用单一柱面剖切，主要是用于表达处于圆周分布的某些结构。通常采用展开画法。

2. 几个平行的剖切平面

几个平行的剖切平面可能是两个或两个以上，各剖切平面的转折处必须是直角。这里强调的是“剖切平面”，排除了“剖切柱面”。

当物体的内形层次较多，用单一剖切平面不能将物体的各内部结构都剖切到，这时可以采用几个平行的剖切平面。

采用几个平行的剖切平面画剖视图时，要着重注意以下几个问题：

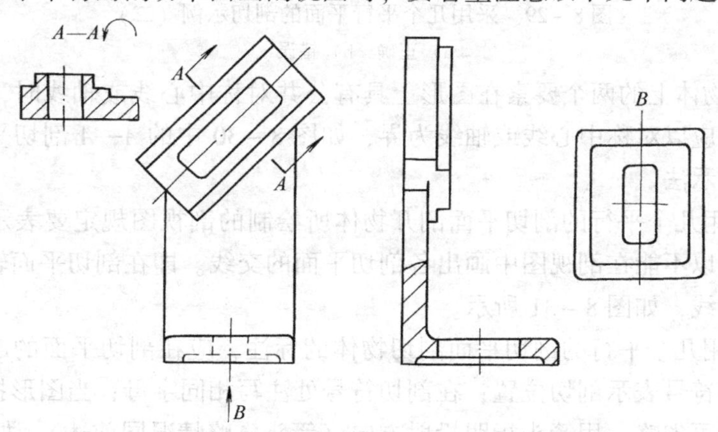

图 8-27　单一斜剖切的局部剖视图可旋转绘制

1）要正确选择剖切平面的位置，在图形内不应出现不完整的要素，如图 8－28 和 8－29 所示。同时也应注意剖切平面的转折处不应与视图中的粗实线或虚线重合。

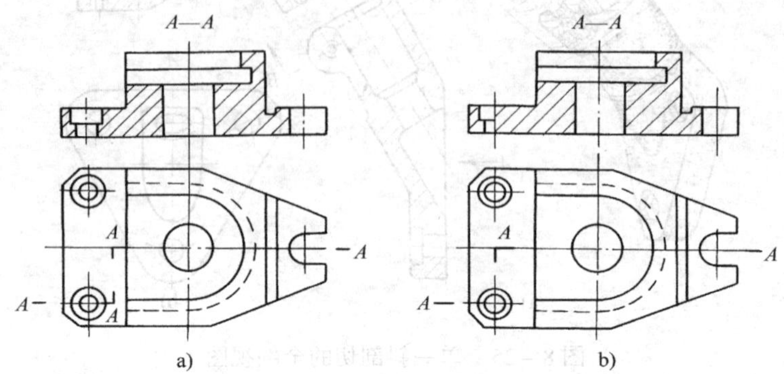

图 8－28　采用几个平行平面的剖切示例（一）

a）正确　b）错误

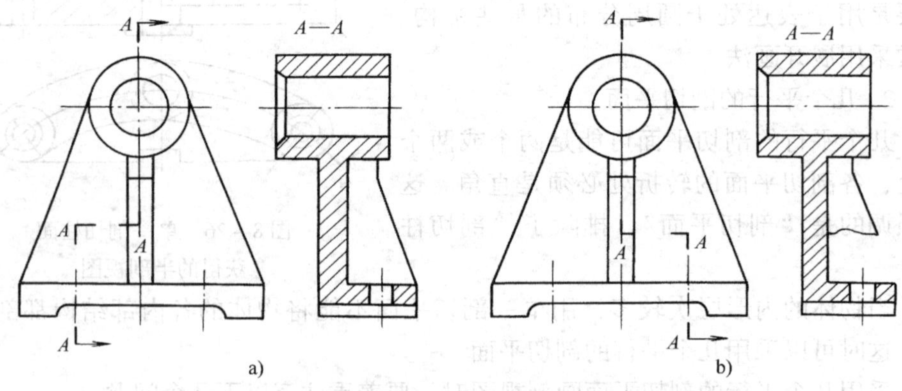

图 8－29　采用几个平行平面的剖切示例（二）

a）正确　b）错误

2）当物体上的两个要素在图形上具有公共对称中心线或轴线时，可以各画一半，此时应以对称中心线或轴线为界，如图 8－30 中的 *A*—*A* 剖切平面。这是一种规定表示法。

3）采用几个平行的剖切平面剖开物体所绘制的剖视图规定要表示在同一个图形上，所以不能在剖视图中画出各剖切平面的交线。即在剖切平面转折处不应新产生轮廓线，如图 8－31 所示。

4）采用几个平行的剖切平面剖切物体的标注，应在剖切平面的起、止和转折处用剖切符号表示剖切位置；在剖切符号处注写相同字母；当图形拥挤时，转折处的字母可省略；用箭头指明投射方向（箭头省略情况同前述），如图 8－29a 所示。

3. 几个相交的剖切面（交线垂直于某一投影面）

几个相交的剖切面必须保证其交线垂直于某一投影面，通常是某一基本投影面。如图 8－32 所示，*A—A* 是两个相交的剖切平面，其中一个平行于正面（*V* 面），另一个与正面倾斜，但其交线垂直于水平面（*H* 面）。根据国家标准规定，几个相交的剖切面，可以是几个相交的平面（图 8－32），也可以是几个相交的平面和柱面，如图 8－33 所示。

采用几个相交的剖切面画剖视图时，要着重注意以下几个问题：

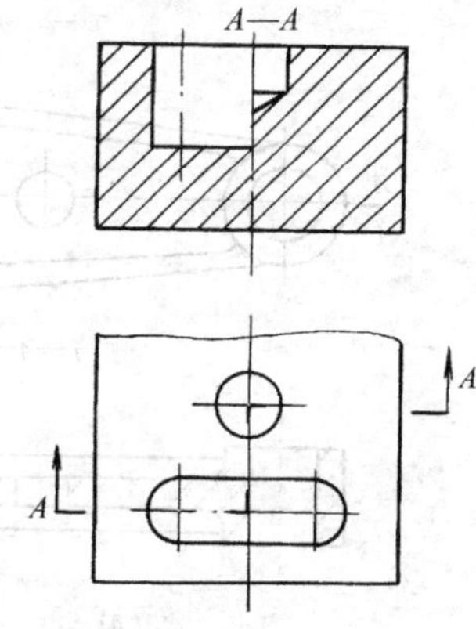

图 8－30 采用几个平行平面的剖切示例（三）

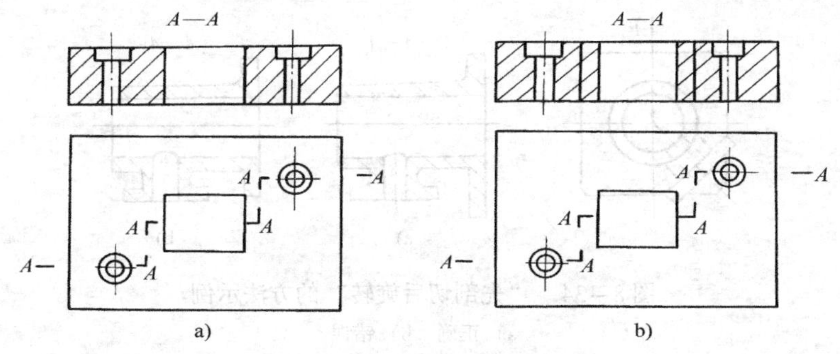

图 8－31 剖切转折处无界线

a）正确 b）错误

1）采用几个相交剖切面的方法绘制剖视图时，先假想按剖切位置剖开物体，然后将不与所选投影面平行的被剖切面剖开的结构及**有关部分旋转**到与选定的投影面平行再进行投射，而不能将某些结构先旋转再作剖切。更要引起注意的是，采用几个相交的剖切面的这种“先剖切后旋转”的方法绘制的剖视图，往往有些部分图形会伸长，如图 8－32 和图 8－34a 所示。对物体的某些结构若采用“先旋转后剖切”的方法，如图 8－34b 所示，就会产生一些问题，如剖切面位置的标注与实际剖切位置不一致等，则是错误的。

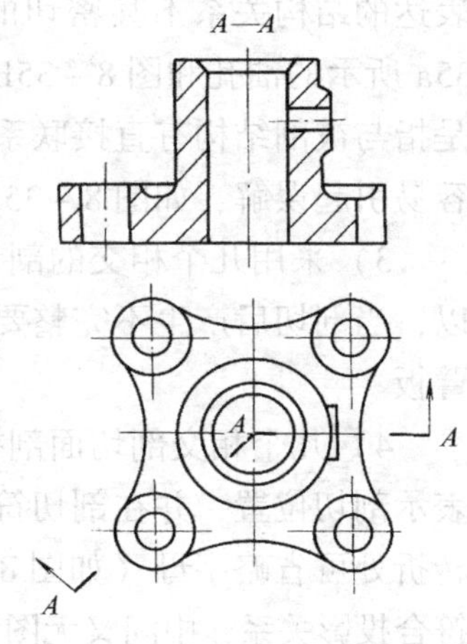

图 8－32 几个相交平面的剖切示例

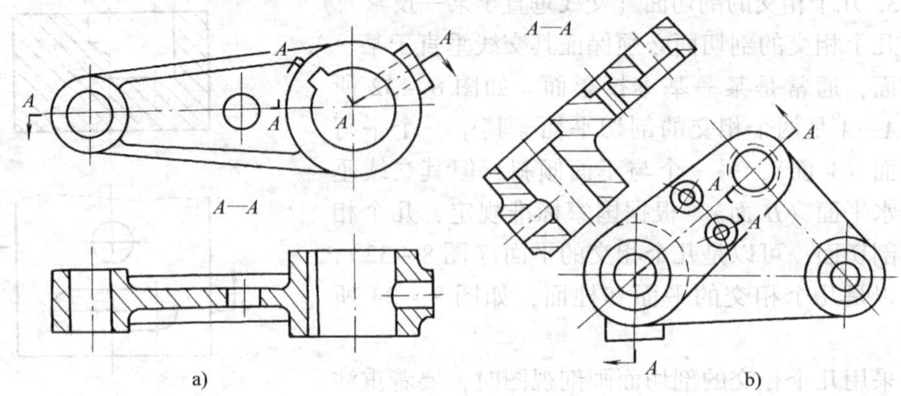

图 8－33　几个相交的平面和柱面剖切示例

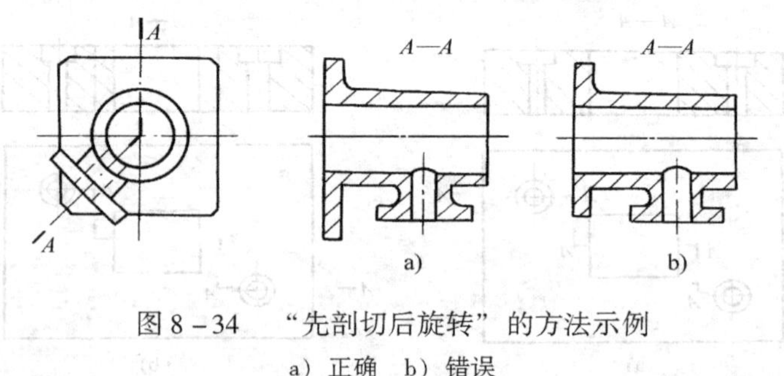

图 8－34　“先剖切后旋转”的方法示例

a）正确　b）错误

2）采用几个相交的剖切面的方法绘制剖视图时，在剖切平面后的其他结构一般仍按原来的位置投影。这里提到的“其他结构”，是指处在剖切平面后与所表达的结构关系不甚密切的结构，或一起旋转容易引起误解的结构，如图 8－35a 所示的油孔和图 8－35b 中的凸台。而前面所说的“有关部分”则恰恰相反，是指与被剖结构有直接联系，且密切相关的部分，不一起旋转则难以表达，反而容易引起误解，如图 8－35b 中的肋板。

3）采用几个相交的剖切面剖开物体时，往往难以避免出现不完整要素。所以，当剖切后产生不完整要素时，应将此部分按不剖绘制，如图 8－36 中的无孔臂板。

4）几个相交剖切面剖视的标注：在剖切平面的起、止和转折处用剖切符号表示剖切位置，并在剖切符号附近注写相同字母（如图 8－32）；当图形拥挤时，转折处可省略字母（如图 8－35）；同时用箭头指明投影方向。但当剖视图的配置符合投影关系，中间又无图形隔开时，可以省略箭头（如图 8－34、图 8－35b）。

需要强调指出：与前述用单一平行剖切平面获得多种剖视图一样，用每一种剖切面除了能像上述获得全剖视图外，也能获得半剖视图和局部剖视图。如图 8

-26 是用单一剖切柱面获得的半剖视图；图 8-27 是用单一斜剖切平面获得的局部剖视图；图 8-37 是用相交剖切面获得的半剖视图；图 8-38 是用两个平行剖切平面获得的局部剖视图。

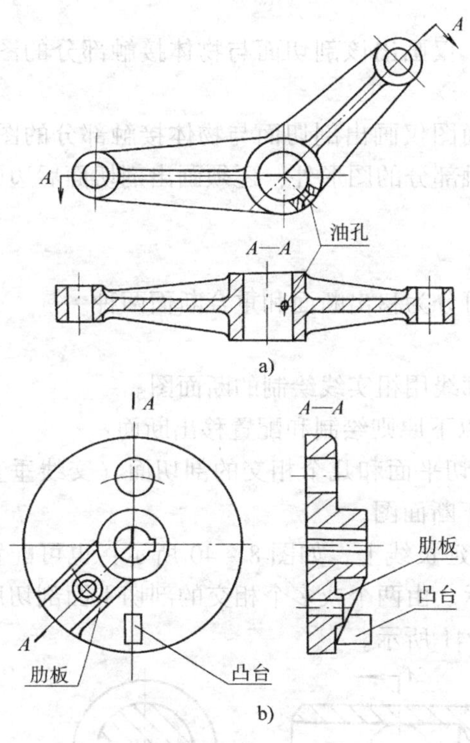

图 8-35 剖切平面后的其他结构位置不变

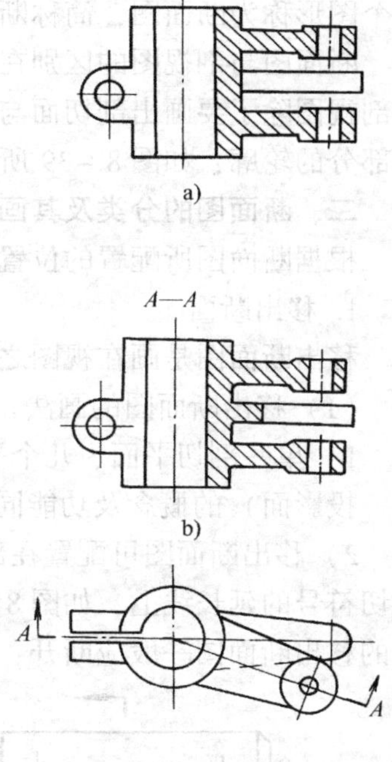

图 8-36 采用几个相交剖切面剖切无孔臂板
a) 正确 b) 错误

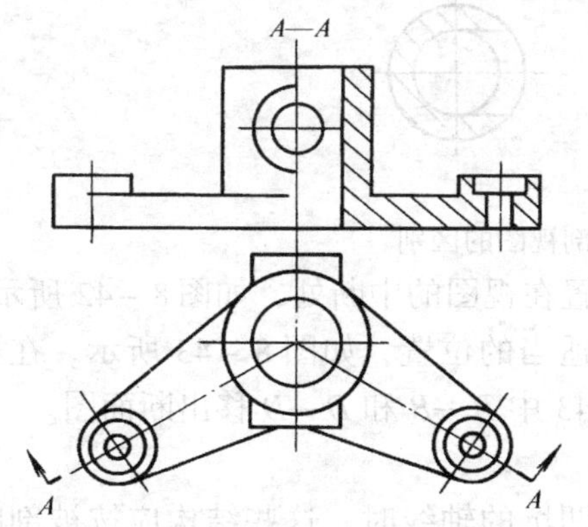

图 8-37 用相交的剖切面获得的半剖视图

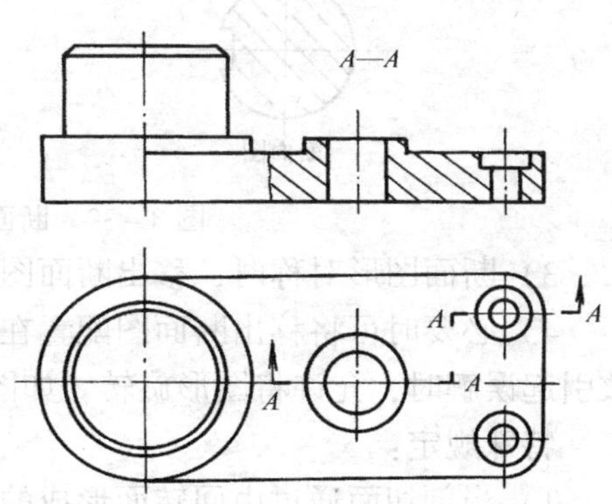

图 8-38 用两个平行平面剖切的局部剖视图

第三节　断　面　图

一、断面图的基本概念

假想用剖切面将物体的某处切断，仅画出该剖切面与物体接触部分的图形，这个图形称为断面图，简称断面。

断面图与剖视图的区别在于：断面图仅画出剖切面与物体接触部分的图形；而剖视图除了要画出剖切面与物体接触部分的图形外，还须画出剖切面后边的可见部分的轮廓，如图 8－39 所示。

二、断面图的分类及其画法

根据断面图所配置的位置不同，可分为移出断面和重合断面两种。

1. 移出断面

移出断面图是画在视图之外，轮廓线用粗实线绘制的断面图。

（1）移出断面图的画法　通常按以下原则绘制和配置移出断面：

1）单一剖切平面、几个平行的剖切平面和几个相交的剖切面（交线垂直于某一投影面）的概念及功能同样适用于断面图。

2）移出断面图可配置在剖切线的延长线上，如图 8－40 所示；也可配置在剖切符号的延长线上，如图 8－39 所示。由两个或多个相交的剖切平面剖切所得到的移出断面图一般应断开，如图 8－41 所示。

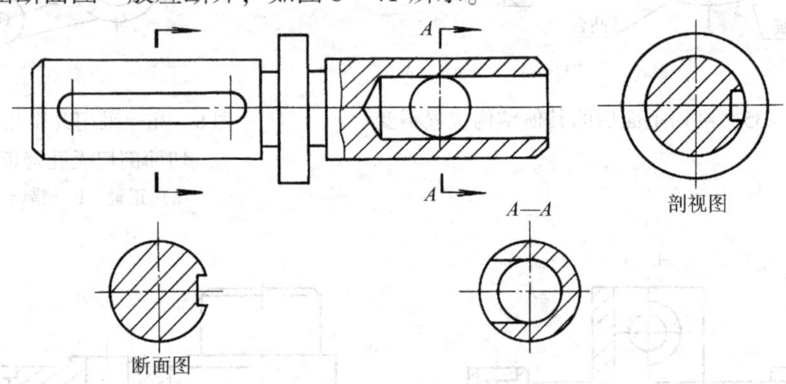

图 8－39　断面图与剖视图的区别

3）断面图形对称时，移出断面图可配置在视图的中断处，如图 8－42 所示。

4）必要时可将移出断面图配置在其他适当的位置，如图 8－43 所示。在不致引起误解时，允许将图形旋转，如图 8－43 中 *B—B* 和 *D—D* 移出断面图。

特殊规定：

1）当剖切面通过由回转面形成的孔或凹坑的轴线时，这些结构应按被剖断处的剖视图绘制，如图 8－39 中的 *A—A* 断面和图 8－44a 所示。

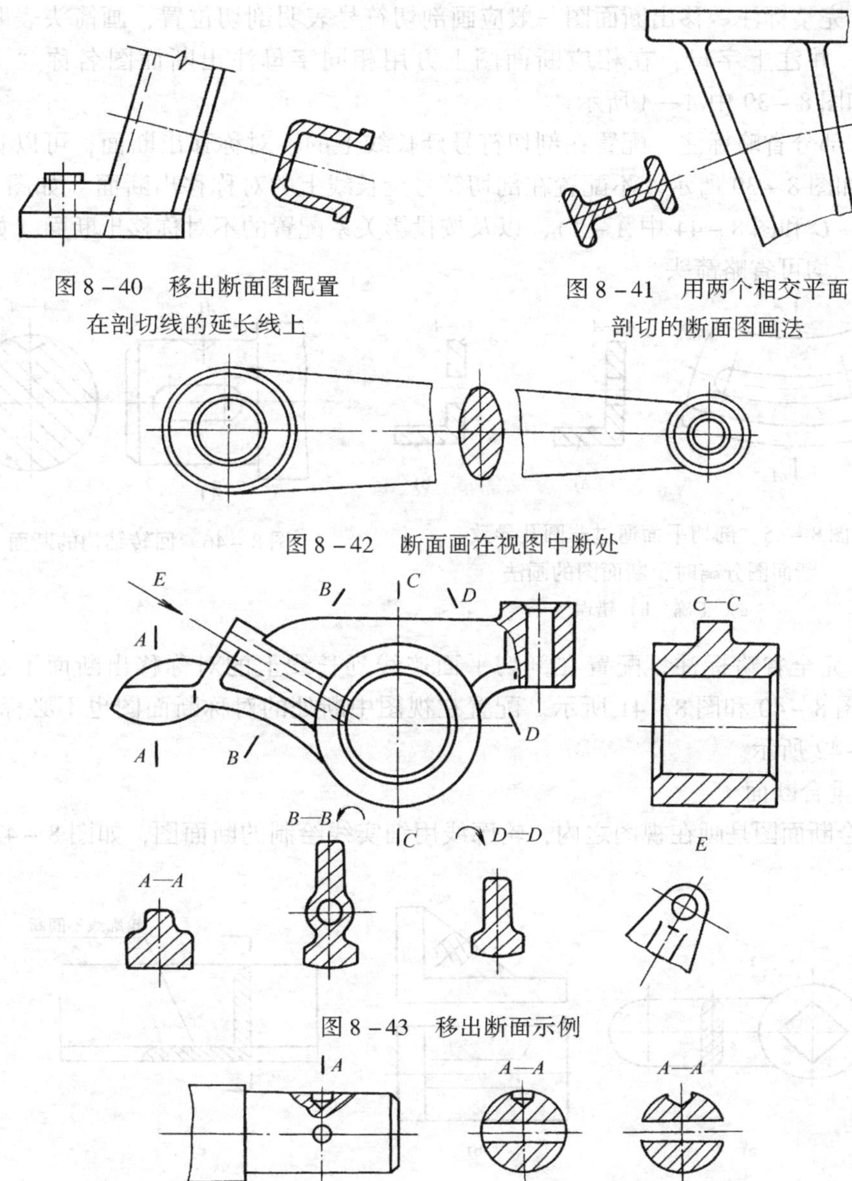

图 8－40　移出断面图配置在剖切线的延长线上

图 8－41　用两个相交平面剖切的断面图画法

图 8－42　断面画在视图中断处

图 8－43　移出断面示例

图 8－44　剖切平面通过回转面形成的孔和凹坑轴线时断面图的画法

a）正确　b）错误

2）当剖切面通过非圆孔，会导致出现完全分离的两个断面时，则这些结构应按剖视图绘制，如图 8－45 所示。

（2）移出断面图的标注

1）完整标注。移出断面图一般应画剖切符号表明剖切位置，画箭头表明投射方向，并注上字母，在相应断面图上方用相同字母注出断面图名称“×—×”，如图 8－39 中 A—A 所示。

2）部分省略标注。配置在剖切符号延长线上的不对称移出断面，可以省略字母，如图 8－39 所示。不配置在剖切符号延长线上的对称移出断面（如图 8－43 中 C－C 和图 8－44 中 A－A），以及按投影关系配置的不对称移出断面（如图 8－46），均可省略箭头。

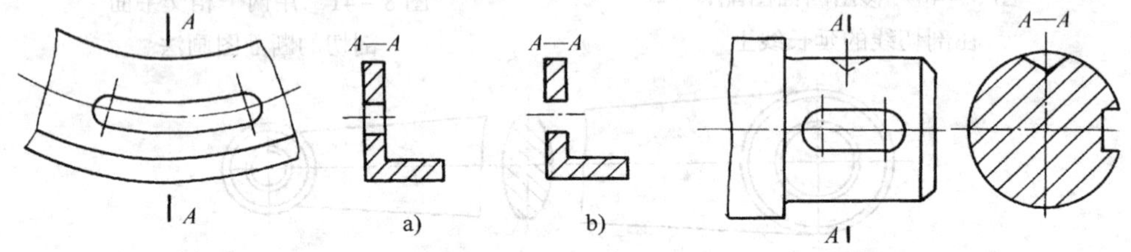

图 8－45　剖切平面通过非圆孔导致断面图分离时，断面图的画法
a）正确　b）错误

图 8－46　回转结构的断面

3）完全省略标注。配置在剖切平面迹线延长线上的对称移出断面不必标注，如图 8－40 和图 8－41 所示。配置在视图中断处的对称断面图也不必标注，如图 8－42 所示。

2. 重合断面

重合断面图是画在视图之内，轮廓线用细实线绘制的断面图，如图 8－47 所示。

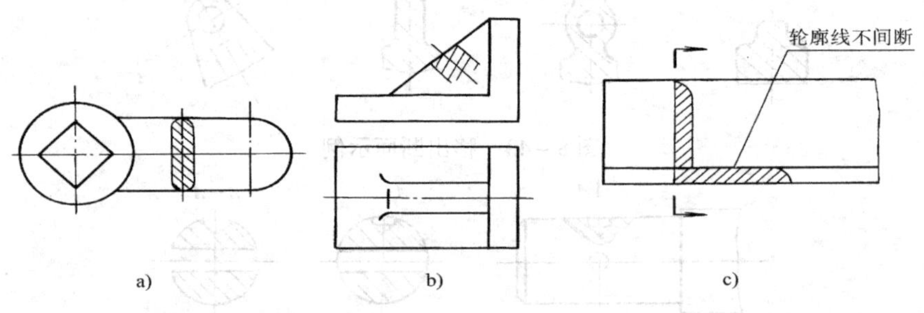

图 8－47　重合断面

（1）重合断面图的画法　当视图中轮廓线与重合断面图的图形重叠时，视图中的轮廓线（粗实线）仍应连续画出，不可间断，如图 8－47c 所示。

（2）重合断面图的标注　配置在剖切符号上不对称的重合断面，只需画出剖切符号及箭头，不必标注字母，见图 8－47c；对称的重合断面不必标注，只用对称中心线作为剖切迹线，如图 8－47a、b 所示。

由于重合断面画在视图内，只有当图形简单，不影响视图的清晰时，才采用重合断面，否则就应采用移出断面。

第四节　其他表达方法

一、局部放大图

将物体的部分结构，用大于原图形所采用的比例画出的图形，称为局部放大图，如图 8－48 所示。

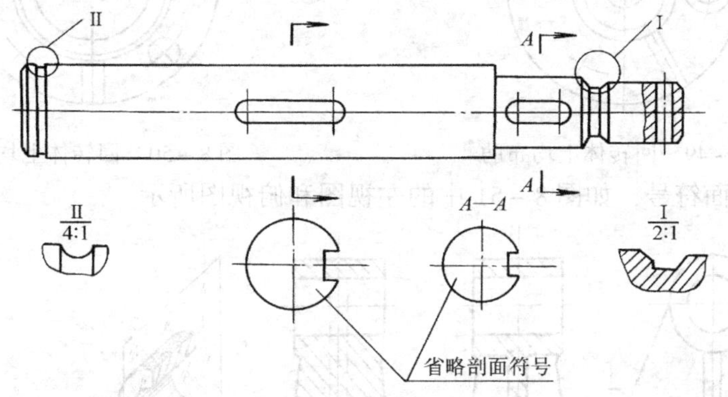

图 8－48　局部放大图

局部放大图可以画成视图、剖视或断面，它与被放大部位的表达方式无关。局部放大图应尽量配置在被放大部位附近。

局部放大图的标注如图 8－48 所示，用细实线（圆）圈出被放大的部位。当同一物体上有几个被放大的部分时，必须用罗马数字依次标明放大的部位，并在局部放大图的上方标注相应的罗马数字和所采用的比例。若只有 I 处，则只需注明所采用的比例。若有两处一样，则都用 I 标出，但只画一个放大图。

局部放大图上所注的比例，仍为图样中物体要素的线性尺寸与实际物体相应要素的线性尺寸之比，不是与原图之比。

二、简化画法

在国家标准《技术制图》（GB/T 16675. 2—1996）中，还规定了一些简化画法。简化的原则是必须保证不致引起误解和不会产生理解的多义性，在此前提下，应力求制图简便，便于识读和绘制，注重简化的综合效果。现介绍几种主要的简化画法。

1. 肋板轮辐剖切的简化

对于物体的肋、轮辐及薄壁等，如按纵向剖切，这些结构不画剖面符号，而用粗实线将它与其邻接部分区分开。当零件回转体上均匀分布的肋、轮辐、孔等结构不处于剖切平面上时，可将这些结构旋转到剖切平面上画出，而不需加任何标注，见图 8－49 和图 8－50。但当剖切平面按横向剖切肋板和轮辐时，这些结构

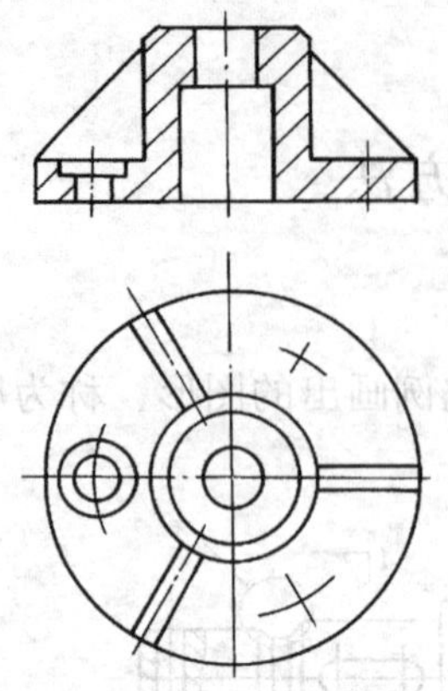
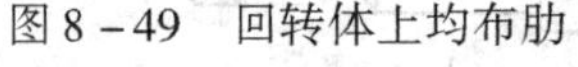

图 8-49　回转体上均布肋

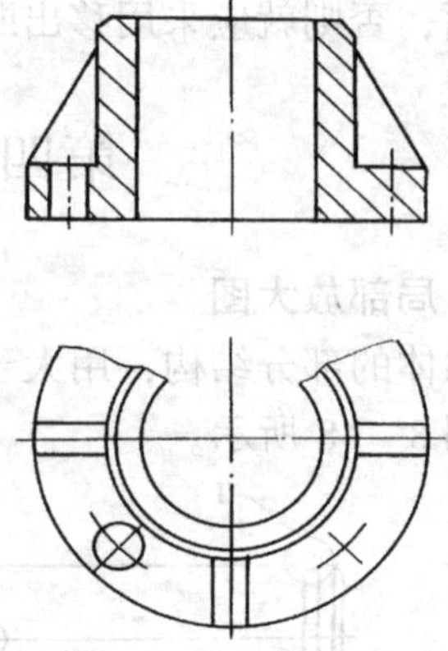

图 8-50　回转体上均布孔

仍应画上剖面符号，如图 8-51 中的左视图和俯视图所示。

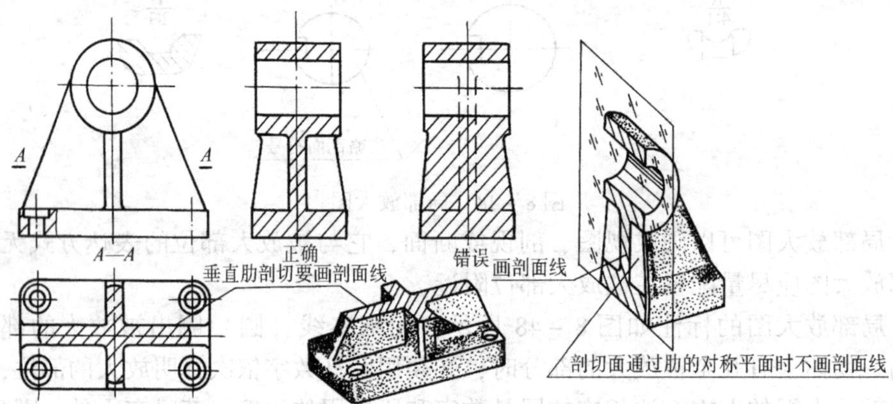

图 8-51　肋板剖切后的画法

2. 相同结构的简化

1）当物体上具有若干相同结构（齿、槽等）并按一定的规律分布时，只需画出几个完整的结构，其余用细实线连接，在零件图中则必须注明该结构总数，见图 8-52。

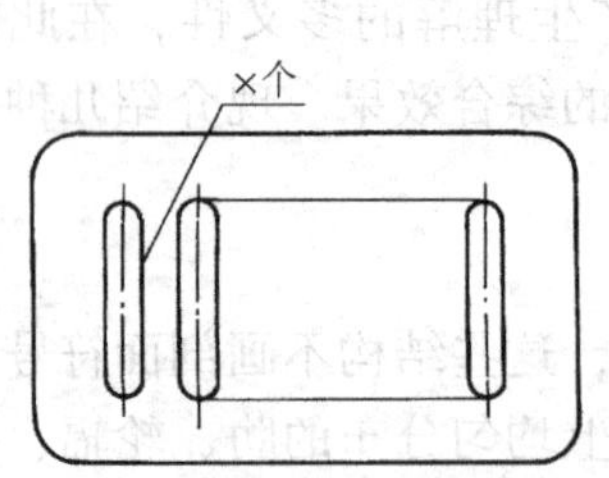

图 8-52　规律分布相同结构的槽

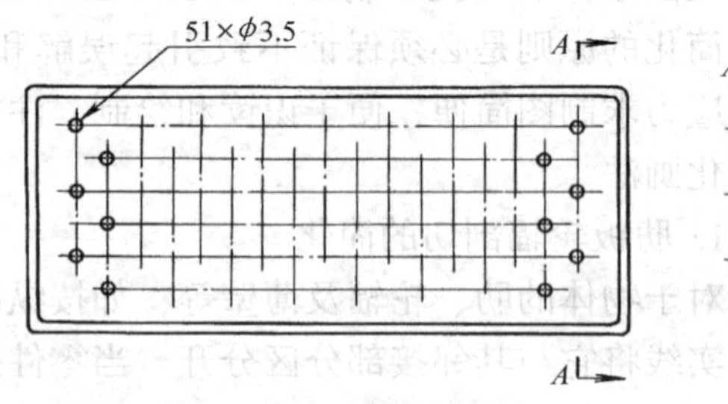

图 8-53　规律分布的等径孔

2）在同一物体中，对于尺寸相同的孔、槽等成组要素，若呈规律分布，可以仅画出一个或几个，其余用点画线表示其中心位置，可仅在一个要素上注出其尺寸和数量，见图 8－53。

3. 对图形和交线的简化

1）在不致引起误解时，零件图中移出断面允许省略剖面符号，见图 8－48。但剖切位置和断面图的标注必须遵守原来的规定。

2）当图形不能充分表达平面时，可用平面符号（相交的两条细实线）表示，如图 8－54所示。

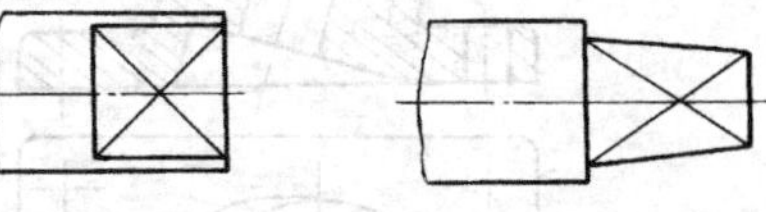

图 8－54　用符号表示平面

3）在不致引起误解时，图形中的过渡线、相贯线允许简化，例如用圆弧或直线代替非圆曲线，如图 8－55 所示。

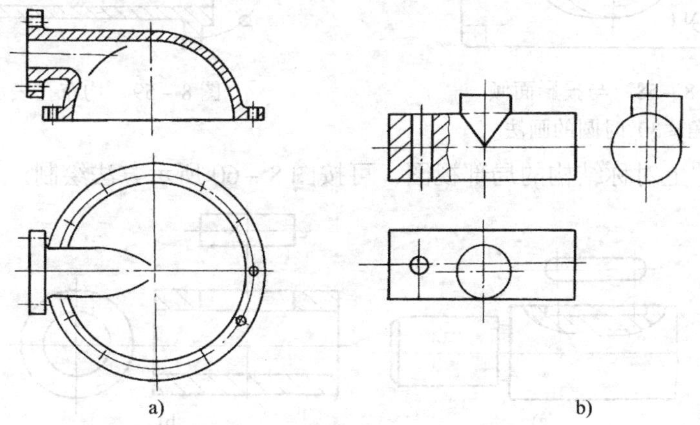

图 8－55　相贯线、过渡线的简化

4）在需要表示位于剖切平面前的结构时，这些结构按假想投影轮廓线绘制，用双点画线表示，如图 8－56 所示。

5）在剖视图的剖面中可再作一次局部剖视。采用这种方法表达时，两个剖面的剖面线应同方向、同间隔，但要相互错开，并用引出线标注其名称，见图 8－57。

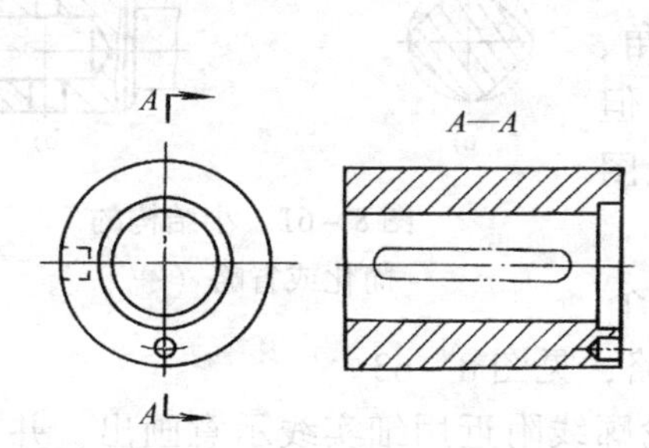

图 8－56　剖切平面前的结构规定画法

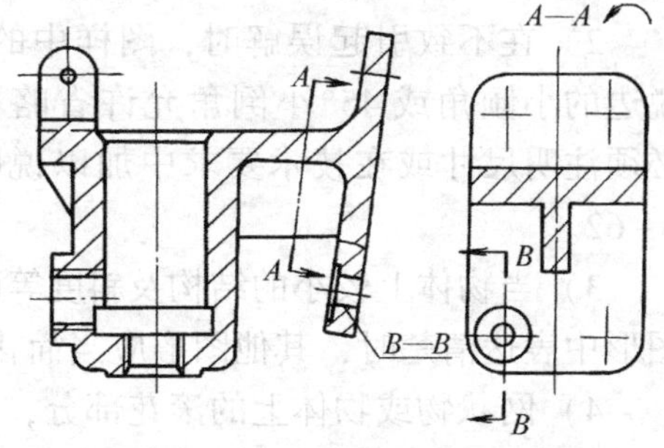

图 8－57　在剖视图中再作一次局部剖视

6）与投影面倾斜角度≤30°的圆或圆弧，其投影可用圆或圆弧代替，见图 8－58。

7）圆柱形法兰和类似零件上均匀分布的孔可按图 8－59 所示方法表示（由物体外向该法兰端面方向投影）。

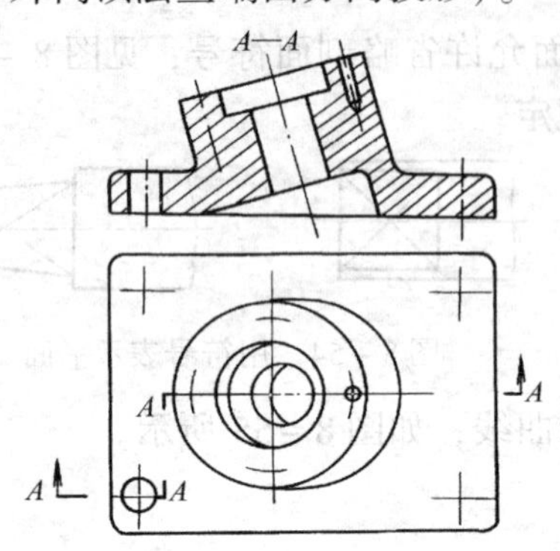

图 8－58　与投影面倾角≤30°时圆的画法

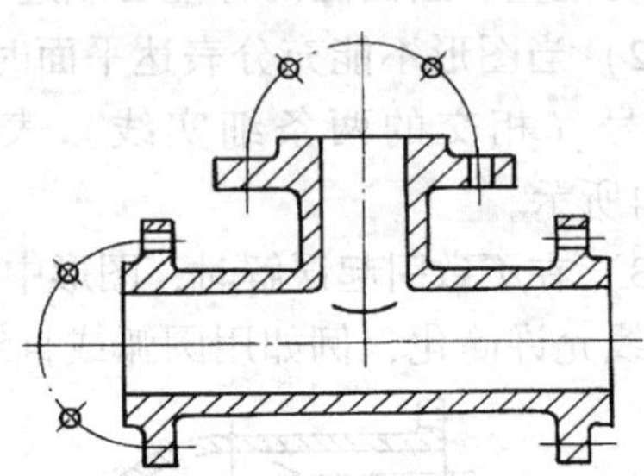

图 8－59　均布孔表示法

8）零件上对称结构的局部视图，可按图 8－60 所示方法绘制。

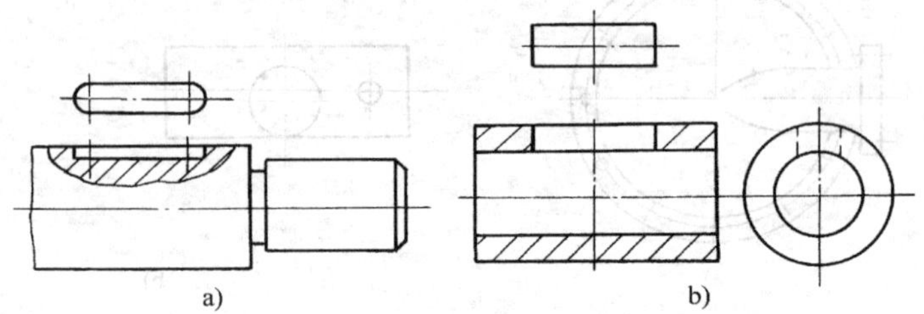

图 8－60　对称结构的局部视图

4. 小结构的简化

1）类似图 8－61 所示物体上较小结构，如在一个图形中已表示清楚时，其他图形可以简化或省略。

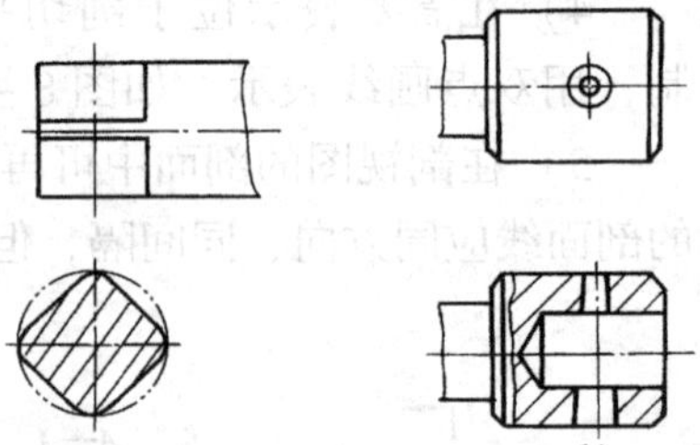

2）在不致引起误解时，图样中的小圆角、锐边的小倾角或 45°小倒角允许省略不画，但必须注明尺寸或在技术要求中加以说明，见图 8－62。

a)　　b)

图 8－61　小结构的简化或省略（一）

3）当物体上较小的结构及斜度等已在一个图形中表达清楚时，其他图形应当简化或省略，见图 8－63。

4）网状物或物体上的滚花部分，可在轮廓线附近用细实线示意画出，并在图样上或技术要求中注明这些结构的具体要求，如图 8－64、图 8－65 所示。

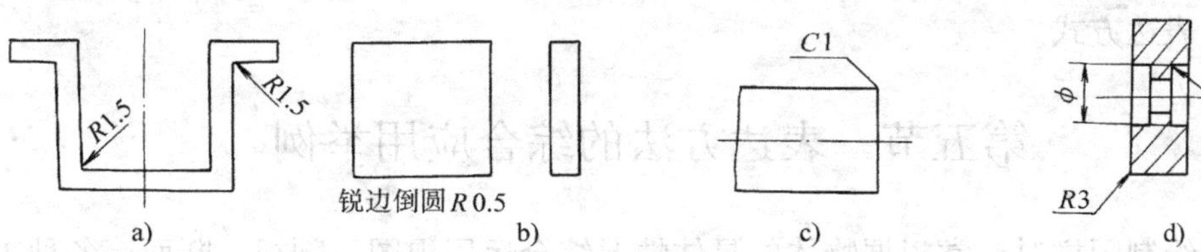

R1.5
R1.5
a)
锐边倒圆 R 0.5
b)
C1
c)
ϕ
R1
R3
d)

图 8－62　小结构的简化或省略（二）

a)
b)

图 8－63　小斜度结构的简化

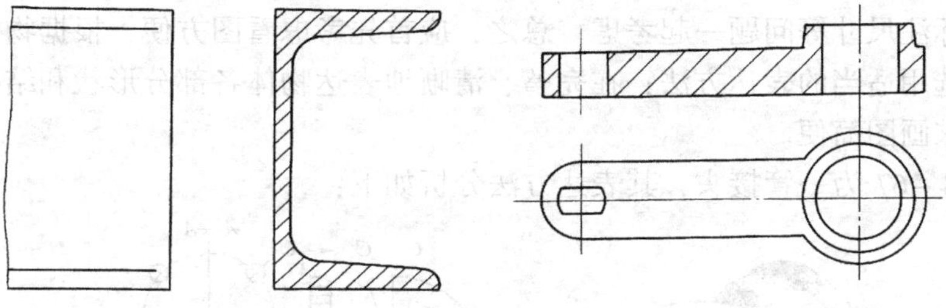

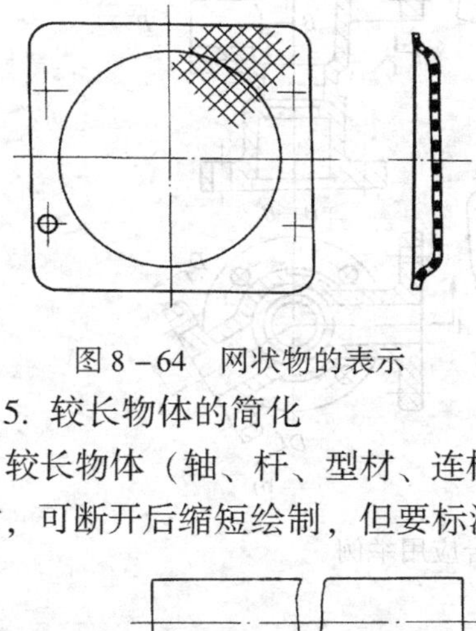

图 8－64　网状物的表示

网纹 m 0.8

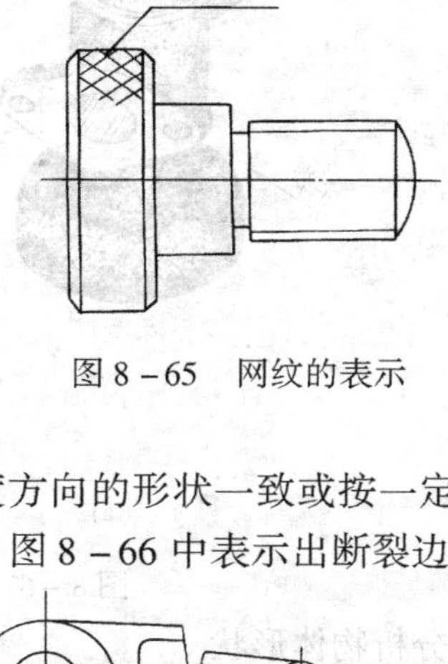

图 8－65　网纹的表示

5. 较长物体的简化

较长物体（轴、杆、型材、连杆等）沿长度方向的形状一致或按一定规律变化时，可断开后缩短绘制，但要标注实际尺寸，图 8－66 中表示出断裂边界不同

实际尺寸
实际尺寸

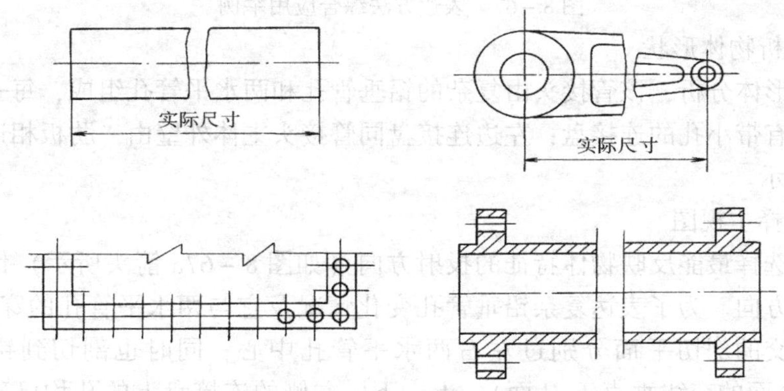

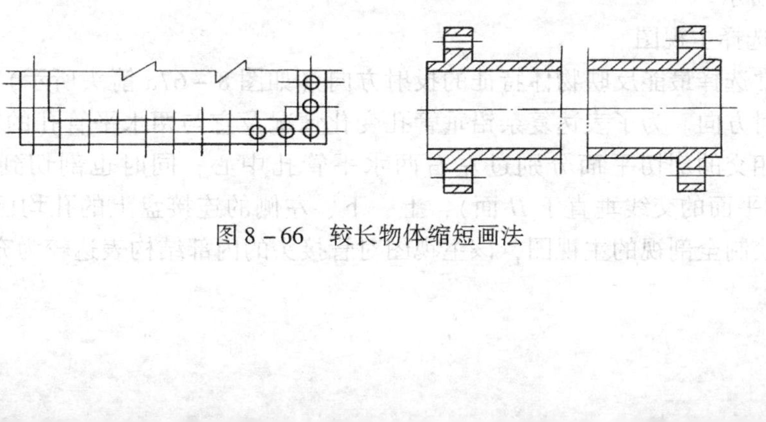

图 8－66　较长物体缩短画法

形式的表达方式。

第五节　表达方法的综合应用举例

在绘制图样时，常根据物体的具体情况综合运用视图、剖视、断面等各种表达方法，而且一个物体往往可以选用几种不同的表达方案。在确定表达方案时还应结合标注尺寸等问题一起考虑。总之，应首先考虑看图方便，根据物体的结构特点，选用适当的表达方法；在完整、清晰地表达物体各部分形状和结构的前提下，力求画图简便。

图 8－67 为一管接头，其表达方法分析如下：

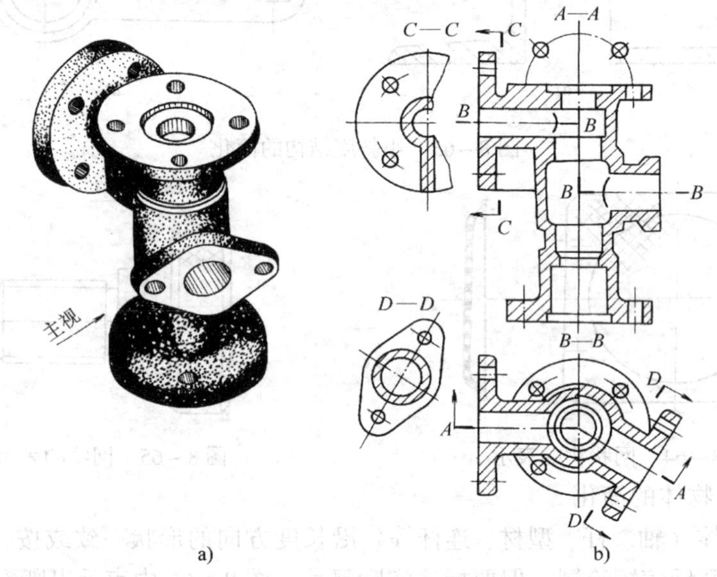

图 8－67　表达方法综合应用举例

1. 分析物体形状

根据形体分析，该管接头由复杂的铅垂管孔和两水平管孔组成，每一管孔的出口处均有带小孔的连接盘；左边连接盘同管接头主体外壁由一肋板相连，如图 8－67a 所示。

2. 选择主视图

通常选择最能反映物体特征的投射方向（如图 8－67a 箭头所示）作为主视图的投射方向。为了表达复杂铅垂管孔变化情况及它与两水平管孔的穿通情况，采用两相交的剖切平面分别过左右两水平管孔中心，同时也剖切到铅垂管孔（两剖切平面的交线垂直于 H 面），上、下、左侧的连接盘上的孔均已剖到。以此方法绘制全剖视的主视图，该主视图对管接头的内部结构表达较为充分。

3. 其他视图选择

采用过两水平管孔轴线的两平行平面的剖切方法绘制全剖视的俯视图，见图 8－67b 中 *B—B* 视图。表达两水平管孔的相互位置及下端连接盘的形状和小孔分布（注：图中出现的不完整要素具有公共轴线，该剖切方法是允许的）。

采用全剖视的主、俯视图 *A—A*、*B—B* 后，该管接头的管孔穿通情况及下端连接盘形状已表达清楚，对未表达清楚的左、右管孔连接盘，采用剖视图 *C—C*，及斜剖切方法绘制全剖视图 *D—D* 来表达。上端连接盘采用简化画法表达。至此，整个管接头内、外形状均表达清楚，如图 8－67b 所示。

由此可见，物体表达方案的选择步骤应是：

1）分析物体的结构形状，对物体进行全面的了解。

2）选择主视图，其投射方向应为最能反映物体形状特征的方向。

3）确定其他视图，并选择适当的表达方法。

4）内、外形状兼顾，分析比较，确定表达方案。

5）有时还需用标注尺寸来帮助表达形体，例如当尺寸注上 ϕ 时，就知为回转体部分。

第六节　第三角画法简介

在国际上画工程图样时除了采用第一角画法外，也可采用第三角画法。有些国家（如美国、加拿大等）采用第三角画法绘制物体的图样。为了便于进行国际间的技术交流，本节对第三角画法作简要介绍。“国家标准”特别强调“必要时（如按合同规定等），才允许使用第三角画法”，这主要是从维护第一角画法在国内的主导地位而提出的。

一、第三角画法

如本书第二章第一节所述，相互垂直的三个投影面 *V*、*H* 和 *W* 将空间分为八个分角，并按顺序把左边的四个依次叫Ⅰ、Ⅱ、Ⅲ、Ⅳ分角，如图 8－68a 所示。把物体放入第一分角中，按“观察者—物体—投影面”（即：人—物—面）的相对位置关系作正投影，这种方法称为第一角画法。前面所讲的三视图均采用第一角画法。第一角画法三面视图的形成，大家都已熟悉，如图 8－68 所示。

把物体放入第三分角中，假设投影面是透明的，按“观察者—投影面—物体”（即：人—面—物）的相对位置关系作正投影，这种方法称为第三角画法，如图 8－69 所示。

第三角画法，进行投影时就好像隔着玻璃看东西一样，在 *V* 面上所得的投影仍称为主视图，在 *H* 面上所得的投影仍称俯视图，在 *W* 面上所得的投影为右视图。

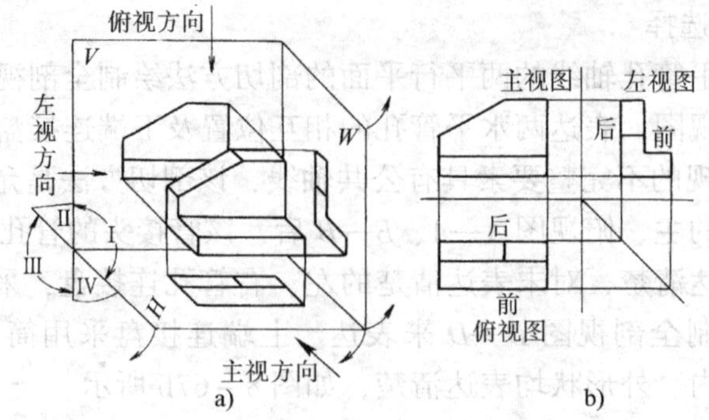

图 8－68　第一角画法三视图的形成

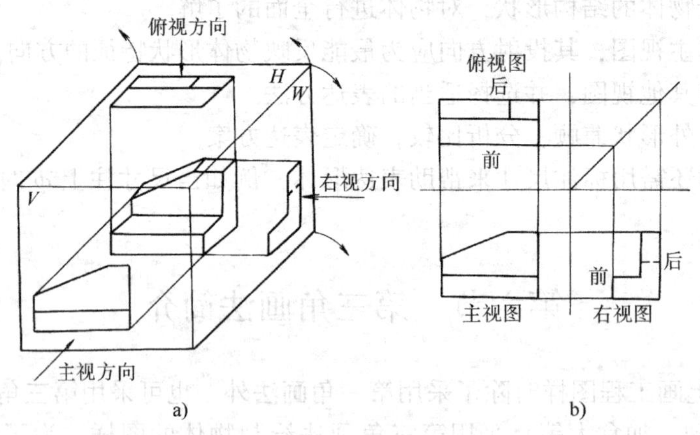

图 8－69　第三角画法三视图的形成

展开投影面时，也是规定 V 面不动，H 面绕它与 V 面的交线向上转 90°，W 面绕它与 V 面的交线向前转 90°，如图 8－69a 箭头所示。投影面展开后，俯视图位于主视图正上方，右视图位于主视图的正右方，如图 8－69b 所示。

如将物体置于透明的六面体中，以透明六面体的六个面为投影面，按“观察者—投影面—物体”的相互位置分别将物体向六个投影面作正投影，然后再把各投影面展开到与 V 面重合的平面上，即可得到第三角画法中六个基本视图配置，如图 8－70 所示。

二、第三角画法与第一角画法比较

两者都是采用正投影法，所以有它们的共性，即全部正投影法的特征，包括投影的对应关系“长对正、高平齐、宽相等”对两者都适用。

两者的主要差别如下：

（1）投影时观察者、物体、投影面的相互位置关系不同　第一角为“观察者—物体—投影面”的相互位置关系；第三角为“观察者—投影面—物体”的相互位置关系。

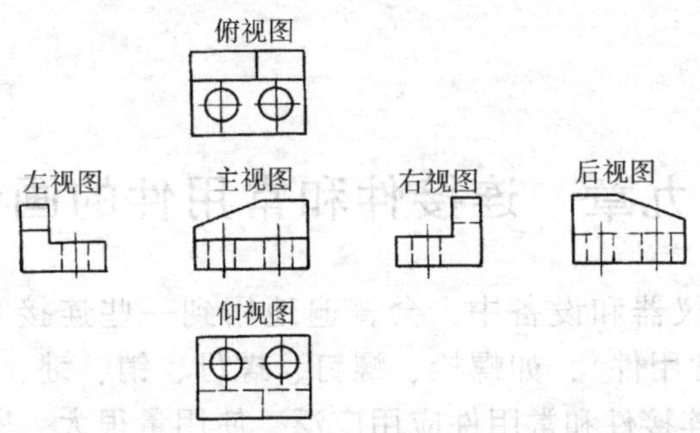

图 8－70　第三角画法中六个基本视图的配置

（2）视图的位置关系和对应关系有所不同　如图 8－68 和图 8－69 所示。

（3）两种画法的识别符号　国际标准 ISO128 规定，第一角画法和第三角画法等效使用。为了便于识别，特别规定了识别符号，如图 8－71 所示。

采用第三角画法时，必须在图样中画出第三角画法的识别符号，而在国内采用第一角画法时，通常省略识别符号。

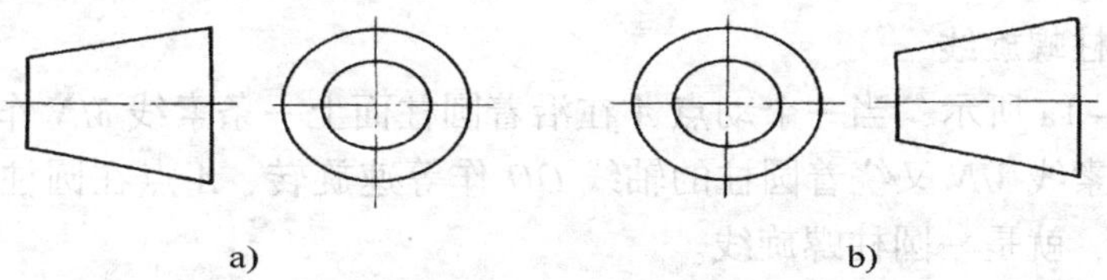

图 8－71　第一及第三角画法的识别符号

a）第一角　b）第三角

第九章 连接件和常用件的画法

在各种机器、仪器和设备中，会普遍地用到一些连接零件和常用零部件（简称为连接件和常用件），如螺栓、螺钉、螺母、销、键、齿轮、弹簧、滚动轴承等。由于这些连接件和常用件应用广泛，使用量很大，所以对它们的型式、结构和尺寸都已经全部或部分地标准化，以便于制造和使用，同时也规定了它们在图样中的规定画法和简化画法，以利于能方便、快捷地绘制图样。

本章分别介绍这些连接件和常用件的结构、型式、画法及标注（或标记）。

第一节 螺纹及螺纹连接件连接

一、圆柱螺旋线

如图9-1a所示，当一个动点A在沿着圆柱面上一条素线MN作等速直线移动的同时，素线MN又绕着圆柱的轴线OO作等速旋转，A点在圆柱面上运动所经过的轨迹，就是一圆柱螺旋线。

圆柱螺旋线有三个基本要素：

（1）导面直径d　即导圆柱面的直径。

（2）导程L　当动点A绕着圆柱面轴线旋转一周时，沿着圆柱面的素线方向所移动的距离。

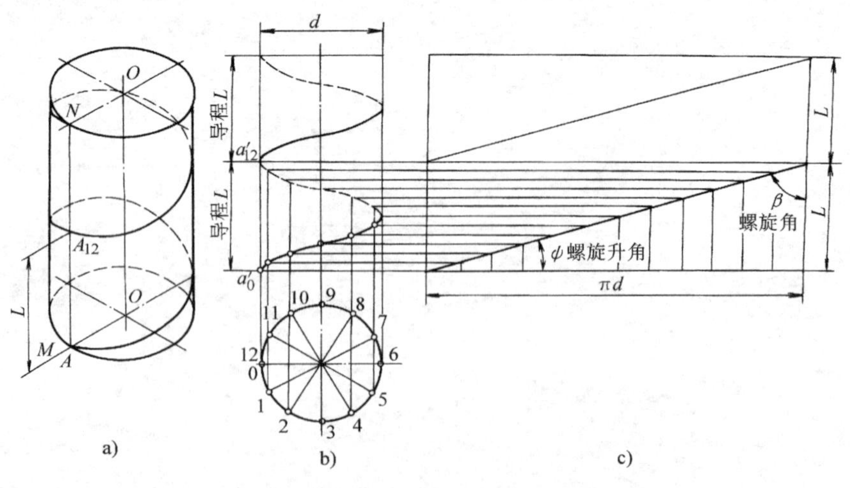

图9-1　圆柱螺旋线

（3）旋向　当动点 A 沿着圆柱面的素线上升时，按动点 A 绕圆柱面轴线旋转方向的不同，圆柱螺旋线可分为左旋和右旋两种。如图 9－1 所示的为右旋螺旋线，它的特点是：螺旋线主视图的可见部分由左下方向右上方盘旋；反之，如果螺旋线的可见部分从右下方向左上方盘旋，则为左旋螺旋线。

若将圆柱螺旋线展开，就为一条倾斜直线，它与导程 L 和圆柱面的下端圆周长 πd 构成一个直角三角形，如图 9－1c 所示。其中的 ψ 角称为螺旋升角，β 角称为螺旋角，且 $\text{tg}\psi = L/\pi d$。

二、螺纹

1. 螺纹的基本知识

如果使一个与轴线共平面的平面图形（如三角形、梯形等）沿着螺旋线作螺旋运动，就得到一螺旋体，把螺旋体称为螺纹。

加工在回转体外表面上的螺纹称为外螺纹，如图 9－2 所示的螺钉和丝杆上的螺纹。加工在孔表面（内表面）上的螺纹称为内螺纹，如图 9－2 所示的螺母上的螺纹。

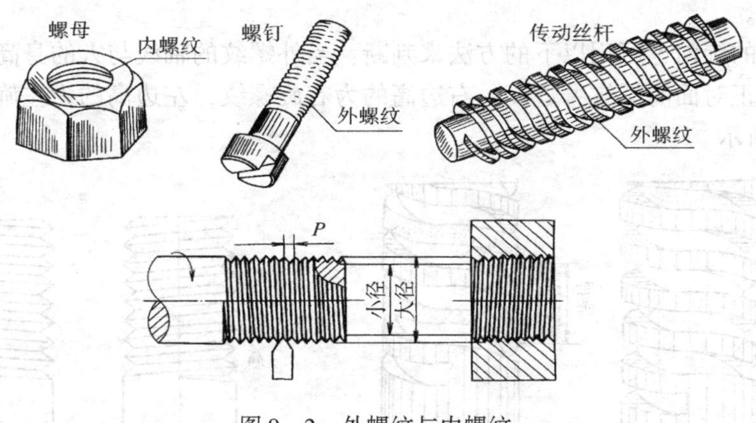

图 9－2　外螺纹与内螺纹

在加工螺纹的过程中，由于刀具的切入或压入，使螺纹构成了凸起和凹下两部分。把凸起部分称为螺纹的牙，凸起部分的顶端称为牙顶。把凹下部分的沟底称为牙底。

2. 螺纹的要素

螺纹由以下的几个要素来确定。内、外螺纹连接时各要素必须相同。

（1）螺纹的牙型　在通过螺纹轴线的剖面上，螺纹轮廓的形状称为螺纹的牙型，如三角形、梯形、锯齿形等。螺纹牙型标志着螺纹特征，它以不同的代号来表示，称为螺纹特征代号，如“M”、“G”、“Rc”等。在螺纹牙型上相邻两牙相邻两侧面间的夹角称为牙型角。不同螺纹的牙型角各不相同。

（2）螺纹的大径（d 或 D）、小径（d_1 或 D_1）和中径（d_2 或 D_2）　螺纹大

径是螺纹部分的最大直径，是与外螺纹牙顶或内螺纹牙底重合的假想圆柱面的直径，也是代表螺纹尺寸的公称直径（管螺纹除外）。螺纹小径是螺纹部分的最小直径，是与外螺纹牙底或内螺纹牙顶重合的假想圆柱面的直径。螺纹中径在大径和小径之间，是母线通过牙型上凸起和凹槽宽度相等处的假想圆柱面的直径。中径是用于有关计算的直径。螺纹的各直径在螺纹标准中可以查得。

（3）螺纹的线数（n）　螺纹的线数是指在同一段回转体上所加工出的螺纹的条数。只加工出一条螺纹的称为单线螺纹；加工出两条或两条以上螺纹的称为多线螺纹，如图 9－3 所示。

（4）螺纹的导程（L）和螺距（P）　螺纹上任意一点旋转一周后，在螺纹轴线方向所移动的距离称为导程。螺纹中径线上相邻两牙对应两点间的轴向距离称为螺距。单线螺纹的螺距等于导程，多线螺纹的螺距等于导程除以线数，即

$$P = L/n$$

（5）螺纹的旋向　螺纹的旋向分为右旋和左旋两种。顺时针旋转螺纹时旋入的螺纹称为右旋螺纹；逆时针旋转螺纹时旋入的螺纹称为左旋螺纹。常用的是右旋螺纹。

螺纹的旋向也可用以下的方法来判断：当外螺纹的轴线与人的身高方向一致时，观察正对面的螺纹哪边高。右边高的为右旋螺纹，左边高的为左旋螺纹，如图 9－4 所示。

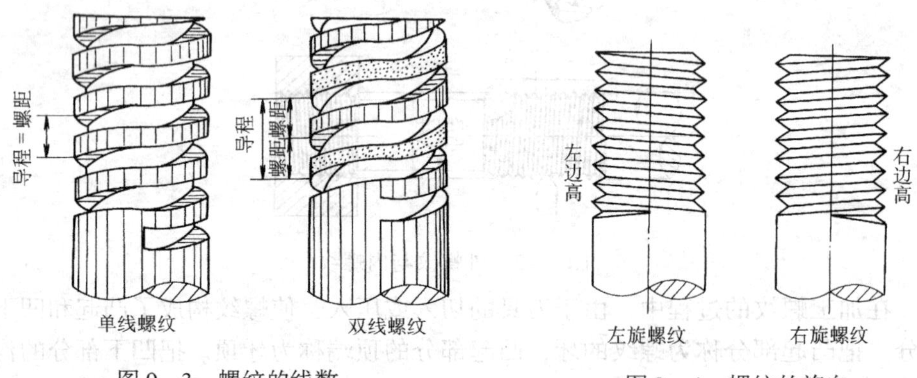

图 9－3　螺纹的线数　　图 9－4　螺纹的旋向

在螺纹的各要素中，牙型、大径和螺距是基本要素。凡是这三个基本要素都符合国家标准的螺纹称为标准螺纹。如果牙型符合国家标准，而大径或螺距不符合国家标准的螺纹称为特殊螺纹。牙型或者三个基本要素都不符合国家标准的螺纹称为非标准螺纹（如矩形螺纹）。

3. 螺纹的分类

按照螺纹的用途可将螺纹分为连接螺纹和传动螺纹两大类。

（1）连接螺纹　这类螺纹起连接作用，主要有普通螺纹和管螺纹。连接螺

纹一般是单线螺纹。

1）粗牙普通螺纹（M）。牙型是等边三角形，在牙顶和牙底处都稍许削平，如图 9－5 所示。

2）细牙普通螺纹（M）。牙型与粗牙普通螺纹相同，但是当大径相同时，螺距小于粗牙普通螺纹。

3）管螺纹。牙型为等腰三角形，顶角为 55°，牙顶和牙底制成圆弧形，如图 9－6 所示。

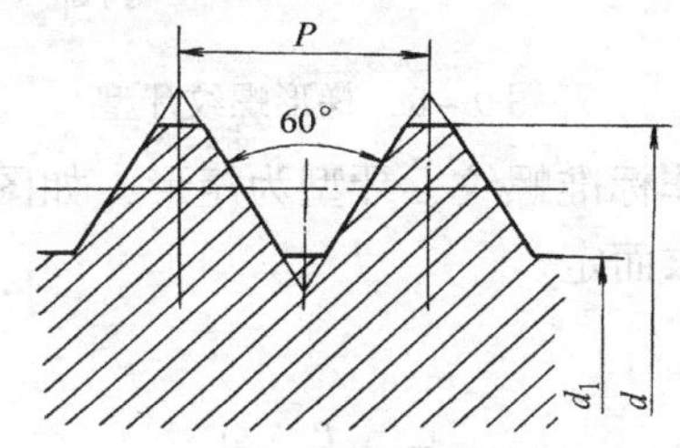

图 9－5　普通螺纹牙型

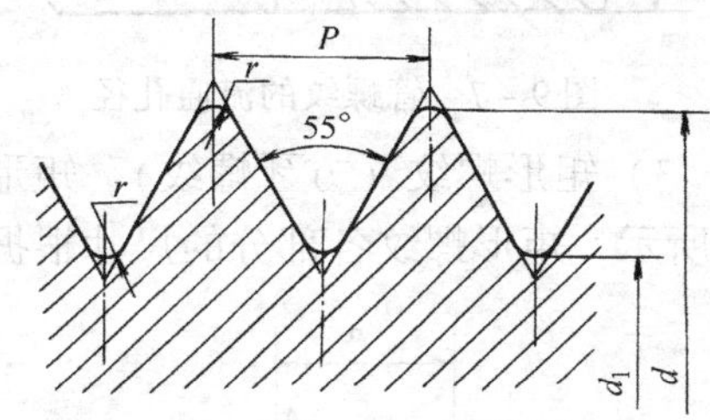

图 9－6　管螺纹牙型

管螺纹分为螺纹密封的管螺纹和非螺纹密封的管螺纹。螺纹密封的管螺纹有内、外锥管螺纹的螺纹副和圆柱内螺纹与圆锥外螺纹的螺纹副两种形式。锥管螺纹的锥度为 1∶16。非螺纹密封的管螺纹是指螺纹副本身不具有密封性的圆柱管螺纹，适用于管接头、旋塞、阀门及其他附件。

管螺纹的螺纹特征代号见表 9－1。

表 9－1　管螺纹的特征代号

管螺纹种类		螺纹特征代号
非螺纹密封的管螺纹	圆柱外螺纹	G
	圆柱内螺纹	G
螺纹密封的管螺纹	圆锥外螺纹	R
	圆锥内螺纹	Rc
	圆柱内螺纹	Rp

要特别注意：英寸制的管螺纹的公称直径不是螺纹的大径，而是螺纹所在的管子的流通孔径，并且是以英寸为单位（1 英寸 = 25. 4mm），记为“ ″ ”。

图 9－7 表示 1″的圆柱外管螺纹的流通孔径与大径。

（2）传动螺纹　这类螺纹用于传递动力或运动。传动螺纹主要有梯形螺纹、锯齿螺纹和矩形螺纹。

1）梯形螺纹（Tr）。牙型为等腰梯形，顶角为 30°，如图 9－8 所示。

2）锯齿形螺纹（B）。牙型为不等腰梯形，如图 9－9 所示。锯齿形螺纹是一种单向传力的传动螺纹。

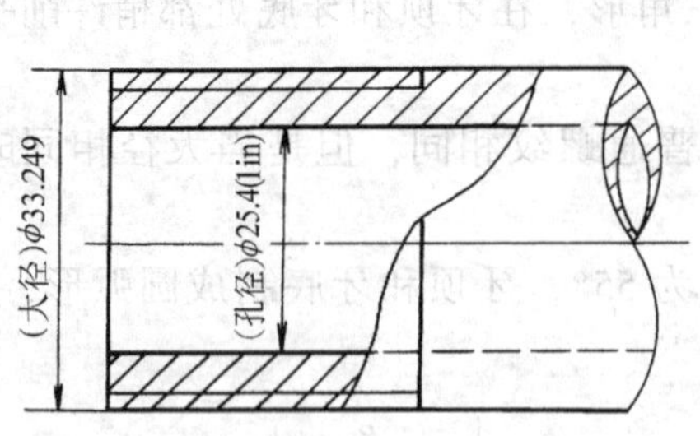

图 9-7　管螺纹的流通孔径

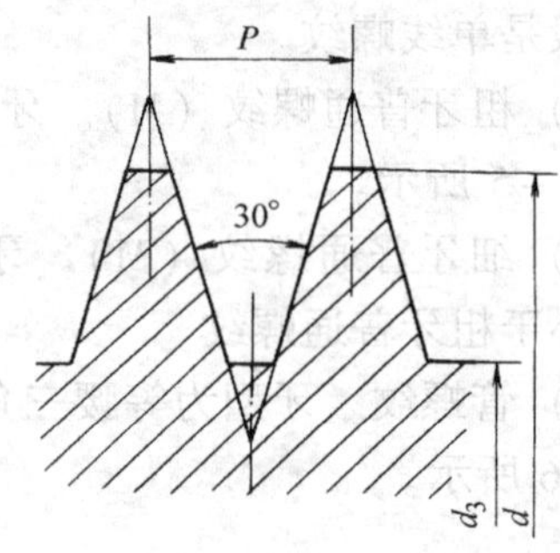

图 9-8　梯形螺纹牙型

3）矩形螺纹（方牙螺纹）。矩形螺纹是非标准螺纹，牙型为矩形，如图 9-10 所示。矩形螺纹各部分的尺寸根据设计要求而定。

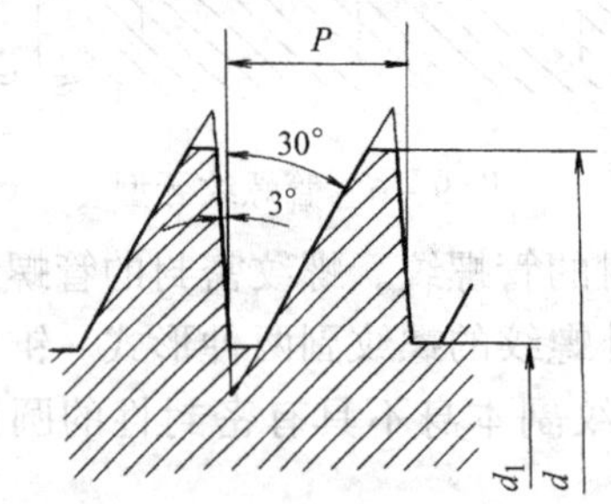

图 9-9　锯齿形螺纹牙型

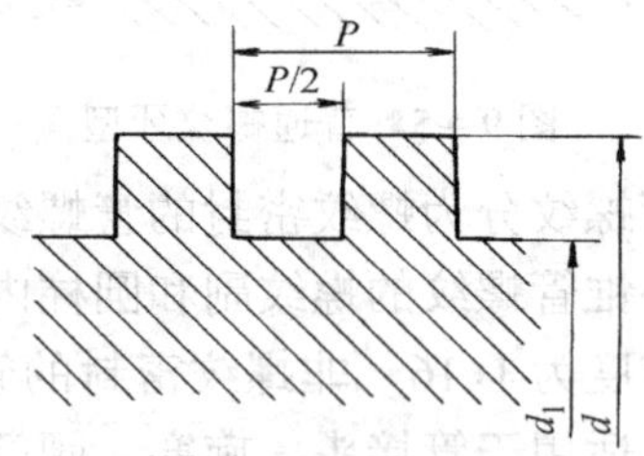

图 9-10　矩形螺纹牙型

4. 螺纹的规定画法

因为螺纹的表面是不易画出的曲面，而螺纹的形状、大小取决于螺纹的要素。所以在实际绘图中不必画出螺纹的真实投影图。为了简化作图，国家标准《机械制图》（GB/T4459. 1—1995）规定了螺纹的画法。

（1）外螺纹的画法　如图 9-11 所示，外螺纹的大径用粗实线表示，小径用细实线表示，小径 d_1 通常画成大径的 0. 85 倍，即画图时，取 $d_1 \approx 0.85d$。表示小径的细实线在螺杆倒角或倒圆部分也应画出。螺纹终止线用粗实线表示。

在垂直于螺纹轴线的投影面的视图（为圆）中，倒角圆省略不画，表示小径的细实线圆只画约 3/4 圈（推荐空出左下方 1/4 圈）。

在外螺纹的剖视图中，螺纹终止线只能画大径到小径之间的一段，如图 9-7 所示。

（2）内螺纹的画法　如图 9-12 所示，内螺纹常用剖视图表示。在内螺纹的剖视图中，大径用细实线表示，小径用粗实线表示。通常也将小径 D_1 画成大径 D 的 0. 85 倍。表示大径的细实线不得画入内螺纹的倒角内。螺纹终止线也用粗实线表示。

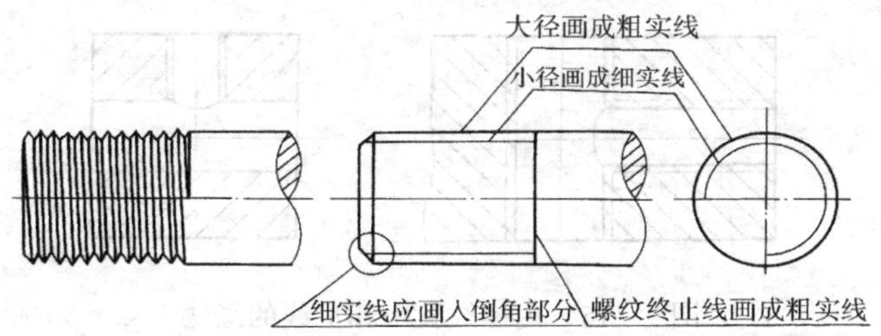

图 9－11　外螺纹的画法

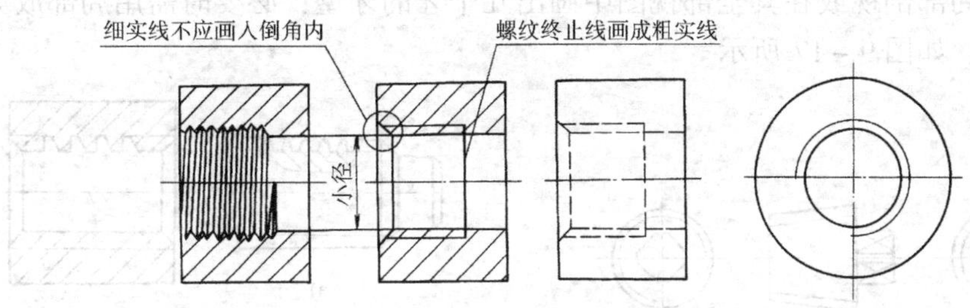

图 9－12　内螺纹的画法

在垂直于螺纹轴线的投影面的视图（为圆）中，倒角圆省略不画；表示大径的细实线圆只画约 3/4 圈（推荐空出左下方 1/4 圈）。

当绘制不通的螺孔时，一般应将钻孔深度和螺孔深度（螺纹部分的深度）分别画出。钻孔底部的锥顶角画成 120°，如图 9－13 所示。

当内螺纹未剖时，则螺纹不可见。不可见螺纹的所有图线都画成虚线，如图 9－12、图 9－14 所示。

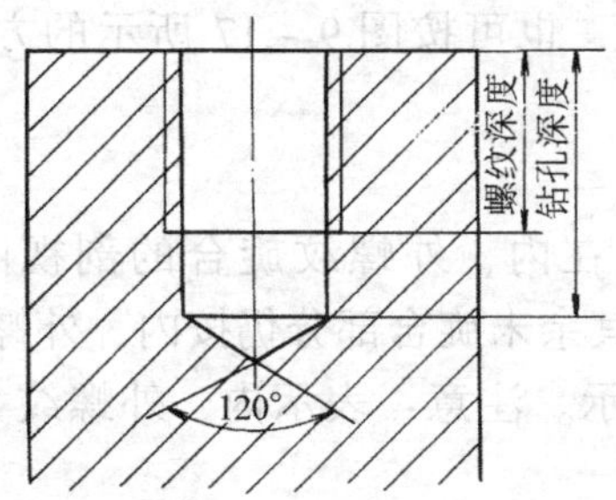

图 9－13　不通螺孔的画法

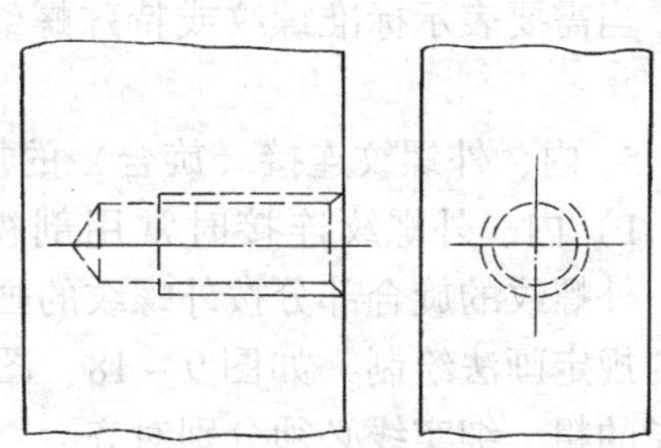

图 9－14　不可见螺纹的画法

内螺纹孔中的相贯线的画法如图 9－15 所示。

无论是外螺纹或内螺纹，在其剖视图或断面中，剖面线都必须画到粗实线。

(3) 锥形螺纹的画法　如图 9－16 所示，在锥形螺纹投影不为圆的视图或剖视图中，螺纹大、小径的画法与其他螺纹相同，示意地画出其锥度。在投影为圆的视图中，只画可见端或近端的 3/4 圈细实线圆。

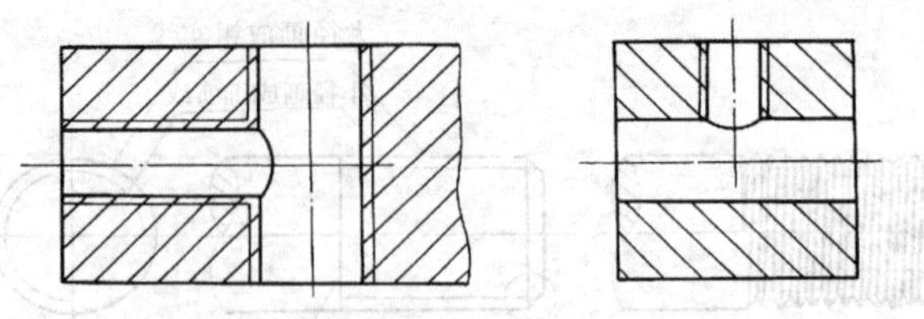

图 9 – 15　内螺纹孔中相贯线的画法

（4）非标准螺纹的画法　对于非标准螺纹，除按前述的规定画法画图外，还必须用局部剖视或在其全部视图中画出几个牙的牙型，必要时需用局部放大图画出牙型，如图 9 – 17 所示。

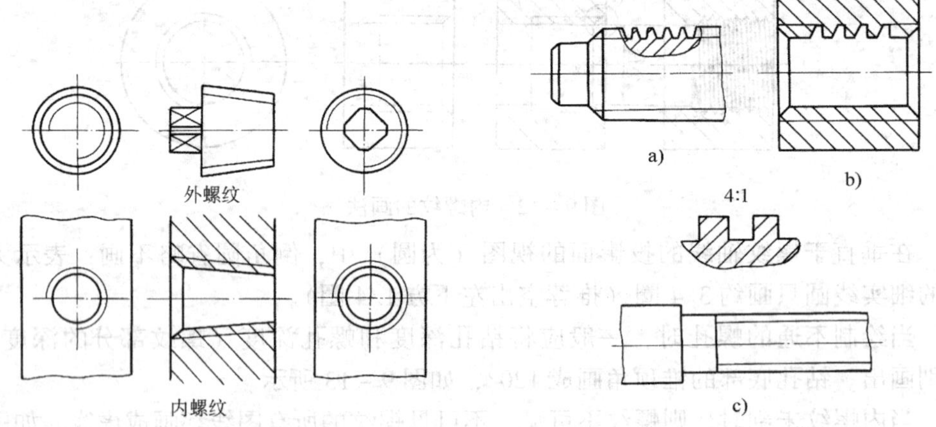

图 9 – 16　锥形螺纹的画法　　　图 9 – 17　螺纹牙型的表示法

当需要表示标准螺纹或特殊螺纹的牙型时，也可按图 9 – 17 所示的方法绘制。

5. 内、外螺纹连接（旋合）的规定画法

1）内、外螺纹连接时常用剖视图表示。在内、外螺纹旋合的剖视图中，内、外螺纹的旋合部分按外螺纹的画法绘制，其余未旋合部分仍按内、外螺纹各自的规定画法绘制，如图 9 – 18、图 9 – 19 所示。注意：表示内、外螺纹大径、小径的粗、细实线必须分别对齐。

内、外螺纹旋合部分沿轴向的长度称为旋合长度。

2）在内、外螺纹连接的剖视图中，当剖切平面通过实心螺杆的轴线时，螺杆按不剖绘制，如图 9 – 18 所示。

3）在螺纹连接的剖视图中，剖面线应画到粗实线为止。当两个零件邻接时，其剖面线应当不同（方向相反或方向相同而间隔不同）。同一零件在各剖视图、断面中的剖面线应当相同，如图 9 – 19 所示。

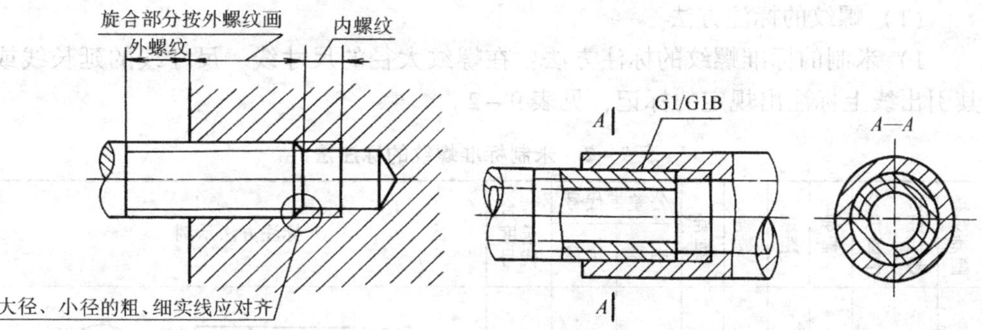

图 9-18　内、外螺纹旋合（一）　　图 9-19　内、外螺纹旋合（二）

6. 螺纹始、末端的结构

（1）倒角　为了防止螺纹始端的损伤和便于装配，将内、外螺纹的始端制成倒角，如图 9-20 所示。

（2）螺尾　在生产中，由于加工过程的需要或刀具牙型不完整，在内、外螺纹的尾部形成一小段不完整螺纹，这段不完整的螺纹称为螺尾，如图 9-20 所示。在图样中，螺尾一般不需画出。当需要表示螺尾时，螺尾的牙底用与轴线成 30°的细实线画出。

（3）退刀槽　为了消除螺纹尾部的不完整螺纹（螺尾），常在内、外螺纹的尾部预先车出一槽，以便加工螺纹时退刀，此槽就称为退刀槽，如图 9-21 所示。

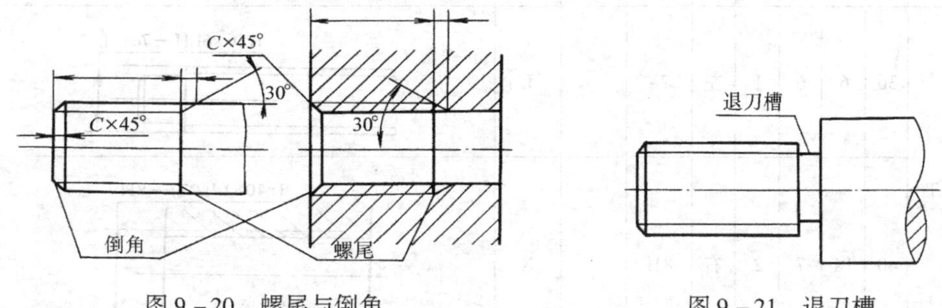

图 9-20　螺尾与倒角　　图 9-21　退刀槽

注意：在 GB/T4459. 1—1995 中规定，凡是图样中所标注的螺纹长度，均指不包括螺尾在内的有效螺纹的长度。当需要注明螺尾的长度时，按图 9-20 所示标注。

7. 螺纹的标注

用规定画法画出的螺纹，只能看出螺纹的大径、小径。为了把螺纹的种类、牙型、螺距、线数、旋向、公差带和旋合长度等都表示清楚，国家标准规定了螺纹的代号、标记以及螺纹的标注方法。

(1) 螺纹的标注方法

1) 米制的标准螺纹的标注方法：在螺纹大径的尺寸线、尺寸线的延长线或其引出线上标注出规定的标记，见表9-2。

表9-2　米制标准螺纹的标注法

螺纹类型	特征代号	公称直径	导程	螺距	线数	旋向	公差带代号		旋合长度代号	标注方法示例
							中径	顶径		
粗牙普通螺纹	M	16	2	2	1	右	8h	8h	N	M16-8h 30
			2	2	1	右	7H	7H	N	28 35 M16—7H
细牙普通螺纹	M	16	1	1	1	左	5g	6g	L	M16×1LH—5g6g—L 38
梯形螺纹	Tr	36	6	6	1	左	7e		L	Tr36×6LH—7e—L
		40	14	7	2	右	8H		N	Tr40×14(P7)—8H
锯齿形螺纹	B	60	16	8	2	左	7c		N	B60×16(P8)LH—7c

2）管螺纹的标注方法：在螺纹大径的引出线上标注出规定的标记，见表 9-3。

表 9-3　管螺纹的标注法

螺纹类型	特征代号	公称直径	旋向	公差等级代号	标注方法示例
非螺纹密封的管螺纹（圆柱管螺纹）	G	1″	右	*A*	G1A
螺纹密封的管螺纹之内锥管螺纹	Rc	3/4″	左		Rc3/4-LH
螺纹密封的管螺纹之内圆柱管螺纹	Rp	1½″	左		Rp1½-LH

3）非标准螺纹没有代号和标记。要标注非标准螺纹，必须画出其牙型，标注出它的全部尺寸，如图 9-22 所示。

4）标注特殊螺纹时，可按标准螺纹的方法进行标注，但必须在螺纹标记前加写“特”字。如：特 M15×1—7g，其标注法如图 9-23 所示。

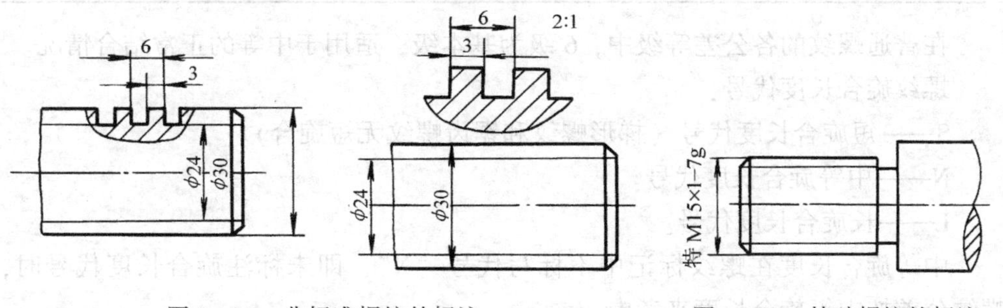

图 9-22　非标准螺纹的标注　　图 9-23　特殊螺纹的标注

（2）螺纹的标记

1）普通螺纹的标记。普通螺纹的标记由螺纹代号、螺纹的公差带代号和旋合长度代号三部分组成，其格式为

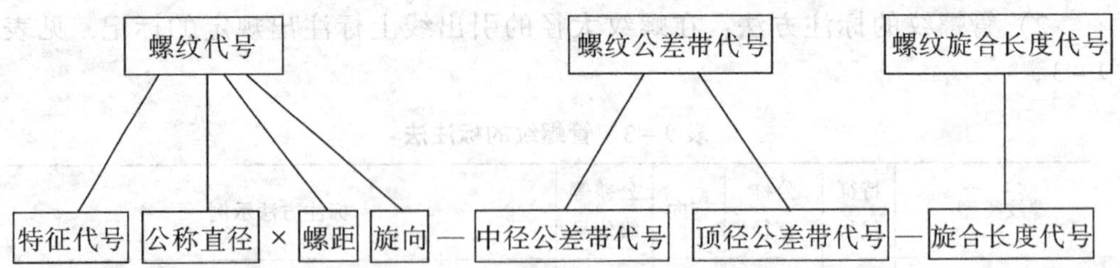

在普通螺纹的螺纹代号中，粗牙普通螺纹不标写螺距，以区别于细牙普通螺纹。

标准规定：在螺纹的代号或标记中，右旋螺纹不标写旋向，而左旋螺纹必须标写左旋代号“LH”。

例如：

公称直径 20mm 的粗牙普通螺纹，螺距 2.5mm，右旋，其螺纹代号为：M20。

公称直径 20mm 的细牙普通螺纹，螺距 1.5mm，左旋，其螺纹代号为：M20×1.5LH。

公差带代号由表示公差等级的数字和表示公差带位置的字母（即基本偏差代号）组成。数字写在前面，字母写在后面，如 6H、5g 等。

普通螺纹的公差带位置和公差等级见表 9-4。

表 9-4　普通螺纹的公差带位置和公差等级

螺纹类型	公差带位置	公差等级
外螺纹	e、f、g、h（h 为常用）	中径（d_2）：3、4、5、6、7、8、9 大径（d）：4、6、8
内螺纹	G、H（H 为常用）	中径（D_2）：4、5、6、7、8 小径（D_1）：4、5、6、7、8

在普通螺纹的各公差等级中，6 级为基本级，适用于中等的正常结合情况。

螺纹旋合长度代号：

S——短旋合长度代号（梯形螺纹和锯齿螺纹无短旋合）。

N——中等旋合长度代号。

L——长旋合长度代号。

中等旋合长度在螺纹标记中不标写代号“N”，即未标注旋合长度代号时，螺纹公差按中等旋合长度来考虑。

2）梯形螺纹、锯齿形螺纹的标记。梯形螺纹和锯齿形螺纹的标记与普通螺纹基本一致，也由螺纹代号、螺纹的公差带代号和旋合长度代号三部分组成，其格式为

		螺　距 （单线螺纹时）	
特征代号	公称直径 ×		旋向 — 中径公差带代号 — 旋合长度代号
		导程（P螺距）（多线螺纹时）	

梯形螺纹和锯齿形螺纹只标注中径公差带代号。它们的公差带位置和公差等级见表 9－5。

表 9－5　梯形螺纹、锯齿形螺纹的公差带位置和公差等级

螺纹类型		中径公差带位置	中径公差等级
梯形螺纹	外螺纹	c、e、h	7、8、9
	内螺纹	H	
锯齿形螺纹	外螺纹	c	
	内螺纹	A	

特殊需要时，中等旋合长度也可以注明旋合长度的数值。例如

M20—7g8g—40

3）管螺纹的标记。管螺纹标记的通用格式是：

螺纹特征代号　尺寸代号 — 旋向

标记的各项内容和格式也见表 9－6。

对于非螺纹密封管螺纹的圆柱外螺纹，在其尺寸代号后必须标写中径公差等级代号。圆柱外螺纹的中径公差等级有 A 和 B 两个等级，其中 A 级精度高，B 级精度较低。除了非螺纹密封管螺纹的圆柱外螺纹以外的其他管螺纹不标写公差等级代号。

表 9－6　管螺纹标记的内容和格式

管螺纹种类		特征代号	尺寸代号	公差等级代号	符　号	旋　向
非螺纹密封的管螺纹	圆柱外螺纹	G	英寸数	A 或 B	—	右旋不标，左旋标“LH”
	圆柱内螺纹	G		不标写		
螺纹密封的管螺纹	圆锥外螺纹	R	英寸数	不标写	—	右旋不标，左旋标“LH”
	圆锥内螺纹	Rc				
	圆柱内螺纹	Rp				

螺纹的标记示例如下：

M10—5g6g—S，M10 × 1—6H，Tr36 × 12（P6）—7e—L，G1½，Rc1½—LH

三、螺纹连接件连接

常用的螺纹连接件有螺栓、双头螺柱、螺钉、螺母和垫圈（垫圈虽无螺纹，但常与螺栓、双头螺柱等一起使用，故也将其列为螺纹连接件），如图 9－24 所

示。它们的种类很多，但型式和尺寸都已经标准化，由标准件厂专门生产，所以螺纹连接件属于标准件。一般情况下，不需画出螺纹连接件的零件图。选用时，在有关国家标准中查出需要的规格尺寸和有关技术要求，按规定写出其标记。

各种螺纹连接件的标记法请见有关附录表前的标记示例。

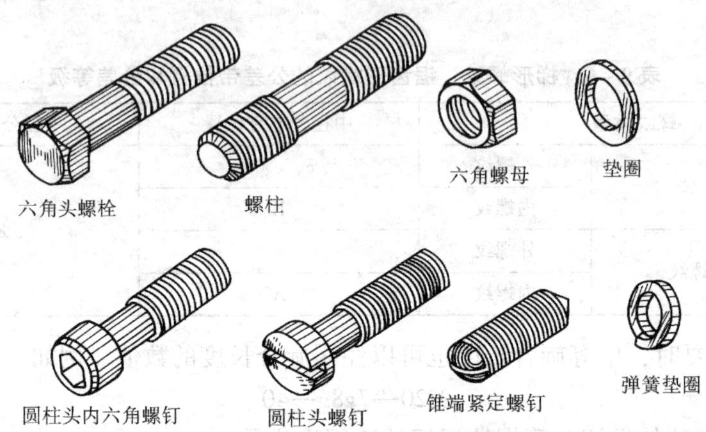

图 9－24　常用的螺纹连接件

六角头螺栓头部和六角螺母外形的近似画法：六角头螺栓头部和六角螺母外表面上的曲线，是平面截圆锥所产生的曲线。在画图时，这几段曲线近似地用几段圆弧来代替，并画成与顶面相切，从而简化了作图。其作图方法如图 9－25 所示，图中 e、s、m 或 K 可由附表得知。

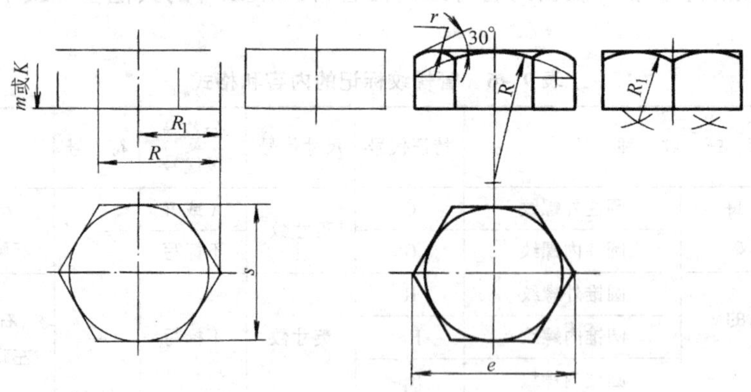

图 9－25　六角头的近似画法

1. 关于螺纹连接件连接画法的规定

画螺纹连接件连接的装配图时应遵守以下的一些规定：

1）两零件的接触面只画一条粗实线，不接触的两表面，即使间隙很小，也必须画成两条粗实线。

2）在剖视图中，相邻的两个零件的剖面线应当不同，同一零件在各剖视图中的剖面线必须完全相同。

3）当剖切平面通过螺栓、螺钉、双头螺柱、螺母和垫圈等零件的轴线时，这些零件均按不剖绘图，即只画出其外形。被这些零件遮住的图线省略不画。

4）被连接件上螺杆穿过的光孔直径可按 1.1d（d = 螺纹大径）画出。螺纹连接件上的螺纹小径可按 0.85d 画出。

2. 螺纹连接件连接的画法

常用的螺纹连接件连接的形式有三种：螺栓连接、双头螺柱连接和螺钉连接。现将国家标准中的有关画法介绍如下：

（1）螺栓连接　螺栓连接由螺栓、螺母和垫圈组成，如图 9－26 所示。螺栓连接一般用于被连接件厚度不太大而又需经常装拆的地方。

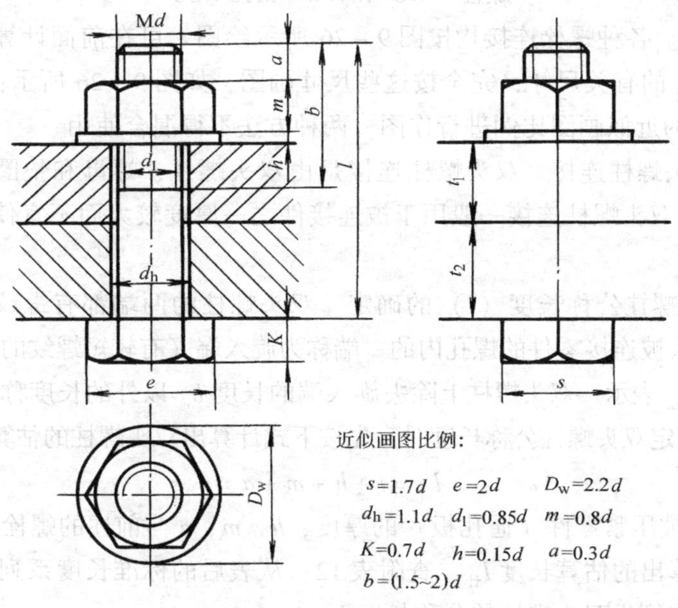

图 9－26　螺栓连接的画法

1）螺栓公称长度（l）的确定。在确定螺栓公称长度时，应先按下式计算出所用螺栓的估算长度 $l_{计}$。

$$l_{计} = t_1 + t_2 + h + m + a$$

式中　t_1、t_2——两个被连接零件的厚度；

h——垫圈厚度；

m——螺母厚度；

a——螺栓伸出螺母外的长度，一般取 $a \approx 0.3d$（d 为所用螺栓的公称直径）。

根据估算长度 $l_{计}$ 确定螺栓的公称长度时，应在螺栓的长度系列中选取最接近 $l_{计}$ 的标准值。

例如：已知 $t_1 = 17mm$，$t_2 = 20mm$，使用 $d = 10mm$ 的六角头螺栓（C 级，GB/T5780—2000）、六角螺母（GB/T41—2000）、垫圈（GB/T95—1985）。

查表计算：

六角螺母（查附表 13）：$m = 9.5mm$

垫圈（查附表 16）：$h = 2mm$

则

$$l_{计} = (17 + 20 + 2 + 9.5 + 10 \times 0.3)mm = 51.5mm$$

查附表 10　GB/T5780—2000 中的长度系列，与 51.5mm 最接近的标准长度是 50mm，所以螺栓的公称长度确定为：$l = 50mm$。其标记是

螺栓　GB/T5780　M10 × 50

2）画图。各种螺栓连接均按图 9－26 所示绘图。可在前面计算查表的同时查出各连接件的有关尺寸，完全按这些尺寸画图，如图 9－26 所示；也可按图 9－26 右下角的近似画图比例进行作图。两种方法不得混合使用。

（2）双头螺柱连接　双头螺柱连接是由双头螺柱、螺母和垫圈组成，如图 9－27 所示。双头螺柱连接一般用于被连接件之一厚度较大而不宜使用螺栓连接的地方。

1）双头螺柱公称长度（l）的确定。双头螺柱的两端都有螺纹，连接时全部螺纹都旋入被连接零件的螺孔内的一端称为旋入端（有较短螺纹的一端）。旋入端的长度用 b_m 表示。双头螺柱上除去旋入端的长度 b_m 以外的长度称为公称长度，用 l 表示。确定双头螺柱公称长度时，先按下式计算出双头螺柱的估算长度 $l_{计}$。

$$l_{计} = t + h + m + a$$

式中　t——被压紧零件（通孔板）的厚度，h、m、a 与前述的螺栓连接中相同。

根据计算出的估算长度 $l_{计}$，查附表 12，从表后的标准长度系列中选取与 $l_{计}$ 最接近的标准值为双头螺柱的公称长度 l。

在选用双头螺柱时，必须知道具有螺纹孔的零件的材料，以确定双头螺柱旋入端的长度和螺孔深度（孔内螺纹的长度）。

双头螺柱旋入端长度 b_m 按国家标准规定有四种：$b_m = d$（GB/T897—1988）；$b_m = 1.25d$（GB/T898—1988）；$b_m = 1.5d$（GB/T899—1988）；$b_m = 2d$（GB/T900—1988）。一般可按以下情况来选用：

对于钢或青铜零件　　$b_m = d$；

对于铸铁零件　　$b_m = 1.25d$；

对于合金铝制零件　　$b_m = 1.5d$；

对于纯铝或非金属零件　　$b_m = 2d$；

d 为双头螺柱的公称直径。

螺孔深度应大于 b_m，画图时一般取为 $b_m + 0.5d$；螺孔的钻孔深度应更大一些，画图时一般取为 $b_m + d$，如图 9－27 所示。

2）画图。画双头螺柱的连接图时，无论选用的是 A 型还是 B 型的螺柱，其图形画法均如图 9－27 所示。可完全按查标准表（附录表）所得的尺寸作图，也可完全按近似作图比例作图。除旋入端部分外，其近似作图比例与螺栓连接的旋螺母部分相同。

（3）螺钉连接　螺钉连接用于不经常拆卸、受力不太大和被连接件之一又较厚的地方。

1）螺钉的公称长度（l）的确定。首先应按下式计算出所用螺钉的估算长度 $l_{计}$：

$$l_{计} = t + b_m$$

式中　t——上板被压紧部分的厚度（注意不同种类的螺钉的情况不同）；旋入长度 b_m 的确定与双头螺柱连接时相同（由具有螺纹孔的零件的材料而定）。

根据估算长度 $l_{计}$，在所用种类螺钉的长度系列中选取与 $l_{计}$ 最接近的标准值为螺钉的公称长度 l，写出所用螺钉的规定标记。注意：只有当螺钉上的螺纹长度 $b > b_m$ 时，才能保证有效地连接。

2）画图。螺钉的种类较多，不同螺钉连接的视图也有所不同，但它们的旋入端部分的画法是相同的。

在螺钉连接中，螺钉旋入螺孔的长度 b_m，螺孔深度和螺孔的钻孔深度的画法与前述的双头螺柱连接的旋入部分相同，如图 9－28 所示。

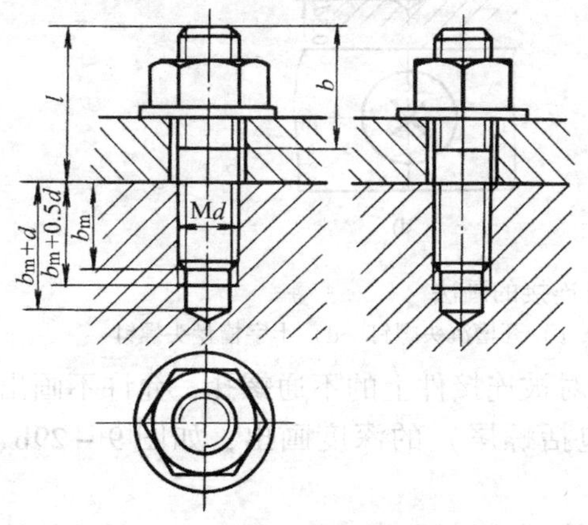

图 9－27　双头螺柱连接的画法

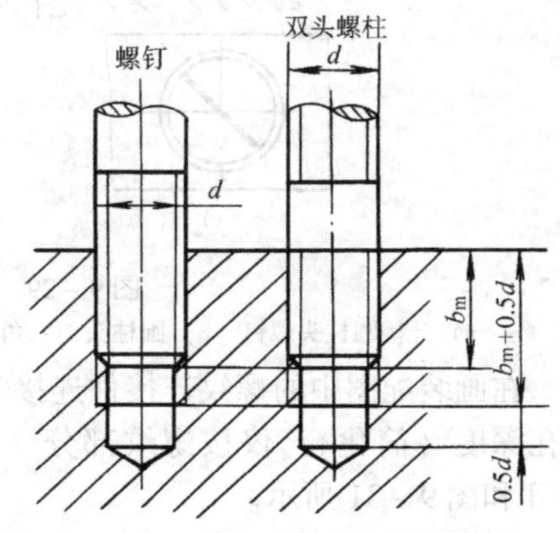

图 9－28　螺杆旋入部分的画法

螺钉头部的型式和尺寸可查标准表（附录）得知。

常用的开槽圆柱头螺钉、圆柱头内六角螺钉、开槽沉头螺钉和十字槽盘头螺钉连接的画法如图 9－29 所示。

螺钉头部的一字槽或十字槽，在头部为圆的视图上画成与水平线成 45°；在头部不为圆的图形中，一字槽画成槽口正好在轴线处垂直于投影面，十字槽仍按与水平线成 45°的方向示意地画出。在螺钉连接的各图中，一字槽或十字槽均用双倍粗实线（粗实线的两倍粗）表示。如图 9－29 所示。

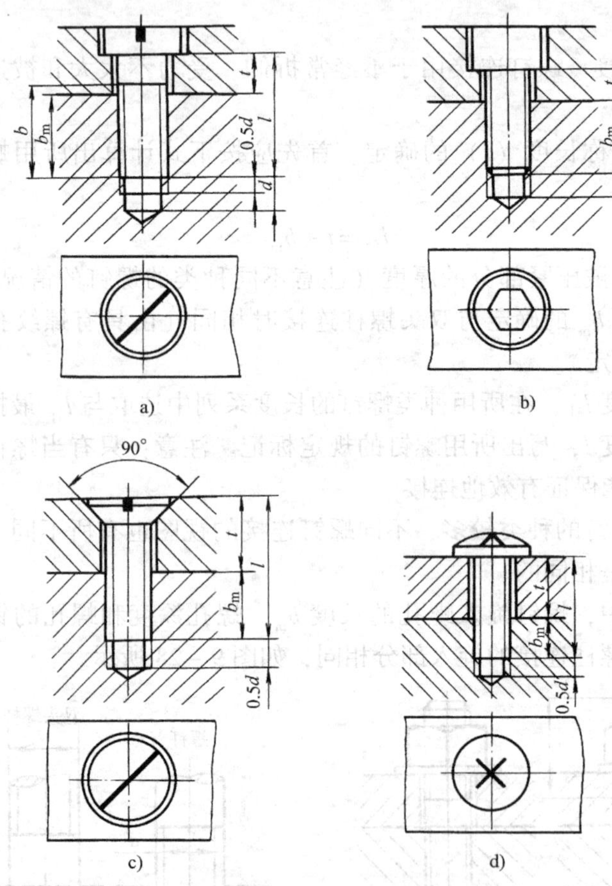

图 9－29　螺钉连接的画法

a）开槽圆柱头螺钉　b）圆柱头内六角螺钉　c）开槽沉头螺钉　d）十字槽盘头螺钉

在画装配图中的螺纹连接件连接时，对被连接件上的不通螺孔，允许不画出钻孔深度（简化），仅按螺纹部分（不包括螺尾）的深度画出，如图 9－29b、c、d 和图 9－31 所示。

在装配图中，螺栓连接和双头螺柱连接可采用图 9－30、图 9－31 所示的简化画法。

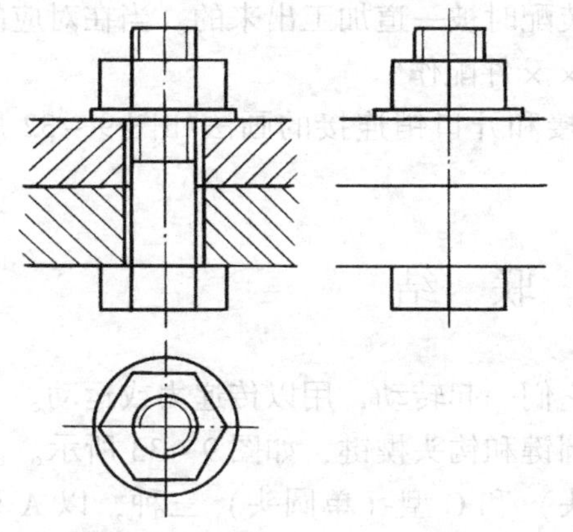
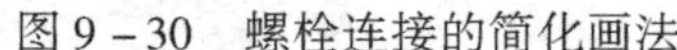

图 9－30　螺栓连接的简化画法

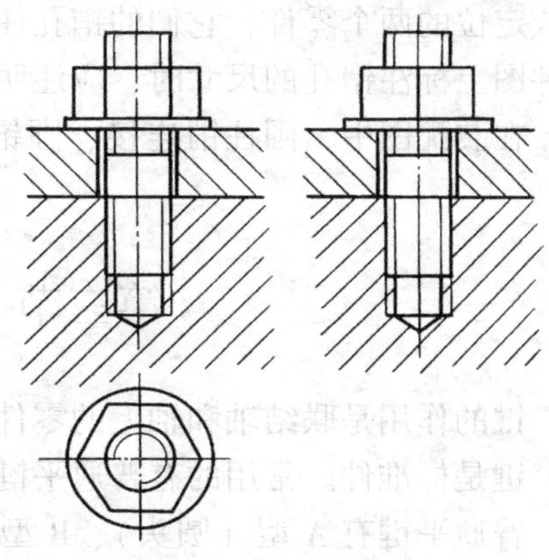

图 9－31　双头螺柱连接的简化画法

第二节　销　连　接

销在机器中起定位或连接作用，它是标准件。常用的有圆柱销、圆锥销和开口销。它们的型式、尺寸及标记如标准表所列。

圆柱销用于定位或连接时，不宜经常拆装，以免影响其配合精度。圆锥销由于有 1∶50 的锥度，所以它的定位精度较高，且可以多次拆装。开口销常与开槽螺母一起使用，它穿过螺母上的槽和螺杆上的孔，再扳开两尾，这样可以可靠地防止螺母松动。

圆锥销的公称直径是指它的小端直径。开口销的公称直径是指它的销孔直径。

圆柱销孔、圆锥销孔的画法和标注如图 9－32 所示。需要说明的是：用销连

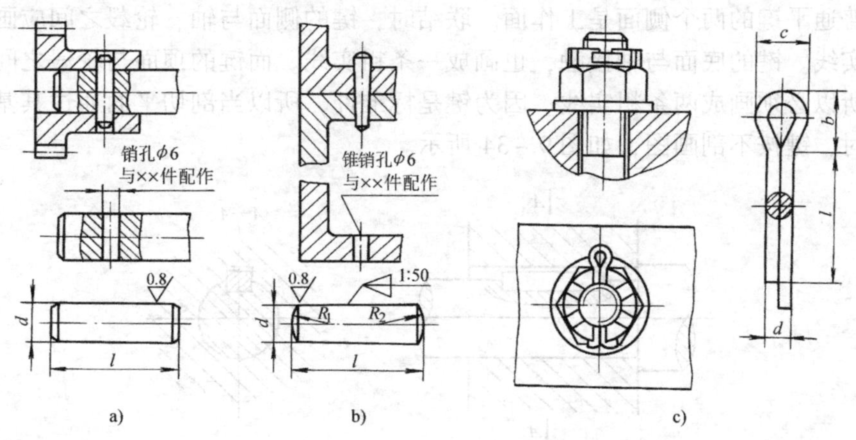

图 9－32　销、销孔及其连接

a）圆柱销　b）圆锥销　c）开口销

接或定位的两个零件，它们的销孔往往是装配时被一道加工出来的。当在对应的零件图上标注销孔的尺寸时，应注明“与××件配作”。

在装配图中，圆柱销连接、圆锥销连接和开口销连接的画法如图9－32所示。

第三节　键　联　结

键的作用是联结轴和轴上的零件，使它们一起转动，用以传递力或运动。

键是标准件。常用的有普通平键、半圆键和钩头楔键，如图9－33所示。

普通平键有A型（圆头）、B型（方头）和C型（单圆头）三种，以A型圆头普通平键用得最多。

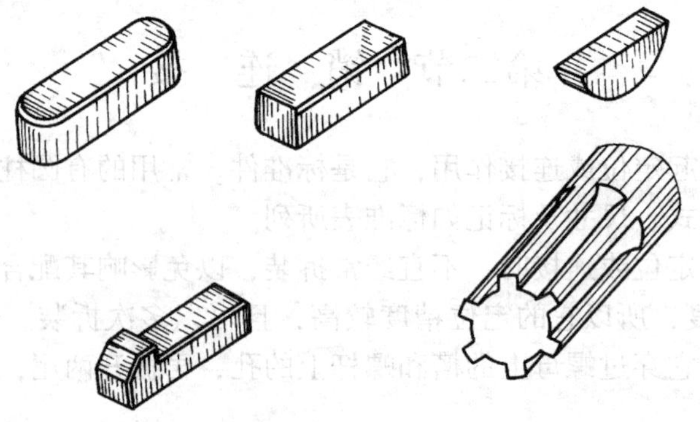

图9－33　键

1. 普通平键联结的画法

普通平键的两个侧面是工作面。联结时，键的侧面与轴、轮毂之间应画成一条粗实线。键的底面与轴接触，也画成一条粗实线。而键的顶面与轮毂之间有间隙，所以必须画成两条粗实线。因为键是标准件，所以当剖切平面通过其基本对称面时，键按不剖画图，如图9－34所示。

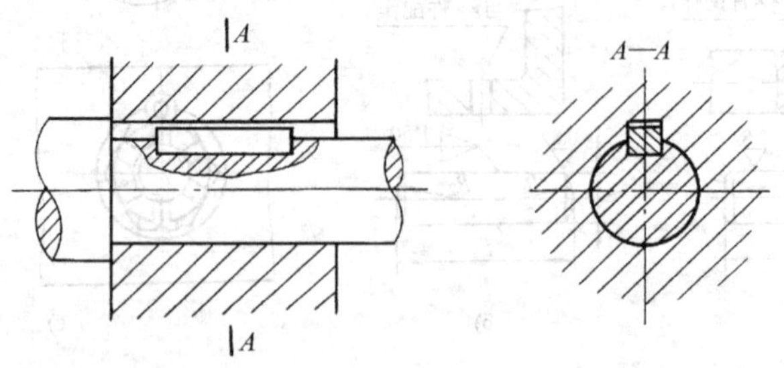

图9－34　普通平键联结的画法

2. 普通平键键槽和键槽孔的画法与尺寸标注

键槽加工于轴上，而在轮毂上加工出带槽的轴孔。它们的画法和尺寸标注如图 9－35 所示。

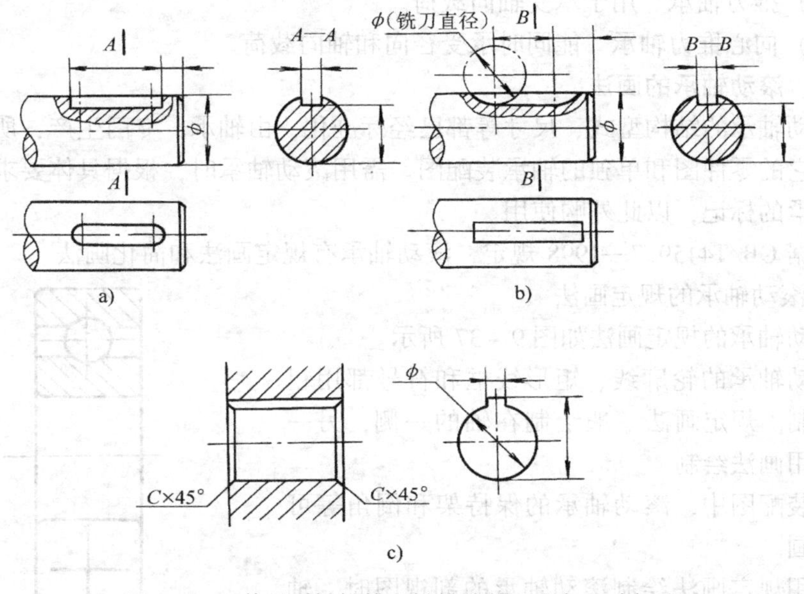

图 9－35　普通平键键槽和键槽孔的画法与尺寸标注

a）圆头普通平键键槽的画法和尺寸标注法　b）方头普通平键键槽的画法和尺寸标注法

c）键槽孔的画法和尺寸标注法

普通平键的型式、尺寸和标记法见附表 18。键槽和键槽孔的尺寸是根据开键槽处轴的直径而决定的标准尺寸。这些尺寸可从附表 17 中查得。

第四节　滚 动 轴 承

滚动轴承起支承转动轴的作用，它是被广泛使用的标准部件。

一、滚动轴承的构造和种类

1. 滚动轴承的构造

滚动轴承的构造如图 9－36 所示，一般有以下四个部分：

（1）外圈　与机座上的轴承孔相配合。

（2）内圈　与轴相配合。

（3）滚动体　装在外圈与内圈之间的滚道中。

（4）隔离圈（保持架）　用它将滚动体互相隔离开。

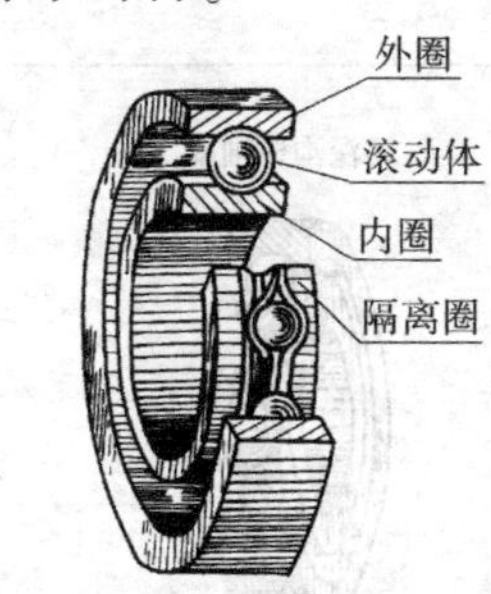

图 9－36　滚动轴承的构造

2. 滚动轴承的种类

按滚动轴承的受力情况，可将其分为三种类型：

（1）向心轴承　主要承受径向载荷。

（2）推力轴承　用于承受轴向载荷。

（3）向心推力轴承　能同时承受径向和轴向载荷。

二、滚动轴承的画法

滚动轴承的结构型式、尺寸等都已经标准化，由轴承厂专门生产，所以一般无需画它的零件图和单独的轴承装配图。需用滚动轴承时，根据具体要求选择并写出轴承的标记，以此外购使用。

根据 GB/T4459.7—1998 规定，滚动轴承有规定画法和简化画法。

1. 滚动轴承的规定画法

滚动轴承的规定画法如图 9－37 所示。

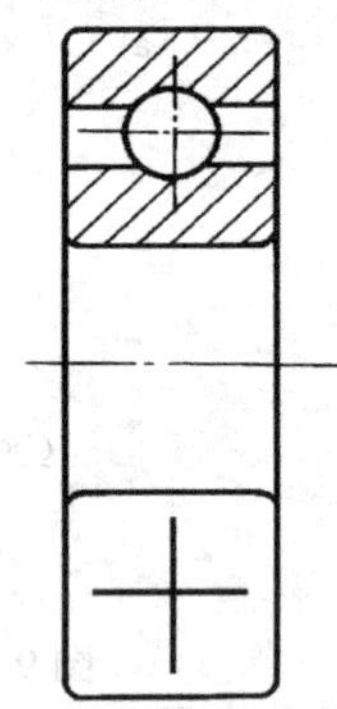

图 9－37　滚动轴承的规定画法

滚动轴承的轮廓线、矩形线框和符号都用粗实线绘制。规定画法一般绘制在轴的一侧，另一侧按通用画法绘制。

在装配图中，滚动轴承的保持架和倒角等可省略不画。

采用规定画法绘制滚动轴承的剖视图时，轴承的滚动体不画剖面线，其内、外圈等画成相同的剖面线。

用规定画法绘图时，滚动轴承各部分的绘图尺寸是以滚动轴承的内径（d）、外径（D）和宽度或高度（B 或 T）为基本尺寸，按规定的比例系数确定的。

常用的几种滚动轴承的规定画法及绘图尺寸见表 9－7。

表 9－7　常用滚动轴承的类型、结构、代号及画法

轴承类型、结构型式及代号	标准代号	特 征 画 法	规 定 画 法
深沟球轴承 60000	GB/T 276－ 1994	B, $\frac{2}{3}B$, A, $\frac{B}{6}$, d, D	B, $\frac{B}{2}$, A, $\frac{A}{2}$, $\frac{A}{2}$, $60°$, d, D

（续）

轴承类型、结构型式及代号	标准代号	特 征 画 法	规 定 画 法
圆锥滚子轴承 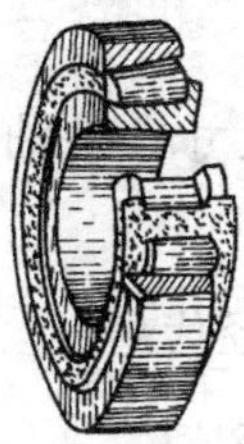 30000	GB/T 297－1994	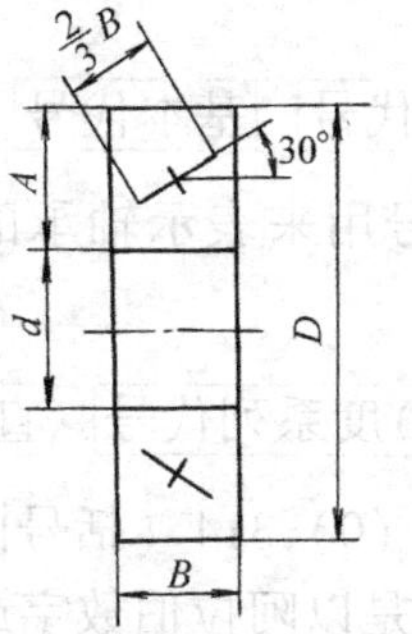	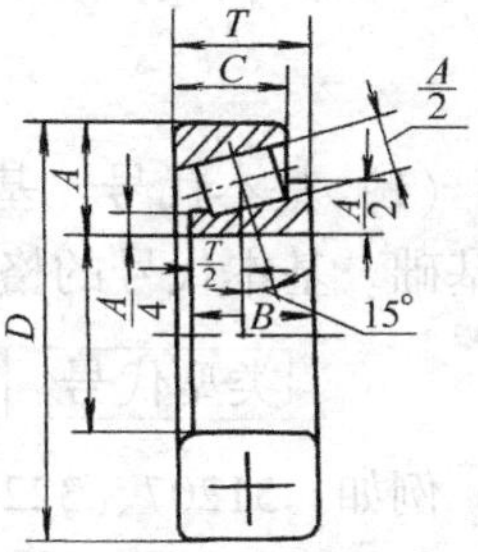
推力球轴承 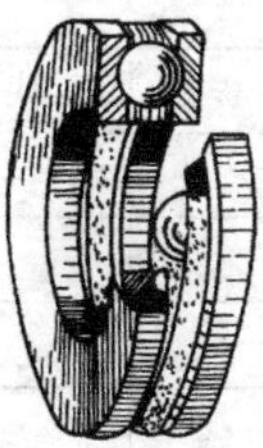 50000	GB/T 301－1995	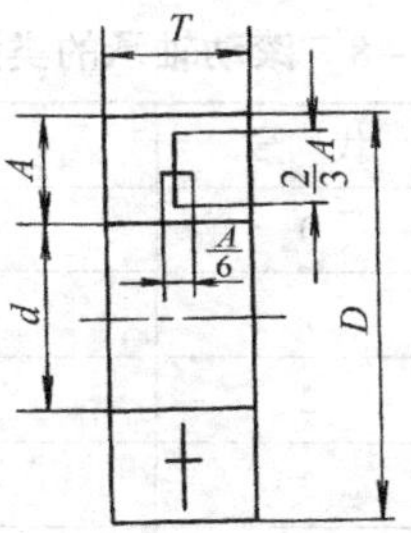	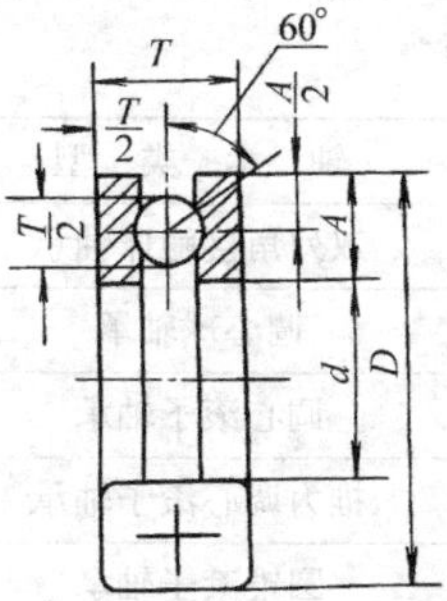

2. 滚动轴承的简化画法

在用简化画法绘制滚动轴承时，符号和矩形线框用粗实线绘制。在剖视图中，用简化画法绘制的滚动轴承一律不画剖面线。

滚动轴承的简化画法有通用画法和特征画法两种。在同一图样中只采用其中的一种画法。

（1）通用画法　通用画法应绘制在轴的两侧。通用画法的绘图尺寸也是以滚动轴承的内径（d）、外径（D）、宽度（B）为基本尺寸来确定的，如图 9－38 所示。

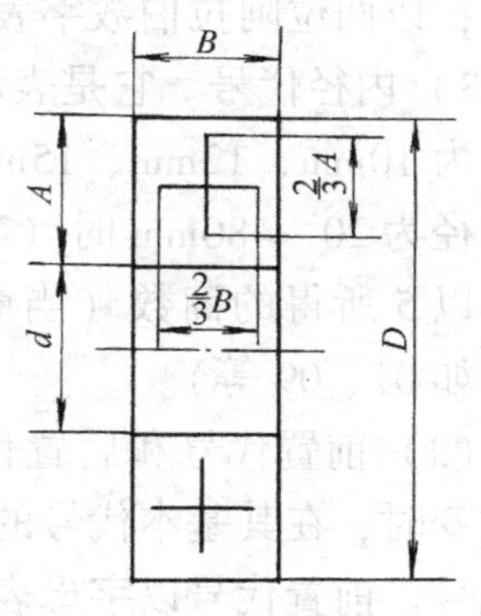

图 9－38　滚动轴承的通用画法

（2）特征画法　特征画法是在轮廓的矩形线框内画出规定的结构要素符号。特征画法应绘制在轴的两侧。

常用的几种滚动轴承的特征画法见表 9－7。

三、滚动轴承的代号和标记

1. 滚动轴承代号

滚动轴承代号是用来表示其结构、尺寸、公差等级、技术性能等特征的。滚动轴承代号的格式是：

前置代号 | 基本代号 | 后置代号

（1）基本代号　基本代号用来表示轴承的类型、结构和尺寸，是轴承代号的基础。基本代号的格式是：

类型代号 | 宽(高)度系列代号 | 直径系列代号 | 内径代号

例如：51207、32208、6（0）314（括号内的数字省略）等。

1）类型代号。类型代号是以阿拉伯数字或大写的拉丁字母来表示不同类型的滚动轴承。各类型轴承的代号见表 9－8。

表 9－8　滚动轴承的类型及代号

轴　承　类　型	代　号	轴　承　类　型	代　号
双列角接触球轴承	0	深沟球轴承	6
调心球轴承	1	角接触球轴承	7
调心滚子轴承	2	推力圆柱滚子轴承	8
推力调心滚子轴承	2	圆柱滚子轴承	N
圆锥滚子轴承	3	双列与多列圆柱滚子轴承	NN
双列深沟球轴承	4	外球面球轴承	U
推力球轴承	5	四点接触球轴承	QJ

2）尺寸系列代号。由滚动轴承的宽（高）度系列代号和直径系列代号组合而成，以两位阿拉伯数字表示。

3）内径代号。它是表示轴承内径的。内径代号用两位阿拉伯数字表示。当内径为 10mm、12mm、15mm、17mm 时，对应的内径代号是 00、01、02、03；当内径为 20～480mm 时（22mm、28mm、32mm 除外），内径代号是内径的毫米数除以 5 所得的商数（当商数为个位数时，需要在商数的左边加 1 个“0”补位，如 07、09 等）。

（2）前置代号和后置代号　当轴承的结构形状、尺寸、公差、技术要求等有改变时，在其基本代号的前或后添加补充代号予以表示，这就是前置代号或后置代号。前置代号以字母表示，后置代号以字母加数字表示。

滚动轴承的公差等级代号就属于后置代号。滚动轴承的公差等级有 2 级、4 级、5 级、6x 级、6 级和 0 级共六级，其代号依次为：P2、P4、P5、P6x、P6 和 P0。0 级为标准级，0 级轴承用得最多。公差等级代号为 P0 时，在轴承代号中不必标写，如前述的 51207、32208 和 6314 就是如此。假如它们的公差等级代号为 P5，则轴承代号就变为 51207/P5、32208/P5 和 6314/P5。

2. 滚动轴承的标记

滚动轴承标记的格式是：

滚动轴承	轴承代号	轴承的国家标准代号

示例如下：

滚动轴承　51207　　GB/T301—1995

滚动轴承　32208/P5　GB/T297—1994

滚动轴承　6314/P6　GB/T276—1994

第五节　齿　　轮

齿轮是机器设备中应用广泛的一种传动零件，它是被成对地啮合使用。齿轮可用来传递力或运动、改变转速或旋转方向等。

常用的齿轮有：

（1）圆柱齿轮　一般用于平行两轴之间的转动。其轮齿有直齿、斜齿和人字齿等。

（2）锥齿轮　用于相交两轴（常为垂直相交）之间的传动。其轮齿有直齿、斜齿和弧形齿。

（3）蜗轮蜗杆　用于交叉两轴之间的传动。

对于齿轮来说，轮齿是它的主要结构。按轮齿可以将齿轮分为标准齿齿轮和非标准齿齿轮，分别被简称为标准齿轮和非标准齿轮。

下面只介绍标准直齿圆柱齿轮的基本知识和圆柱齿轮的规定画法。

一、直齿圆柱齿轮的基本知识

直齿圆柱齿轮如图 9－39 所示，这种齿轮用得较多。以下简要介绍标准直齿圆柱齿轮各部分的名称及基本尺寸关系。

（1）齿顶圆　圆柱齿轮的齿顶圆柱面与端平面的交线称为齿顶圆，其直径以 d_a 表示。

（2）齿根圆　圆柱齿轮的齿根圆柱面与端平面的交线称为齿根圆，其直径以 d_f 表示。

（3）分度圆　位于齿顶圆与齿根圆之间，在加工齿轮时用以分度的圆称为分度圆，其直径以 d 表示。

（4）齿厚　在分度圆上齿轮轮齿的厚度（弧长）称为齿厚，以 s 表示。

（5）槽宽　在分度圆上，相邻两轮齿间凹槽的宽度（弧长）称为槽宽，以 e

表示。

(6) 齿距　在分度圆上，相邻两轮齿上对应点（同位点）间的弧长称为齿距，以 p 表示。齿距等于齿厚与槽宽之和，即 $p=s+e$。

(7) 齿高　从齿顶圆到齿根圆的径向距离称为齿高，以 h 表示。

(8) 齿顶高　从齿顶圆到分度圆的径向距离称为齿顶高，以 h_a 表示。

(9) 齿根高　从齿根圆到分度圆的径向距离称为齿根高，以 h_f 表示。

(10) 齿数　齿轮轮齿的个数称为齿数，以 z 表示。

(11) 压力角　表示渐开线齿轮轮齿的齿廓形状的角。两直齿圆柱齿轮啮合传动时，其中心连线上的啮合点的瞬时运动方向（垂直于中心连线）与该啮合点的两齿廓曲线的公法线方向所夹的角就是压力角，如图 9－39 所示。压力角以 α 表示。制造渐开线圆柱齿轮所用的齿条类刀具上的齿形角，其大小就等于被加工齿轮分度圆的压力角。我国所采用的标准压力角是 20°（$\alpha=20°$）。

(12) 模数　如果齿轮的齿数为 z，则分度圆周长 $=pz$，而又有分度圆周长 $=\pi d$，所以

$$pz=\pi d \qquad d=\frac{p}{\pi}z$$

把比值 $\frac{p}{\pi}$ 称为模数，以 m 表示，即 $m=\frac{p}{\pi}$。模数表示每个齿距 p 所包含的 π 的倍数，是表示齿轮轮齿大小的参数，也是齿轮最重要的基本参数。模数的单位是毫米。

有些国家的齿轮标准是采用径节（DP）制。径节的作用相当于模数，即是以径节来表示轮齿的大小。

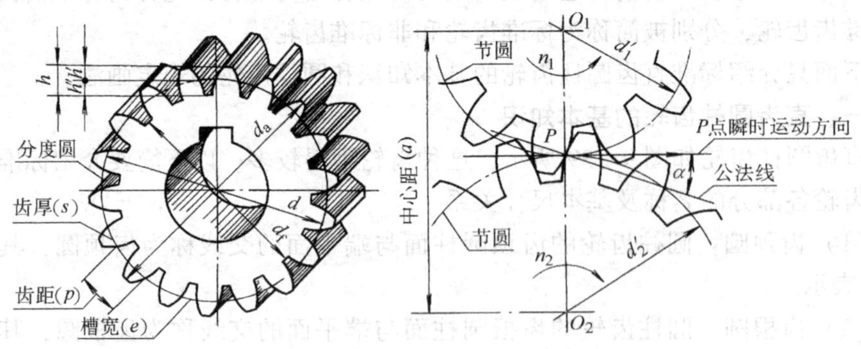

图 9－39　直齿圆柱齿轮各部分的名称

径节与模数的换算关系是：

$$m=\frac{1}{DP}\text{in}=\frac{25.4}{DP}\text{mm} \quad 或 \quad DP=\frac{25.4}{m}$$

一对齿轮要正确地啮合传动，它们的模数（或径节）和压力角都必须相等。

为了减少加工齿轮刀具的数量，国家标准对齿轮的模数作了规定。符合该标准的模数称为标准模数。渐开线圆柱齿轮标准模数见表9－9。

表9－9　渐开线圆柱齿轮标准模数（GB1357—1987）　（单位：mm）

第一系列	0.3　0.4　0.5　0.6　0.8　1　1.25　1.5　2　2.5　3　4　5　6　8　10　16　20
第二系列	0.9　1.75　2.25　2.75　(3.25)　3.5(3.75)　4.5　5.5　(6.5)　7　9　(11)　22　28　36

注：选用模数时，应优先选用第一系列，其次选用第二系列。括号内的模数尽可能不用。

只要齿轮的模数和齿数确定了，标准直齿圆柱齿轮轮齿部分的尺寸就可以由表9－10中的公式计算出来。

表9－10　标准直齿圆柱齿轮轮齿部分的尺寸关系

名　称	符　号	计算公式	计算举例（已知：$m=2.5$，$z=20$）
齿顶高	h_a	$h_a=m$	$h_a=2.5$
齿根高	h_f	$h_f=1.25m$	$h_f=3.125$
齿高	h	$h=2.25m$	$h=5.625$
分度圆直径	d	$d=mz$	$d=50$
齿顶圆直径	d_a	$d_a=m(z+2)$	$d_a=55$
齿根圆直径	d_f	$d_f=m(z-2.5)$	$d_f=43.75$

对于一对啮合的齿轮来说还有以下基本名称和基本尺寸关系：

（1）节圆　一对齿轮啮合时，在它们中心连线上的啮合点称为节点。节点绕着各自中心的运动轨迹就分别是它们的节圆，其直径以d'表示。标准齿轮的节圆直径等于其分度圆直径。

（2）中心距　相啮合的一对齿轮的中心间的距离称为中心距，以a表示。

$$a=\frac{d'_1}{2}+\frac{d'_2}{2}=\frac{m(z_1+z_2)}{2}$$

（3）速比　也称为传动比，是主动（驱动）齿轮与从动齿轮的转速之比，以i表示。

$$i=\frac{n_1}{n_2}=\frac{z_2}{z_1}=\frac{d'_2}{d'_1}$$

式中　n_1——主动齿轮的转速；

n_2——从动齿轮的转速；

z_1、z_2——主动齿轮的齿数、从动齿轮的齿数。

二、圆柱齿轮的规定画法

在生产中，齿轮轮齿部分（齿圈）的形状是靠加工刀具和加工方法来保证的，在图样上无需画出轮齿的真实形状。为了方便和简明地表达轮齿部分，国家标准对齿轮的画法作了规定：**①齿顶圆和齿顶线用粗实线绘制；②分度圆和分度**

线用点画线绘制；③齿根圆和齿根线用细实线绘制，可省略不画。在剖视图中，齿根线用粗实线绘制；④在剖视图中，当剖切平面通过齿轮的轴线时，轮齿一律按不剖画图。

除轮齿部分外，齿轮上的其他结构形状仍按其投影画图。

1. 单个圆柱齿轮的画法

单个圆柱齿轮一般用两个视图或者用一个视图和一个局部视图来表示。反映为圆的视图不得画成全剖视图或半剖视图。轮齿部分的倒角圆省略不画。按规定，将齿顶圆、齿顶线用粗实线画出，将分度圆、分度线用点画线画出，将齿根圆、齿根线在不剖时画成细实线或省略不画。当通过齿轮的轴线剖切时，齿根线画成粗实线，轮齿按不剖画出，如图 9－40 所示。

如果为斜齿齿轮或人字齿轮，则需在不为圆的外形视图或剖视图的未剖部分，画出三条与齿向一致、间距相等的细实线示意地表示其轮齿，如图 9－40b、c 所示。

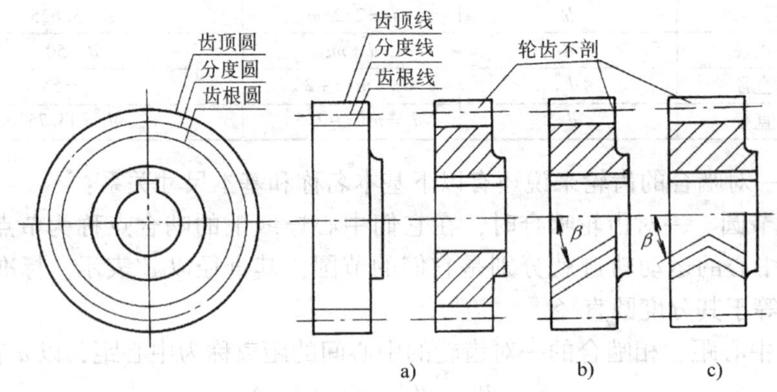

图 9－40　圆柱齿轮的画法

a）直齿　b）斜齿　c）人字齿

在齿轮的零件图上，除清楚的视图外，还应有制造时所需的参数、尺寸和技术要求。圆柱齿轮零件图的样式如图 9－41 所示。

2. 圆柱齿轮啮合的画法

两个圆柱齿轮啮合时，除啮合部分外，其他部分的画法与单个圆柱齿轮相同。要特别注意啮合部分的画法。在反映为圆的视图中，啮合部分的齿顶圆均用粗实线画出（图 9－42a）或者都省略不画（如图 9－42b），两齿轮的节圆必须用点画线画成相切，此时一般不画齿根圆，轮齿部分的倒角圆省略不画。

在反映不为圆的剖视图中，于啮合区内，一个齿轮的齿顶线画成粗实线，另一个齿轮的齿顶线画成虚线或者省略不画（通常将驱动齿轮的齿顶线画成粗实线）。节线用点画线画出，两齿轮的齿根线均画成粗实线。注意：此时两齿轮对应

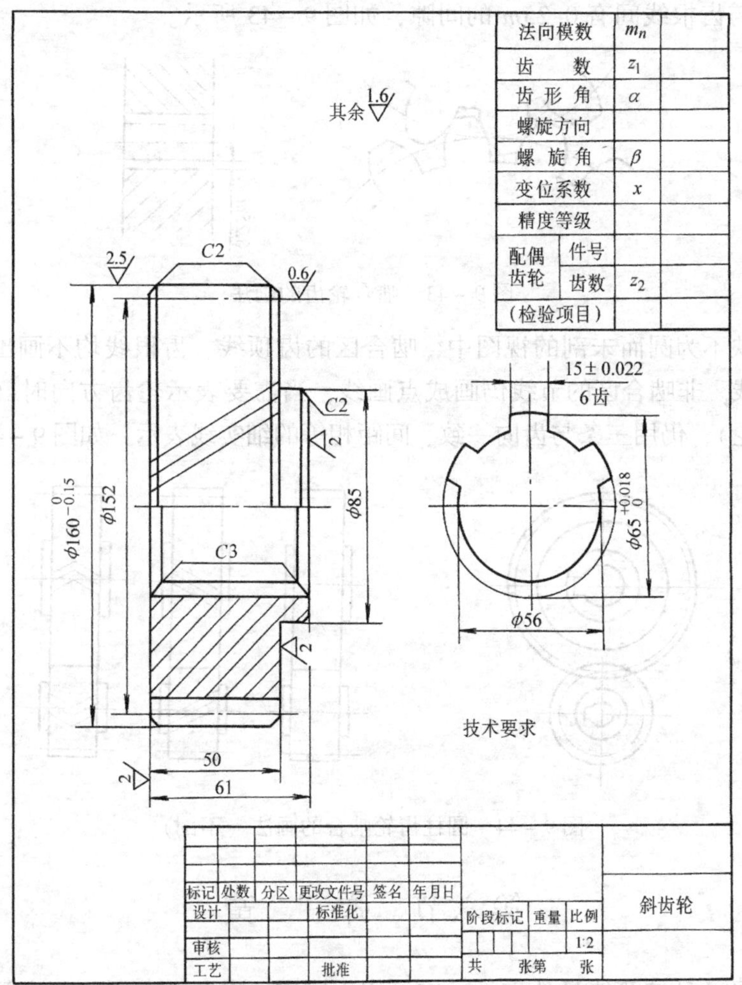

图 9－41　圆柱齿轮零件图

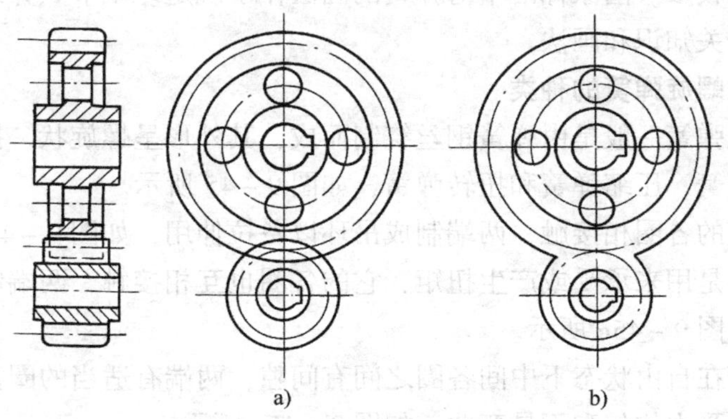

图 9－42　圆柱齿轮啮合的画法（取剖）

的齿顶线与齿根线间有 0.25m 的间隙，如图 9－43 所示。

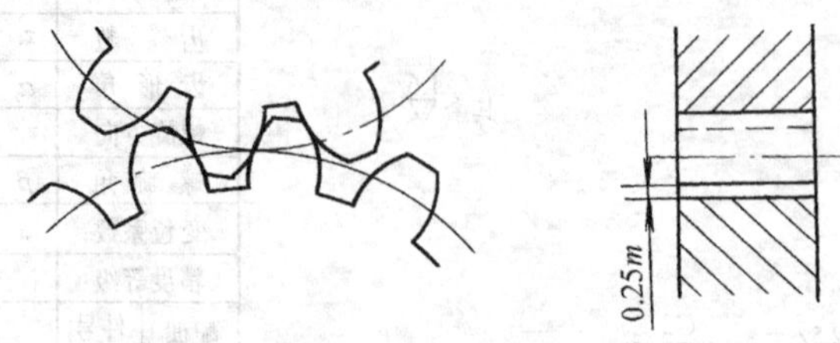

图 9－43　啮合轮齿的画法

在反映不为圆而未剖的视图中，啮合区的齿顶线、齿根线均不画出，节线处画成粗实线。非啮合区的节线仍画成点画线，当需要表示轮齿方向时（斜齿齿轮和人字齿轮），仍用三条与齿向一致、间距相等的细实线表示，如图 9－44 所示。

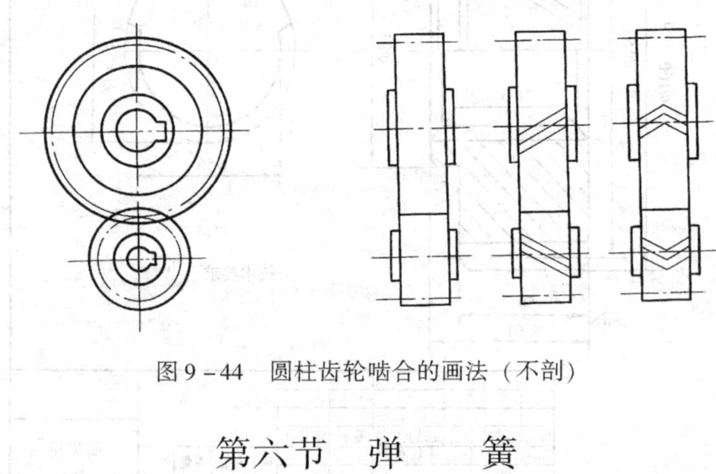

图 9－44　圆柱齿轮啮合的画法（不剖）

第六节　弹　　簧

弹簧是一种储藏能量的零件，它可用于减震、夹紧、回弹和测力等。

弹簧种类较多。国家标准中对弹簧的画法作了规定。本节只介绍常用的圆柱螺旋弹簧的有关知识和画法。

一、圆柱螺旋弹簧的种类

圆柱螺旋弹簧一般是由弹簧钢丝绕制而成，其外形呈螺旋状。按弹簧的用途可分为拉伸弹簧、压缩弹簧和扭转弹簧，如图 9－45 所示。

拉伸弹簧的各圈相接触，两端制成吊环以备拉伸用，如图 9－45b 所示。

扭转弹簧是用来承受或产生扭矩，它的各圈也互相接触，两端制成吊钩形或弯成臂状，如图 9－45c 所示。

压缩弹簧在自由状态下中间各圈之间有间隙，两端有适当的圈数被并紧且磨平端部，以使受力均匀和不易弯曲，如图 9－45a 所示。

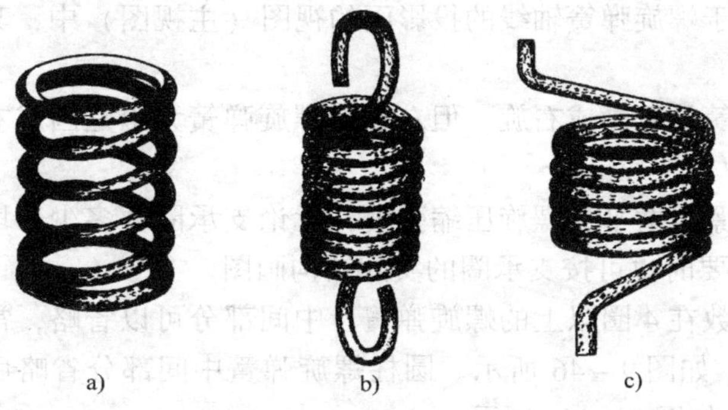

图 9－45　圆柱螺旋弹簧

a）压缩弹簧　b）拉伸弹簧　c）扭转弹簧

二、圆柱螺旋弹簧各部分的名称和尺寸关系

（1）簧丝直径（d）　绕制弹簧的钢丝的直径。

（2）弹簧外径（D）　弹簧的最大直径。

（3）弹簧内径（D_1）　弹簧的最小直径。

$$D_1 = D - 2d$$

（4）弹簧中径（D_2）　弹簧的平均直径。

$$D_2 = \frac{D + D_1}{2} = D - d$$

（5）支承圈数（n_z）、有效圈数（n）和总圈数（n_1）　对于圆柱螺旋压缩弹簧，两端并紧且磨平，仅起支承作用的各圈称为支承圈。支承圈有 1.5 圈、2 圈和 2.5 圈三种。除支承圈外，中间各圈都参加工作而会变形。参加工作而变形的圈数称为有效圈数。有效圈之间保持着相等的间隙。支承圈数与有效圈数之和就称为弹簧的总圈数。

$$n_1 = n + n_z$$

（6）节距（t）　有效圈相邻两圈的轴向距离。

（7）自由高度（H_0）　在没有外力作用下的高度。

$$H_0 = \begin{cases} nt + d & (n_z = 1.5 \text{ 时}) \\ nt + 1.5d & (n_z = 2 \text{ 时}) \\ nt + 2d & (n_z = 2.5 \text{ 时}) \end{cases}$$

（8）簧丝展开长度（L）　绕制该弹簧时所需钢丝的长度。

$$L \approx n_1 \sqrt{(\pi D_2)^2 + t^2}$$

对于拉伸弹簧和扭转弹簧，还应加上吊环或弯臂部分的钢丝长度。

三、圆柱螺旋弹簧的规定画法

在国家标准（GB/T4459.4—1984）中，规定了螺旋弹簧的画法。

1）在平行于螺旋弹簧轴线的投影面的视图（主视图）中，其各圈的轮廓应画成直线。

2）螺旋弹簧均可画成右旋。但左旋的螺旋弹簧无论是画成左旋或右旋，一律要注出旋向“左”字。

3）两端并紧且磨平的螺旋压缩弹簧，无论支承圈数多少，均按支承圈数为2.5圈画图。必要时也可按支承圈的实际结构画图。

4）有效圈数在4圈以上的螺旋弹簧，中间部分可以省略，常只画出两端的1~2圈工作圈，如图9-46所示。圆柱螺旋弹簧中间部分省略后，图形的长度可适当地缩短，如图9-46a所示。

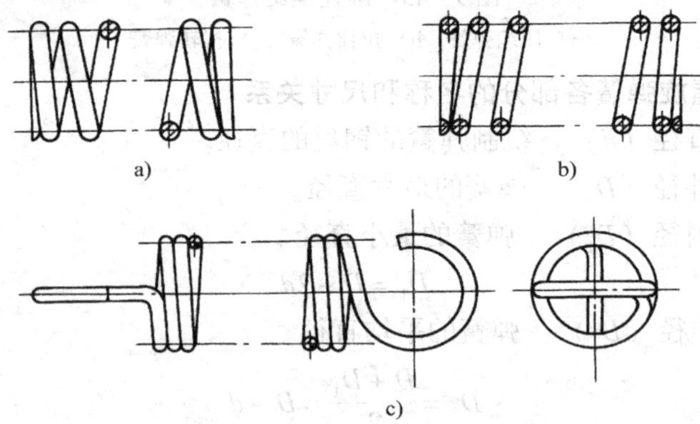

图9-46　圆柱螺旋弹簧的视图

a）圆柱螺旋压缩弹簧的视图　b）圆柱螺旋压缩弹簧的全剖视图

c）圆柱螺旋拉伸弹簧的视图

5）在装配图中，被弹簧挡住的结构一般不画出，可见部分应从弹簧的外轮廓线或从弹簧钢丝剖面的中心线画起，如图9-47a所示。当弹簧被剖切时，型材

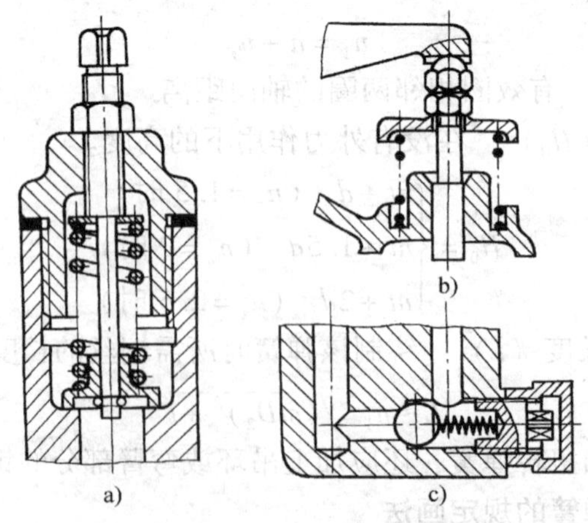

图9-47　装配图中弹簧的画法

的剖面直径或厚度在图形上等于或小于2mm时，可用涂黑表示，如图9－47b所示。型材直径或厚度在图形上等于或小于2mm的弹簧可采用示意画法，如图9－47c所示。

四、圆柱螺旋弹簧的作图

拉伸弹簧、压缩弹簧和扭转弹簧除两端的画法有所不同外，中间部分的画法基本相似。现以圆柱螺旋压缩弹簧为例说明它们的作图方法。

1. 计算

根据已知的参数计算出弹簧的中径 D_2 和自由高度 H_0。

2. 作图

圆柱螺旋压缩弹簧的作图步骤如图9－48所示。现分步叙述如下：

1）根据弹簧的中径 D_2 和自由高度 H_0 画出弹簧的轴线，作矩形 $abcd$。

2）按图中所给的尺寸比例，定出簧丝中心的各点。

3）以定出的各中心点为圆心、簧丝直径 d 为直径画圆或圆弧。

4）按弹簧的旋向，作相应的圆或圆弧的公切线。擦去多余的线条，画剖面线和加粗粗实线，完成全图。应特别注意支承圈部分的画法。

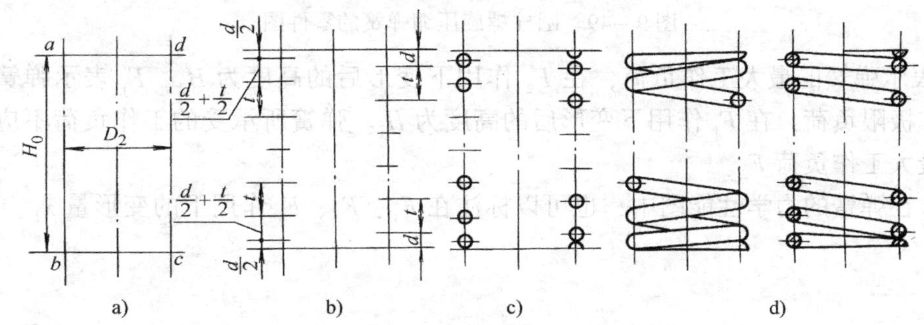

图9－48　圆柱螺旋压缩弹簧的作图步骤

五、圆柱螺旋弹簧的零件图

在弹簧的零件图中，弹簧的各尺寸参数应直接标注在图样上，而且大部分尺寸参数标注在主视图上，如外径、自由高度、簧丝直径、节距等。当直接标注有困难时，可在技术要求中注明，如有效圈数、旋向、簧丝展开长度等。

如图9－49所示是圆柱螺旋压缩弹簧的零件图样式。

在弹簧的零件图中，一般需用图解方式表示弹簧的力学性能，称该图为力学性能图。圆柱螺旋压缩、拉伸弹簧的力学性能曲线画成直线，画在主视图的上方。圆柱螺旋扭转弹簧的力学性能曲线也画成直线，画在左视图上方，也允许画在主视图上方。

弹簧的力学性能曲线（或直线形式）用粗实线绘制，如图9－49所示。

在力学性能图中，F_1 表示弹簧的预加负荷，在 F_1 作用下变形后的高度为 H_1。

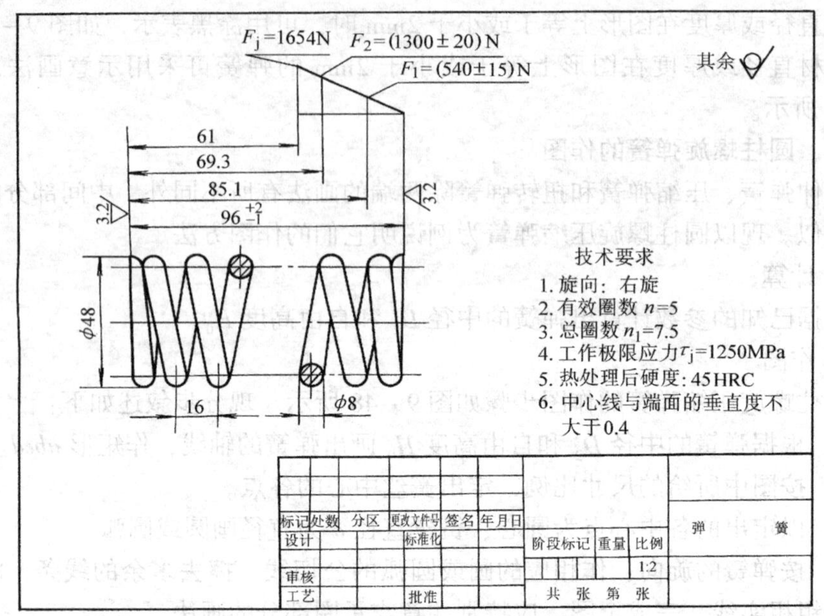

图 9－49　圆柱螺旋压缩弹簧的零件图

F_2 表示弹簧的最大工作负荷，在 F_2 作用下变形后的高度为 H_2。F_j 表示弹簧的工作极限负荷，在 F_j 作用下变形后的高度为 H_j。弹簧所承受的工作负荷不应超过最大工作负荷 F_2。

在弹簧的力学性能图中，也可以标注在 F_1、F_2、F_j 作用下的变形量 x_1、x_2、x_j。

第十章　零件图和装配图简介

零件图和装配图是常见的工程技术图样之一。由于机械行业与其他行业联系紧密，涉及面广，所以应对零件图和装配图有一定的认识。

第一节　零　件　图

一、零件图的作用和内容

每一台机器、设备或组成它们的部件，都是由许多的零件按一定的装配关系和技术要求装配起来的。零件就是组成机器或部件的基本单位。

表示零件结构、大小及技术要求的图样称为零件图。

零件图是用来指导零件的制造、检验和正确使用的。一张完整的零件图应当包括以下的一些内容：

(1) 一组图形　用一定数量的视图、剖视图、断面、局部放大图等图形，将零件的结构形状完整、清楚而准确地表达出来。

(2) 完整的尺寸　正确、完整、清晰、合理地标注出零件的制造、检验、对外装配所需的形状大小尺寸和位置尺寸。

(3) 技术要求　用规定的符号、代号或字符标注出在零件的制造、检验、装配和使用时的要求，主要有表面粗糙度、重要尺寸的公差和零件的形位公差、零件的热处理和表面处理要求、零件的特殊加工要求、特殊检验和试验要求，以及对零件材料和毛坯的要求或说明等。

(4) 标题栏　按国家标准规定的格式印制或画出标题栏，填写出相关内容，如零件编号、代号、零件名称、数量、材料、图号、比例、有关签名、修改标记等。

图 10－1 是一根轴的零件图，它就具有以上的各项内容。

二、零件图的视图选择

要把零件的结构形状完整、清楚而准确地表达出来，同时又要使绘图简便，读图方便，这就需要合理地选择零件的图形表达方案。在表达零件的各个图形中，主视图是最重要的一个视图。主视图选择得好坏，直接影响到绘图和读图，因此，在表达零件时，应首先选择好主视图。

1. 主视图的选择

选择主视图时，一般是从主视图的投射方向和零件的摆放位置两个方面来考

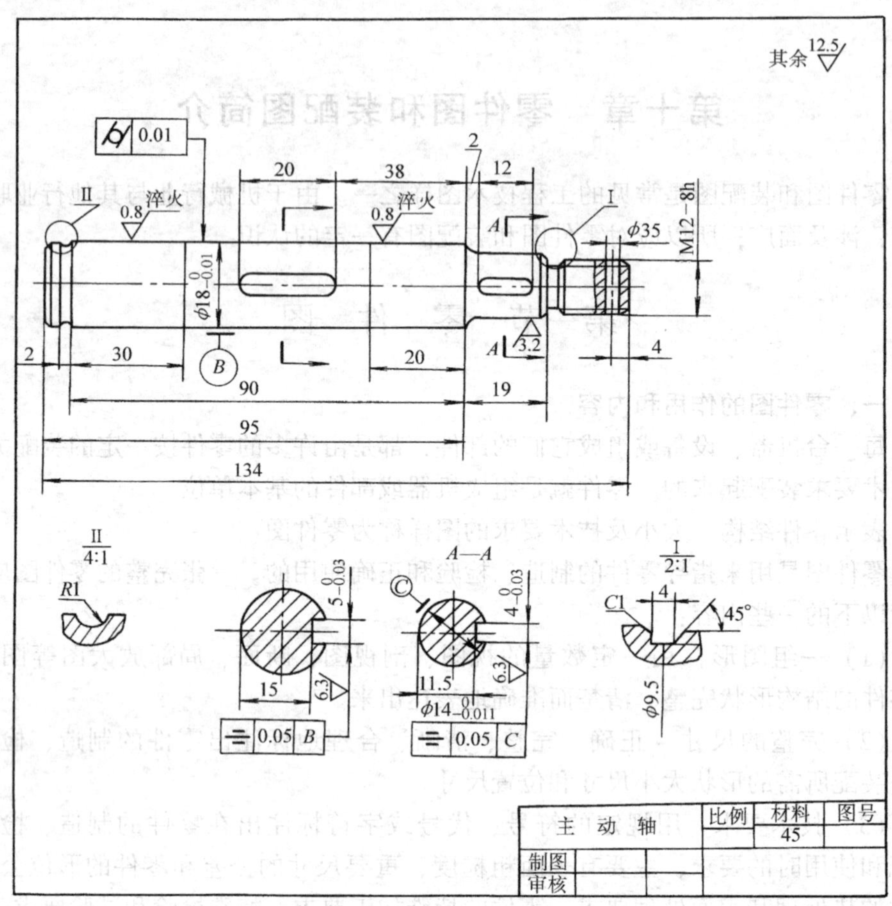

图 10－1　轴的零件图

虑。

（1）投射方向　应以最能反映零件的形体特征的方向，即最能清楚地表达零件的结构形状的方向作为主视图的投射方向。如图 10－2 所示的轴承座的主视图，它就较好地反映了轴承座的形体特征。

（2）摆放位置　在主视图的投射方向确定之后，零件的摆放位置应符合它的主要的加工位置或工作位置。

零件图是用以加工制造零件的。为了加工零件时看图和测量尺寸方便，主视图所表达的零件位置，最好与该零件的主要的加工位置相一致。但由于有些零件加工比较复杂，加工位置难于确定，此时就以该零件在机器或部件中的工作位置来作为主视图的画图位置。

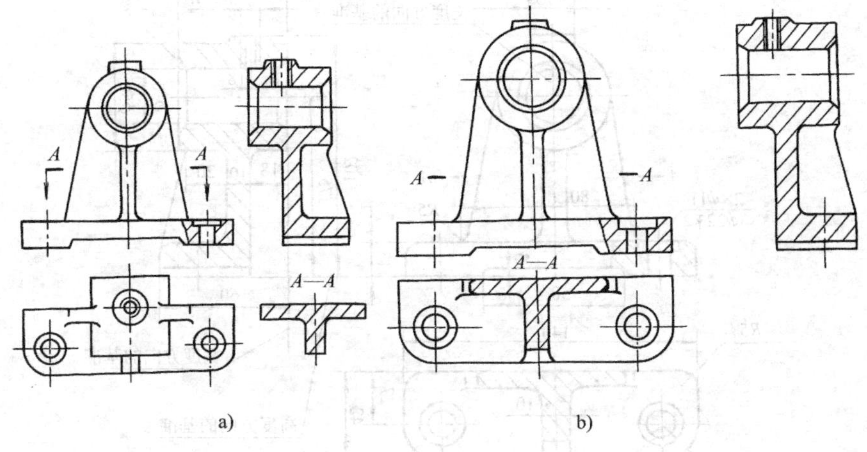

图 10－2　轴承座的表达方案

2. 其他视图的选择

一般情况下，仅用主视图是不能将零件的结构形状表达完全的。还需要其他适当数量的图形，以恰当的表达方法将主视图上未表达或未表达清楚的结构形状表达出来。一般可按下述步骤来考虑：

1）分析零件各组成部分的结构形状和相互位置，除主视图之外，还需要哪些基本视图或其他视图来表达。

2）根据零件的内部结构形状，选择恰当的剖视或断面等来表达。

3）对尚未表达清楚的局部形状和细小结构，用局部视图、局部剖视或局部放大图来补充表达。

4）分析拟定出多套表达方案，比较各套表达方案，再加以增减、综合、简化，从而得出一套完整、清楚、准确而简捷的表达零件的视图表达方案。

图 10－2 是轴承座的两套视图表达方案。相对来说，图 10－2b 所示的表达方案不但将轴承座的结构形状表达得完整、清楚、准确，而且图形也较为简捷，所以是较好的视图表达方案。

三、零件图上的尺寸标注

零件的大小是以零件图上所标注的尺寸来确定的，因此，零件图上的尺寸标注是绘制零件图的重要内容之一。在零件图上标注尺寸时应标注得正确、完整、清晰、合理。现就零件图上的尺寸标注的基本问题简述如下：

1. 选择尺寸基准

零件有长、宽、高三个尺寸方向，每个方向上必须至少有一个尺寸基准。一

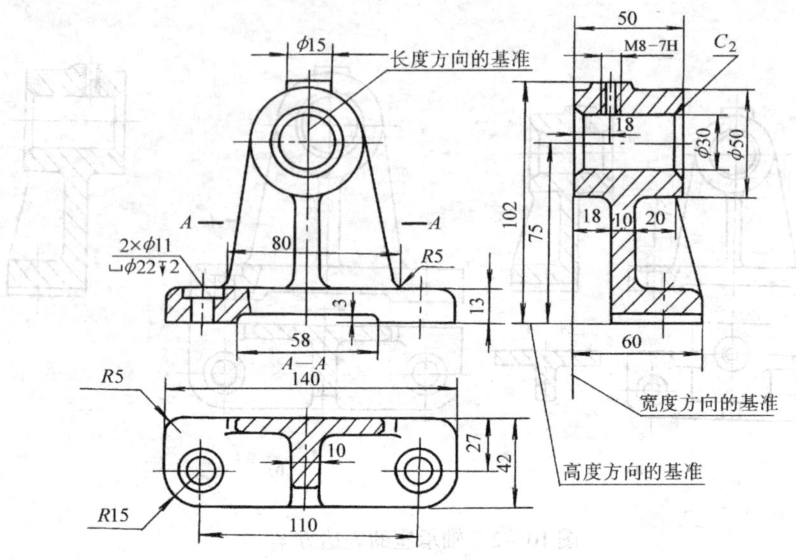

图 10－3　轴承座的尺寸标注

般情况下，选择零件的对称平面、安装面（如底面）、主要轴线或重要的端面作尺寸基准，而且在同一尺寸方向上，通常是按这一优选顺序来选择尺寸基准的，如图 10－3 所示。

由于设计和加工的不同要求，有时会在同一尺寸方向上出现几个尺寸基准。在此情况下，一般是以保证设计要求，满足设计的重要尺寸的基准作为主基准，而将实现加工要求的基准作为辅助基准。重要尺寸从基准开始直接标注，基准之间的尺寸也应直接标注。如图 10－1 中，轴的主要轴线是它的径向（此时为宽度和高度两个尺寸方向）尺寸基准。长度方向上有三个基准，其中直径为 $\phi18_{-0.011}^{\ 0}$、长为 90 的一段圆柱的右端面是保证设计要求的主基准，轴的左、右两个端面是辅助基准。

2. 标注尺寸

在每个尺寸方向上的尺寸基准确定以后，就可按组合体尺寸标注方法，结合零件的特殊要求、零件上具体结构的合理标注等来标注零件的定形尺寸和定位尺寸。

至于标注尺寸的合理性等，因涉及面广，还需有一定的工艺知识和实际经验，故在此从略。若必要，请参阅相关资料。

图 10－4 是一张具有完整内容的支架的零件图。

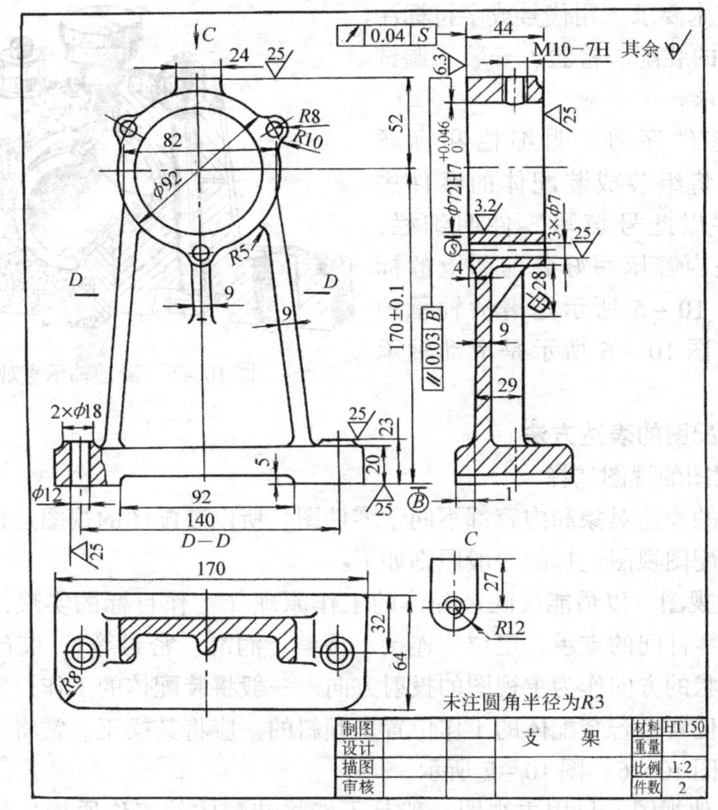

图 10－4　支架的零件图

第二节　装　配　图

一、装配图的作用与内容

表示产品及其组成部分的连接、装配关系的图样称为装配图。装配图中还具有装配和检验装配体时所必需的数据和技术要求。

装配图用来表达装配体（机器、设备及部件）的工作原理、装配关系和零件的主要形状。装配图除了表达设计人员的设计思想和用以进行技术交流外，在生产实际中用以指导装配体的装配、检验、安装、调试、使用和维修。据此，装配图应包括以下的内容：

（1）一组图形　用一组图形将装配件的工作原理、装配关系和零件的主要形状正确而清楚地表达出来。

（2）必要的尺寸　标注出表示装配体性能规格的尺寸和指导装配体装配、检验、安装和调试的有关尺寸。

(3) 技术要求　用代号或字符标注出对装配体的装配、检验、安装、调试和使用的要求。

(4) 零件序号、明细栏和标题栏　按规定将组装成装配体的零件进行编号，并以此号填写零件明细栏，最后按相关内容填写好装配图上的标题栏。如图 10－5 所示是滑动轴承的直观图，如图 10－6 所示是滑动轴承的装配图。

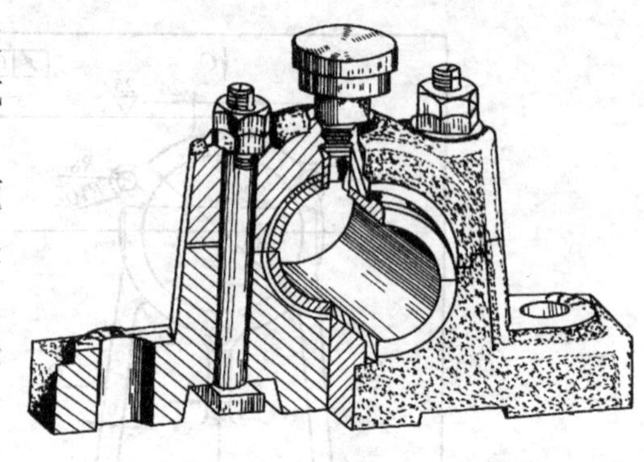

图 10－5　滑动轴承直观图

二、装配图的表达方法

1. 装配图的视图选择

装配图的表达对象和内容都不同于零件图，所以装配图的视图选择也不同于零件图。装配图视图选择的一般原则如下：

(1) 主视图　以最能反映装配体的工作原理（工作目标的实现，运动的传入、传递，零件间的支承、定位、连接、调整、润滑、密封等），装配关系和零件的主要形状的方向作为主视图的投射方向。一般将装配体的工作位置作为画主视图的摆放位置。若装配体的工作位置是倾斜的，应将其摆正。常将主视图画成剖视图，如图 10－6、图 10－7 所示。

(2) 其他视图　只用主视图一般是不能将装配体的工作原理、装配关系和零件的主要形状完全地表达出来的。主视图上没有表达或还未表达清楚的传动路线、支承、连接等工作原理、装配关系以及零件，特别是主体零件的主要形状，还需以恰当的方式，用适量的视图来予以表达。在将以上内容表达清楚的前提下，力求表达方案的简练。

2. 装配图的画法

在第八章中已学习过的表达方法，即视图、剖视图、断面、局部放大图等均能够用于装配图。此外还有针对装配图的特点，只用于装配图的规定画法、特殊画法和简化画法。

(1) 规定画法

1) 装配图中，两个相邻零件的接触面或配合面只画一条线，而非接触面，即使间隙很小，也必须画成两条明显分开的线（间距不小于 0.7mm），如图 10－8 所示。

2) 同一装配图中的同一零件的剖面线应当相同（方向相同、间隔相等）。相邻接的两个零件的剖面线必须以不同的方向或以不同的间隔画出。

3) 在装配图中，对于连接件（如螺栓、螺钉、螺母、垫圈、销、键等）和实

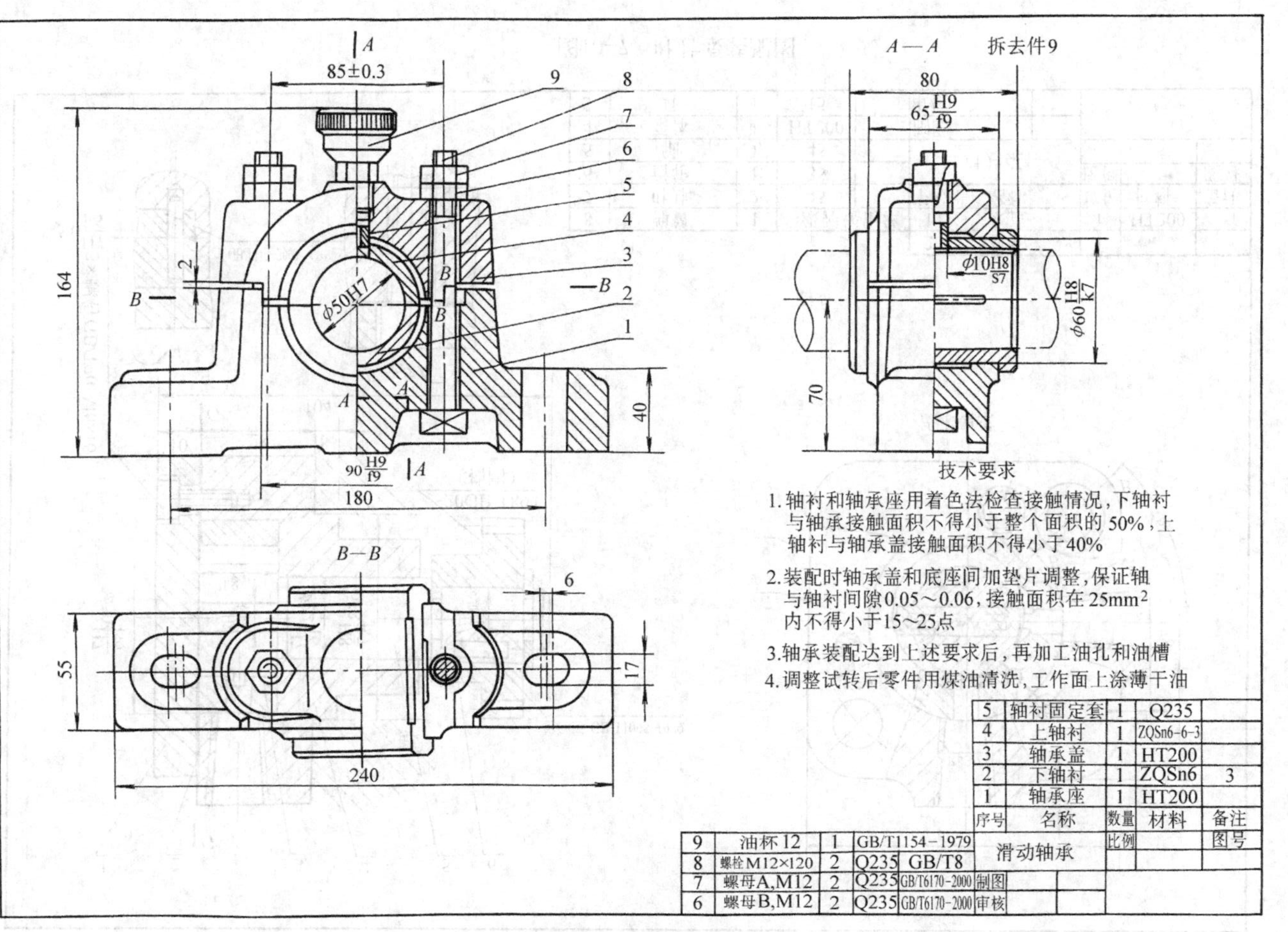

图10-6 滑动轴承装配图

1
2
3
4
5
6
G
G—G
78
5
Rc3/8
5
φ74
A
78
7
8
2.5
B
45°
技术要求
键6×16 GB/T1095-1979
φ50 H7/js6
8 H7/h6
φ22 H7/f6
φ58 H8/js7
φ20 H7/js6
18
20GB/T894
（挡圈）
10
28
8
104
3×螺钉GB/T70 M6×16
A—A
B—B
φ3 H7/h6
销GB/T119-2000 C3×25
2 衬垫 1
1 泵盖 1 HT200
序号 名称 数量 材料 备注
8 弹簧 1 中级弹簧钢丝
7 叶片 2 45
6 齿轮 1 35
5 轴 1 45
4 泵体 1 HT200
3 环 1 15
叶片泵
比例
图号
制图
审核

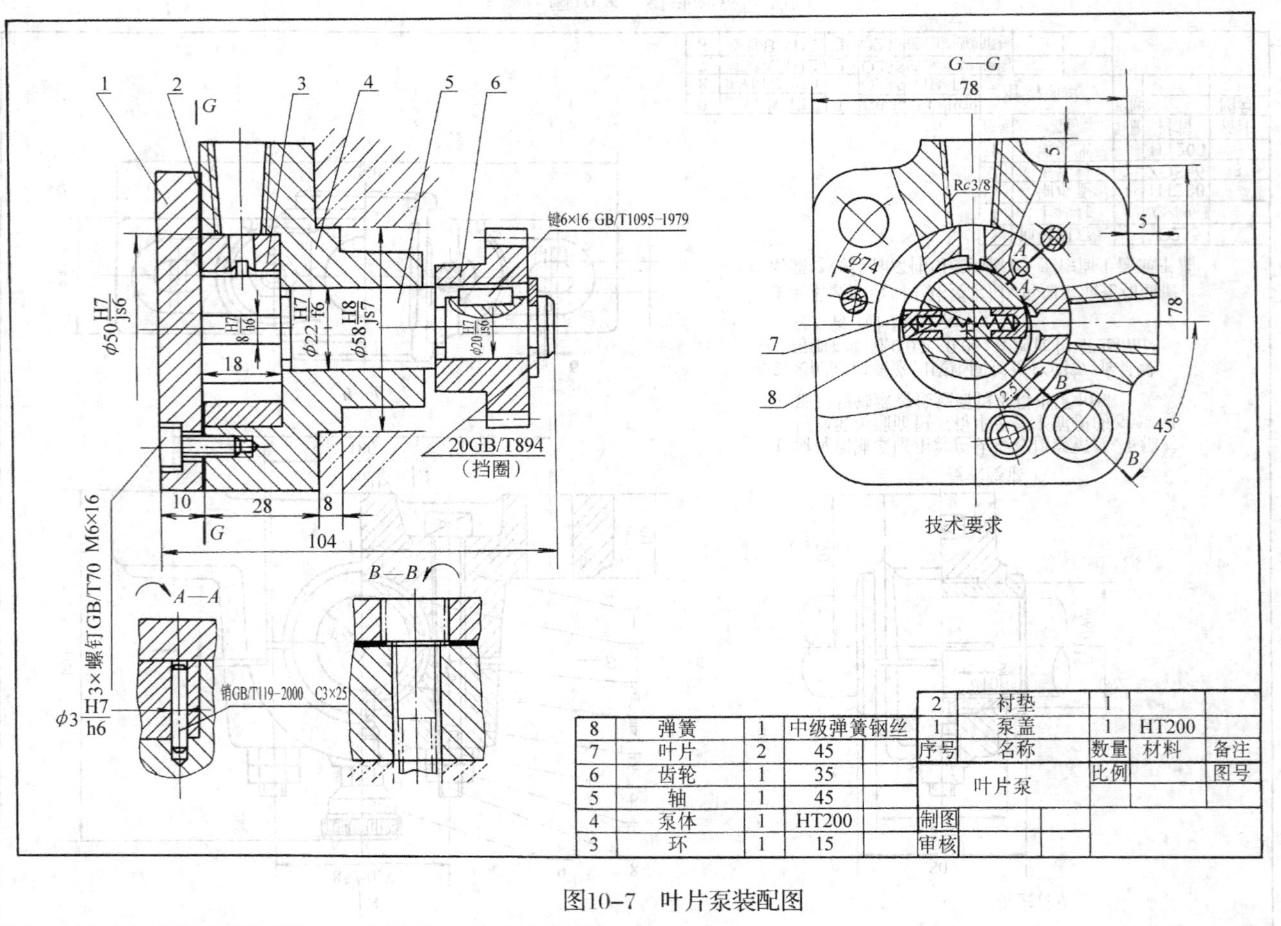

图10–7 叶片泵装配图

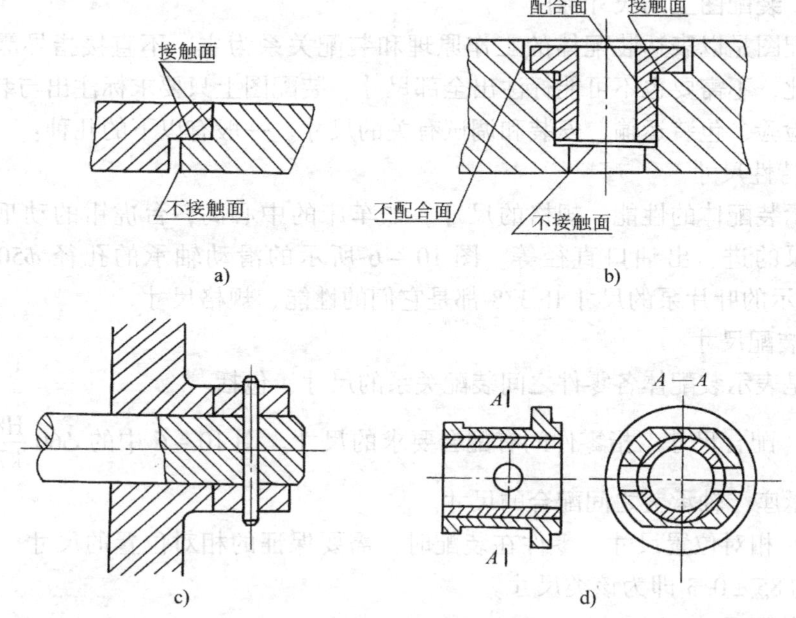

图 10－8　装配图的规定画法

心零件（如实心轴、实心球、手柄等），当剖切平面通过其轴线或纵向对称面时，这些零件均按不剖绘图，如图 10－8c 中的轴和销就是如此。

（2）特殊画法

1）沿结合面剖切。为了将装配体中的某些零件或装配关系等表达得更清楚，可以假想沿某些零件间的结合面进行剖切。图 10－6 的俯视图、图10－7 的左视图就是如此。

2）拆卸画法。在装配图中，当某些零件遮住了所要表达的部分时，可假想将某些零件拆卸后绘制。一般在对应的图形的上方标注“拆去零件××”等字样，如图 10－6 的左视图所示。

3）假想画法：①在装配图上，为了表示某些运动零件的运动范围或极限位置时，可用细双点画线画出极限位置处的外形轮廓；②当需要表示装配体与相邻的零件或部件的关系时，可用细双点画线画出相邻的零件或部件的外形轮廓。如图 10－7 中的泵座和安装螺钉就是这种画法。

4）夸大画法。在装配图中，对薄片零件、小间隙、小锥度等，如按实际尺寸比例画出表示不明显时，允许将它们适当地夸大后画出。

（3）简化画法　为了提高绘图效率，减少不必要的重复和繁琐，国家标准《技术制图》的简化表示法（GB/T16675.1—1996）中，相应地规定了装配图的简化画法。在此省略。

三、装配图上的尺寸标注

装配图是以表达装配体的工作原理和装配关系为主，不直接指导零件的生产，因此，不需要也不可能标注出全部尺寸。装配图上只要求标注出与装配体的装配、检验、包装运输、安装和调试有关的尺寸。一般有以下的几种：

1. 特性尺寸

表示装配体的性能、规格的尺寸。如车床的中心高，台虎钳的动爪活动距离，油泵的进、出油口直径等。图 10－6 所示的滑动轴承的孔径 ϕ50H7、图 10－7所示的叶片泵的尺寸 Rc3/8 都是它们的性能、规格尺寸。

2. 装配尺寸

这是表示装配体各零件之间装配关系的尺寸，包括：

（1）配合尺寸　指零件间有配合要求的尺寸。图 10－6 中的 $\phi 60\,\dfrac{H8}{k7}$即为衬套与轴承座、轴承盖之间配合的尺寸。

（2）相对位置尺寸　零件在装配时，需要保证的相对位置的尺寸。如图 10－6 中的 85 ±0.3 即为该类尺寸。

3. 外形尺寸

装配体总的外形轮廓尺寸，即总长、总宽和总高。外形尺寸是装配体的包装、运输和规划安装场地所需的尺寸。

4. 安装尺寸

这是将装配体安装到机器或基础上所需的尺寸。例如对外安装孔的大小、孔心距等就是这类尺寸。

5. 其他重要尺寸

这是在设计中经过计算或选定的一些重要尺寸，例如主体零件的重要设计尺寸、运动件的运动极限位置尺寸等。图 10－7 中的偏心距 2.5、泵体上的 8 等就是该类尺寸。

四、装配图中的零、部件序号和明细栏

装配图中的所有零、部件都必须编号，不得遗漏，也不应重复，并以此号填写明细栏。

1. 编零、部件序号的方法

编排序号的方法有两种，同一装配图中序号的编排法应一致。

1）将装配体上的所有零件和标准部件都进行编号，如图 10－6 所示。

2）将装配体上的标准件（零件、部件和组件）的标记标写在指引线末端，而将非标准件编写序号，如图 10－7 所示。

2. 标注和编序号的一些规定

1）装配体上的相同零、部件，无论数量多少，都只编一个号，而且一般只

标注一次。

2）编号用细实线作指引线。指引线应从所指零、部件的可见轮廓线内引出，起点画一小黑圆点。不适于画小黑圆点时，画箭头指到所编号的零件。

3）指引线的末端有三种形式，如图 10－9 所示。同一装配图中只能采用一种形式。序号的数字应比标注尺寸的数字大一号或两号，采用图 10－9c 所示的形式时应大两号。

4）紧固件组或装配关系清楚的小零件组可采用公共指引线。公共指引线的末端形式如图10－10 所示。

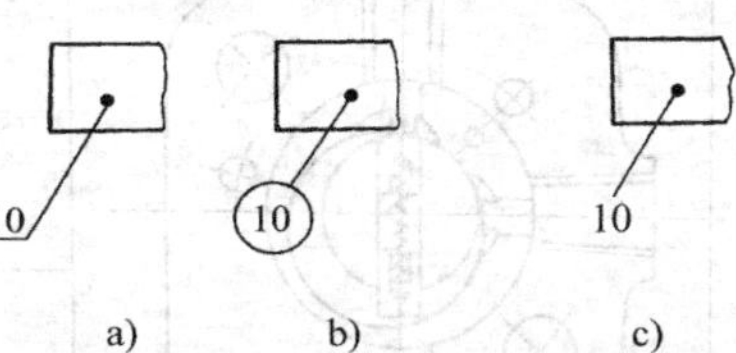

图 10－9　指引线及其末端

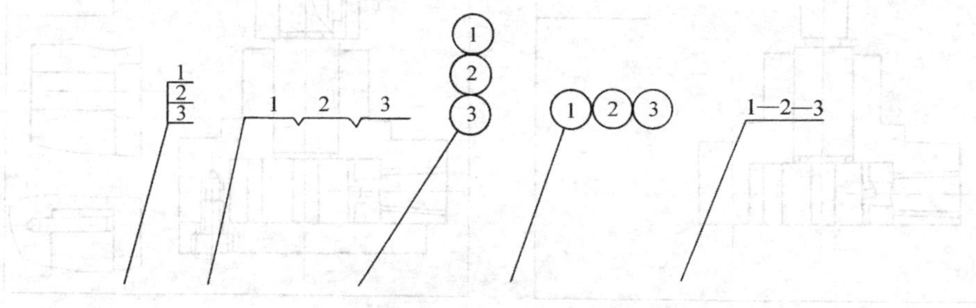

图 10－10　公共指引线及其末端

5）指引线不要求相互平行，但画出来的一段也不允许相交。为此，允许指引线曲折一次。

6）所编序号应在水平方向或垂直方向按顺时针或逆时针转向依次整齐地排列。一般是在主视图周围标注序号。

五、装配图的画图步骤

下面以画叶片泵的装配图为例，来说明装配图的画图步骤。

1）根据确定的视图表达方案和装配体的大小、复杂程度选取适当的比例，确定所用图幅，预留出标题栏和明细栏的位置。画各视图的主要点画线（轴线、中心线、对称线）和作图基准线（装配体上的主要端面或较大的平面），如图 10－11a所示。

2）画各视图。一般是从主视图开始画图。结合其他视图，注意各图形间的投影对应关系。

画剖视图时，先从最里面的零件开始，若有轴，就从轴开始，从内向外，按装配顺序逐一地画出，如图 10－11b～d 所示。

画外形视图时，从装配体中的大件开始，画出其外形轮廓，然后按装配顺序从大至小地逐一画出。

3）检查修改，标注尺寸，加粗应画的粗实线，画剖面线。

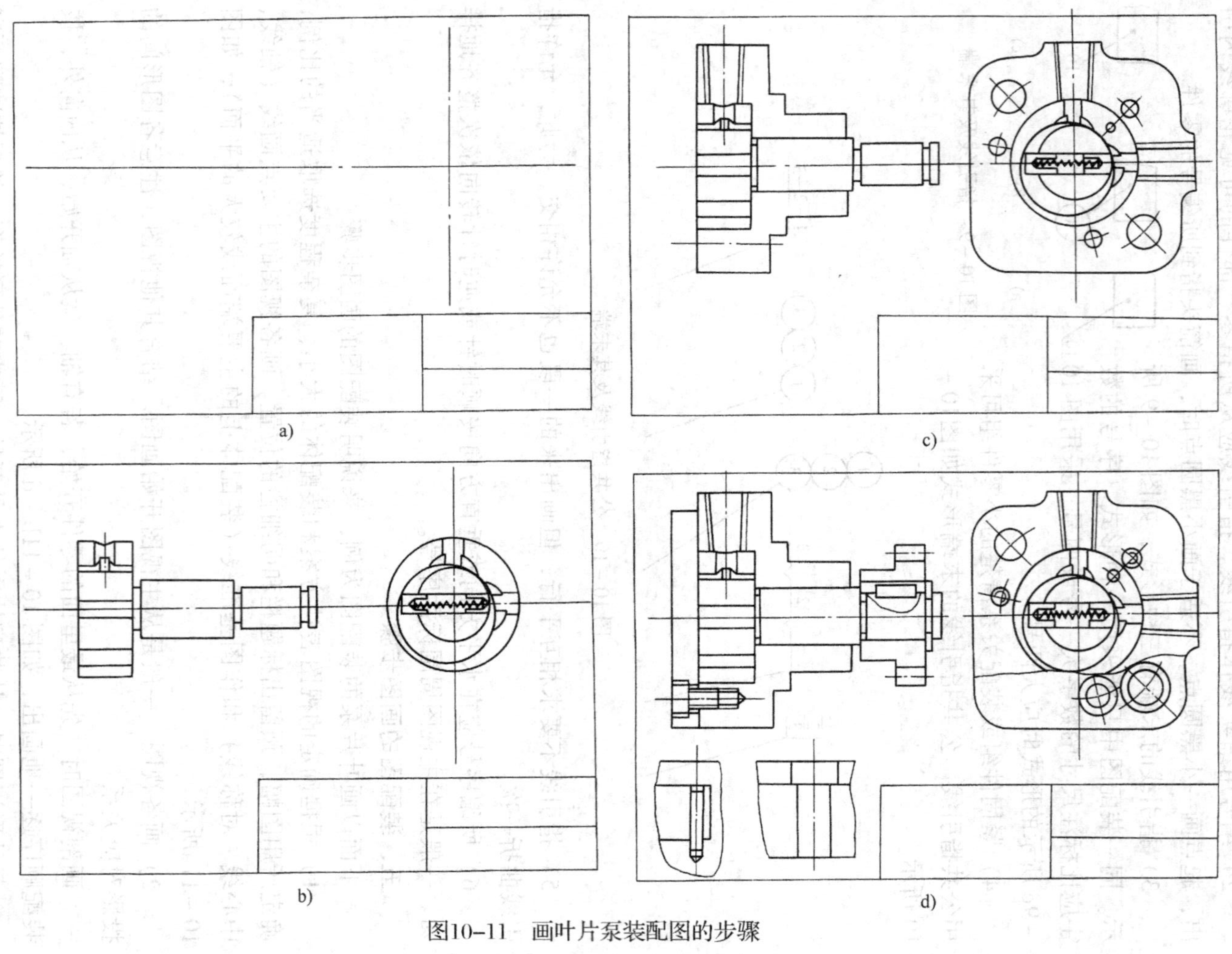

图10-11 画叶片泵装配图的步骤

4）对零件进行编号，根据编号画出并填写明细栏。标写技术要求，最后填写标题栏，从而得到所要画的装配图，如图 10－7 所示。

六、由装配图拆画零件图

在进行机器或部件的设计时，不但要画出它们的装配图，还必须根据装配图设计出它们的零件，画出零件图。在看懂装配图的基础上，设计和完善零件的结构形状，画出零件图的过程称为拆图。拆图就是设计零件图。现就拆图的有关问题分述如下：

1. 零件的分类处理

组成机器或部件的零件可分为标准件、借用件、特殊件和一般零件。

1）标准件一般是外购，只需正确地写明其标记，不需画零件图。

2）借用件是借用其他定型产品上的零件，它已经有图样，勿需再画图。

3）特殊零件具有特殊要求，在设计和绘制零件图时，必须满足和保证装配图上所给定的数据和要求。例如汽轮机的叶片和喷嘴等就是这类零件。

4）一般零件是数量较多的一类。应当按装配图所给定的主要形状和大小，结合零件的功能和加工要求来加以补充和完善，再画出零件图。

2. 零件的视图表达问题

1）零件的视图表示方案必须按零件图的要求来选择，不受零件所在的机器或部件的装配图的表达方案的限制。无论主视图的选择、投射方向、摆放位置、图形个数和剖切方法等都根据零件来决定。

2）根据零件的作用、对零件的要求和工艺特点，将零件的详细结构形状确定和表达出来，如零件上应有的倒角、退刀槽、圆角等。

3. 对零件的尺寸的处理

1）对装配图上已经给定的尺寸，拆画零件图时不得改动；装配图上没有标注的尺寸，一般是按比例从图上量取。若为非标准化尺寸，则四舍五入取毫米的整数。例如底板的长、宽，肋板的厚度等尺寸就如此处理。

2）与标准件连接或配合的结构的尺寸，如螺纹的尺寸、螺栓和螺钉通孔的尺寸、销孔直径、键槽的尺寸、轴颈的直径等都是标准化尺寸。对于这类尺寸，应当以从图上量取的尺寸或已知的其他尺寸为依据，查阅有关的国家标准，选取与之最接近的标准值。

3）对装配图中标注有配合代号的尺寸，应按零件图的要求以一定的形式标注出它们的公差。

4）有些尺寸必须根据已知条件进行必要的计算才能确定。如齿轮的分度圆、齿顶圆直径等。相关零件的尺寸应当协调，以免在装配或工作时互相矛盾或干涉。

4. 对于零件的技术要求

这要根据零件的功能和作用，再结合实际的加工能力等来决定。因其涉及面广，还需一定的实际经验，故在此从略。

附　录

一、螺纹

(一) 普通螺纹

1. 普通螺纹的牙型及规定代号（GB/T192—1981，GB/T193—1981）

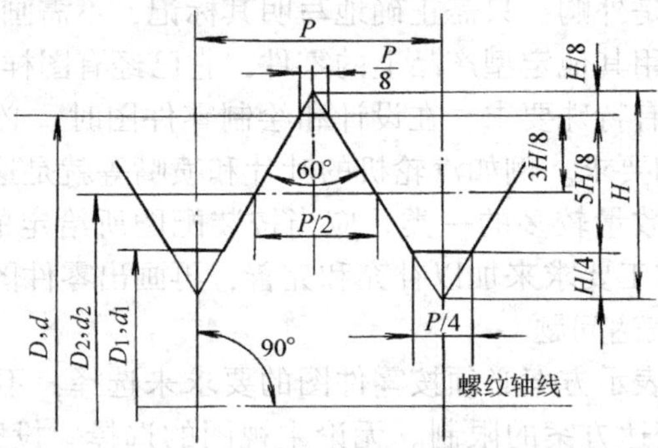

$$H=\frac{\sqrt{3}}{2}P=0.866P$$

$$\frac{5}{8}H=0.541P$$

$$\frac{3}{8}H=0.325P$$

$$\frac{H}{4}=0.21P$$

$$\frac{H}{8}=0.108P$$

D—内螺纹大径　d—外螺纹大径　D_2—内螺纹中径　d_2—外螺纹中径　D_1—内螺纹小径
d_1—外螺纹小径　公称直径—内、外螺纹大径　P—螺距　H—原始三角形高度

螺纹代号及示例

粗牙普通螺纹用“M”及公称直径表示，例如：

M24 表示公称直径为 24mm 的粗牙普通螺纹。

细牙普通螺纹用“M”及公称直径×螺距表示，例如：

M24×1.5 表示公称直径为 24mm，螺距为 1.5mm 的细牙普通螺纹。

螺纹为左旋时，在螺纹代号尾部加“LH”，例如：

M24×1.5LH 表示公称直径为 24mm，螺距为 1.5mm，旋向为左旋的细牙普通螺纹。

2. 普通螺纹的基本尺寸（GB/T196—1981）

附　表　1

（单位：mm）

公称直径 D，d 第一系列	公称直径 D，d 第二系列	螺距 P 粗牙	螺距 P 细牙	中径 D_2 或 d_2	小径 D_1 或 d_1
1		0.25		0.838	0.729
			0.2	0.870	0.783
	1.1	0.25		0.938	0.929
			0.2	0.970	0.883
1.2		0.25		1.038	0.929
			0.2	1.070	0.983
	1.4	0.3		1.205	1.075
			0.2	1.270	1.183
1.6		0.35		1.373	1.221
			0.2	1.470	1.383
	1.8	0.35		1.573	1.421
			0.2	1.670	1.583
2		0.40		1.740	1.567
			0.25	1.838	1.729
	2.2	0.45		1.908	1.713
			0.25	2.038	1.929
2.5		0.45		2.208	2.013
			0.35	2.273	2.121
3		0.50		2.675	2.459
			0.35	2.773	2.621
	3.5		0.35	3.273	3.121
4		0.7		3.545	3.242
			0.5	3.675	3.459
	4.5		0.5	4.175	3.959
5		0.8		4.480	4.134
			0.5	4.675	4.459
	22	2.5		20.376	19.294
			2	20.701	19.835
			1.5	21.026	20.376
			1	21.350	20.917
6		1		5.350	4.917
			0.75	5.513	5.188
8		1.25		7.188	6.647
			1	7.350	6.917
			0.75	7.513	7.188
10		1.5		9.026	8.376
			1.25	9.188	8.647
			1	9.350	8.917
			0.75	9.513	9.188
12		1.75		10.863	10.106
			1.5	11.026	10.376
			1.25	11.188	10.647
			1	11.350	10.917
	14	2		12.701	11.835
			1.5	13.026	12.376
			1	13.350	12.917
16		2		14.701	13.835
			1.5	15.026	14.376
			1	15.350	14.917
	18	2.5		16.376	15.294
			2	16.701	15.835
			1.5	17.026	16.376
			1	17.350	16.917
20		2.5		18.376	17.294
			2	18.701	17.835
			1.5	19.026	18.376
			1	19.350	18.917
	39	4		36.402	34.670
			3	37.051	35.752
			2	37.701	36.835
			1.5	38.26	37.376

（续）

公称直径 D，d		螺距 P		中径 D_2 或 d_2	小径 D_1 或 d_1	公称直径 D，d		螺距 P		中径 D_2 或 d_2	小径 D_1 或 d_1
第一系列	第二系列	粗牙	细牙			第一系列	第二系列	粗牙	细牙		
24		3		22.051	20.751	42		4.5		39.077	37.129
			2	22.701	21.835				3	40.051	38.752
			1.5	23.026	22.376				2	40.701	39.835
			1	23.350	22.197				1.5	41.026	40.376
	27	3		25.051	23.752		45	4.5		42.077	40.129
			2	25.701	24.835				3	43.051	41.752
			1.5	26.026	25.376				2	43.701	42.835
			1	26.350	25.917				1.5	44.026	43.376
30		3.5		27.727	26.211	48		5		44.752	42.587
			2	28.701	27.835				3	46.051	44.752
			1.5	29.026	28.376				2	46.701	45.835
			1	29.350	28.917				1.5	47.026	46.376
	33	3.5		30.727	29.211		52	5		48.752	46.587
			2	31.701	30.835				3	50.051	48.752
			1.5	32.026	31.376				2	50.701	49.835
36		4		33.402	31.620				1.5	51.026	50.376
			3	34.051	32.752	56		5.5		52.428	50.046
			2	34.701	33.835						
			1.5	35.026	34.376				4	53.402	51.670

注：公称直径优先选用第一系列，其次第二系列，第三系列未列入。

（二）梯形螺纹（GB/T5796.1～5796.4—1986）

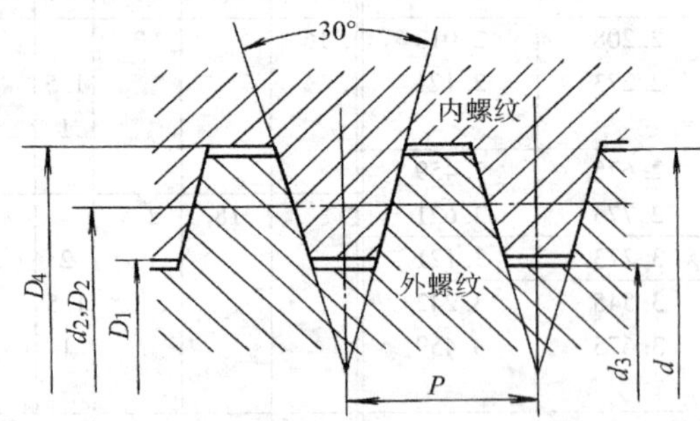

d—外螺纹大径（公称直径）　d_2—外螺纹中径　d_3—外螺纹小径

D_1—内螺纹小径　D_2—内螺纹中径　D_4—内螺纹大径　P—螺距

标 记 示 例

外螺纹，公称直径 40mm、螺距 7mm、双线、左旋、公差带号 7e、中等旋合长度（代号 N）：

Tr40×14（P7）LH—7e

附表2 直径与螺距系列（GB/T5796.2—1986） （单位：mm）

公称直径 d		螺距 P		公称直径 d		螺距 P	
第一系列	第二系列	优先选用	一般	第一系列	第二系列	优先选用	一般
10		2	1.5		34	6	3、10
	11	2	3	36		6	3、10
12		3	2		38	7	3、10
	14	3	2	40		7	3、10
16		4	2		42	7	3、10
	18	4	2	44		7	3、12
20		4	2		46	8	3、12
	22	5	3、8	48		8	3、12
24		5	3、8		50	8	3、12
	26	5	3、8	52		8	3、12
28		5	3、8		55	9	3、14
	30	6	3、10	60		9	3、14
32		6	3、10		65	10	4、16

注：应优先选择第一系列的直径。

附表3 梯形螺纹基本尺寸（GB/T5796.3—1986） （单位：mm）

螺距	外螺纹		中径	内螺纹		螺距	外螺纹		中径	内螺纹	
P	大径 d	小径 d_3	d_2、D_2	大径 D_4	小径 D_1	P	大径 d	小径 d_3	d_2、D_2	大径 D_4	小径 D_1
1.5	10	8.20	9.25	10.30	8.50	3	38	34.50	36.50	38.50	35.00
2	10	7.59	9.00	10.50	8.00	3	40	36.50	38.50	40.50	37.00
2	11	8.50	10.00	11.50	9.00	3	42	38.50	40.50	42.50	39.00
2	12	9.50	11.00	12.50	10.00	3	44	40.50	42.50	44.50	41.00
2	14	11.50	13.00	14.50	12.00	3	46	42.50	44.50	46.50	43.00
2	16	13.50	15.00	16.50	14.00	3	48	44.50	46.50	48.50	45.00
2	18	15.50	17.50	18.50	16.00	3	50	46.50	48.50	50.50	47.00
2	20	17.50	7.50	20.50	18.00	3	52	48.50	50.50	52.50	49.00
3	11	7.50	8.50	11.50	8.00	3	55	51.50	53.50	55.50	52.00
3	12	8.50	10.50	12.50	9.00	3	60	56.50	58.50	60.50	57.00
3	14	10.50	12.50	14.50	11.00	4	16	11.50	14.00	16.50	12.00
3	22	18.50	20.50	22.50	19.00	4	18	13.50	16.00	18.50	14.00
3	24	20.50	22.50	24.50	21.00	4	20	15.50	18.00	20.50	16.00

（续）

螺距	外螺纹		中径	内螺纹		螺距	外螺纹		中径	内螺纹	
P	大径 d	小径 d_3	d_2、D_2	大径 D_4	小径 D_1	P	大径 d	小径 d_3	d_2、D_2	大径 D_4	小径 D_1
3	26	22.50	24.50	26.50	23.00	4	65	60.50	63.00	65.50	61.00
3	28	24.50	26.50	28.50	25.00	5	22	16.50	19.50	22.50	17.00
3	30	26.50	28.50	30.50	27.00	5	24	18.50	21.50	24.50	19.00
3	32	28.50	30.50	32.50	29.00	5	26	20.50	23.50	26.50	21.00
3	34	30.50	32.50	34.50	31.00	5	28	22.50	25.50	28.50	23.00
3	36	32.50	34.50	36.50	33.00	6	30	23.00	27.00	31.00	24.00
6	32	25.00	29.00	33.00	26.00	9	60	50.00	55.50	61.00	51.00
6	34	27.00	31.00	35.00	28.00	10	30	19.00	25.00	31.00	20.00
6	36	29.00	33.00	37.00	30.00	10	32	21.00	27.00	33.00	22.00
7	38	30.00	34.50	39.00	31.00	10	34	23.00	29.00	35.00	24.00
7	40	32.00	36.50	41.00	33.00	10	36	25.00	31.00	37.00	26.00
7	42	34.00	38.50	43.00	35.00	10	38	27.00	33.00	39.00	28.00
7	44	36.00	40.50	45.00	37.00	10	40	29.00	35.00	41.00	30.00
8	22	13.00	18.00	23.00	14.00	10	65	54.00	60.00	66.00	55.00
8	24	15.00	20.00	25.00	16.00	12	44	31.00	38.00	45.00	32.00
8	26	17.00	22.00	27.00	18.00	12	46	33.00	40.00	47.00	34.00
8	28	19.00	24.00	29.00	20.00	12	48	35.00	42.00	49.00	36.00
8	46	37.00	42.00	47.00	38.00	12	50	37.00	44.00	51.00	38.00
8	48	39.00	44.00	49.00	40.00	12	52	39.00	46.00	53.00	40.00
8	50	41.00	46.00	51.00	42.00	14	55	39.00	48.00	57.00	41.00
8	52	43.00	48.00	53.00	44.00	14	60	44.00	53.00	62.00	46.00
9	55	45.00	50.00	56.00	46.00	16	65	47.00	57.00	67.00	49.00

（三）非螺纹密封的管螺纹（GB/T7307—1987）

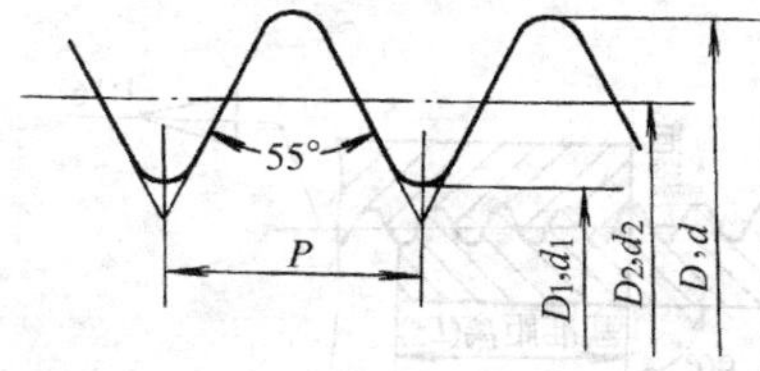

标 记 示 例

内螺纹，尺寸代号 1½：G1½

B 级外螺纹，尺寸代号 1½：G1½B

附 表 4 （单位：mm）

尺寸代号	每25.4mm内的牙数 n	螺距 P	基本直径		
			大径 D，d	中径 D_2，d_2	小径 D_1，d_1
1/8	28	0.907	9.728	9.147	8.566
1/4	19	1.337	13.157	12.301	11.445
3/8		1.337	16.662	15.806	14.950
1/2	14	1.814	20.955	19.793	18.631
5/8		1.814	22.911	21.749	20.587
3/4		1.814	26.441	25.279	24.117
7/8		1.814	30.201	29.039	27.877
1	11	2.309	33.249	31.770	30.291
1⅛		2.309	37.897	36.418	34.939
1¼		2.309	41.910	40.431	38.952
1½		2.309	47.803	46.324	44.845
1¾		2.309	53.746	52.267	50.788
2		2.309	59.614	58.135	56.656
2¼		2.309	65.710	64.231	62.752
2½		2.309	75.184	73.705	72.226
2¾		2.309	81.534	80.055	78.576
3		2.309	87.884	86.405	84.926

（四）用螺纹密封的管螺纹（GB/T7306—1987）

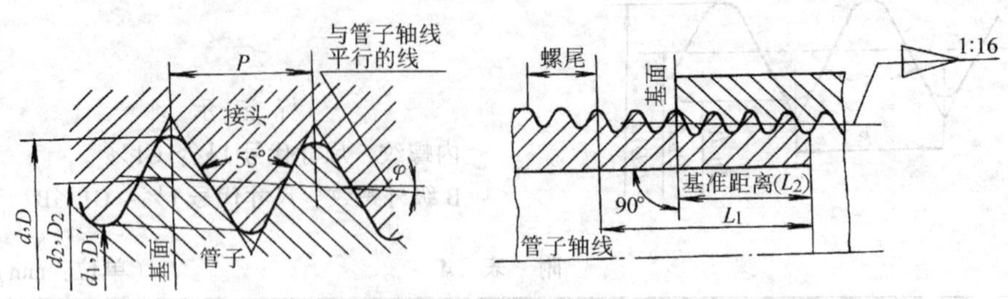

标 记 示 例

圆锥外螺纹，尺寸代号¾：R¾

圆锥内螺纹，尺寸代号¾：Rc¾

圆柱内螺纹，尺寸代号 1½：Rp1½

附 表 5 （单位：mm）

尺寸代号	每25.4mm内的牙数 n	螺　距 P	基面上的基本直径			基准距离 L_2	有效螺纹长度 L_1
			大径 D，d	中径 D_2，d_2	小径 D_1，d_1		
1/8	28	0.907	9.728	9.147	8.566	4.0	6.5
1/4	19	1.337	13.157	12.301	11.445	6.0	9.7
3/8			16.662	15.806	14.950	6.4	10.1
1/2	14	1.814	20.955	19.793	18.631	8.2	13.2
3/4			26.441	25.279	24.117	9.5	14.5
1	11	2.309	33.249	31.770	30.291	10.4	16.8
1¼			41.910	40.431	38.952	12.7	19.1
1½			47.803	46.324	44.845	12.7	19.1
2			59.614	58.135	56.656	15.9	23.4
2½			75.184	73.705	72.226	17.5	26.7
3			87.884	86.405	84.926	20.6	29.8
4			113.030	111.551	110.072	25.4	35.8

二、紧固件通孔及沉头座尺寸

紧固件通孔（GB/T5277—1985）及沉头座尺寸（GB/T152.2—1988，GB/T152.3—1988，GB/T152.4—1988）

附 表 6 （单位：mm）

螺栓或螺钉直径 d		4	5	6	8	10	12	16	20	24	30	36
通孔直径（GB/T5277—1985）	精装配	4.3	5.3	6.4	8.4	10.5	13	17	21	25	31	37
	中等装配	4.5	5.5	6.6	9	11	13.5	17.5	22	26	33	39
	粗装配	4.8	5.8	7	10	12	14.5	18.5	24	28	35	42
六角头螺栓和六角螺母用沉孔	d_2	10	11	13	18	22	26	33	40	48	61	71
	d_1	4.5	5.5	6.6	9.0	11.0	13.5	17.5	22.0	26	33	39
	d_3						16	20	24	28	36	42
	t	能制出与通孔轴线垂直的圆平面即可，在图上不注尺寸。t 无公差										
用于沉头及半沉头螺钉	d_2	9.6	10.6	12.8	17.6	20.3	24.4	32.4	40.4			
	d_1	4.5	5.5	6.6	9	11	13.5	17.5	22			
	$t\approx$	2.7	2.7	3.3	4.6	5.0	6.0	8.0	10.0			
用于圆柱头螺钉	d_2	8	10	11	15	18	20	26	33			
	d_1	4.5	5.5	6.6	9.0	11.0	13.5	17.5	22.0			
	t	3.2	4.0	4.7	6.0	7.0	8.0	10.5	12.5			
用于圆柱头内六角螺钉	d_2	8.0	10.0	11.0	15.0	18.0	20.2	26.0	33.0			
	d_1	4.5	5.5	6.6	9.0	11.0	13.5	17.5	22.0			
	t	4.6	5.7	6.8	9.0	11.0	13.0	17.5	21.5			

注：d_1，d_2 和 t 的公差带均为 H13。

三、常用标准件

（一）螺钉

1. 开槽圆柱头螺钉（GB/T65—2000）

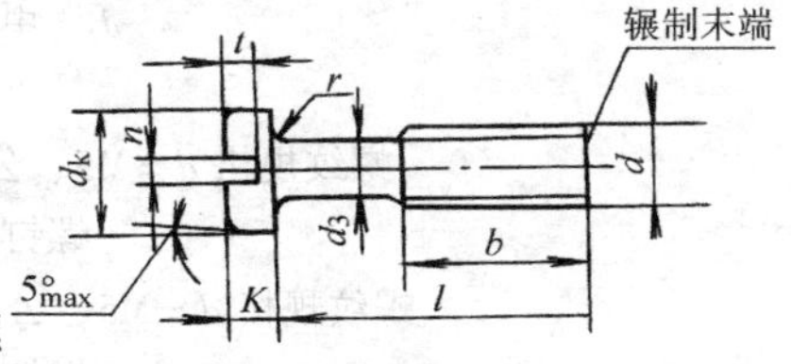

$d_3\approx$ 中径或 d_3 = 大径（$d_3=d$）

标 记 示 例

螺纹规格 d = M5、公称长度 l = 20mm 的开槽圆柱头螺钉：螺钉 GB/T65 M5×20

附 表 7 （单位：mm）

螺纹规格 d	M4	M5	M6	M8	M10
P（螺距）	0.7	0.8	1	1.25	1.5
d_k（max）	7	8.5	10	13	16
K（max）	2.6	3.3	3.9	5	6
t	1.1	1.3	1.6	2	2.4
n	1.2	1.2	1.6	2	2.5
r	0.2	0.2	0.25	0.4	0.4
$\frac{l\text{（规格范围）}}{b}$	$\frac{5\sim40}{b\approx l}$	$\frac{6\sim50}{38}$	$\frac{8\sim60}{38}$	$\frac{10\sim80}{38}$	$\frac{12\sim80}{38}$
l（系列）	5、6、8、10、12、（14）、16、20、25、30、35、40、45、50、（55）、60、（65）、70、（75）、80				

注：1. 尽可能不采用括号内的规格。

2. 公称长度 l 在 40mm 以内的螺钉，钉杆上全部制出螺纹。

3. 该标准中螺纹公差为6g，力学性能等级为 4.8 或 5.8，公差产品等级为 A。

2. 开槽沉头螺钉（GB/T68—2000） 开槽半沉头螺钉（GB/T69—2000）

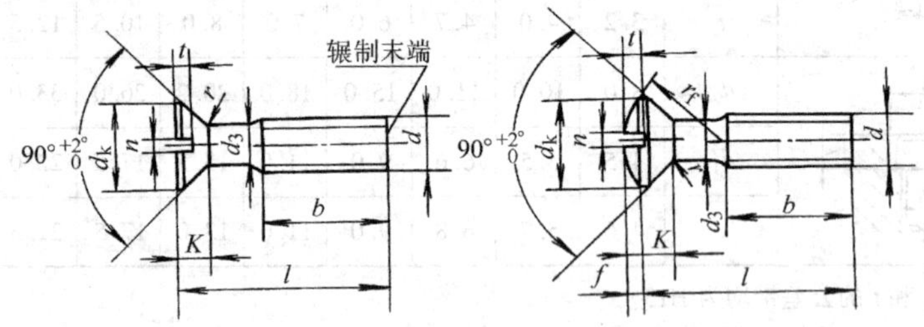

$d_3\approx$中径或 d_3 = 大径（$d_3 = d$）

标 记 示 例

螺纹规格 d = M5、公称长度 l = 20mm 的开槽沉头螺钉：

螺钉 GB/T68 M5 × 20

螺纹规格 d = M5、公称长度 l = 20mm 的开槽半沉头螺钉：

螺钉 GB/T69 M5 × 20

附 表 8 （单位：mm）

螺纹规格 d	M4	M5	M6	M8	M10
P（螺距）	0.7	0.8	1	1.25	1.5
d_k（max）	9.4	10.4	12.6	17.3	20
K（max）	2.7	2.7	3.3	4.65	5
t	1	1.1	1.2	1.8	2
n	1.2	1.2	1.6	2	2.5
$r_f \approx$	9.5	9.5	12	16.5	19.5
r	1	1.3	1.5	2	2.5
$\frac{l\text{（规格范围）}}{b}$	$\frac{6 \sim 40}{38}$	$\frac{8 \sim 50}{38}$	$\frac{8 \sim 60}{38}$	$\frac{10 \sim 80}{38}$	$\frac{12 \sim 80}{38}$
l（系列）	6、8、10、12、（14）、16、20、25、30、35、40、45、50、（55）、60（65）、70、（75）、80				

注：1. 尽可能不采用括号内的规格。

2. 公称长度 l 在 45mm 以内的螺钉，钉杆上全部制出螺纹。

3. 该标准中螺纹公差为 6g，力学性能等级为 4.8 或 5.8，公差产品等级为 A。

3. 内六角圆柱头螺钉（GB/T70—1985）

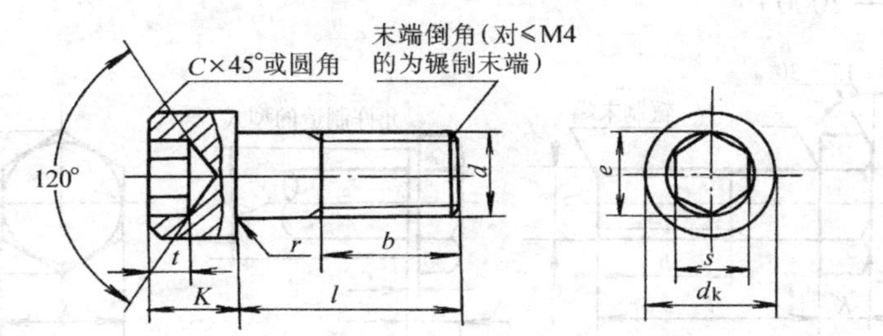

标 记 示 例

螺纹规格 d = M5、公称长度 l = 20mm 的内六角圆柱头螺钉：

螺钉 GB/T70 M5×20

附 表 9 （单位：mm）

螺纹规格 d	M4	M5	M6	M8	M10	M12	M16	M20
P（螺距）	0.7	0.8	1	1.25	1.5	1.75	2	2.5
d_k（max）	7	8.5	10	13	16	18	24	30
K（max）	4	5	6	8	10	12	16	20
s	3	4	5	6	8	10	14	17
e	3.44	4.58	5.72	6.86	9.15	11.43	16	19.44
t	2	2.5	3	4	5	6	8	10
r	0.2	0.2	0.25	0.4	0.4	0.6	0.6	0.8
$\frac{l（规格范围）}{b}$	$\frac{6\sim25}{b\approx l}$ $\frac{30\sim40}{20}$	$\frac{8\sim25}{b\approx l}$ $\frac{30\sim50}{22}$	$\frac{10\sim30}{b\approx l}$ $\frac{35\sim60}{24}$	$\frac{12\sim35}{b\approx l}$ $\frac{40\sim80}{28}$	$\frac{16\sim40}{b\approx l}$ $\frac{45\sim100}{32}$	$\frac{20\sim45}{b\approx l}$ $\frac{50\sim120}{36}$	$\frac{25\sim55}{b\approx l}$ $\frac{60\sim160}{44}$	$\frac{30\sim65}{b\approx l}$ $\frac{70\sim200}{52}$
l（系列）	6、8、10、12、（14）、（16）、20、25、30、35、40、45、50、（55）、60、（65）、70、80、90、100、110、120、130、140、150、160、180、200							

注：1. 尽可能不采用括号内的规格。

2. $b\approx l$ 的意思是指：螺纹制到距头部 $3P$ 以内，即钉杆上都有螺纹。

3. 本表所列螺钉之螺纹公差为6g，力学性能等级为8.8，公差产品等级为A。

（二）螺栓

1. 六角头螺栓—C 级（GB/T5780—2000） 六角头螺栓—全螺纹—C 级（GB/T5781—2000）

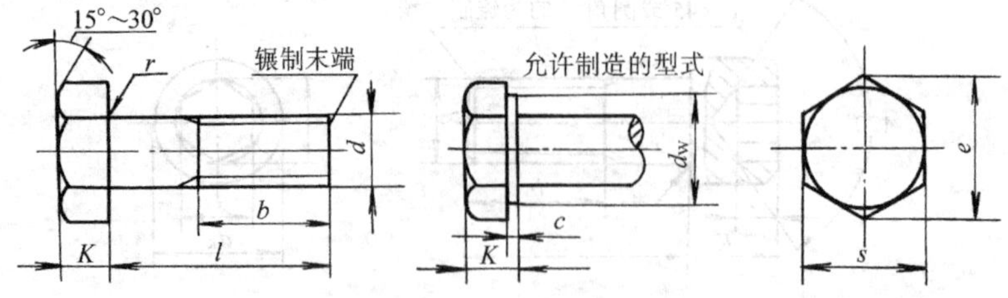

标 记 示 例

螺纹规格 d = M12、公称长度 l = 80mm 的 C 级六角螺栓：

螺栓 GB/T5780 M12×80

螺纹规格 d = M12、公称长度 l = 80mm 的全螺纹 C 级六角螺栓：

螺栓 GB/T5781 M12×80

附 表 10 （单位：mm）

<table>
<tr><td colspan="2">螺纹规格 d</td><td>M5</td><td>M6</td><td>M8</td><td>M10</td><td>M12</td><td>M16</td><td>M20</td><td>M24</td><td>M30</td></tr>
<tr><td colspan="2">s（max）</td><td>8</td><td>10</td><td>13</td><td>16</td><td>18</td><td>24</td><td>30</td><td>36</td><td>46</td></tr>
<tr><td colspan="2">K</td><td>3.5</td><td>4</td><td>5.3</td><td>6.4</td><td>7.5</td><td>10</td><td>12.5</td><td>15</td><td>18.7</td></tr>
<tr><td colspan="2">e（min）</td><td>8.63</td><td>10.89</td><td>14.20</td><td>17.59</td><td>19.89</td><td>26.17</td><td>32.95</td><td>39.55</td><td>50.85</td></tr>
<tr><td colspan="2">c（max）</td><td>0.5</td><td>0.5</td><td>0.6</td><td>0.6</td><td>0.6</td><td>0.8</td><td>0.8</td><td>0.8</td><td>0.8</td></tr>
<tr><td colspan="2">r</td><td>0.2</td><td>0.25</td><td>0.4</td><td>0.4</td><td>0.6</td><td>0.6</td><td>0.8</td><td>0.8</td><td>1</td></tr>
<tr><td colspan="2">d_w（min）</td><td>6.7</td><td>8.7</td><td>11.4</td><td>14.4</td><td>16.4</td><td>22</td><td>27.7</td><td>33.2</td><td>42.7</td></tr>
<tr><td colspan="2">a（max）</td><td>3.2</td><td>4</td><td>5</td><td>6</td><td>7</td><td>8</td><td>10</td><td>12</td><td>14</td></tr>
<tr><td rowspan="2">$\frac{l}{b}$</td><td>GB/T 5780—2000</td><td>$\frac{25\sim50}{16}$</td><td>$\frac{30\sim60}{18}$</td><td>$\frac{30\sim80}{22}$</td><td>$\frac{40\sim100}{26}$</td><td>$\frac{45\sim120}{30}$</td><td>$\frac{55\sim120}{38}$
$\frac{130\sim160}{44}$</td><td>$\frac{65\sim120}{46}$
$\frac{130\sim200}{52}$</td><td>$\frac{80\sim120}{54}$
$\frac{130\sim200}{60}$
$\frac{220\sim240}{73}$</td><td>$\frac{90\sim120}{66}$
$\frac{130\sim200}{72}$
$\frac{220\sim330}{85}$</td></tr>
<tr><td>GB/T 5781—2000</td><td>$\frac{10\sim40}{l-a}$</td><td>$\frac{12\sim50}{l-a}$</td><td>$\frac{16\sim65}{l-a}$</td><td>$\frac{20\sim80}{l-a}$</td><td>$\frac{25\sim100}{l-a}$</td><td>$\frac{35\sim100}{l-a}$</td><td>$\frac{40\sim100}{l-a}$</td><td>$\frac{50\sim100}{l-a}$</td><td>$\frac{60\sim100}{l-a}$</td></tr>
<tr><td colspan="2">l（系列）</td><td colspan="9">10、12、16、20、25、30、35、40、45、50、（55）、60、（65）、70、80、90、100、110、120、130、140、150、160、180、200、220、240、260、280、300</td></tr>
</table>

注：1. 尽可能不采用括号内的规格。

2. 本表所列螺栓之螺纹公差为8g（GB/T5780—2000）或6g（GB/T5781—2000），力学性能等级为4.6或4.8，公差产品等级为C。

3. a为螺杆上具有螺尾部分的长度。

2. 六角头螺栓—A和B级（GB/T5782—2000） 六角头螺杆带孔螺栓—A和B级（GB/T31.1—2000） 六角头螺栓—全螺纹—A和B级（GB/T5783—2000）

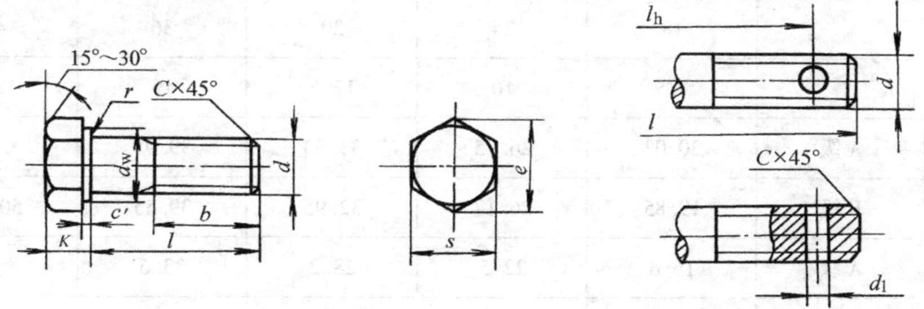

标 记 示 例

螺纹规格 $d=$M12、公称长度 $l=80$mm、A级的六角头螺栓：

螺栓 GB/T5782 M12×80

螺纹规格 $d=$M12、公称长度 $l=80$mm、全螺纹、A级的六角头螺栓：

螺栓 GB/T5783 M12×80

附　表　11　　（单位：mm）

螺纹规格 d		M4	M5	M6	M8	M10
s		7	8	10	13	16
K		2.8	3.5	4	5.3	6.4
e（min）	A 级	7.66	8.79	11.05	14.38	17.77
	B 级	—	8.63	10.89	14.20	17.59
d_w（min）	A 级	5.9	6.9	8.9	11.6	14.6
	B 级	—	6.7	8.7	11.4	14.4
c'（max）		0.4	0.5	0.5	0.6	0.6
a（max）		2.1	2.4	3	3.75	4.5
r（min）		0.2	0.2	0.25	0.4	0.4
$\frac{l}{b}$（GB/T5782—2000）		$\frac{25\sim40}{14}$	$\frac{25\sim50}{16}$	$\frac{30\sim60}{18}$	$\frac{35\sim80}{32}$	$\frac{40\sim100}{26}$
$\frac{l}{b}$（GB/T5783—2000）		$\frac{8\sim40}{l-a}$	$\frac{10\sim50}{l-a}$	$\frac{12\sim60}{l-a}$	$\frac{16\sim80}{l-a}$	$\frac{20\sim100}{l-a}$
d_1（GB/T31.1—2000）	max	——	——	1.85	2.25	2.75
	min	——	——	1.6	2	2.5
$\frac{l}{l_h}$（GB/T31.1—2000）		——	——	$\frac{30\sim60}{27\sim57}$	$\frac{35\sim80}{31\sim76}$	$\frac{40\sim100}{36\sim96}$

螺纹规格 d		M12	M16	M20	M24	M30
s		18	24	30	36	46
K		7.5	10	12.5	15	18.7
e（min）	A 级	20.03	26.75	33.53	39.98	——
	B 级	19.85	26.17	32.95	39.55	50.85
d_w（min）	A 级	16.6	22.5	28.2	33.6	——
	B 级	16.4	22	27.7	33.2	42.7
c（max）		0.6	0.8	0.8	0.8	0.8
a（max）		5.25	6	7.5	9	10.5
r（min）		0.6	0.6	0.8	0.8	1

（续）

<table>
<tr><td colspan="2">螺纹规格 d</td><td>M12</td><td>M16</td><td>M20</td><td>M24</td><td>M30</td></tr>
<tr><td colspan="2">$\frac{l}{b}$
（GB/T5782—2000）</td><td>$\frac{45 \sim 120}{30}$</td><td>$\frac{45 \sim 120}{38}$
$\frac{130 \sim 160}{44}$</td><td>$\frac{65 \sim 120}{46}$
$\frac{130 \sim 200}{52}$</td><td>$\frac{80 \sim 120}{54}$
$\frac{130 \sim 200}{60}$
$\frac{220 \sim 240}{73}$</td><td>$\frac{90 \sim 120}{66}$
$\frac{130 \sim 200}{72}$
$\frac{220 \sim 300}{85}$</td></tr>
<tr><td colspan="2">$\frac{l}{b}$
（GB/T5783—2000）</td><td>$\frac{25 \sim 100}{l-a}$</td><td>$\frac{35 \sim 100}{l-a}$</td><td>$\frac{40 \sim 100}{l-a}$</td><td>$\frac{40 \sim 100}{l-a}$</td><td>$\frac{40 \sim 100}{l-a}$</td></tr>
<tr><td rowspan="2">d_1
（GB/T31.1—2000）</td><td>max</td><td>3.5</td><td>4.3</td><td>4.3</td><td>5.3</td><td>6.6</td></tr>
<tr><td>min</td><td>3.2</td><td>4</td><td>4</td><td>5</td><td>6.3</td></tr>
<tr><td colspan="2">$\frac{l}{l_h}$
（GB/T31.1—2000）</td><td>$\frac{45 \sim 120}{40 \sim 115}$</td><td>$\frac{55 \sim 160}{49 \sim 154}$</td><td>$\frac{65 \sim 200}{59 \sim 194}$</td><td>$\frac{80 \sim 240}{73 \sim 233}$</td><td>$\frac{90 \sim 300}{81 \sim 291}$</td></tr>
<tr><td colspan="2">l</td><td colspan="5">6、8、10、12、16、20、25、30、35、40、45、50、（55）、60、（65）、70、80、90、100、110、120、130、140、150、160、180、200、220、240、260、280、300</td></tr>
</table>

注：1. 尽可能不采用括号内的规格。

2. 本表所列螺栓之螺纹公差为6g，力学性能等级为8.8。

3. A级用于$d \leqslant 24$mm和$l \leqslant 10d$或$l \leqslant 105$mm（按较小值）的螺栓；B级用于$d > 24$mm和$l > 10d$或$l > 150$mm（按较小值）的螺栓。

4. a为螺杆上具有螺尾部分的长度。

（三）双头螺柱

$b_m = d$（GB/T897—1988）　$b_m = 1.25d$（GB/T898—1988）　$d_s \approx$螺纹中径

$b_m = 1.5d$（GB/T899—1988）　$b_m = 2d$（GB/T900—1988）　$x = 1.5P$

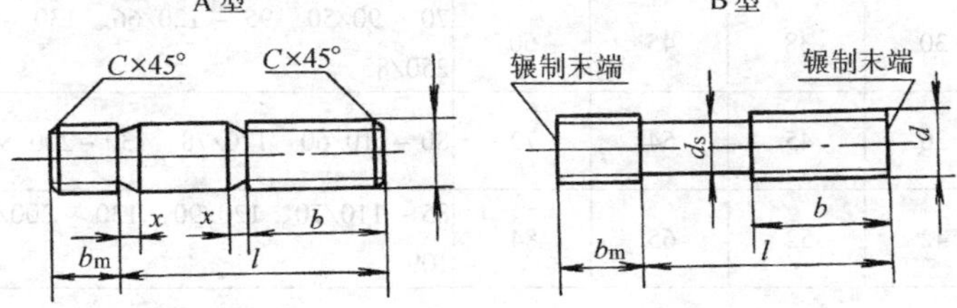

标 记 示 例

两端均为粗牙普通螺纹，d = M10、l = 50mm、$b_m = d$，B型，力学性能等级4.8级：

螺柱　GB/T897　M10×50

旋入一端为粗牙普通螺纹，旋螺母一端为细牙普通螺纹，P = 1mm、d = M10、l = 50mm、$b_m = 1.25d$，A型，力学性能等级为4.8级：

螺柱　GB/T898　AM10—M10×1×50

旋入一端为过渡配合的第一种配合，细牙普通螺纹，$P=1$mm，旋螺母一端为粗牙普通螺纹，$d=$M10、$l=50$mm、$b_m=1.25d$，B 型，力学性能等级 8.8 级：

螺柱　GB/T898　GM10×1—M10×50—8.8

附　表 12　　（单位：mm）

螺纹规格 d	b_m				l/b
	GB/T897—1988	GB/T898—1988	GB/T899—1988	GB/T900—1988	
M4	4	5	6	8	16～20/8、25～45/l4
M5	5	6	8	10	16～22/10、25～50/16
M6	6	8	10	12	20～22/10、25～30/14、32～75/18
M8	8	10	12	16	20～22/12、25～30/16、32～90/22
M10	10	12	15	20	25～28/14、30～38/16、40～120/26、130/32
M12	12	15	18	24	25～30/16、32～40/20、45～120/30、130～180/36
M16	16	20	24	32	30～38/20、40～55/30、60～120/38、130～200/44
M20	20	25	30	40	35～40/25、45～65/35、70～120/46、130～200/52
M24	24	30	36	48	45～50/30、55～75/45、80～120/54、130～200/60
M30	30	38	45	60	70～90/50、95～120/66、130～220/72、210～250/85
M36	36	45	54	72	80～110/60、120/78、130～200/84、210～300/97
M42	42	52	65	84	85～110/70、120/90、130～200/96、210～300/109
l（系列）	16、（18）、20、（22）、25、（28）、30、（32）、35、（38）、40、45、50、（55）、60、（65）、70、（75）、80、（85）、90、（95）、100、110、120、130、140、150、160、170、180、190、200、210、220、230、240、250、260、280、300				

注：1. 尽可能不采用括号内的规格。

2. 本表所列双头螺柱之力学性能等级为 4.8 级或 8.8 级。

（四）螺母

1. Ⅰ型六角螺母—C 级（GB/T41—2000）

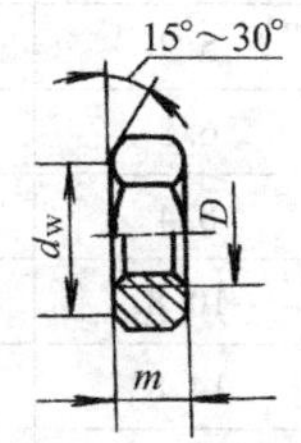

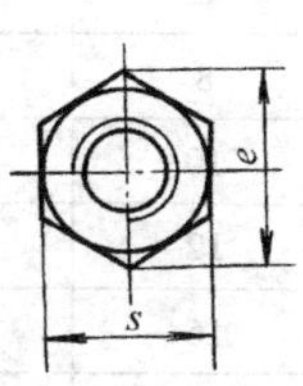

标 记 示 例

螺纹规格 D = M12、C 级的Ⅰ型六角螺母：

螺母 GB/T41 M12

附 表 13 （单位：mm）

螺纹规格 D	M5	M6	M8	M10	M12	M16	M20	M24	M30
d_w（min）	6.9	8.7	11.5	14.5	16.5	22	27.7	33.2	42.7
e（min）	8.63	10.89	14.20	17.59	19.85	26.17	32.95	39.55	50.85
m（max）	5.6	6.1	7.9	9.5	12.2	15.9	18.7	22.3	26.4
s（max）	8	10	13	16	18	24	30	36	46

注：本表所列螺母的螺纹公差为 7H，力学性能等级为 4 级或 5 级。

2. Ⅰ型六角螺母—A 和 B 级（GB/T6170—2000）

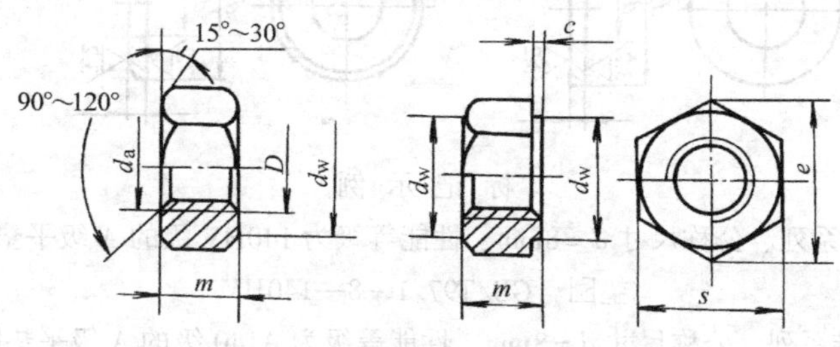

标 记 示 例

螺纹规格 D = M12、A 级的Ⅰ型六角螺母：

螺母 GB/T6170 M12

螺纹规格 D = M20、B 级的Ⅰ型六角螺母：

螺母 GB/T6170 M20

附 表 14 （单位：mm）

螺纹规格 D	c	d_a（min）	d_w（min）	m（max）	s（max）	e（min）
M4	0.4	4	5.9	3.2	7	7.66
M5	0.5	5	6.9	4.7	8	8.79

（续）

螺纹规格 D	c	d_a（min）	d_w（min）	m（max）	s（max）	e（min）
M6	0.5	6	8.9	5.2	10	11.05
M8	0.6	8	11.6	6.8	13	14.38
M10	0.6	10	14.6	8.4	16	17.77
M12	0.6	12	16.6	10.8	18	20.03
M16	0.8	16	22.5	14.8	24	26.75
M20	0.8	20	27.7	18	30	32.95
M24	0.8	24	33.2	21.5	36	39.55
M30	0.8	30	42.7	25.6	46	50.85

注：1. A 级用于 $D \leqslant 16$mm；B 级用于 $D > 16$mm。

2. 本表所列螺母的螺纹公差为6H，力学性能等级为 $D < 3$mm 时6 级，$D \geqslant 3$mm 时为6 级、8 级和 10 级。

（五）垫圈

1. 平垫圈—A 级（GB/T97.1—1985）　平垫圈倒角型—A 级（GB/T97.2—1985）

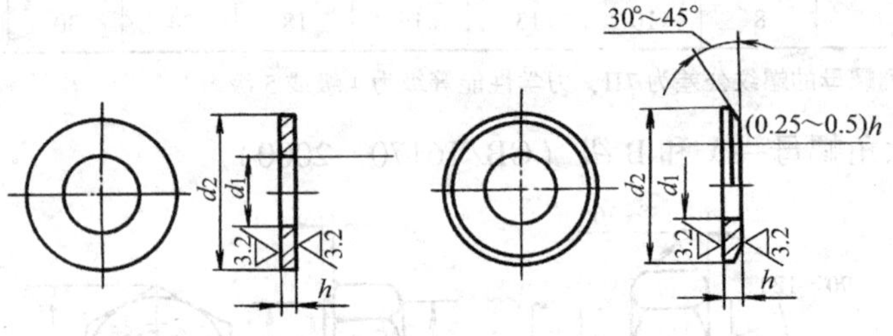

标 记 示 例

标准系列、公称尺寸 $d = 8$mm、性能等级为 140HV 级的 A 级平垫圈：

垫圈　GB/T97.1—8—140HV

标准系列、公称尺寸 $d = 8$mm、性能等级为 A140 级的 A 级平垫圈：

垫圈　GB/T97.1—8—A140

标准系列、公称尺寸 $d = 8$mm、性能等级为 140HV 的倒角型 A 级平垫圈：

垫圈　GB/T97.2—8—140HV

附　表　15　　　（单位：mm）

公称尺寸（螺纹规格 d）	内径 d_1	外径 d_2	厚度 h
4	4.3	9	0.8
5	5.3	10	1
6	6.4	12	1.6
8	8.4	16	1.6

（续）

公称尺寸（螺纹规格 d）	内径 d_1	外径 d_2	厚度 h
10	10.5	20	2
12	13	24	2.5
14	15	28	2.5
16	17	30	3
20	21	37	3
24	25	44	4
30	31	56	4

注：1. A 级平垫圈主要用于螺纹规格为 M1.6～M36 的 A 级和 B 级的六角螺栓、螺钉和螺柱。

2. 本表所列垫圈的力学性能等级是：钢为 140HV、200HV、300HV；奥氏体不锈钢为 A140、A200 和 A350。

2. 平垫圈—C 级（GB/T95—1985）

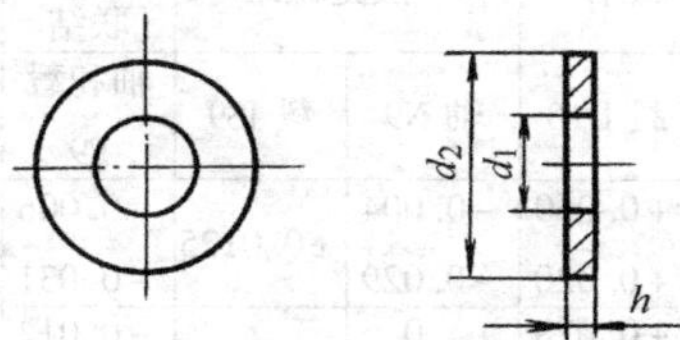

标 记 示 例

标准系列、公称尺寸 $d=8$mm、性能等级为 100HV 级的 C 级平垫圈：

垫圈 GB/T95—8—100HV

附 表 16（单位：mm）

公称尺寸（螺纹规格 d）	内径 d_1	外径 d_2	厚度 h
5	5.5	10	1
6	6.6	12	1.6
8	9	16	1.6
10	11	20	2
12	13.5	24	2.5
14	15.5	28	2.5
16	17.5	30	3
20	22	37	3
24	26	44	4
30	33	56	4

注：1. C 级平垫圈主要用于 C 级的标准六角螺栓、螺钉和螺柱。

2. 本表所列的垫圈，其力学性能等级为 100HV 级。

（六）键

1. 普通平键　键和键槽的剖面尺寸（GB/T1095—1979）

普通平键和键槽的剖面尺寸及公差应符合本标准的规定。

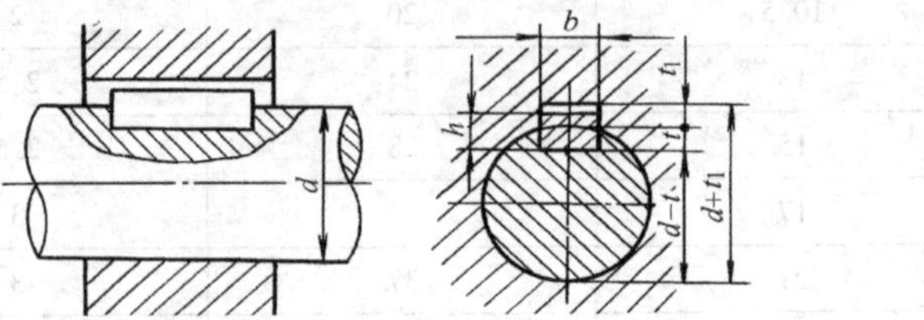

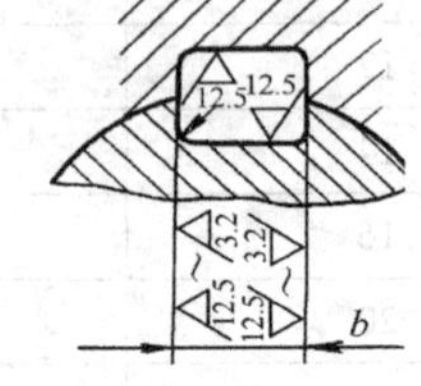

注：在零件图中，轴槽深用（$d-t$）标注，轮毂槽深用（$d+t_1$）标注。

附　表　17　　（单位：mm）

轴	键	键槽										
公称直径 d	公称尺寸 $b\times h$	宽度 b						深度				半径 r
		公称尺寸 b	极限偏差					轴 t		毂 t_1		
			较松键联结		一般键联结		较紧键联结					
			轴 H9	毂 D10	轴 N9	毂 JS9	轴和毂 P9	公称尺寸	极限偏差	公称尺寸	极限偏差	
自 6 ~ 8	2×2	2	+0.025	+0.060	−0.004	±0.0125	−0.006	1.2		1		0.08 ~ 0.16
>8 ~ 10	3×3	3	0	+0.020	−0.029		−0.031	1.8	+0.1	1.4	+0.1	
>10 ~ 12	4×4	4	+0.030	+0.078	0		−0.012	2.5		1.8		
>12 ~ 17	5×5	5				±0.015		3.0	0	2.3	0	
>17 ~ 22	6×6	6	0	+0.030	+0.030		−0.042	3.5		2.8		0.16 ~ 0.25
>22 ~ 30	8×7	8	+0.025	+0.098	0	±0.018	−0.015	4.0		3.3		
>30 ~ 38	10×8	10	0	+0.040	−0.036		−0.051	5.0		3.3		
>38 ~ 44	12×8	12					−0.018	5.0	+0.2	3.3	+0.2	
>44 ~ 50	14×9	14		+0.120	0			5.5		3.8		0.25 ~ 0.40
>50 ~ 58	16×10	16	+0.043			±0.0215		6.0	0	4.3		
>58 ~ 65	18×11	18	0	+0.050	−0.043		−0.061	7.0		4.4	0	
>65 ~ 75	20×12	20					−0.022	7.5		4.9		
>75 ~ 85	22×14	22	+0.052	+0.149	0			9.0	+0.2	5.4	+0.2	
>85 ~ 95	25×14	25						9.0		5.4		0.40 ~ 0.60
>95 ~ 110	28×16	28	0	+0.065	−0.052	±0.026	−0.074	10.0	0	6.4	0	
>110 ~ 130	32×18	32	+0.062	+0.180	0		−0.026	11.0		7.4		
>130 ~ 150	36×20	36						12.0	+0.3	8.4	0.3	
>150 ~ 170	40×22	40				±0.031		13.0		9.4		0.70 ~ 1.0
>170 ~ 200	45×25	45	0	+0.080	−0.062		−0.088	15.0	0	10.4	0	

注：1. （$d-t$）和（$d+t_1$）两组组合尺寸的偏差按相应的 t 和 t_1 的偏差选取，（$d-t$）偏差值应取负号（−）。

2. 平键轴槽的长度公差用 H14。

3. 除轴伸外在保证传递所需扭矩条件下，允许采用较小剖面的键，但 t 和 t_1 的数值必要时应重新计算，使键侧与轴槽及轮毂槽接触高度各为$\frac{h}{2}$。

4. 轴槽及轮毂槽对轴及轮毂中心线的对称度根据不同要求按 GB/T1184—1980 对称度 7 ~ 9 级选取。

2. 普通平键　型式尺寸（GB/T1096—1979）

圆头普通平键（A 型）、平头普通平键（B 型）和单圆头普通平键（C 型）的型式尺寸，应符合本标准的规定。

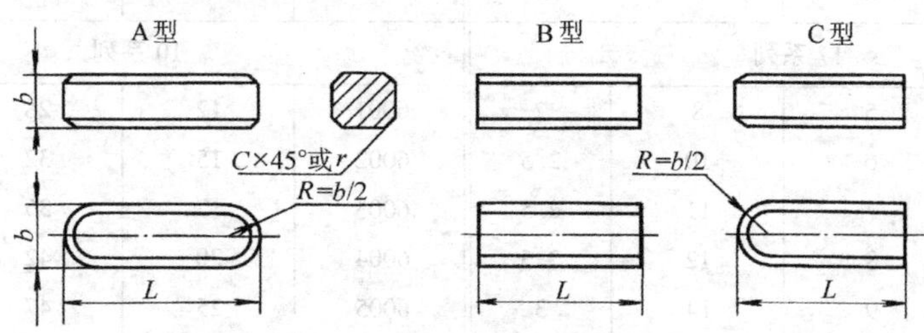

标 记 示 例

圆头普通平键（A 型），$b=16$mm、$h=10$mm、$L=100$mm

键　16×100　GB/T1096—1979

平头普通平键（B 型），$b=16$mm、$h=10$mm、$L=100$mm

键　B16×100　GB/T1096—1979

单圆头普通平键（C 型），$b=16$mm、$h=10$mm、$L=100$mm

键　C16×100　GB/T1096—1979

附 表 18　　（单位：mm）

b	公称尺寸	2	3	4	5	6	8	10	12	14	16	18	20	22
	极限偏差 h9	0 −0.025		0 −0.030			0 −0.036		0 −0.043				0 −0.052	
h	公称尺寸	2	3	4	5	6	7	8	8	9	10	11	12	14
	极限偏差 h11	0 −0.06 (0 −0.025)		0 0.075 (0 −0.030)			0 −0.090					0 −0.110		
C 或 r		0.16～0.25			0.25～0.40			0.40～0.60					0.60～0.80	
L		6～20	6～36	8～45	10～56	14～70	18～90	22～110	28～140	36～160	45～180	50～200	56～220	63～250
L 系列		6、8、10、12、14、16、18、20、22、25、28、32、36、40、45、50、56、63、70、80、90、100、110、125、140、160、180、200、220、250												

（七）滚动轴承

1. 深沟球轴承（GB/T276—1994）

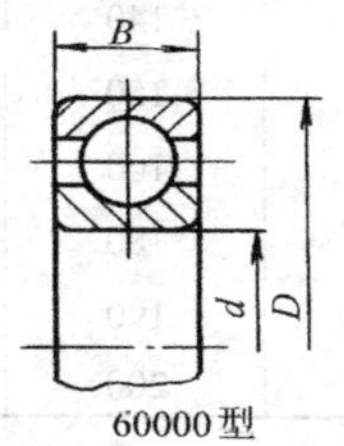

60000型

标 记 示 例

滚动轴承　6012　GB/T276—1994

附　表 19　　　　　　　　（单位：mm）

轴承代号	外形尺寸			轴承代号	外形尺寸		
	d	*D*	*B*		*d*	*D*	*B*
17 系列				10 系列			
617/5	5	8	2	6001	12	28	7
617/6	6	10	2.5	6002	15	32	8
617/7	7	11	2.5	6003	17	35	8
617/8	8	12	2.5	6004	20	42	8
617/9	9	14	3	6005	25	47	8
61700	10	15	3	6006	30	55	9
37 系列				6007	35	62	9
637/5	5	8	3	6008	40	68	9
637/6	6	10	3.5	6009	45	75	10
637/7	7	11	3.5	6010	50	80	10
637/8	8	12	3.5	6011	55	90	11
637/9	9	14	4.5	6012	60	95	11
63700	10	15	4.5	6013	65	100	11
18 系列				6014	70	110	13
61800	10	19	5	6015	75	115	13
61801	12	21	5	6016	80	125	14
61802	15	24	5	6017	85	130	14
61803	17	26	5	6018	90	140	16
61804	20	32	7	6019	95	145	16
61805	25	37	7	04 系列			
61806	30	42	7	6403	17	62	17
61807	35	47	7	6404	20	72	19
61808	40	52	7	6405	25	80	21
61809	45	58	7	6406	30	90	23
61810	50	65	7	6407	35	100	25
61811	55	72	9	6408	40	110	27
61812	60	78	10	6409	45	120	29
61813	65	85	10	6410	50	130	31
61814	70	90	10	6411	55	140	33
61815	75	95	10	6412	60	150	35
61816	80	100	10	6413	65	160	37
61817	85	110	13	6414	70	180	42
61818	90	115	13	6415	75	190	45
61819	95	120	13	6416	80	200	48

2. 圆锥滚子轴承（GB/T297—1994）

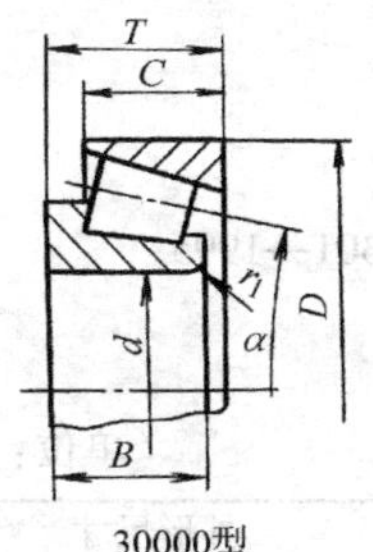

30000型

标 记 示 例

滚动轴承　30205　GB/T297—1994

附　表　20　　　　（单位：mm）

轴承代号	外形尺寸					
	d	D	T	B	C	α
02 系列						
30202	15	35	11.75	11	10	—
30203	17	40	13.5	12	11	12°57′10″
30204	20	47	15.25	14	12	12°57′10″
30205	25	52	16.25	15	13	14°02′10″
30206	30	62	17.25	16	14	14°02′10″
302/32	32	65	18.25	17	15	14°
30207	35	72	18.25	17	15	14°02′10″
30208	40	80	19.75	18	16	14°02′10″
30209	45	85	20.75	19	16	15°06′34″
30210	50	90	21.75	20	17	15°38′32″
30211	55	100	22.75	21	18	15°06′34″
30212	60	110	23.75	22	19	15°06′34″
30213	65	120	24.75	23	20	15°06′34″
30214	70	125	26.25	24	21	15°38′32″
30215	75	130	27.25	25	22	16°10′20″
30216	80	140	28.25	26	22	15°38′32″
13 系列						
31305	25	62	18.25	17	13	28°48′39″
31306	30	72	20.75	19	14	28°48′39″
31307	35	80	22.75	21	15	28°48′39″
31308	40	90	25.25	23	17	28°48′39″
31309	45	100	27.25	25	18	28°48′39″

轴承代号	外形尺寸					
	d	D	T	B	C	α
29 系列						
32904	20	37	12	12	9	12°
329/22	22	40	12	12	9	12°
32905	25	42	12	12	9	12°
329/28	28	45	12	12	9	12°
32906	30	47	12	12	9	12°
329/32	32	52	14	14	10	12°
32907	35	55	14	14	11.5	11°
32908	40	62	15	15	12	10°55′
32909	45	68	15	15	12	12°
32910	50	72	15	15	12	10°50′
32911	55	80	17	17	14	11°39′
30 系列						
33005	25	47	17	17	14	10°55′
33006	30	55	20	20	16	11°
33007	35	62	21	21	17	11°30′
33008	40	68	22	22	18	11°40′
33009	45	75	24	24	19	11°05′
33010	50	80	24	24	19	11°55′
33011	55	90	27	27	21	11°45′
33012	60	95	27	27	21	12°20′
33013	65	100	27	27	21	13°05′
33014	70	110	31	31	25.5	10°45′

3. 推力球轴承（GB/T301—1995）

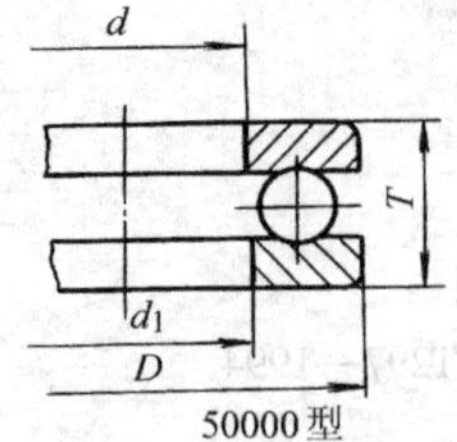

标 记 示 例

滚动轴承　51305　GB/T301—1995

附　表　21　　（单位：mm）

轴承代号	外形尺寸				轴承代号	外形尺寸			
	d	D	T	D_{min}		d	D	T	D_{min}
11 系列					13 系列				
51100	10	24	9	11					
51101	12	26	9	13	51304	20	47	18	22
51102	15	28	9	16	51305	25	52	18	27
51103	17	30	9	18	51306	30	60	21	32
51104	20	35	10	21	51307	35	68	24	37
51105	25	42	11	26	51308	40	78	26	42
51106	30	47	11	32	51309	45	85	28	47
51107	35	52	12	37	51310	50	95	31	52
51108	40	60	13	42	51311	55	105	35	57
51109	45	65	14	47	51312	60	110	35	62
51110	50	70	14	52	51313	65	115	36	67
51111	55	78	16	57	51314	70	125	40	72
51112	60	85	17	62	51315	75	135	44	77
51113	65	90	18	67	51316	80	140	44	82
51114	70	95	18	72	51317	85	150	49	88
51115	75	100	19	77	51318	90	155	50	93
12 系列					14 系列				
51200	10	26	11	12					
51201	12	28	11	14	51405	25	60	24	27
51202	15	32	12	17	51406	30	70	28	32
51203	17	35	12	19	51407	35	80	32	37
51204	20	40	14	22	51408	40	90	36	42
51205	25	47	15	27	51409	45	100	39	47
51206	30	52	16	32	51410	50	110	43	52
51207	35	62	18	37	51411	55	120	48	57
51208	40	68	19	42	51412	60	130	51	62
51209	45	73	20	47	51413	65	140	56	68
51210	50	78	22	52	51414	70	150	50	73
51211	55	90	25	57	51415	75	160	65	78
51212	60	95	26	62	51416	80	170	68	83
51213	65	100	27	67	51417	85	180	72	88
51214	70	105	27	72	51418	90	190	77	93
51215	75	110	27	77	51420	100	210	85	103
51216	80	115	28	82					